大学化学

杨惠芳　任书霞　主编

河北大学出版社
·保定·

DAXUE HUAXUE

大学化学

出 版 人：马 力

责任编辑：刘 婷

装帧设计：张彦琪

责任印制：闻 利

图书在版编目（CIP）数据

大学化学 / 杨惠芳，任书霞主编．-- 保定：河北大学出版社，2018.7（2025.7重印）

ISBN 978-7-5666-1395-0

Ⅰ．①大… Ⅱ．①杨… ②任… Ⅲ．①化学－高等学校－教材 Ⅳ．①O6

中国版本图书馆CIP数据核字(2018)第129118号

出版发行：河北大学出版社

地址：河北省保定市七一东路2666号 邮编：071000

电话：0312-5073003 0312-5073029

邮箱：hbdxcbs@163.com 网址：www.hbdxcbs.com

印 刷：涿州市般润文化传播有限公司

开 本：185 mm×260 mm 1/16

印 张：23.75

字 数：478千字

版 次：2018年7月第1版

印 次：2025年7月第4次印刷

书 号：ISBN 978-7-5666-1395-0

定 价：43.00元

编委会名单

主　　编　杨惠芳　任书霞

副 主 编　蔺晓博　贾响响　杨　容

编写人员　赵军钗　任仕通　杜永刚

　　　　　张建民　李更辰　彭　政

　　　　　肖凤娟　孙秀果　顾业强

　　　　　王永强　周　矩

序　　言

随着现代科学技术的迅速发展，材料专业的人才培养正向大材料模式转化，无机化学作为材料专业的主要基础课程之一，在高素质人才培养过程中发挥着不可替代的作用。而现用“第一版”教材存在内容繁多、部分知识陈旧等问题，不适应当前材料专业化学课程的教学。为此，我们根据多年无机化学的教学经验，结合最新的发展动态对“第一版”教材进行修订，修订内容主要包括以下几个方面：（1）删减了原教材中相对陈旧、内容烦琐的章节。比如，材料中的化学问题（第十一章）、材料的保护和加工（第十二章）。（2）在全球倡导绿色环保的大趋势下，为培养学生环保意识，掌握化学“三废”的正确处理方法和措施，增加了“绿色化学”的内容。（3）为便于教师和学生梳理各章节的知识点及要求，增加了章节提要及知识要点提醒。（4）化学实验在无机化学中占据非常重要的地位，为了培养学生的综合素质，增加了设计性实验。此外，为了帮助学生理解和消化课程内容，提高其运用所学知识解决实际问题的能力，对各章节习题进行了细化。

本书采用“中华人民共和国法定计量单位”。

本书得到了河北省教育科学“十五”规划课题的资助，同时得到了石家庄铁道大学高教研究所、材料科学与工程学院的大力支持，在此我们表示衷心的感谢。

尽管在本书的编写过程中，我们尽了最大的努力，但因水平所限，不妥之处在所难免，敬请广大师生和读者批评指正。

编者

2018 年 2 月

目　　录

第一章　气体

本 章 提 要

知识要点	掌握程度	相关知识
气体的性质	熟悉	气体可压缩性、可扩散性
理想气体	掌握	理想气体的特征，理想气体状态方程及应用
理想混合气体	重点掌握	分压，分体积，分压定律
真实气体	了解	范德华方程
物质的其他聚集状态	了解	液体，固体，等离子体

【历史回顾】

蒸　汽　机

蒸汽机是将蒸气的能量转变为机械能的往复式动力机械。蒸汽机通过水沸腾产生高压蒸气，高压蒸气膨胀推动活塞做功。最早的工业蒸汽机是由托马斯·塞维利和托马斯·纽科门分别于1698年和1712年各自独立发明的。1807年罗伯特·富尔顿第一个成功应用蒸汽机来驱动轮船。从1765年到1790年，瓦特在此基础上进行了一系列改进，使蒸汽机的效率提高到原来的三倍多，最终发明出工业用蒸汽机。从此，蒸汽机在采矿、冶炼、纺织、机器制造、交通、电力等行业中广泛应用。

蒸汽机的出现曾引起了18世纪的工业革命，而且直到20世纪，它仍然是世界上最重要的原动机。

在通常的温度和压强条件下，物质可以三种不同的物理聚集状态存在，即气态（gas state）、液态（liquid state）和固态（solid state），这三种聚集状态各有其特点，并可以在一定条件下相互转化。物质的三态中以气态最为简单，而且无论实际生活、实验研究还是工业生产，都与气体密切相关。因此，科学家们首先对气体的研究给予了特别的关注。

本章将在理想气体状态方程的基础上，重点讨论混合气体的分压定律、分体积定律及气体的扩散定律，再介绍实际气体状态方程。并对液体、固体及等离子体做简单介绍。

第一节　理想气体定律

气体的基本特征是它的扩散性和压缩性，没有固定的体积和压力。将气体(即使是极少量的气体)引入任何容器中，它的分子立即向各方扩散。如在屋内一角放上少量溴，很快就在该屋的另一角闻到溴的气味。气体同样具有很小的密度，分子之间的空隙很大，这正是气体具有较大压缩性的原因，也是不同气体可以任何比例混合成为均匀混合物的原因。温度和压力显著地影响着气体的体积，因此，在科学研究和生产技术上，研究温度和压力对气体体积的影响显得十分重要。联系体积、温度和压力之间的关系的方程称为状态方程。

一、理想气体状态方程

1. 理想气体

假设有一种气体，它的分子只有位置而不占有体积，是一个具有质量的几何点；并且分子之间没有相互吸引力，分子之间及分子与器壁之间发生的碰撞不造成动能损失。这种气体我们称之为理想气体(ideal gases)。

理想气体只是一种人为的气体模型，实际中它是不存在的。建立这种模型是为了将实际问题简化，形成一个标准。而实际问题的解决则可以从这一标准出发，通过修正得以解决。后面将提到的实际气体状态方程的讨论，会使我们看到这一科学方法的具体运用。

研究结果表明，在高温、低压条件下，许多实际气体很接近于理想气体。因为在上述条件下，气体分子间的距离相当大，于是一方面造成气体分子自身体积与气体体积相比可以忽略，另一方面也使分子间的作用力显得微不足道。尽管理想气体是一种人为的模型，但它具有十分明确的实际背景。

2. 理想气体的状态方程

17～18 世纪，科学家们在比较温和的条件(如常压和室温)下探求气体体积的变化规律，将观察和实验结果归纳后，提出了 Boyle 定律及 Charles 定律。再经过综合，认为一定量的气体的体积 V、压力 p 和热力学温度 T 之间符合如下关系式：

$$\frac{p_1V_1}{T_1}=\frac{p_2V_2}{T_2}$$

1811 年，为了解释气体体积定律，意大利物理学家 A. 阿伏伽德罗提出假说：在同温同压下同体积气体含有相同数目的分子。阿伏伽德罗是第一个区分原子和分子的人。1860 年原子-分子论确立以后，科学家们用多种方法测定了物质的量 n 为 1 mol 时其所含有的分子数，即 $N_A = 6.022\times10^{23}\ \text{mol}^{-1}$，$N_A$ 被称为阿伏伽德罗常数。

在此基础上，综合考虑 p、V、T、n 之间的定量关系，得出理想气体的状态方程为

$$pV = nRT \tag{1-1}$$

式中 p——气体压力，单位为 Pa；

V——气体体积，单位为 m^3；

n——气体物质的量(amount of substance)，单位为 mol；

T——气体的热力学温度，单位为 K；

R——摩尔气体常数，又称气体常数(gas constant)。实验证明其值与气体种类无关。气体常数可由实验测定。如测得 1.000 mol 气体在 273.15 K、101.325 kPa 的条件下所占的体积约为 $22.414\times10^{-3}\ m^3$，代入(1-1)则得：$R = 8.314\ \text{Pa}\cdot\text{m}^3\cdot\text{mol}^{-1}\cdot\text{K}^{-1}$。

因 $1\ \text{Pa}\cdot\text{m}^3 = 1\ \text{J}$，故 $R = 8.314\ \text{J}\cdot\text{mol}^{-1}\cdot\text{K}^{-1}$。

3. 理想气体状态方程的应用

(1)计算 p、V、T、n 中的任意物理量

【例 1-1】 在实验室中，由金属钠与氢气在较高温度($t>300$ ℃)下制取氢化钠(NaH)时，反应前必须将装置用无水无氧的氮气置换。氮气是由氮气钢瓶提供的，其容积为 50.0 L，温度为 25 ℃、压力为 15.2 MPa。

①计算钢瓶中氮气的物质的量和质量。

②若将实验装置用氮气置换了五次后，钢瓶压力下降至 13.8 MPa。计算在 25 ℃、0.100 MPa 下，平均每次耗用氮气的体积。

解：①已知：$V = 50.0\ \text{L}$，$T = 298\ \text{K}$，$p_1 = 15.2\times10^3\ \text{kPa}$。

根据式(1-1)，$n_1(N_2) = \dfrac{p_1V}{RT} = \dfrac{15.2\times10^3\ \text{kPa}\times50.0\ \text{L}}{8.314\ \text{J}\cdot\text{mol}^{-1}\cdot\text{K}^{-1}\times298\ \text{K}} = 307\ \text{mol}$

所以 $m(N_2) = 307\ \text{mol}\times28.0\ \text{g}\cdot\text{mol}^{-1} = 8.60\ \text{kg}$

②已知：$p_2 = 13.8\times10^3\ \text{kPa}$，$V = 50.0\ \text{L}$，$T = 298\ \text{K}$，设置换了五次后还剩氮的物质的量为 $n_2(N_2)$。

$$n_2(N_2) = \frac{p_2V}{RT} = \frac{13.8\times10^3\ \text{kPa}\times50.0\ \text{L}}{8.314\ \text{J}\cdot\text{mol}^{-1}\cdot\text{K}^{-1}\times298\ \text{K}} = 278.5\ \text{mol}$$

在 298 K，0.100 MPa 下，每次置换耗用氮气的体积 $V'(N_2)$ 为

$$V'(N_2) = \frac{1}{5}\times\frac{(307-278.5)\text{mol}\times8.314\ \text{J}\cdot\text{mol}^{-1}\cdot\text{K}^{-1}\times298\ \text{K}}{100\ \text{kPa}} = 141\ \text{L}$$

(2)确定气体的密度和摩尔质量

【例 1-2】 氩气(Ar)可由液态空气蒸馏而得到。若氩的质量为 0.7990 g，温度为 298.15 K 时，其压力为 111 460 Pa，体积为 0.4448 L。计算氩的摩尔质量 $M(\text{Ar})$、相对原子质量 $A_r(\text{Ar})$ 以及标准状态下氩的密度 $\rho(\text{Ar})$。

解：已知$m(Ar)=0.7990\ g$，$T=298.15\ K$

$p=111.46\ kPa$，$V=0.4448\ L$

因为 $n=\frac{m}{M}$，$pV=nRT$

所以
$$M=\frac{mRT}{pV} \tag{1-2}$$

$$M(Ar)=\frac{0.7990\ g\times 8.314\ J\cdot mol^{-1}\cdot K^{-1}\times 298.15\ K}{111.46\ kPa\times 0.4448\ L}=39.95\ g\cdot mol^{-1}$$

$A_r(Ar)=39.95$

密度
$$\rho=\frac{m}{V}=\frac{pM}{RT} \tag{1-3}$$

在标准状态下，$T=273.15\ K$，$p=101.325\ kPa$

$$\rho(Ar)=\frac{101.325\ kPa\times 39.95\ g\cdot mol^{-1}}{8.314\ J\cdot mol^{-1}\cdot K^{-1}\times 273.15\ K}=1.782\ g\cdot L^{-1}$$

气体的密度比液体、固体的小。通常气体的密度单位以$g\cdot L^{-1}$表示。

根据理想气体状态方程(ideal-gas state equation)，可以从摩尔质量求得一定条件下的气体密度，也可以由测定气体密度来计算摩尔质量，进而求得相对分子质量或相对原子质量。这是测定摩尔质量的常用经典方法。现代测定摩尔质量最理想的仪器是质谱仪。

【知识要点提醒】 理想气体分子不占体积，分子间无作用力。理想气体状态方程建立了一定物质的量理想气体的温度、体积和压力之间的关系。

二、混合气体的分压定律

日常生活和工业生产中，我们经常遇到能以任意比混合的气体混合物。例如，空气就是氧气、氮气、稀有气体(即惰性气体)等几种气体的混合物；合成氨的原料气是氢气、氮气的混合物。混合气体中各组分气体的相对含量，可以用气体的分体积或体积分数来表示，也可以用组分气体的分压来表示。

1. 分体积、体积分数、摩尔分数

在恒温时，于固定的压力下，将0.03 L氮气和0.02 L氧气混合，所得混合气体的体积为0.05 L，即混合气体的总体积($V_总$)等于各组分气体分体积V_i之和。

$$V_总=V_1+V_2+\cdots+V_i \tag{1-4}$$

所谓分体积(partial volume)是指相同温度下，组分气体具有和混合气体相同压力时所占的体积。每一组分气体的体积分数(volume fraction)就是该组分气体的分体积与总体积之比。体积分数常用φ_i表示

$$\varphi_i=\frac{V_i}{V_总} \tag{1-5}$$

上述混合气体中，氮和氧两种气体的体积分数分别为：

$$\varphi_{N_2}=\frac{0.03}{0.05}=0.6$$

$$\varphi_{O_2}=\frac{0.02}{0.05}=0.4$$

某组分气体的“物质的量”与混合气体总“物质的量”之比，称为该组分气体的摩尔分数(mole fraction)。摩尔分数常用 χ_i 表示

$$\chi_i=\frac{n_i}{n_{总}} \tag{1-6}$$

则上述混合气体中，氮和氧两种气体的摩尔分数分别为：

$$\chi_{N_2}=\frac{n_{N_2}}{n_{总}}$$

$$\chi_{O_2}=\frac{n_{O_2}}{n_{总}}$$

又知
$$\chi_i=\frac{n_i}{n_{总}}=\frac{pV_i}{RT}\Bigg/\frac{pV_{总}}{RT}=\frac{V_i}{V_{总}}=\varphi_i \tag{1-7}$$

因此，摩尔分数和体积分数在数值上是相等的。

【知识要点提醒】 分体积是组分气体在与混合气体具有相同温度和压力时所占的体积。混合气体的组成可以用体积分数或摩尔分数表示。

2. 分压定律

当几种不同的气体在同一容器中混合时，相互间不发生化学反应，分子本身的体积和它们相互间的作用力都可以忽略不计，这就是理想气体混合物(ideal gas mixture)。混合前后，各组分气体的温度和体积保持不变，混合气体中每一组分气体都能均匀地充满整个容器的空间，又互不干扰，如同单独存在于容器中一样，任一组分气体分子对器壁碰撞所产生的压力都不因其他组分气体的存在而有所改变，与它独占整个容器时所产生的压力相同。

混合气体中组分气体所施加的压力叫作该组分气体的分压(partial pressure)。对于理想气体来说，某组分气体的分压力等于在相同温度下该组分气体单独占有与混合气体相同体积时所产生的压力。

1801 年，英国科学家 J. Dalton 在他发表《化学哲学新体系》这一著名论著之前，通过实验观察提出：混合气体的总压等于混合气体中各组分气体的分压之和。这一经验定律被称为道尔顿分压定律(Dalton's law of partial pressure)，其数学表达式为：

$$p_{总}=p_1+p_2+p_3+\cdots+p_i \tag{1-8}$$

该结论也可以用理想气体状态方程导出(读者可试导之)。

据此，我们还可以引出一个重要推论：

设有一个混合气体，其中有 i 个组分，根据气体分压的定义，可知每组分的分压为：

$$p_1=\frac{n_1RT}{V}$$

$$p_2=\frac{n_2RT}{V}$$

$$\vdots$$

$$p_i=\frac{n_iRT}{V}$$

式中 V 为混合气体的体积，$n_1,n_2,\cdots,n_i$ 为组分气体的"物质的量"。

根据(1-8)知：

$$p_{总}=p_1+p_2+p_3+\cdots+p_i=\frac{n_1RT}{V}+\frac{n_2RT}{V}+\cdots+\frac{n_iRT}{V}$$

$$=(n_1+n_2+\cdots+n_i)\frac{RT}{V}=n_{总}\frac{RT}{V}$$

式中 $n_{总}$ 为混合气体的"物质的量"。

因此，每一组分气体的压力与混合气体总压之比为：

$$\frac{p_1}{p_{总}}=\frac{n_1}{n_{总}} \quad \frac{p_2}{p_{总}}=\frac{n_2}{n_{总}} \quad \cdots \quad \frac{p_i}{p_{总}}=\frac{n_i}{n_{总}} \tag{1-9}$$

即 $p_1=p_{总}\times\chi_1,p_2=p_{总}\times\chi_2,\cdots,p_i=p_{总}\times\chi_i$

它指明，混合气体中每一组分的分压，等于总压与该组分的摩尔分数的乘积。

由上面的(1-7)和(1-9)推论还可推导出：

$$p_i=p_{总}\times\chi_i=p_{总}\times\frac{V_i}{V_{总}}=p_{总}\times\varphi_i \tag{1-10}$$

$$p_iV_{总}=p_{总}V_i \tag{1-11}$$

(1-10)式表示分压等于总压力乘该组分气体的体积分数。而(1-11)式表明当组分气体占有与混合气体相同的总体积时，具有分压力(p_i)；当组分气体占有分体积(V_i)时，具有与混合气体相同的总压力。

最后指出，只有理想气体才严格遵守上述定律，因此应避免在低温和高压的条件下，应用气体的分压定律。

【知识要点提醒】 分压力是组分气体在与混合气体具有相同温度和体积时的压力。分压定律是指混合气体的总压等于各组分气体的分压之和。

3. 有关计算

根据道尔顿分压定律，可以计算混合气体的总压力，也可以根据总压力和体积分数计算组分气体的分压，在进行计算时，必须弄清分体积、分压力的概念。

【例 1-3】 在 298 K 时，将压力为 3.33×10^4 Pa 的氮气 0.2 L 和压力为 4.67×10^4 Pa

的氧气 0.3 L 移入 0.3 L 的真空容器，求混合气体中各组分气体的分压力、分体积和总压力各为多少？从答案中可以得到什么结论？

解：由 $p_1V_1=p_2V_2$ 得

氮气的分压力 $p_{N_2}=3.33\times10^4\times\dfrac{0.2}{0.3}=2.22\times10^4$ Pa

氧气的分压力 $p_{O_2}=4.67\times10^4\times\dfrac{0.3}{0.3}=4.67\times10^4$ Pa

混合气体总压 $p_{总}=(2.22+4.67)\times10^4\ \text{Pa}=6.89\times10^4$ Pa

氮气的分体积 $V_{N_2}=0.3\times\dfrac{2.22\times10^4}{6.89\times10^4}\ \text{L}=0.097$ L

氧气的分体积 $V_{O_2}=0.3\times\dfrac{4.67\times10^4}{6.89\times10^4}\ \text{L}=0.203$ L

因此，$p_{总}=p_{N_2}+p_{O_2}\quad V_{总}=V_{N_2}+V_{O_2}$

【例 1-4】 将 1 体积氮气和 3 体积氢气的混合物放入反应器中，在总压力为 1.42×10^6 Pa 的压力下开始反应，当原料气有 9%反应时，各组分的分压和混合气的总压力各为多少？

解：设反应前氮气的“物质的量”为 x，则氢气的“物质的量”为 3 x。

先求反应前氮气和氢气的分压。已知

$$x_{N_2}=\frac{1}{1+3}\quad x_{H_2}=\frac{3}{1+3}\quad p=1.42\times10^6\ \text{Pa}$$

故分压为：

$$p_{N_2}=1.42\times10^6\times\frac{1}{1+3}\ \text{Pa}=3.55\times10^5\ \text{Pa}$$

$$p_{H_2}=1.42\times10^6\times\frac{3}{1+3}\ \text{Pa}=1.065\times10^6\ \text{Pa}$$

反应后，由于氮气和氢气已有 9%参加了反应，故它们的分压比反应前减少 9%。故反应后两者的分压分别为：

$$p_{N_2}=3.55\times10^5\times(1-9\%)\ \text{Pa}=3.23\times10^5\ \text{Pa}$$

$$p_{H_2}=1.065\times10^6\times(1-9\%)\ \text{Pa}=9.69\times10^5\ \text{Pa}$$

根据氢气和氮气的反应式：

$$N_2+3H_2=\!=\!=2NH_3$$

可见生成氨的摩尔数为氮气消耗的摩尔数的 2 倍。因此，生成的氨的分压力为氮气分压减小值的 2 倍。即

$$p_{NH_3}=2\times(3.55-3.23)\times10^5\ \text{Pa}=6.40\times10^4\ \text{Pa}$$

因之混合气体的总压力：

$$p_{总}=p_{N_2}+p_{H_2}+p_{NH_3}=(3.23+9.69+0.64)\times10^5\ \text{Pa}=1.36\times10^6\ \text{Pa}$$

在实验室内经常用排水集气法收集气体，所收集的气体实际上是一种气体混合物，其中含有实验温度下的饱和水蒸气。这时如果需要应用气态方程式进行计算，必须用分压定律校正集气瓶中的压力。

【例 1-5】 在 290 K 和 1.01×10^5 Pa 时，水面上收集了 0.15 L 氮气。经干燥后重 0.172 g，求氮气的分子量和干燥后的体积。（干燥后温度、压力不变）

解：①查手册可知 290 K 时饱和水蒸气压$=1.93\times10^3$ Pa

所以 $$p_{N_2}=1.01\times10^5\ \text{Pa}-1.93\times10^3\ \text{Pa}\approx1\times10^5\ \text{Pa}$$

又 $$M_{N_2}=\frac{m_{N_2}RT}{p_{N_2}V_{总}}$$

$$M_{N_2}=\frac{0.172\ \text{g}\times8314.3\ \text{Pa}\cdot\text{L}\cdot\text{mol}^{-1}\cdot\text{K}^{-1}\times290\ \text{K}}{1\times10^5\ \text{Pa}\times0.15\ \text{L}}=28.0\ \text{g}\cdot\text{mol}^{-1}$$

所以 N_2 的分子量为 28.0

②经干燥后的氮气，在总压不变的情况下除去水蒸气。因此，只具有分体积。

因为 $$p_{N_2}V_{总}=p_{总}V_{N_2}$$

所以 $$V_{N_2}=\frac{1\times10^5\ \text{Pa}\times0.15\ \text{L}}{1.01\times10^5\ \text{Pa}}=0.149\ \text{L}$$

三、气体扩散定律

一种气体可以自发地同另一种气体相混合，而且可以渗透，这种现象称为扩散。

各种气体扩散的速度是不相同的，较重的气体扩散速度较慢，较轻的扩散的速度较快。1831 年，英国化学家格雷姆进行了一系列的实验得到结论：在同温同压下，各种不同气体的扩散速度与气体密度的平方根成反比。这个结论称为气体扩散定律（law of gas diffusion），用数学公式表示如下：

$$\frac{U_1}{U_2}=\sqrt{\frac{d_2}{d_1}}=\sqrt{\frac{M_2}{M_1}} \tag{1-12}$$

U_1、d_1、M_1 分别表示第一种气体的扩散速度、密度和分子量。U_2、d_2、M_2 分别表示第二种气体的扩散速度、密度和分子量。通过测定气体的扩散速度可以求算气态物质的分子量。

【例 1-6】 某未知气体在扩散仪器内以 $0.01\ \text{L}\cdot\text{s}^{-1}$ 的速度扩散，在此扩散仪器内 CH_4 气体以 $0.03\ \text{L}\cdot\text{s}^{-1}$ 的速度扩散，计算此未知气体的近似分子量。

解：CH_4 的分子量 $M_1=16.04$，根据气体扩散定律$\frac{U_1}{U_2}=\sqrt{\frac{d_2}{d_1}}=\sqrt{\frac{M_2}{M_1}}$

可知 $$\frac{U_1^2}{U_2^2}=\frac{M_2}{M_1}$$

$$M_2=\frac{U_1^2}{U_2^2}M_1=\frac{(0.03)^2}{(0.01)^2}\times 16.04\approx 144.4$$

则未知气体的近似分子量为 144.4

(1-12)式表明，气体的扩散速度与其摩尔质量的平方根成反比。设将一定量的气体密封在一容器中，容器通过一毛细管与真空室相连。测定容器的压力下降至预定值所需的时间 t，在相同温度和压力下，对于 A 和 B 两种气体来说，测得的时间与扩散速度成反比。即

$$\frac{t_A}{t_B}=\frac{U_B}{U_A}$$

所以

$$\frac{t_A}{t_B}=\sqrt{\frac{M_A}{M_B}} \tag{1-13}$$

(1-13)式表明两种气体 A 和 B，在相同温度和压力下，等量的气体分子数扩散通过某一点时所需的时间与其摩尔质量的平方根成正比。

应用上面的结论可以分离气体混合物。将混合气体通过多孔隔板进行扩散，摩尔质量不同的气体通过隔板所需的时间不同，这样通过多次扩散，各组分气体就可以分离开。这一方法在同位素分离中得到应用。作为核裂变材料的^{235}U 在自然界中的丰度比^{238}U 小得多，这就必须把^{235}U 从^{238}U 中分离出来。由于一种元素的两种同位素在化学性质上极为相似，所以用化学法分离^{235}U 和^{238}U 是十分困难的。但是利用铀的挥发性化合物 UF_6 进行扩散实验，就能够将这两种同位素分离开来。虽然$^{235}UF_6$ 的摩尔质量与$^{238}UF_6$ 的摩尔质量之差不大，但在大规模的铀分离工厂中，使 UF_6 通过多孔隔板进行数千次的扩散，较轻的组分向下一级扩散，而较重的组分通过前一级循环，这样就使铀的两种同位素得到了分离。

【知识要点提醒】 气体扩散定律：同温同压下，气体的扩散速度与其密度的平方根成反比。通过气体扩散定律，可计算气体的分子量。

*第二节　真实气体

对于理想气体状态方程的应用，特别强调仅在足够低的压力和较高的温度下才适合于真实气体(real gas)。对某些真实气体(如 He、H_2、O_2、N_2 等)来说，在常温常压下能较好地符合 $pV=nRT$ 这一关系式，而对另一些气体[如 CO_2、$H_2O(g)$]等将产生 1%～2% 的偏差，有时偏差甚至更大(见图 1-1)。压力增大，偏差也增大。

产生偏差的主要原因有两方面：一方面是气体体积的影响。按照理想气体的假设，分子本身的体积与气体体积相比较可以忽略不计。当压力升高时，气体体积就变小，在充有气体的容器中，自由空间减小，由于忽略分子体积所产生的误差就要显现出来。特

别是对于那些组成较复杂的摩尔质量较大的分子来说，它们本身的体积要比简单分子大，由此产生的偏差也会较大。另一方面是分子间的相互作用（分子间力）的影响。按照理想气体的假设，分子间没有相互吸引和排斥。实际上，当气体的密度变大时（体积缩小，压力增大），分子间靠得较近，分子间力变得足够强，减弱了分子对器壁的碰撞，相应产生的压力变小。不同种气体，其分子间作用力不同，由于分子间力的影响而偏离理想气体的程度有所不同。影响分子间力的因素较多，见第六章。

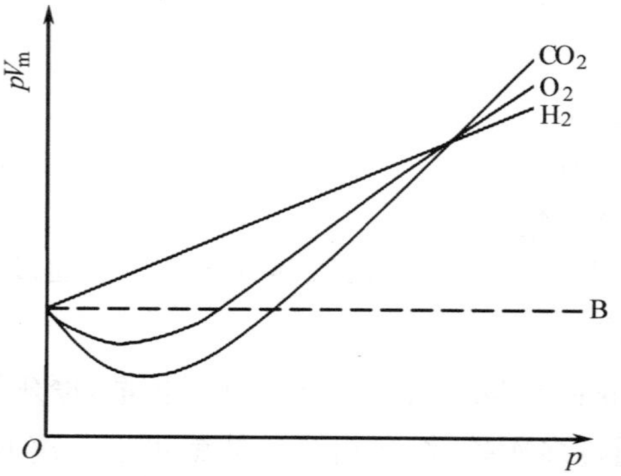

图 1-1　真实气体 pV_m-p 关系图

针对实际气体偏离理想气体状态方程的情况，人们根据实际气体的实验事实对理想气体状态方程进行修正，提出各种解决实际气体问题的方程。这些方程在理论分析中及工程计算中有着广泛的应用。1873 年，荷兰科学家范德华（Van der Walls）的工作最为人们所重视。他针对引起实际气体与理想气体发生偏差的两个主要原因（即不能忽视分子本身的体积及分子间作用力）对理想气体状态方程进行修正。

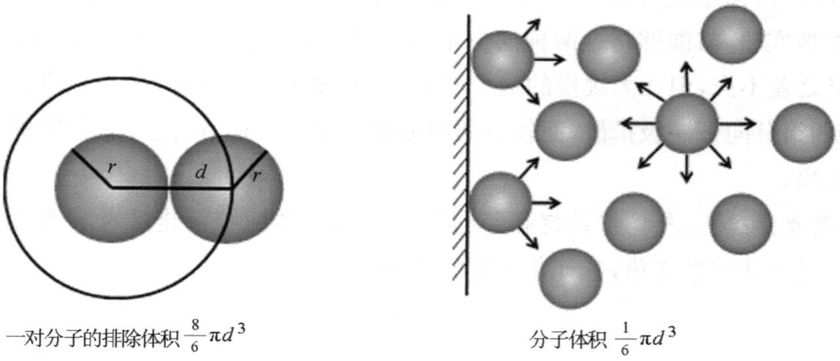

(a)校正因子 b　　(b)校正因子 a

图 1-2　范德华方程的校正项

范德华方程是在理想气体状态方程中加两个校正项而得到的。在理想气体模型中，假设分子不占体积。实际上分子是有一定体积的，不过低压时，分子的体积比气体的体积小得多，可以忽略。但在高压时，分子本身的体积就不可忽视了，由于分子本身要占据一定体积，分子在容器内的活动空间减少了，所以需要引入体积校正因子 b，设 b 为 1 mol 某气体分子自身体积。实际气体只能在$(V-nb)$的空间内活动。关于 b 的数值与分子体积的关系可根据图 1-2(a)做进一步分析。设分子是直径为 d 的圆球，两球心最接近的距

离为 d，这意味着在半径为 d 的球壳内只能容纳两个分子。所以，一个分子所占据的容积等于半径为 d 的球体积的一半，即 $\frac{1}{2}\times\frac{4}{3}\pi d^3$。因为分子本身的体积是 $\frac{4}{3}\pi\left(\frac{d}{2}\right)^3$，所以分子所占据的容积是其本身体积的四倍。这就是校正因子 b 的意义，可以叫作排除体积。范德华方程的第二项校正是对压力的校正。分子相互靠近时吸引力开始起作用，在气体内部，一个分子周围所受的吸引力平均来说是均衡的。但靠近器壁分子所受的吸引力并不均衡[图 1-2(b)]。由于内部分子的吸引力，撞向器壁的分子施于器壁的碰撞力就要减小。所以实际气体产生的压力要比按理想气体计算的压力小一些。由内部分子对接近器壁表面的分子所产生的单位面积上的拉力叫内压力。单位面积上碰撞器壁的分子越多，以及每个分子所受的拉力越大，内压力就越大。这两个因素都与单位体积内分子数成正比，即与气体的密度成正比，密度又与体积成反比，所以内压力与体积的平方成反比。设比例系数为 a，则内压力 $=a\left(\frac{n}{V}\right)^2$。用 p' 表示按理想气体计算的压力，p 为实际气体作用于器壁的压力，根据上面的分析知道，$p'=p+a\left(\frac{n}{V}\right)^2$。综合以上两相校正，就得到范德华气体状态方程：

$$\left(p+\frac{an^2}{V^2}\right)(V-nb)=nRT \tag{1-14}$$

对 1 mol 实际气体，则有

$$\left(p+\frac{a}{V_m^2}\right)(V_m-b)=RT \tag{1-15}$$

式(1-14)和(1-15)是范德华方程，a 是同分子间引力有关的常数，b 是同分子自身体积有关的常数，统称为范德华常数，均可由实验测得。表 1-1 列出了一些气体的范德华常数。

表 1-1　一些气体的范德华常数

气体	$a/(m^6\cdot Pa\cdot mol^{-2})$	$b/(m^3\cdot mol^{-1})$	气体	$a/(m^6\cdot Pa\cdot mol^{-2})$	$b/(m^3\cdot mol^{-1})$
He	3.44×10^{-3}	2.37×10^{-5}	NH_3	4.22×10^{-1}	3.71×10^{-5}
H_2	2.47×10^{-2}	2.66×10^{-5}	C_2H_2	4.55×10^{-1}	5.14×10^{-5}
NO	1.35×10^{-1}	2.79×10^{-5}	C_2H_4	4.53×10^{-1}	5.71×10^{-5}
O_2	1.38×10^{-1}	3.18×10^{-5}	NO_2	5.35×10^{-1}	4.42×10^{-5}
N_2	1.41×10^{-1}	3.91×10^{-5}	H_2O	5.53×10^{-1}	3.05×10^{-5}
CO	1.51×10^{-1}	3.99×10^{-5}	C_2H_6	5.56×10^{-1}	6.38×10^{-5}
CH_4	2.28×10^{-1}	4.28×10^{-5}	Cl_2	6.57×10^{-1}	5.62×10^{-5}
CO_2	3.64×10^{-1}	4.27×10^{-5}	SO_2	6.80×10^{-1}	5.64×10^{-5}
NCl	3.72×10^{-1}	4.08×10^{-5}	C_6H_6	1.82	1.154×10^{-4}

显然，范德华方程比理想气体方程能够在更大的温度和压力范围内应用。但由于范德华方程也是一种近似公式，在高压范围内其计算结果与实际值仍有一定的偏离，不过比理想气体状态方程更接近于实际。当需要进行更精确的计算时，则可采用更精确的状态方程。

【知识要点提醒】 真实气体行为偏离理想气体的原因：真实气体分子本身占有体积，而且分子间存在相互作用力。

第三节　物质的其他聚集状态

一、液体

液体(liquid)内部分子之间的距离比气体小得多，分子之间的作用力较强。液体具有流动性，有一定的体积而无一定的形状。与气体相比，液体的可压缩性小得多。

1. 液体的蒸气压

在液体中分子运动的速度及分子具有的能量各不相同，速度有快有慢，大多处于中间状态。液体表面某些运动速度较大的分子具有的能量足以克服分子间的吸引力而逸出液面，成为气态分子，这一过程叫作蒸发(evaporation)。在一定温度下蒸发将以恒定的速度进行。若将液体置于密闭容器中，情况就有所不同，一方面，液体分子进行蒸发变成气态分子；另一方面，一些气态分子撞击液体表面会重新返回液体，这个与液体蒸发现象相反的过程叫作凝聚(condensation)。初始时，由于没有气态分子，凝聚速度为零，随着气态分子逐渐增多，凝聚速度逐渐增大，直到凝聚速度等于蒸发速度，即在单位时间内，脱离液面变成气体的分子数等于返回液面变成液体的分子数，达到蒸发与凝聚的动态平衡：

$$\text{液体} \underset{\text{凝聚}}{\overset{\text{蒸发}}{\rightleftharpoons}} \text{气体}$$

此时，在液体上部的蒸气量不再改变，蒸气便具有恒定的压力。在恒定温度下，与液体平衡的蒸气成为饱和蒸气(saturated vapor)，饱和蒸气的压力就是该温度下的饱和蒸气压(saturated vapor pressure)，简称蒸气压(vapor pressure)。

蒸气压是物质的一种特性，常用来表征液态分子在一定温度下蒸发成气态分子的倾向大小。在某温度下，蒸气压大的物质为易挥发物质，蒸气压小的为难挥发物质。如 25 ℃时，水的蒸气压为 3.24 kPa，酒精的蒸气压为 5.95 kPa，则酒精比水易挥发。

2. 液体的沸点

在敞口容器内加热液体，最初会看到不少细小气泡从液体中逸出，这种现象是由于溶解在液体中的气体因温度升高，溶解度减小所引起的。当达到一定温度时，整个液体内部都冒出大量气泡，气泡上升至表面，随即破裂而逸出，这种现象叫作沸腾。此时，气泡内部的压力至少应等于液面上的压力，即外界压力(对敞口容器即大气压力)，而气泡内部的压力为蒸气压。故液体沸腾的条件是液体的蒸气压等于外界压力，沸腾时的温度叫作该液体的沸点(boiling point，T_b)。换言之，液体的蒸气压等于外界压力时的温度即为液体的沸点。如果此时外界压力为 101.325 kPa，液体的沸点就叫正常沸点(normal boiling point)。

显然，液体的沸点随外界压力而变化。若降低液面上的压力，液体的沸点就会降低。在海拔高的地方大气压力低，水的沸点不到 100 ℃，食品难煮熟。

【知识要点提醒】 在一定温度时，当液体的蒸发与蒸气的凝聚达到动态平衡时，液体上蒸气的压力为饱和蒸气压。液体的饱和蒸气压等于外界压力时的温度为沸点。

二、固体

固体(solid)可由原子、离子或分子组成。这些粒子排列紧凑，有强烈的作用力(化学键或分子间力)，使它们只能在一定的平衡位置上振动。因此固体具有一定体积、一定形状以及一定程度的刚性。

多数固体物质受热时能熔化成液体，但有少数固体物质并不经过液体阶段而直接变成气体，这种现象叫作升华(sublimation)。如放在箱子里的樟脑精，过一段时间后变少或消失，箱子里却充满其特殊气味。另一方面，一些气体在一定条件下也能变成固体，这一过程叫作凝华(desublimation)，晚秋降霜就是凝华过程。

固体可分为晶体和非晶体(无定性体)两大类，多数固体物质是晶体。与非晶体比较晶体有以下特征：有一定的几何外形，有固定的熔点，有各向异性。

三、等离子体

等离子体(plasma)是物质的另一种存在形式。当气态物质接受足够高的能量(如强热、辐射、放电等)时，气体分子将分解成原子，原子进一步电离成自由电子和正离子，它们电荷相反而数量相等，当气体中有足够数量原子电离时，将转化为新的物态——等离子体，有人称它为物质的第四态。等离子体实际上是高度电离的气体。

本章小结

本章主要讲述了理想气体与理想混合气体相关知识，在理想气体状态方程的基础上，重点讨论混合气体的分压定律及分体积定律。通过本章的学习，能够根据理想气体状态方程和分压定律进行相关计算，并掌握其在实际中的应用。

习　题

一、选择题

1. 下列方程式中，(　　)是错误的。

A. $p_{总}V_{总}=n_{总}RT$　　B. $p_iV_i=n_iRT$

C. $p_iV_{总}=n_iRT$　　D. $p_{总}V_i=n_iRT$

2. 某气体 AB，在高温下建立下列平衡：$AB(g) \rightleftharpoons A(g)+B(g)$。若把 1.00 mol 此气体在 $T=300$ K，$p=101$ kPa 下放在某密闭容器中，加热到 600 K 时，有 25.0%解离。此时体系的内部压力为(　　)kPa。

A. 253　　B. 101　　C. 50.5　　D. 126

3. 实际气体和理想气体更接近的条件是(　　)。

A. 高温高压　　B. 低温高压　　C. 高温低压　　D. 低温低压

4. 某容器中加入相同物质的量的 NO 和 Cl_2，在一定温度下发生反应：$NO(g)+\frac{1}{2}Cl_2 \rightleftharpoons NOCl(g)$。平衡时，各物种分压的结论肯定错误的是(　　)。

A. $p(NO)=p(Cl_2)$　　B. $p(NO)=p(NOCl)$

C. $p(NO)<p(Cl_2)$　　D. $p(NO)>p(NOCl)$

5. At a given temperature and pressure, which gas occupies the smallest volume per unit mass? (　　).

A. O_2　　B. Ar　　C. CO_2　　D. Xe

二、填空题

1. 在 289 K 下有相同质量的 CO_2、H_2、N_2、He 组成的混合气体压力为 p，各组分气体分压力由大到小的顺序为____________________。

2. 将 N_2 和 H_2 按 1∶3 的体积比装入一密闭容器中，在 400 ℃和 10 MPa 下达到平衡时，NH_3 的体积分数为 39%，这时 $p(NH_3)=$________ MPa，$p(N_2)=$________ MPa，$p(H_2)=$________ MPa。

3. 温度 T 时，在容积为 a L 的真空容器中充入氮气和氩气使容器内压力为 b kPa，若 $p(N_2)=c$ kPa，则 $p(Ar)=$________ kPa；N_2 的分体积为________ L。

4. 一钢瓶 N_2 体积为 40.0 L，在 298 K 下使用。使用前压力为 1.26×10^4 kPa，使用后降为 1.01×10^4 kPa，由计算可知共使用了 N_2 ________ mol。

5. 已知 20 ℃水的饱和蒸气压为 2.34 kPa。在 20 ℃，99.3 kPa 的气压下，用排水集气法

收集氮气 N_2 150 mL，则纯氮气的分压为________ kPa；若该气体在标准状态下(0 ℃，101.325 kPa)经干燥，则此时 N_2 的体积为________ mL。

6. 某广场上空有一气球，假定气压在一日内基本不变，早晨气温 15 ℃时，气球体积为 25.0 L；中午气温为 30 ℃，则其体积为________ L；若下午的气温为 25 ℃，气球体积为________ L。

三、问答题和思考题

1. 什么是气体的分压力？什么是气体的分体积？什么是气体的分压定律？分压、分体积与摩尔系数之间有什么关系？压力分数、体积分数与摩尔分数之间关系又如何？
2. 在气体状态方程中如何运用分压力、分体积的概念进行计算？
3. 何为饱和蒸气压？饱和蒸气压与液体的沸点有什么关系？
4. 晶体有哪些特征？
5. 阐述理想气体的概念，说明真实气体在哪些条件下更接近于理想气体，以及真实气体的行为偏离理想气体的原因。
6. 35 ℃的 Cl_2 和 0 ℃的 Cl_2 何者扩散得更快些？Cl_2 通过真空扩散得快，还是通过空气扩散得快？

*7. 有 25.0 ℃，1.00 L，0.50 mol N_2。

(1)按理想气体状态方程计算 N_2 的压力；

(2)根据范德华方程计算 N_2 的压力；

(3)比较两者的相对偏差。

*8. 不查表，确定下列气体：H_2、N_2、CH_4、C_2H_6、C_3H_8 中，其范德华常量 b 最大的是哪一种气体。

*9. 比较 H_2、CO_2、N_2、CH_4 的范德华常量 a，预测分子间力最大的是哪一种气体。

四、计算题

1. 在 573 K 和 2×10^5 Pa 压力下，33.3 L 气体 CF_4 中含有多少摩尔的 CF_4？
2. 在 300 K、$3.039\,75\times10^6$ Pa 时，一气筒含有 480 g 的氧气，若此筒被加热到 373 K，然后开启阀门(温度保持不变)一直到气体压力降低到 $1.013\,25\times10^5$ Pa 时，共放出多少克的氧气？
3. 求氧气在 273 K、$5.066\,25\times10^5$ Pa 下的密度。
4. 有人在实验室中收集了天然气，在 298 K 时在一只 0.25 L 烧瓶中收集气压为 7.33×10^4 Pa 的气体，称得此气体的净质量是 0.118 g(278 K)，由这些数据求此气体的分子量。
5. 在 298 K 和 $1.013\,25\times10^5$ Pa 压力下，测得某气体的密度为 1.340 $g\cdot L^{-1}$。在另一实验中测得这个气体是由 79.8% C 和 20.2% H 组成。求：

(1)这个化合物的最简式；

(2)这个化合物的分子量；

(3)这个化合物的分子式。

6. 在 293 K 和 9.33×10^4 Pa 条件下，烧瓶中某物质的蒸气称量得到下列数据：烧瓶容积为 0.293 L，烧瓶和空气的质量为 48.369 g，烧瓶与该物质蒸气质量为 48.537 g，且已知空气的平均分子量为 29。求此物质的分子量。

7. 氧气在 $1.013\,25\times10^5$ Pa、300 K 时体积为 2 L，氮气在 2.0265×10^5 Pa、300 K 时体积为 1 L。现将这两种气体在 1 L 的容器中混合，如温度仍为 300 K，混合气体的总压力是否等于 $3.039\,75\times10^5$ Pa，为什么？

8. 在实验室中用排水集气法收集制取的氢气。在 23 ℃、100.5 kPa 压力下，收集了 370.0 mL 的气体(23 ℃时，水的饱和蒸气压为 2.800 kPa)。试求：

(1)23 ℃时该气体中氢气的分压；

(2)氢气的物质的量；

(3)若在收集氢气之前，集气瓶中已充有氮气 20.0 mL，其温度也是 23 ℃，压力为 100.5 kPa；收集氢气之后，气体的总体积为 390.0 mL。求此时收集的氢气分压；与(2)相比，氢气的物质的量是否发生了变化？

9. 合成氨的原料气中氢气和氮气的体积比是 3∶1，除这两种气体外，原料气中还含有其他杂质气体 4%(体积百分数)，原料气总压力为 1.52×10^7 Pa，求氮、氢的分压。

10. 将一定量的氯酸钾加热后，其质量失去了 0.480 g，生成的氧气在水面上用排水集气法收集起来。在温度为 294 K、压力为 9.96×10^4 Pa 时，测得其体积为 0.377 L。试求氧气的分子量。(294 K 时水的饱和蒸气压为 2.48×10^3 Pa)

11. 由 NH_4NO_2 分解制氮气，在 296 K、9.56×10^5 Pa 气压下，用排水集气法收集到 0.0575 L 氮气，求：

(1)氮气的分压；

(2)干燥后氮气的体积。(已知水在 296 K 时的饱和蒸气压为 2.81×10^3 Pa)

12. 将氨和氯化氢气体分别从一根 1.20 m 长的玻璃管两端向管内自由扩散。两气体在玻璃管的什么位置相遇而生成 NH_4Cl 的白烟？

第二章 化学热力学

本章提要

知识要点	掌握程度	相关知识
基本概念	掌握	系统和环境，状态和状态函数，强度性质与广度性质，标准态，热和功，反应进度
函数相关性质	掌握	U、H、S、W、Q、G 的性质
函数相关计算	重点掌握	焓变，熵变，吉布斯焓变计算，盖斯定律
热力学定律	掌握	热力学第一、第二、第三定律
G 判据	重点掌握	标准状态及任意状态下化学反应进行方向的判据

【历史回顾】

化学热力学

热力学是自然科学中建立最早的学科之一。19 世纪中叶，焦耳在热功当量实验基础上建立了热力学第一定律（解决变化过程中的能量衡算问题）；开尔文和克劳修斯分别在卡诺工作的基础上建立了热力学第二定律（解决变化的方向和限度问题）。之后，能斯特于 1912 年建立了热力学第三定律（判断化学变化的方向）。化学热力学是在热力学三个基本定律基础上发展起来的，它主要研究系统在各种条件下的物理和化学变化中所伴随着的能量变化，从而对化学反应的方向和进行的程度做出准确的判断。

热力学是研究能量相互转变过程中所遵循的规律的一门科学，即无须知道物质的内部结构，只从能量观点出发便可得到一系列规律的一门科学。它可以研究各种能量之间的转化关系（如电能和机械能、电能和热能等）；它可以研究在各种变化过程中发生的各种能量效应；它可以研究在某一定条件下变化是否自发发生，如果变化能够自发发生，则又将发生到什么程度为止；等等。所以说，热力学的应用范围极其广泛，它可应用于工程学、物理学、化学以及其他科学分支。本章是从热力学应用于化学角度，对热力学的基本原理给予初步介绍。

第一节　基本概念

一、系统与环境

我们用观察、实验等方法进行科学研究时，必须先确定所要研究的对象，把一部分物质与其余的分开(可以是实际的，也可以是想象的)。这种被划定的研究对象，就称为系统或体系(system)，而在系统之外与系统密切相关，影响所能及的部分，则称为环境(surrounding)。

在研究任一系统的某热力学性质时，有时把系统称为热力学系统。本书仍简称为系统或体系。

根据系统与环境的关系，系统可分为三种：系统完全不受环境影响，和环境之间既无物质交换又无能量交换的系统，称为隔离系统(或孤立系统)(isolated system)；系统与环境之间无物质交换，但可以发生能量交换的系统，称为封闭系统(closed system)；环境与系统之间既有物质交换又有能量交换的系统，称为开放系统(opened system)。明确所研究的系统属于何种系统是至关重要的。由于处理问题的对象不同，描述它们的变量也不同，所适用的热力学公式也有所不同。

世界上一切事物总是有机地联系着，互相依赖着，互相制约着，因此不可能有绝对的隔离系统。但是为了所研究问题的方便，在适当的条件下，可以近似地把某一个系统看成是隔离系统。

例如，把一个盛有一定量水的广口瓶选作系统，则系统为开放系统，因为它既有水分子逸入其环境(即周围的空气)中，又和环境交换热量。如果用塞子把广口瓶密封起来，则该系统就成为封闭系统，因为这时它和环境只有热量交换。假如再把所用的广口瓶改为保温瓶，则此时系统就接近于孤立系统。

【知识要点提醒】 注意区分开放系统、封闭系统和隔离系统。

二、状态与状态函数

描述一个系统，必须确定它的一系列物理、化学性质，如温度、压强、重量、体积、组成、能量和聚集态等，这些性质的总和，就决定了系统的状态。例如，理想气体的状态可用 p、V、T 和 n 四个物理量来描述，其函数形式就是理想气体状态方程 $pV=nRT$。当这些性质确定时，系统即处在一定的状态；反之，当系统状态一定，系统的所有性质也都有确定值。如若其中任一性质有了改变，则系统的状态就发生了变化。变化前的状态，常称为“起始状态”(始态)(initial state)；变化后的状态，则称为“终了状态”(终态)(terminal state)。

描述系统状态的宏观性质，称为状态函数(state function)，系统的状态一定，状态函数的值就有一个相应的确定的值。如果状态发生变化，只要终态和始态一定，那么状态函数的变化值有唯一值与之对应，不会因始态至终态所经历的具体过程不同而改变。这是状态函数的重要特性。温度、压强和体积等，都是状态函数的实例。系统的宏观性质(状态函数)之间是相互关联的，通常只需指定其中几个，其余的也就随着确定了。也就是说，在这些性质中只有部分是独立的。例如，对纯液态水来说，若指定温度和压力，则密度、黏度、摩尔体积等，就都有了一定的值。又如，对于理想气体，p、V_m、T 之间可通过状态方程 $pV_m=RT$ 把它们联系起来，在三个变量中，只有两个是独立的。由此可见，只要用系统的几个性质就可以描述出系统所处的状态。

系统发生变化的经过，称为热力学过程。若在整个过程中，温度恒定，就叫恒温过程①(isothermal process)；若整个过程中，系统的压力保持不变，并等于环境的压力，就称为恒压过程(isobaric process)；同样，若变化过程中，系统的体积保持不变，就叫恒容过程(isochoric process)。

三、广度性质和强度性质

通常用系统的宏观可测性质如体积、压力、温度、表面张力等来描述系统的热力学状态。这些性质又称为热力学变量。可以把它们分为两类：

1. 广度性质

广度性质(extensive property)的数值与系统的数量成正比。如系统的体积、质量及即将学习的内能、焓、熵等。此种性质具有加和性，即整个系统的某种广度性质是系统中各部分该种性质的总和。

2. 强度性质

强度性质(intensive property)不具有加和性，其数值取决于系统自身的特性，与系统的数量无关。如温度、压力、密度、黏度等。

系统的某种广度性质除以总质量或物质的量(或者把系统的两个容量性质相除)之后就成为强度性质。若系统中所含物质的量是单位量，即一摩尔，则广度性质就成为强度性质。例如，熵、体积、吉布斯函数等是广度性质，而摩尔熵、摩尔体积、摩尔吉布斯函数等就是强度性质。

【知识要点提醒】 广度性质具有加和性，强度性质不具有加和性。

---

① 只要初始状态温度等于终了状态温度，且等于环境温度即可认为是恒温过程；恒压过程亦是如此。

四、系统的标准态

由于化学反应中能量变化受外部条件的影响，因此为了确定一套精确的热力学基本数据，国际上规定了热力学标准态，简称标准态(standard state)。

国际标准中规定 100.0 kPa 为标准压力，以 $P^\ominus$ 表示，再进一步规定各种系统的热力学标准态。对于气相系统，每种气态物质的压力都处于标准压力时，具有理想气体行为的状态即为标准态；对纯液体和固体物质，其标准态是处于标准压力下的纯液体和纯固体中最稳定的状态。对于液态混合物和溶液中的溶剂来说，其标准态的规定是处于标准压力下的理想液态混合物，摩尔分数 $x=1$ 时的状态，即纯态；对于溶液的溶质来说，其标准态是处于标准压力下溶质浓度为 $c^\ominus=1\ \mathrm{mol\cdot L^{-1}}$ 或 $b^\ominus=1\ \mathrm{mol\cdot kg^{-1}}$ 时，且符合亨利定律的假想状态。

对于某一化学反应，反应中各物质均处于标准态下，只要反应物和生成物的温度相同(298 K 可略去，其他温度则需指明)，状态函数的变化值 $\Delta x=x_2-x_1$(即终态与始态的状态函数值之差)，称为该状态函数的标准变化值。

【知识要点提醒】 标准压力是 100.0 kPa，不是一个标准大气压。在此基础上再进一步规定各种系统的热力学标准态。

五、热和功

1. 热和功的定义

热力学上对热的定义为：由于温度不同，而在系统与环境之间交换的或传递的能量就称为热。且规定系统吸收热量为正，放出热量为负。在热力学中，把除热之外，在系统和环境之间的其他各种形式被传递的能量都称为功。系统对环境做功为负功，环境对系统做功为正功。

热和功是在热力学过程中系统与环境之间所传递的能量，其数值与热力学过程所经过的具体途径有关。这一点与状态函数不同。因此热和功不是热力学性质，即不是状态函数。

功的种类很多。例如，将橡皮拉长，做了伸长功；物体下落，做了重力功；电池在电动势作用下传递电荷，就做了电功；气体在恒压下膨胀或压缩，产生体积功等。

习惯上，将除体积功外的其他形式的功，统称为非体积功。体积功是系统体积改变时抵抗外力所做的功。可表示为：

$$\delta W=-p_{外}\,\mathrm{d}V$$

2. 几种过程的体积功计算

①恒压过程的功　$W=-p(V_2-V_1)$

②恒容过程的功　$W=-\int p_{外}\,\mathrm{d}V=0(\mathrm{d}V=0)$

③向真空中自由膨胀　$W= -\int p\mathrm{d}V=0(p_{外}=0)$

④理想气体的恒温可逆过程　$W=\int_{V_1}^{V_2}-P\mathrm{d}V=-\int_{V_1}^{V_2}\frac{nRT}{V}\mathrm{d}V=nRT\ln\frac{V_1}{V_2}$　因为在恒温过程中，$p_1V_1=p_2V_2$，所以，$W=nRT\ln\frac{P_2}{P_1}$

【知识要点提醒】 功和热不是状态函数(是过程函数)，注意功和热的符号规定。

六、反应进度

反应进度(extent of reaction)是用来描述某一化学反应进行程度的物理量，它具有与物质的量相同的量纲，SI 单位为 mol，用符号 ξ 表示，它在化学反应热的计算、化学平衡和化学反应速率的表示式中被普遍使用。

通常可以把任何化学反应式写成：

$$a\mathrm{A}+b\mathrm{B}+\cdots = p\mathrm{P}+q\mathrm{Q}+\cdots$$

令 $\nu_\mathrm{A}=-a,\nu_\mathrm{B}=-b,\cdots,\nu_\mathrm{P}=p,\nu_\mathrm{Q}=q,\cdots$

则任何反应方程式可写为

$$0=-a\mathrm{A}-b\mathrm{B}+\cdots+p\mathrm{P}+q\mathrm{Q}+\cdots$$

$$或\ 0=\sum_\mathrm{B}\nu_\mathrm{B}\mathrm{B}$$

式中 ν_B 等是所给化学反应式中各物质的计量系数，是无量纲量。对反应物，ν_B 取负值，对生成物，ν_B 取正值，B 为反应物或产物。

设某反应为

$$-\nu_\mathrm{A}\mathrm{A}-\nu_\mathrm{B}\mathrm{B}+\cdots\longrightarrow\nu_\mathrm{P}\mathrm{P}+\nu_\mathrm{Q}\mathrm{Q}+\cdots$$

当 $t=0,\xi=0$	n_A^0	n_B^0	n_P^0	n_Q^0
当 $t=t,\xi=\xi$	n_A	n_B	n_P	n_Q

定义反应进度 ξ 为

$$\xi=\frac{n_\mathrm{B}-n_\mathrm{B}^0}{\nu_\mathrm{B}}$$

由此可得

$$\mathrm{d}\zeta=\frac{\mathrm{d}n_\mathrm{B}}{\nu_\mathrm{B}}$$

式中下标 B 代表任一组分，n_B^0 是 B 组分在反应起始时($\xi=0$ 时)的物质的量，n_B 是 B 组分在反应进度为 ξ 时的物质的量。

引入反应进度这个量的最大优点是在反应进行到任意时刻时，可用任一反应物或生成物来表示反应进行的程度，所得值总是相等的，即

$$\xi=\frac{\Delta n_\mathrm{A}}{\nu_\mathrm{A}}=\frac{\Delta n_\mathrm{B}}{\nu_\mathrm{B}}=\frac{\Delta n_\mathrm{P}}{\nu_\mathrm{P}}=\frac{\Delta n_\mathrm{Q}}{\nu_\mathrm{Q}}$$

或 $$d\xi=\frac{dn_A}{\nu_A}=\frac{dn_B}{\nu_B}=\frac{dn_P}{\nu_P}=\frac{dn_Q}{\nu_Q}$$

当化学反应按所给反应式的系数比进行了一个单位的化学反应时，即 $\Delta n_B/\text{mol}=\nu_B$，这时反应进度 ξ 就等于 1 mol。如在下列反应中：

$$N_2+3H_2 \xlongequal{} 2NH_3$$

系统中，如 N_2 消耗 1 mol，H_2 即消耗 3 mol，生成物 NH_3 则增加 2 mol。因此，用不同的反应物或生成物“物质的量”的变化来表示化学反应进行程度的数值各异，在使用上带来不便。

$$\Delta n_{N_2}=-1\ \text{mol},\Delta n_{H_2}=-3\ \text{mol},\Delta n_{NH_3}=2\ \text{mol}$$

使用反应的反应进度，无论用哪种物质表示，反应进度是一致的。

$$\xi=\Delta n_{N_2}/\nu_{N_2}=\Delta n_{H_2}/\nu_{H_2}=\Delta n_{NH_3}/\nu_{NH_3}=1\ \text{mol}$$

【知识要点提醒】 反应进度的单位为 mol，计量系数无量纲。注意计量系数的符号，反应物为负，生成物为正。

第二节　热力学能和焓

一、热力学能和恒容热效应

1. 热力学能

“自然界的一切物质都具有能量，能量可以表现为各种具体形式，且各种形式的能量可以相互转化，在转化中，能量的总量不变”。此即是能量守恒与转化规律，亦即热力学第一定律(first law of thermodynamics)。

通常，系统的总能量是由下列三部分组成的：

①系统整体运动的动能。

②系统在外力场中的位能。

③热力学能，又叫内能 U。

在化学热力学中，通常是研究宏观静止的系统，无整体运动，并且除重力场外没有特殊的外力场存在(如电磁场、离心力场等)。因此，只注意热力学能。热力学能(thermodynamic energy)是系统内部各种能量(如分子运动的平动能、转动能、振动能，电子及核的能量以及分子与分子相互作用的位能等)的总和。其确切数值尚无法知道。但热力学所感兴趣的是该系统在变化过程中吸收或放出了多少能量亦即其能量变化值 ΔU。

假设系统由状态(1)→状态(2)，根据能量守恒定律，若在过程中系统从环境吸收热量 Q，对环境做功 W，则系统的内能的变化是

$$\Delta U=Q+W \tag{2-1}$$

若系统发生了微小的变化，内能的变化是

$$dU=\delta Q+\delta W$$

内能是系统的状态函数，只取决于其状态，是系统状态的单值函数，在确定的状态下有确定的值。它的改变值也只取决于系统的始态和终态，而与变化的途径无关。这是很容易证明的。

设系统从 A 状态→B 状态有两个可逆途径：可逆途径Ⅰ及可逆途径Ⅱ，如果内能不是状态函数，而与途径有关，则两条途径的 ΔU 就不等。假定 $\Delta U_1>\Delta U_2$，现令系统自状态 A 出发，经途径Ⅰ到 B，然后循途径Ⅱ的逆过程返回到 A，如此循环一周，系统回到原来的状态。见图 2-1。其总能量变化为：

$$\Delta U=\Delta U_1+(-\Delta U_2)>0$$

系统循环一周后恢复原状，但却凭空获得了剩余的能量，显然这是违反热力学第一定律的。同样假定 $\Delta U_1>\Delta U_2$ 也是不能成立的。

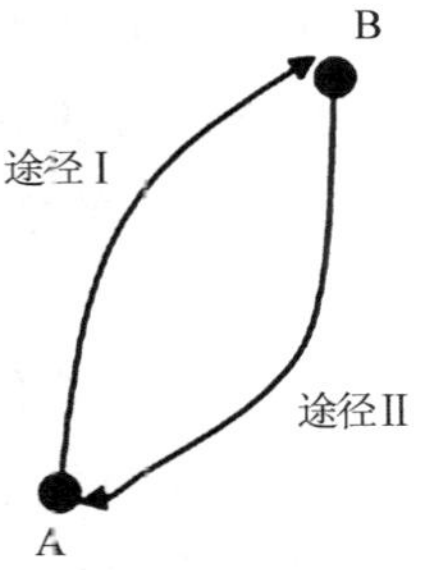

图 2-1　内能的改变值与途径无关

2. 非体积功为零时，恒容热效应 Q_V

因为 $W=0$，所以，$\Delta U=Q_V$，即在不做非体积功的情况下，恒容热效应等于系统的热力学能变。

【知识要点提醒】 在化学热力学中，热力学能通常指系统内部各种能量的总和。热力学能是状态函数。

二、焓

1. 焓的定义

当系统在恒压条件下，只做体积功而不涉及其他形式的非体积功($W'=0$)，

$$\text{体积功 } W=-p\cdot\Delta V$$

如用 Q_p 表示系统在恒压条件下吸收或放出的热时，则式(2-1)可改写为

$$\Delta U=Q_p-p\cdot\Delta V \tag{2-2}$$

$$Q_p=\Delta U+p\cdot\Delta V$$

恒压下，　$Q_p=\Delta U+\Delta(pV)=\Delta(U+pV)$

或　$Q_p=U_2-U_1+pV_2-pV_1=(U_2+pV_2)-(U_1+pV_1)$

等式右边是终态和始态间的变化量，在热力学上将($U+pV$)定义为焓(enthalpy)，组合成一个新的状态函数，并用符号 H 表示，即

$$H=U+p\cdot V \tag{2-3}$$

可见 $$Q_p=\Delta H \tag{2-4}$$

将式(2-4)代入式(2-2)，则有

$$\Delta U=\Delta H-p\cdot\Delta V \tag{2-5}$$

应当注意的是，式(2-1)是适用于任何系统且不附带其他条件的，而式(2-3)、式(2-4)和式(2-5)则是热力学第一定律在恒压下只做体积功的特定条件下的表达式。

2. 焓的性质

如前所述，焓是一个组合的状态函数，但其物理意义不如体积 V、温度 T、压力 p 和热力学能 U 等状态函数那样直观、明显，因此需做进一步的讨论。

设某系统的焓值为 H_1，吸收热量后变为 H_2，则

$$H_2-H_1=\Delta H>0, H_2>H_1$$

显然，吸热会使系统的焓值增加，同理，放热则使系统的焓值降低。一般的就物理变化来说，吸热将使系统的温度升高。因此，对同一物体高温时的焓应大于低温时的焓。在不同的聚集状态，因为物体液态变为气态必须吸热，故气态时的焓要比液态时高；同样，液态的焓又高于固态的焓。即

$$H_{\text{高温物}}>H_{\text{低温物}}\quad H_{\text{气}}>H_{\text{液}}>H_{\text{固}}$$

对化学反应来说，系统的焓变等于恒压反应热：

$$Q_p=\Delta H=H_{\text{生成物}}-H_{\text{反应物}}$$

如果 $H_{\text{生成物}}>H_{\text{反应物}}$，则 $\Delta H>0$，即系统吸收热量使焓值增加，是吸热反应；$H_{\text{生成物}}<H_{\text{反应物}}$，则 $\Delta H<0$，即系统焓值降低，是放热反应。

根据状态函数性质，显然，当过程向相反方向进行时，ΔH 要改变符号。比如，始态的焓 H_1 变到终态的焓 H_2，则

$$\Delta H_{\text{正}}=H_2-H_1$$

如过程逆转，从终态回到始态：

$$\Delta H_{\text{逆}}=H_1-H_2=-(H_2-H_1)=-\Delta H_{\text{正}}$$

和热力学能一样，焓的绝对值无法确定，但其变化量 ΔH 则是可以测定的。在化学中，普遍用 ΔH 来表示恒压过程的热量变化，如反应热记为 $\Delta_r H$，物质的熔化热记为 $\Delta_{fus} H$，汽化热记为 $\Delta_{vap} H$ 和升华热记为 $\Delta_{sub} H$ 等。

对于理想气体来说，其热力学能和焓都仅仅是温度的函数，与压力、体积无关。

【知识要点提醒】 焓表示系统在恒压条件下吸收或放出的热量。焓是状态函数。

三、反应热的测量

1. 比热容

对封闭系统(均相且组成不变)，设从环境吸收热量 Q，系统的温度从 T_1 升高到 T_2，则定义平均热容为

$$\overline{C}=\frac{Q}{T_2-T_1} \tag{2-6}$$

若温度的变化很小，则写作

$$C=\frac{\delta Q}{\mathrm{d}T}（式中\frac{\delta Q}{\mathrm{d}T}不是导数） \tag{2-7}$$

热容 C 的单位是 $\mathrm{J \cdot K^{-1}}$。若物质的质量是 1 kg，则称为比热容（specific heat capacity），单位是 $\mathrm{J \cdot K^{-1} \cdot kg^{-1}}$。对于一摩尔的物质，则称为摩尔热容（molar heat capacity），用 C_{m} 表示，单位是 $\mathrm{J \cdot K^{-1} \cdot mol^{-1}}$。由于 Q 值随过程而不同，所以热容也因过程的不同而有不同的数值。对于组成不变的均相系统，在等压过程中的热容称为等压热容（C_p），在等容过程中的热容称为等容热容（C_V）。

$$C_p=\frac{\delta Q_p}{\mathrm{d}T}=\left(\frac{\partial H}{\partial T}\right)_p, \Delta H=Q_p=\int C_p \mathrm{d}T \tag{2-8a}$$

$$C_V=\frac{\delta Q_V}{\mathrm{d}T}=\left(\frac{\partial U}{\partial T}\right)_V, \Delta U=Q_V=\int C_V \mathrm{d}T \tag{2-9a}$$

$$C_{p,\mathrm{m}}=\frac{\delta Q_{p,\mathrm{m}}}{\mathrm{d}T}=\left(\frac{\partial H_{\mathrm{m}}}{\partial T}\right)_p, \Delta H=Q_p=\int nC_{p,\mathrm{m}} \mathrm{d}T \tag{2-8b}$$

$$C_{V,\mathrm{m}}=\frac{\delta Q_V}{\mathrm{d}T}=\left(\frac{\partial U_{\mathrm{m}}}{\partial T}\right)_V, \Delta U=Q_V=\int nC_{V,\mathrm{m}} \mathrm{d}T \tag{2-9b}$$

2. 化学反应热效应的测量

许多化学反应的反应热是可以直接测量的，测量反应热的仪器统称为量热计（calorimeter）。人们常把只做体积功、反应前后温度相同时，系统吸收或放出的热，称为反应的热效应（heat effect），以区别于一般意义的热。

量热计由保温和测温两部分器件组成。保温的目的，是保证反应过程中与外界不发生热交换，即既不使系统的热量散失，又不从环境吸收热量。选择比较精确（如刻度至 0.01 ℃）的温度计，借助放大镜来读出较准确的温度变化值 ΔT，再用水的质量、比热容和量热计本身的热容，即可测出恒压热效应（constant heat effect）（图 2-2）。如测量中和热、溶解热及其他溶液反应的热效应等。这些热效应属于恒压热效应 Q_p。

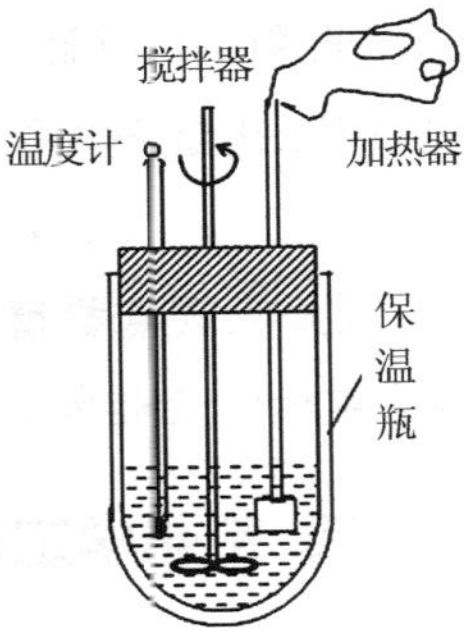

图 2-2　简易量热计

另一种常见的量热计，如图 2-3 所示，通常称为弹式量热计。化学反应在一个密闭厚壁全钢制的容器中进行，由于总体积不变 $\Delta V=0$，故此法测定的是恒容热效应 Q_V。在实验进行前，需向容器中通入一定反应进行时所需的高压氧气，故反应容器又称“氧弹”。该装置主要用于测定燃烧热等。

由于系统只做体积功，$\Delta V=0$，则 $W=0$，

$$\Delta U=Q+W \quad 或 \quad \Delta U=Q_V$$

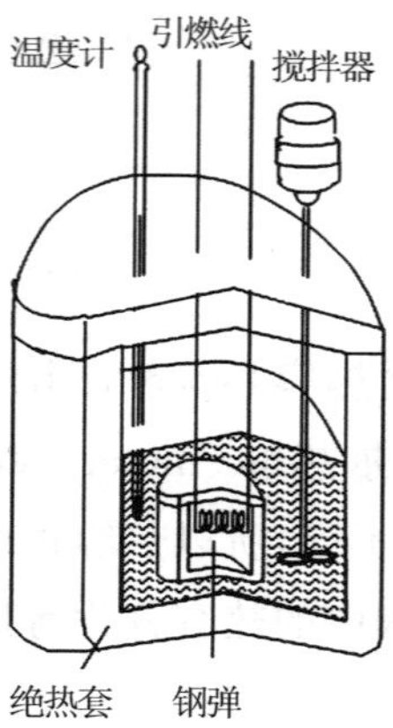

图 2-3　弹式量热计

热量不是状态函数，但恒压热效应 Q_p 和恒容热效应 Q_V 分别和状态函数变化量 ΔH 和 ΔU 在数值上相等。记住这一点非常重要。

【例 2-1】 液体苯试样 1.0 g，与适量的氧气一起放入弹式量热计中进行反应。水浴中盛水 4147.0 g。反应后，水温升高 2.176 ℃，已知量热计热容为 1840 J·℃$^{-1}$，如忽略温度计、搅拌器等吸收的热量，试计算 1 mol 液苯燃烧的恒容热效应。

解：水的比热容为 4.184 J·℃$^{-1}$·g^{-1}，量热计的热容为 180 J·℃$^{-1}$，过程中水所吸收的热量为

$$Q=[(4.184\times4147.0+1840)\times2.176]\ \text{J}=41\ 760\ \text{J}=41.76\ \text{kJ}$$

这是 1.0 g 液苯燃烧时放出的热量，苯的摩尔质量为 78.05 g·mol^{-1}，反应进度为 1 mol 时，

$$Q_V=\Delta U=-(41.76\ \text{kJ}\cdot\text{g}^{-1}\times78.05\ \text{g}\cdot\text{mol}^{-1})=-3259\ \text{kJ}\cdot\text{mol}^{-1}$$

总过程可表示为

$$C_6H_6(l)+\frac{5}{2}O_2(g)=\!=\!=6CO_2(g)+3H_2O(l),Q_V=-3259\ \text{kJ}\cdot\text{mol}^{-1}$$

方程式小括号中字母是表示物质状态的略写符号，常用 s 表示固态，l 表示液态，g 表示气态，aq 表示水溶液，等等。

应当注意，中学化学中热化学方程式的热效应数值写法，与用 ΔU、ΔH 表示的符号正好相反。例如，

$$C(s)+O_2(g)=\!=\!=CO_2(g)+393.14\ \text{kJ}$$

表明 1 mol 碳与 1 mol 氧分子完全反应生成 1 mol 二氧化碳时，放出 393.14 kJ 的热量，而在化学热力学中，用 $\Delta_r H_m^\circ$ 表示，当反应进度为 1 mol 时，应写为

$$C(s)+O_2(g)=\!=\!=CO_2(g),\qquad \Delta_r H_m^\circ=-393.14\ \text{kJ}\cdot\text{mol}^{-1}$$

【知识要点提醒】 恒压热效应 Q_p 和恒容热效应 Q_V 分别和状态函数变化量 ΔH 和 ΔU 在数值上相等。

四、热化学定律

1. 标准摩尔生成焓

在标准态下，298 K 时，由最稳定的单质生成 1 mol 化合物时的焓变，称为该化合物的标准摩尔生成焓（standard molar enthalpy of formation）（或标准摩尔生成热），用 $\Delta_f H_m^\circ$ 表示，符号中“f”表示生成反应（reaction），“m”表示反应进度为 1 mol，其余前面已做说明，故其单位为 kJ·mol^{-1}（或 J·mol^{-1}）。例如，NaCl(s)、$CaCO_3$(s)、NO(g) 和 CH_3OH(l) 的标准摩尔生成焓 $\Delta_f H_m^\circ$ 应分别是下述反应的标准焓变：

(100 kPa,298 K)　　　　　　(100 kPa,298 K)

$Na(s)+\frac{1}{2}Cl_2(g)$ ══ $NaCl(s)$，　　　$\Delta_f H_m^\ominus = -411.12\ kJ \cdot mol^{-1}$

$Ca(s)+C$(石墨)$+\frac{3}{2}O_2(g)$ ══ $CaCO_3(s)$，　　　$\Delta_f H_m^\ominus = -1206.92\ kJ \cdot mol^{-1}$

$\frac{1}{2}N_2(g)+\frac{1}{2}O_2(g)$ ══ $NO(g)$，　　　$\Delta_f H_m^\ominus = +90.25\ kJ \cdot mol^{-1}$

C(石墨)$+2H_2(g)+\frac{1}{2}O_2(g)$ ══ $CH_3OH(l)$，　　　$\Delta_f H_m^\ominus = -239.04\ kJ \cdot mol^{-1}$

根据定义，稳定单质的标准摩尔生成焓等于零。同一元素的不同单质，如C(石墨)和C(金刚石)两者的标准摩尔生成焓是不同的，前者为零，后者为 $1.91\ kJ \cdot mol^{-1}$；同一物质的不同聚集态，如水与水蒸气的标准摩尔生成焓也是不同的，在使用时务必注意。一些物质标准摩尔生成焓 $\Delta_f H_m^\ominus$ 数值见附录。

2. 标准摩尔燃烧焓

在标准态下，298 K时，1 mol物质完全燃烧的焓变称为该物质的标准摩尔燃烧焓(standard molar enthalpy of combustion)或标准摩尔燃烧热，用符号 $\Delta_C H_m^\ominus$ 表示。为避免混乱，对燃烧产物有明确的规定，如C燃烧为 $CO_2(g)$，H燃烧为 $H_2O(l)$，N燃烧为 $N_2(g)$ 等。由于被规定为燃烧的最终产物。因此，这些物质的标准摩尔燃烧焓 $\Delta_C H_m^\ominus$ 都等于零。表2-1中列出了一些常见有机化合物的标准摩尔燃烧焓的值。

表2-1　部分有机化合物的标准摩尔燃烧焓

物质	$\Delta_C H_m^\ominus/(kJ \cdot mol^{-1})$	物质	$\Delta_C H_m^\ominus/(kJ \cdot mol^{-1})$	物质	$\Delta_C H_m^\ominus/(kJ \cdot mol^{-1})$
$CH_4(g)$	−890.31	$CH_3OH(l)$	−726.51	$HCOOH(l)$	−254.60
$C_2H_6(g)$	−1559.80	$C_2H_5OH(l)$	−1366.80	$CH_3COOH(l)$	−874.50
$C_3H_8(g)$	−2219.90	$C_3H_7OH(l)$	−2019.80	$C_6H_5OH(s)$	−3053.50
$C_2H_4(g)$	−1411.00	$C_4H_{10}O(l)$	−2751.10	$HCOOCH_3(l)$	−979.50
$C_2H_2(g)$	−1299.60	$HCHO(g)$	−570.78	$C_{12}H_{22}O_{11}(s)$	−5640.90
$C_3H_6(g)$	−2085.50	$CH_3CHO(l)$	−1166.40	$CH_5N(g)$	−1060.60
$C_6H_6(l)$	−3267.50	$CH_3COCH_3(l)$	−1790.40	$CH_4N_2O(s)$	−631.66

不少的有机化合物的标准摩尔生成焓 $\Delta_f H_m^\ominus$ 无法直接测定，都是在已知标准摩尔燃烧焓后间接计算出来的。

【例2-2】 辛烷 $C_8H_{18}(l)$(汽油的主要成分)完全燃烧时放出的热量是 $-5512\ kJ \cdot mol^{-1}$。试计算辛烷的标准摩尔生成焓 $\Delta_f H_m^\ominus$。

解：据题意

$$C_8H_{18}(l)+\frac{25}{2}O_2(g)\longrightarrow 8CO_2(g)+9H_2O(l)$$

$$\Delta_C H_m^\circ=[8\Delta_f H_m^\circ(CO_2,g)+9\Delta_f H_m^\circ(H_2O,l)]-[\Delta_f H_m^\circ(C_8H_{18},l)+\frac{25}{2}\Delta_f H_m^\circ(O_2,g)]$$

从附录中查出 $CO_2(g)$和 $H_2O(l)$的标准摩尔生成焓值，稳定单质 O_2 的 $\Delta_f H_m^\circ=0$，将有关数据代入，则有

$$-5512\ kJ\cdot mol^{-1}=\{[8\times(-393.14)+9\times(-258.83)]-[\Delta_f H_m^\circ(C_8H_{18},l)+0]\}kJ\cdot mol$$

$$\Delta_f H_m^\circ(C_8H_{18},l)=-205.59\ kJ\cdot mol^{-1}$$

【知识要点提醒】 掌握标准摩尔生成焓和标准摩尔燃烧焓的定义。

3. Hess 定律

19 世纪 40 年代，在热力学定律(law of thermochemistry)建立之前，俄籍瑞士化学家 G. H. Hess 从大量事实中总结出一条经验定律——Hess 定律(Hess's Law)。这一定律指出，不管化学反应是一步完成或是分几步完成，过程中的热效应总是相同的。或者说，总反应的热效应等于各分步反应热效应之和。

可以看出，这一定律实际上是状态函数特性的反映，它适用于恒压热效应或恒容热效应。在恒压只做体积功的情况下，$\Delta H=Q_p$；在恒容条件下，$\Delta U=Q_V$。H 和 U 都是状态函数，其变化量 ΔH 和 ΔU 只与终态和始态有关而和变化的途径无关。可见 Hess 定律是热力学第一定律的特殊形式和必然结果。

Hess 定律有很大的实际意义。一些难于控制、甚至难以实现的化学反应，都可用 Hess 定律间接计算其热效应。还可将热化学方程，在保证始态与终态相同的情况下，像代数方程一样运算，所得的总反应的热效应(焓变)就是各分步反应的代数运算的结果。换言之，如果一个过程等于几个过程之和，则该过程的焓变应等于各分过程的焓变之和。这一性质称为状态函数的加和性(additivity of state function)。

【知识要点提醒】 热化学定律：总反应的热效应等于各分反应的热效应之和。

五、热化学定律的应用

1. 计算反应热效应

运用 Hess 定律，首先可由化合物的标准摩尔生成焓($\Delta_f H_m^\circ$)直接计算化学反应热效应($\Delta_r H_m^\circ$)。试设计如下反应过程(见图 2-4)：

对于反应 $0=\sum_B \nu_B B$ 可由下列两个过程分别完成：

①由稳定单质(始态)直接结合为生成物(终态)。

②由稳定单质(始态)先结合为反应物，再转变为生成物(终态)。

根据 Hess 定律，两过程的始态与终态相同，其热效应必相等，即

$$\begin{aligned}(\sum_B \nu_B \Delta_f H_m^{\circ})_{产物} &= (\sum_B \nu_B \Delta_f H_m^{\circ})_{反应物} + \Delta_r H_m^{\circ} \Delta_r H_m^{\circ} \\ &= (\sum_B \nu_B \Delta_f H_m^{\circ})_{产物} - (\sum_B \nu_B \Delta_f H_m^{\circ})_{反应物} = \sum_B \nu_B \Delta_f H_m^{\circ}\end{aligned} \tag{2-10}$$

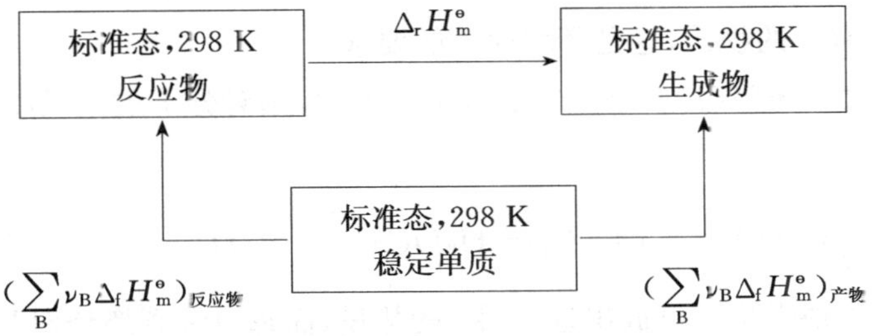

图 2-4　反应热效应的计算示意图

式(2-10)表明，在标准态时，化学反应的标准热效应 $\Delta_r H_m^{\circ}$ 等于反应中各生成物标准摩尔生成焓的总和减去各反应物标准摩尔生成焓的总和。利用式(2-10)，可直接计算反应热效应，也可在反应热效应已知时，计算某些化合物(特别是有机化合物)的标准摩尔生成焓。

【例 2-3】 利用标准摩尔生成焓，计算下列反应的标准热效应：

$$Al_2O_3(s) + 6HCl(g) = 2AlCl_3(s) + 3H_2O(g)$$

解：自附录中分别查出反应中物质的标准摩尔生成焓($\Delta_f H_m^{\circ}$)；注意各物质的聚集态；代入数值时不要忘记各物质化学式前的计量系数

$$Al_2O_3(s) + 6HCl(g) = 2AlCl_3(s) + 3H_2O(g)$$

$\Delta_f H_m^{\circ}/(kJ \cdot mol^{-1})$　-1675.7　-92.31　-704.2　-241.82

$$\begin{aligned}\Delta_r H_m^{\circ} &= \sum_B \nu_B \Delta_f H_m^{\circ} \\ &= \{[2\times(-704.2)+3\times(-241.82)]-[(-1675.7)+6\times(-92.31)]\} kJ \cdot mol^{-1} \\ &= +95.7\ kJ \cdot mol^{-1}\end{aligned}$$

热效应为正值，表明该反应吸热；主要原因是生成物 H_2O 为气态，吸收了相当数量的热。

2. 寻找高能燃料

能够发生燃烧反应并放出热量的物质，均可广义地称为燃料(fuel)。在国民经济和人民生活中，燃料有着特殊的意义。正是各种燃料的化学能在燃烧过程中转变为热能或其他形式的能量，才给人类社会提供了巨大的能量，保证了社会的不断发展与进步。

高能燃料(high-energy fuel)是指单位质量的燃料燃烧时能释放出很大热量的物质。它们在现代工业，特别是在火箭、航天等尖端技术中有十分重要的应用。

根据 Hess 定律，要能产生大的反应热效应，即 $\Delta_r H_m^\circ$ 是一个很大的负值，则作为高能燃料必须满足下列条件：

①反应物（燃料）的标准摩尔生成焓 $\Delta_f H_m^\circ$ 的值较高。

②生成物（产物）的标准摩尔生成焓 $\Delta_f H_m^\circ$ 的值较低。

③反应物的相对分子质量要小，以保证单位质量的燃料可提供较大的热量。

④不要产生有害的物质，这是环境保护的要求。

乙炔的 $\Delta_f H_m^\circ = +226.73\ kJ \cdot mol^{-1}$，正值很大，相对分子质量又小（$M_r = 26$），燃烧时强烈放热：

$$C_2H_2(g) + \frac{5}{2}O_2(g) = 2CO_2(g) + H_2O(l), \qquad \Delta_r H_m^\circ = -1299.6\ kJ \cdot mol^{-1}$$

相当于 1 g 乙炔燃烧时可放出近 50 kJ 的热量，而每克纯碳燃烧时只能放出 32.8 kJ 热量。乙炔-氧的混合气燃烧时，火焰温度可达 3000～3100 ℃；在特殊的燃烧器中，氧炔焰可进行气焊和切割，在工业上应用广泛。乙炔与空气混合时，当乙炔的体积分数在 2.5%～80%的范围内，有极强的爆炸性。这是因为燃烧反应速率极快，释放的热量又无法及时散出，会使环境温度迅速升高，反应更加剧烈，终至爆炸。因此使用这类气体和液体（如甲烷、乙烯、甲醇等，都是性能良好的燃料）时，注意安全。

另一类高能燃料是硼和硅的氢化物（称为硼烷或硅烷）。它们的标准摩尔生成焓都是正值，极为不稳定，其相对分子质量也小，燃烧时提供很大的热量。如硼乙烷（B_2H_6，g）和硅烷（SiH_4，g）的标准摩尔生成焓分别为 $+36.56\ kJ \cdot mol^{-1}$ 和 $+34.3\ kJ \cdot mol^{-1}$，而它们的燃烧产物 $B_2O_3(s)$、$SiO_2(s)$ 和 $H_2O(l)$ 的标准摩尔生成焓又有较大的负值，因而也可作为高能燃料。

$$B_2H_6(g) + 3O_2(g) = B_2O_3(s) + 3H_2O(l) \qquad \Delta_r H_m^\circ = -2026.6\ kJ \cdot mol^{-1}$$

$$SiH_4(g) + 2O_2(g) = SiO_2(s) + 2H_2O(l) \qquad \Delta_r H_m^\circ = -1516.8\ kJ \cdot mol^{-1}$$

上述两个反应速率很快，放出大量的热，故曾作为高能燃料用作火箭推进剂，但产生固体 B_2O_3 和 SiO_2，易堵塞排气管口而限制了它们的应用。

联氨，亦称为肼（N_2H_4，l）及其一系列衍生物，是用得较为成功的一大类高能燃料。肼的标准摩尔生成焓为 $+50.6\ kJ \cdot mol^{-1}$，与氧或氧化物反应时，放出大量的热，燃烧速率极快，其产物稳定、无害，是理想的液体高能燃料，至今仍广泛用于导弹和宇航工业中。例如，

$$N_2H_4(l) + O_2(g) = N_2(g) + 2H_2O(l) \qquad \Delta_r H_m^\circ = -622.2\ kJ \cdot mol^{-1}$$

$$2N_2H_4(l) + N_2O_4(g) = 3N_2(g) + 4H_2O(l) \qquad \Delta_r H_m^\circ = -1253.6\ kJ \cdot mol^{-1}$$

氧化剂中除氧和氧化物外，氟也是极常用的。氟是最活泼的非金属元素，几乎与所有的非金属（除氧和氮外）都能直接化合，甚至在低温下仍可与 S、P、Si、C 等猛烈反应。其原因之一是生成的氟化物多具有挥发性，不能阻止非金属的表面与氟继续反应。在低

温或加热时，氟可与几乎所有的金属直接作用生成高价的氟化物。在常温下可与许多无机物和所有的有机物强烈反应，放出大量的热，并常着火燃烧。例如，肼与氟的反应，放出的热量几乎是肼与氧反应热效应的一倍：

$$N_2H_4(l)+2F_2(g)=\!=\!=N_2(g)+4HF(g) \qquad \Delta_r H_m^{\circ}=-1135.4\ kJ\cdot mol^{-1}$$

使用肼和氟的液态混合物可获得 4400 K 以上的高温和强大的推力，用作高能火箭燃料。极强氧化剂和氟化剂 O_2F_2 也有望用作新型火箭燃料。当然，氟及氟的许多化合物都是腐蚀性极强的物质，使用时要特别注意。

$$10Al+6NH_4ClO_4=\!=\!=3N_2+9H_2O+5Al_2O_3+6HCl, \Delta_r H_m^{\circ}=-2231.7\ kJ\cdot mol^{-1}$$

这一高能燃料以聚丁二烯橡胶为黏结剂，含 10%～20%的铝粉；由于采用橡胶为黏结剂，价格便宜，物性又好，适用于大、小型火箭，故广泛用于宇宙开发用火箭的助推器和航天飞机、飞船的返回用火箭等方面。

3. 发展化学蓄热技术

和热能(thermal energy)最大的不同，化学能(chemical energy)具有贮存方便的优点。利用热化学反应将生产中暂时不用或无法直接利用的余热，转变为化学能收集、贮存；在需要用时，可使反应逆向进行，即将贮存的能量放出，使化学能转变为热能而加以利用。这一过程称为化学蓄热(chemical heat storage)。

例如，十水合硫酸钠 $Na_2SO_4\cdot 10H_2O$ 是最先用于蓄热的化学物质。当加热时，它会溶解于组成的结晶水中；温度至 32.4 ℃以上时，则形成无水硫酸钠的浓溶液，并吸收大量的热。当温度降至 32.4 ℃以下时，逆向反应发生，重新生成结晶体，同时放出同量的热。其反应式如下：

$$Na_2SO_4\cdot 10H_2O(s) \underset{<32.4\ ℃}{\overset{>32.4\ ℃}{\rightleftharpoons}} Na_2SO_4(aq)+10H_2O(l), \Delta_r H_m^{\circ}=+81\ kJ\cdot mol^{-1}$$

又如俄罗斯科学家发现一种烷烃，其熔点为 23.3 ℃(是人类居住的最佳温度)，若将它注入墙体、屋顶和地面加以密封，可改善人类居住环境。此外，高于 240 ℃的某硝酸盐，其比热容比水和油大得多，也是十分理想的介质材料，可用于制造巨型太阳能反射器，集聚热量后将热量反射至接收器上，将硝酸盐加热至熔成液态，加以贮存，需要时将这些液体硝酸盐送入管道，加热蒸气推动汽轮机发电，当其部分转化为固态时，被送回接收器，以循环使用。

这一相变储能的原理已用于太阳能的蓄能技术中，将晴天获得的太阳能贮存起来，而在得不到阳光的阴天和夜间使用，以保证能的均衡。

由此可见，发展化学蓄热技术的关键是选择好合适的蓄热材料和相应的热化学反应。这些反应应具有下列特点：可逆性好；正、逆反应转变的速率快；材料的单位质量或单位体积的蓄热量大；反应物和生成物无毒性、无腐蚀性和可燃性；蓄热材料的价格低廉，来源广泛、易得等。

化学蓄热材料涉及的反应中，目前颇受人关注的是金属的氢化反应。一般金属氢化物的标准摩尔生成焓都有较大的负值。例如，钙的氢化反应：

$$Ca(s)+H_2(g)=\!=\!=CaH_2(s) \qquad \Delta_r H_m^{\circ}=-186\ kJ\cdot mol^{-1}$$

放出的热量约为碳的标准摩尔燃烧热（$-393.14\ kJ\cdot mol^{-1}$）的一半。氢化反应的可逆性好，正、逆反应转化速率较快。贮热时，将需贮存的热去加热金属氢化物，使之分解为金属和氢气，两者分开放置；需用热时，只要将金属和氢气接触，适当地加压，就会生成金属氢化物而放出热量供人使用。这是相当理想的蓄热系统，但目前成本较高，且未完全解决安全问题，仍处于研究阶段。

利用化学反应的热效应，不仅能回收余热，贮存热量，还可实现热能的输送。如果选择有强烈热效应且反应物和生成物都是流体的反应系统，即可利用可逆的吸热反应，将热源的热能转变为化学能，再用管道输送到需用热能的地区，经可逆的放热反应释放热能而加以利用。取出热能后的反应系统，通过管道再输回热源处继续使用。这样的输送管道，称为化学热管。目前，有望成为化学热管的系统，常见的几种化学反应如下：

①$CH_4(g)+H_2O(g)=\!=\!=CO(g)+3H_2(g) \qquad \Delta_r H_m^{\circ}=+205\ kJ\cdot mol^{-1}$

②$NH_3(g)=\!=\!=\frac{1}{2}N_2(g)+\frac{3}{2}H_2(g) \qquad \Delta_r H_m^{\circ}=+46.11\ kJ\cdot mol^{-1}$

③$SO_3(g)=\!=\!=SO_2(g)+\frac{1}{2}O_2(g) \qquad \Delta_r H_m^{\circ}=+98.9\ kJ\cdot mol^{-1}$

4. 热化学循环法

在化学发展过程中，作为反映热能与化学能相互联系、相互转化的 Hess 定律，热化学循环法得到广泛的应用。现以热化学循环法制氢为例。

在各种能源中，氢能的优点最多，可以说是人类今后长期使用的新能源。氢气的资源丰富，燃烧产物为水，是理想的清洁能源。因此，获得廉价的氢气成为各国竞相研究、开发的重要课题。

氢气可由热分解或电解水而大量生产。但水分子是十分稳定的化合物，直接加热分解水，据计算至少需加热至 4310 K，经济上不合算；电解水耗电量大，且电能转化为氢能的效率不高，即使采用升温、加压等措施，仍不是理想的大量制取氢气的方法。

热化学循环制氢，正是在这种背景下发展起来的。该法的要点是：在水中加入一种或几种中间物质参与反应，构成一个闭合循环，可在只提供热的情况下，使水的分解温度显著降低。经一周循环后，这些中间物质都回复到原来状态，而不发生别的变化。这实际上是利用了状态函数的特性。目前提出的方案很多，均有各自的优缺点。例如，下述的四步循环：

①$CaBr_2(s)+H_2O(g)\xrightarrow{700\sim750\ ^{\circ}C}CaO(s)+2HBr(g)$

②$CaO(s)+Br_2(g)\xrightarrow{500\sim600℃}CaBr_2(s)+\frac{1}{2}O_2(g)$

③$Fe_3O_4(s)+8HBr(g)\xrightarrow{200\sim300℃}3FeBr_2(s)+4H_2O(g)+Br_2(g)$

④$3FeBr_2(s)+4H_2O(g)\xrightarrow{500\sim600℃}Fe_3O_4(s)+6HBr(g)+H_2(g)$

循环的总结果是水在较低温度(不超过 750 ℃或 1023 K)下分解：

$$H_2O(g)=\!=\!=H_2(g)+\frac{1}{2}O_2(g)$$

所用的物质(如 $CaBr_2$、Fe_3O_4 等)均可循环使用以使热能的利用率提高。同时，本循环的每一反应都是气-固相反应，分离操作简便，耗能较小，设备紧凑、简单，是较理想的系统。特别是该系统如能和太阳能的利用结合起来，将是极有希望的热化学循环装置。但因其反应速率较慢，目前尚处于试验完善阶段。

第三节 熵与熵变

一、自发过程的特征

上节中，我们讨论了能量守恒定律及其在工程中的应用，但没说明能量传递的方向，也就无法说明过程的方向性。

人们很容易观察到，自然界中存在着许多能够自动发生的过程，即不需要人为干涉而自行发生的变化。例如，两个温度不同的物体相接触，热总是由高温物体传向低温物体，直至两物体达到温度相同为止；而从未见到热由低温体传向高温体这一过程能自动发生。

类似的例子，还可举出很多。水总自动地从高处流向低处。水流动的原因是两处的水位不同，有"水位差"Δh 存在；水位差越大，水自动向下流动的趋势越大，直到 $\Delta h=0$ 时，水的流动才会停止。而相反的过程，即水自动从低水位流向高水位绝不会发生，除非借助水泵做功。

电流总是自动地从高电势流向低电势；气体总是从高压区流向低压区；流体中的扩散总是从浓度大的区域向着浓度较小的区域，相反的过程决不会自动发生。这些过程之所以自动进行，是由于系统中存在着电势差(ΔV)、压力差(Δp)和浓度差(Δc)，过程总是向减少这些差值的方向进行，直到上述差值消失。

这些没有外力作用或人为干预(即不需要非体积功)就能自动进行的过程，叫作自发过程。大多数自发过程都有对外做非体积功的能力。只要有适当的装置，就可以获得非体积功。例如，水流可以转动水轮机；一个自发的化学反应，可通过电池产生电流、做电功等。非自发过程并非不能发生，只是不能自动发生，需要靠外界做功才能进行。

人们通过长期的实践，概括出能够反映一切自发过程的本质特征：

①自发过程具有不可逆性，即它们只能朝着某一确定的方向进行。自发过程之所以单向进行，是由于系统内部存在某种性质的差别（如温度差 ΔT 等），过程总是向着消除这些差值的方向进行。换言之，这些差值就是推动过程自动发生的原因和动力。反之，自发过程的逆过程就不可能自动进行，若要它们进行，必须借助外力，即环境对系统做功。这样，环境和系统都不可能恢复到原有状态。

②过程有一定的限度——平衡状态。当上述过程的温差 ΔT、水位差 Δh、电势差 ΔV、压力差 Δp 和浓度差 Δc 分别为零时，就达到了一个相对静止的平衡状态，这就是自发过程在一定条件下进行的限度。可见，不可逆过程就是系统从不平衡状态向平衡状态变化的过程。

③有一定的物理量判断变化的方向和限度。例如，在热传导中，用温度可判断过程的方向和限度，变化方向是从高温物到低温物，温度差为零时，就是过程的限度，即热传导不再进行。在水流过程中，水位可以判断过程的方向和限度，其余如压力、电势和浓度可分别判断气流、电流和物质扩散过程的方向和限度。这些物理量统称为过程的判据。

对于化学反应，有无判据来判断它们进行的方向和限度呢？早在 19 世纪中叶，曾有人提出一个经验原则："任何没外界能量参与的化学反应，总是趋向于能放热更多的方向"。显然，这是将焓作为化学反应方向和限度的判据。这个原则可以说明不少化学反应进行的方向，但它是片面的，主要是其无法说明吸热反应的存在。例如，一定量的固体硝酸铵溶于水中，是一个吸热的过程，却可自动进行；理想气体的混合，在压力相同、温度不变时，也能自动进行；等等。类似的例子还可举出不少。此外，上述原则无法说明大多数化学反应的可逆性。因此，焓不能作为化学反应的判据。

【知识要点提醒】 自发过程可以在没有外力或人为干预的情况自动进行。自发过程是不可逆的，并有一定的限度。

二、混乱度和熵

实践和研究表明，许多自发过程还会导致系统的混乱度(disorder)增加。仍以理想气体的扩散为例，图 2-5 中是以活塞相连的两个装有两种不同的理想气体的玻璃圆球。

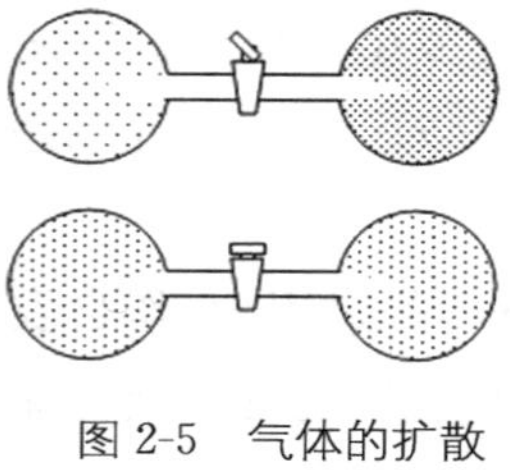
图 2-5　气体的扩散

如打开活塞，两球中的气体则经扩散而均匀混合。这是一个自发的过程。该过程中，系统的温度、压力都无变化，不同的只是系统比先前更无秩序，亦即混乱度增加了。换言之，这一过程是自发地趋向于混乱度大的状态。

表明混乱度增加的第二个例子，是 NH_4NO_3 的溶解，这在一定温度下也是一个自发的过程。固体的 NH_4NO_3 在水中先离解

出 NH_4^+ 和 NO_3^-，继而向水中扩散，直至形成均匀溶液。显然，溶解后的混乱度要比溶解前大得多。

我们知道，化学研究的对象都是包含大量微观粒子的系统。在热力学研究中，无法一一描述每一粒子的行为，而只能掌握它们平均行为的总表现。正如系统的温度是其中粒子平均动能的总表现一样，系统中粒子运动混乱度的宏观量度，被称为熵(entropy)，用符号"S"表示。熵值小，对应于混乱度小或较有秩序的状态；熵值大，则对应于混乱度大或较无秩序的状态。

熵的基本规律是：

①低的熵值总是和物质内部较有秩序的结构相联系。对同一物质而言，固态熵值最小，液态较高，气态时最高，即

$$S(\mathrm{s})<S(\mathrm{l})<S(\mathrm{g})$$

②对同一聚集态来说，温度升高，热运动增加，系统的混乱度增大，熵值也随之变大。对于气体物质，压力降低时，体积增大，粒子在较大空间里运动，将更为混乱；故

$$S_{\text{高温}}>S_{\text{低温}} \qquad S_{\text{低压}}>S_{\text{高压}}$$

③对不同物质，熵值大小与其组成和结构有关。一般来说，粒子越大，结构越复杂，其运动情况也越复杂，混乱度越大，熵值也越大。

显然，温度降低，物质的熵值将减小，在热力学温度零度 0 K 时，物质的完整晶体只有一种可能的微观状态，与此相应的熵值应当为零(图 2-6)。即

$$\Delta S=S_T-S_0$$

$$S_0(0\ \text{K，完美晶体})=0, \Delta S=S_T$$

可见，这一过程的熵变 ΔS 就是该物质在热力学温度 T 时的熵值。换言之，在任意温度下，任何物质都有一个确定的熵值，这是和前面介绍的热力学能 U 和焓 H 不同的，热力学能和焓的绝对值无法求得，而物质的熵则有具体数值。

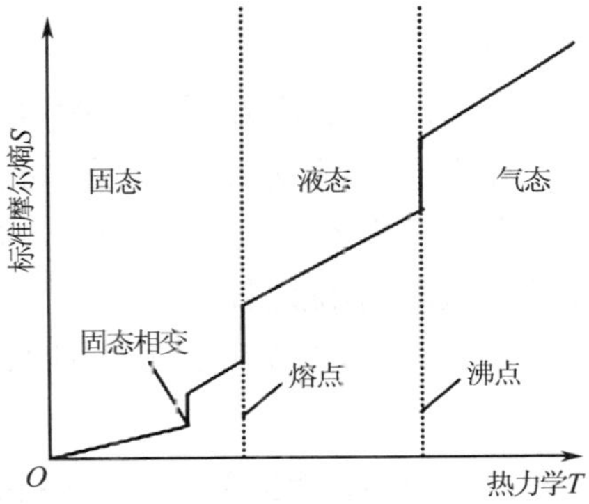

图 2-6 物质的熵值随温度的变化

在热力学标准态下，1 mol 纯物质的熵值，称为标准摩尔熵，符号记为 $S_m^\ominus(T)$，附录中列出若干单质、化合物在 298.15 K 时的标准摩尔熵 $S_m^\ominus(298.15\ \text{K})$，其单位为 $\text{J} \cdot \text{mol}^{-1} \cdot \text{K}^{-1}$，从附录中可见，任何物质在任何状态下，都有大于零的熵值。

根据熵的状态函数性质，一个化学反应前后的熵变应等于生成物(终态)的熵值之和减去反应物(始态)的熵值总和。即

$$\Delta_r S_m^\ominus = \sum_{\mathrm{B}} \nu_{\mathrm{B}} + S_m^\ominus(\mathrm{B}) \qquad (2\text{-}11)$$

对于反应：　　　　　　$aA + bB + \cdots = pC + qD + \cdots$

其总熵变 $\Delta_r S_m^\ominus$ 可表示为：

$$\Delta_r S_m^\ominus = [pS_m^\ominus(C) + qS_m^\ominus(D) + \cdots] - [aS_m^\ominus(A) + bS_m^\ominus(B) + \cdots]$$

【例 2-4】 试计算下列反应的标准摩尔熵变：

$$4NH_3(g) + 5O_2(g) = 4NO(g) + 6H_2O(g)$$

解:查附录可得反应中各物质的标准摩尔熵

	$4NH_3(g)$	$+5O_2(g)$	$=4NO(g)$	$+6H_2O(g)$
$S_m^\ominus/(J \cdot mol^{-1} \cdot K^{-1})$	192.34	205.03	210.65	188.72

$$\Delta_r S_m^\ominus = [\sum_B \nu_B S_m^\ominus(B)] J \cdot mol^{-1} \cdot K^{-1}$$
$$= [(4\times 210.65 + 6\times 188.72) - (4\times 192.34 + 5\times 205.03)] J \cdot mol^{-1} \cdot K^{-1}$$
$$= 180.41\ J \cdot mol^{-1} \cdot K^{-1}$$

在热力学计算中对一般过程来说，系统的熵变 ΔS 是用系统在可逆过程中的吸收或放出的热量与系统的热力学温度的商，即热温商来计算的。即

$$dS = \delta Q_r / T \quad 或 \quad \Delta S = \int \delta Q_r / T$$

式中 Q 的下角标 r 代表可逆过程。可见，熵和熵变应具有能量/温度的量纲，即 $J \cdot K^{-1}$。如系统的熵变乘温度，即组合为 $T \cdot \Delta S$，则该项具有能量量纲，其意义有下列三种情况：

①如果过程为熵增过程，即 $\Delta S > 0$，热力学温度 T 恒为正值，则 $T \cdot \Delta S > 0$，这意味着在一定温度下，系统需吸收能量，才能保证熵值增加，混乱度增大。

②如果过程为熵减过程，$\Delta S < 0$，则 $T \cdot \Delta S < 0$，即在一定温度下，系统的熵值减少，混乱度相应降低，随之释放能量。

③如 $\Delta S = 0$，则 $T \cdot \Delta S = 0$，即当温度与混乱度均不变时，系统因熵变而引起的能量变化为零。

可见，$T \cdot \Delta S$ 能量项的意义是：在一定的温度下，系统因熵变而引起的能量变化。

【知识要点提醒】 熵是系统中粒子运动混乱度的宏观量度，是状态函数，可以由热温商计算。

第四节　Gibbs 函数

一、Gibbs 函数判据

由上述讨论可知，决定某过程的自发性的因素有焓变和混乱度变化两大因素，即受过程的焓效应(ΔH)和熵效应($T \cdot \Delta S$)的影响。一般来说，需综合评定是焓效应或是熵

效应何者起主要作用而定。

1873年，美国化学家J. W. Gibbs引进了一个新的状态函数——Gibbs函数（也称Gibbs自由焓或自由能）(Gibbs free energy)，用符号G表示，将上述两种相反的因素统一起来作为新的判据。Gibbs函数的定义式为

$$G=H-TS \tag{2-12}$$

式(2-12)中，焓H、熵S和热力学温度都是状态函数，因此Gibbs函数G是一个组合的状态函数。

在恒温、恒压，只做体积功的过程发生变化时，其相应的Gibbs函数变(ΔG)，则应为：

$$\Delta G=\Delta H-T\cdot\Delta S \tag{2-13}$$

式(2-13)称为Gibbs-Helmholz方程，是一个十分重要的公式。

由此可得到只做体积功的恒温、恒压条件下，某过程自发性的判据，即

$\Delta G<0$ 或 $\Delta H-T\cdot\Delta S<0$　　过程自发

$\Delta G>0$ 或 $\Delta H-T\cdot\Delta S>0$　　过程非自发

$\Delta G=0$ 或 $\Delta H-T\cdot\Delta S=0$　　过程处于平衡状态

这就是说，在只做体积功的恒温、恒压下的系统发生自发过程时，系统的Gibbs函数将减小；系统达到平衡时，其Gibbs函数将减至最小，并保持恒定不变（这称为Gibbs函数最小原理）；如系统的Gibbs函数变大，则必须依靠外力做功，过程才能发生，则该过程为非自发过程。

【知识要点提醒】 掌握Gibbs函数的定义、自发过程性判据及应用条件。

二、Gibbs函数的物理意义

1. Gibbs函数是状态函数

从定义式(2-12)中可看出，Gibbs函数是状态函数。因此，和热力学能U、焓H以及熵S一样，Gibbs函数也具有下列性质：

①如果终态与始态一定，则系统的Gibbs函数变化量ΔG就是一个定值，而与过程所经历的变化途径无关。

②正过程与逆过程的Gibbs函数变化量数值相等而符号相反。即

$$\Delta G_{逆}=-\Delta G_{正}$$

③若一个过程可看作几个过程之和，则该过程Gibbs函数变化量$\Delta G_{总}$，必等于各分步过程Gibbs函数变化量ΔG之和。换言之，Gibbs函数也具有加和性。

和热力学能、焓一样，系统的Gibbs函数的绝对数值是无法求得的。但从上述讨论看，用得多的不是Gibbs函数，而是Gibbs函数的变化量ΔG，它即可判断过程是自发过程或非自发过程。

2. Gibbs 函数是可利用的能量

在式(2-12)定义式中的每一项都是能量项，其单位为 J 或 kJ。因此，可以说 Gibbs 函数是系统的一种特殊形式的能量，Gibbs 函数究竟"特殊"在什么地方呢？

式(2-12)可改写为

$$H=G+TS$$

这就是说，系统的焓可分为两个部分：一部分是可能转变为其他形式的能量，即 Gibbs 函数；另一部分能量即 TS 项，则是用以维持该系统的特定温度和混乱度所消耗的能量。

如果系统在恒温下变化，则有 $\Delta H=\Delta G+T\cdot\Delta S$。式中的 ΔH，即系统的焓变可看作由两部分能量组成，一部分为 $T\cdot\Delta S$，是在该温度下维持系统内部一定混乱度所需的能量变化，这部分能量是人们无法利用的，对应着系统中的无序变化；另一部分则是可以利用来做功的能量，即 Gibbs 函数变 ΔG，对应于系统中有序变化的能量。可见，能量不仅有大小之分，还有品质(位)的高低之别。例如，空调机是用高品质的电能在室内制冷，而向室外释放出低品位的热能。但这种热能实际上是没有任何用处的。由于熵增，能量不是都可以用来做功的。简言之，熵乃是能量转化为无效部分的度量。这样，就容易理解为什么会有"功可以全部转变为热，而热无法全部转化为功"的规律了。

在可逆过程中，系统对环境做最大功，环境对系统做最小功。在可逆过程中，各状态函数的变化量为

因为 $dS=\dfrac{\delta Q_r}{T}$，所以，$\delta Q=TdS$，则

$$dU=\delta Q+\delta W=TdS-pdV+\delta W'_r,\ dH=dU+pdV+Vdp=TdS+Vdp+\delta W'_r$$

$$dG=dH-TdS-SdT=Vdp-SdT+\delta W'_r$$

在恒温恒压下，$dG=\delta W'_r$，$\Delta G=W'_r$。即在恒温恒压、非体积功不等于零的可逆过程中，Gibbs 函数变等于可逆非体积功。

因此可将 Gibbs 函数理解为系统可提供用来做"功"的能力。在恒温、恒压条件下，系统的 Gibbs 函数越大，就表示它做功的能力越强。在这一过程中，系统的 Gibbs 函数变化量 ΔG，如果加以利用，就能转变成非体积功。例如，一个化学反应的 Gibbs 函数变 ΔG，在适当的装置中(如组成可逆电池)，它就能全部转变为电功。就是说，Gibbs 函数变相当于系统做功的一种本领，其减少量就等于系统在过程中所做的最大非体积功 W'_{max}，即

$$\Delta_r G=W'_{max}$$

3. Gibbs 函数变是自发过程的推动力

从 Gibbs 函数判据可见，在只做体积功的恒温、恒压条件下，自发过程进行的方向是使系统的 Gibbs 函数减少。就是说，系统之所以能从一种状态自发地变到另一种状态，是因为在这两个状态间存在着 Gibbs 函数的差值 ΔG，就像在前面提到的温度差 ΔT、水

位差 Δh 等一样，Gibbs 函数差 ΔG 是自发过程进行的一种推动力。在上述条件下，自发过程总是从 Gibbs 函数大的状态向 Gibbs 函数小的状态进行，直到 $\Delta G=0$，达到平衡状态为止。

从另一角度看，Gibbs 函数越大的系统，越不稳定，有自动向 Gibbs 函数小的状态变化的趋势；Gibbs 函数较小的状态，就比较稳定。因此，Gibbs 函数是系统稳定性的量度；任何系统，都有减少其 Gibbs 函数的自发趋势。

可见，Gibbs 函数的这一特性，与力学系统中势能的性质相似。在力学中，系统总是从势能较高处向势能较低处自发进行一样，势能的高低也是系统力学稳定性的量度。

【知识要点提醒】 Gibbs 函数反映了系统对外做功的能力，Gibbs 函数变是自发过程的推动力。

三、化学反应摩尔 Gibbs 函数变——$\Delta_r G_m$

Gibbs 函数判据所需条件，正是化学反应进行的一般条件，因此，Gibbs 函数变 $\Delta_r G_m$——化学反应摩尔 Gibbs 函数变，就成为化学反应自发性最常用的判据：

对于化学反应 $0=\sum_B \nu_B B$ 来说，化学反应进度进行了 $d\xi$ 时，物质 B 的改变量为 dn_B，在恒温恒压、只做非体积功时，反应系统的 Gibbs 函数变为

$$dG=\sum_B G_{m,B}dn_B=\sum_B G_{m,B}\nu_B d\xi=\sum_B \nu_B G_{m,B}d\xi\ (d\xi=\frac{dn_B}{\nu_B})$$

$$\text{由于 } d\xi>0\text{，则 } \Delta_r G_m=\left(\frac{\partial G}{\partial \zeta}\right)_{T,p}=\sum_B \nu_B G_{m,B}$$

在恒温恒压下，只做体积功的情况下，当 $dG>0$ 时，$\Delta_r G_m>0$，则反应是非自发的；当 $dG<0$ 时，$\Delta_r G_m<0$，则反应是自发的；当 $dG=0$ 时，$\Delta_r G_m=0$，则反应处于平衡状态。因此，可用 $\Delta_r G_m$ 作为化学反应在恒温恒压、只做非体积功时的自发性判据。

①在只做体积功的恒温、恒压下的化学反应，总是向减少其 Gibbs 函数的方向进行。

②化学反应的推动力，是反应中生成物与反应物的 Gibbs 函数差 $\Delta_r G_m$。如前所述，一个化学反应的 Gibbs 函数变应为：

$$\Delta_r G_m=(\sum \nu_B G_{m,B})_{生成物}-(\sum \nu_B G_{m,B})_{反应物}$$

$\Delta_r G_m<0$，$(\sum \nu_B G_{m,B})_{生成物}<(\sum \nu_B G_{m,B})_{反应物}$，反应的 Gibbs 函数减小，化学反应自发进行；

$\Delta_r G_m>0$，$(\sum \nu_B G_{m,B})_{生成物}>(\sum \nu_B G_{m,B})_{反应物}$，反应的 Gibbs 函数增加，需由外界做功，化学反应非自发进行；

$\Delta_r G_m=0$，$(\sum \nu_B G_{m,B})_{生成物}=(\sum \nu_B G_{m,B})_{反应物}$，此时反应处于平衡状态。

从式(2-13)中可见，一个系统的 Gibbs 函数变 ΔG 是由焓变 ΔH 与熵变 ΔS 组成的，由于热力学温度 T 恒为正值，故 ΔG 的符号和大小，就取决于 ΔH 和 ΔS 的符号和大小。

对于一个具体的化学反应来说，反应的 $\Delta_r H_m$ 和 $\Delta_r S_m$ 随温度的变化不大，因此，$\Delta_r G_m$ 和 $\Delta_r H_m$、$\Delta_r S_m$ 间就可能有下面的几种情况：

①如 $\Delta_r H_m<0$ 而 $\Delta_r S_m>0$，则 $\Delta_r G_m$ 一定小于零，为负值。因此该反应可在任何温度下自发发生。反之，如 $\Delta_r H_m>0$ 而 $\Delta_r S_m<0$，则 $\Delta_r G_m$ 一定大于零，为正值。因而该反应在任何温度下都不能自发进行。

例如：$H_2(g)+F_2(g) = 2HF(g)$ （Ⅰ）

$3O_2 = 2O_3$ （Ⅱ）

反应（Ⅰ）是我们在中学就已熟知的，即使在黑暗处，氢气与氟气混合就可发生爆炸性反应。反应（Ⅱ）则是大气平流层发生的自发反应。它们的 $\Delta_r H_m<0$ 而 $\Delta_r S_m>0$，可在任何温度下自发发生。相反，它们的逆反应，则在任何温度下都是非自发过程。

②如 $\Delta_r H_m<0$ 而 $\Delta_r S_m<0$，则在低温下 $\Delta_r G_m$ 小于零，是自发过程；而在较高温度下 $\Delta_r G_m$ 大于零，是非自发过程。相反，如 $\Delta_r H_m>0$ 而 $\Delta_r S_m>0$，则在低温下非自发而在高温下自发。

例如：$PCl_3(g)+Cl_2(g) = PCl_5(g)$ （Ⅰ）

$CaO(s)+CO_2(g) = CaCO_3(g)$ （Ⅱ）

它们在低温下自发进行，而其逆反应则在高温下自发进行。

③几种特例：

如 $\Delta_r S_m \approx 0$，即熵值变化极小的化学反应，$\Delta_r G_m \approx \Delta_r H_m$，其反应方向就取决于焓变，即反应的热效应。放热反应，$\Delta_r H_m<0$（实际是 $\Delta_r G_m<0$），则能自动发生；而吸热反应 $\Delta_r H_m>0$（即 $\Delta_r G_m>0$），则不能自发进行。只有在这种情况下，热效应 $\Delta_r H_m$ 才能单独决定化学反应的方向。

当 $\Delta_r H \approx 0$，即热效应极小，甚至可以忽略的反应，$\Delta_r G_m = -T \cdot \Delta_r S_m$，反应进行的方向取决于 $\Delta_r S_m$，此时，化学反应将向熵值增加的方向自发进行。对于 $\Delta_r S_m>0$，即熵增的反应，则无论 $\Delta_r H_m$ 的符号如何，即无论是吸热反应还是放热反应，在适当的温度下都有可能自发进行。综上所述，可得出如下结论：

一个自发过程倾向于：

①降低系统的能量（ΔH 项，焓效应）。

②增加系统的混乱度（$T \cdot \Delta S$ 项，熵效应）。

【知识要点提醒】 自发过程倾向于向降低系统能量、增加系统混乱度的方向进行。

四、化学反应的标准摩尔 Gibbs 函数变——$\Delta_r G_m^\ominus$

1. 标准摩尔生成 Gibbs 函数变——$\Delta_f G_m^\ominus$

在热力学标准态下（100 kPa），由稳定单质生成 1 mol 化合物的 Gibbs 函数变，称为该物质的标准摩尔生成 Gibbs 函数变，用符号 $\Delta_f G_m^\ominus$ 表示，其单位也是 $kJ \cdot mol^{-1}$，与

$\Delta_f H_m^\ominus$ 相同，稳定单质的标准摩尔生成 Gibbs 函数变 $\Delta_f G_m^\ominus$ 也为零；释放能量为负，吸收能量为正。某些物质的标准摩尔生成 Gibbs 函数变 $\Delta_f G_m^\ominus$ 数值列于附录中。

至此，我们已经介绍了热力学能 U、焓 H、Gibbs 函数 G 和熵 S 等四个状态函数；其中前三者的绝对数值无法确知，但它们的变化 ΔU、ΔH 和 ΔG 使用起来却十分方便；而熵 S 则有一个确定的非零的正值。ΔU、ΔH 和 ΔG 的单位是相同的，均为 $kJ \cdot mol^{-1}$，而标准摩尔熵的单位则为 $J \cdot mol^{-1} \cdot K^{-1}$，这是在使用数据时需要注意的。

溶液中离子的标准热力学数据，是以 H^+ 为参考标准而得到的相对值，规定在 100 kPa 下，$1\ mol \cdot L^{-1}$ 理想溶液中 H^+ 的标准摩尔生成焓[$\Delta_f H_m^\ominus(H^+)$]、标准摩尔生成 Gibbs 函数变[$\Delta_f G_m^\ominus(H^+)$]和标准摩尔熵[$S_m^\ominus(H^+)$]都等于零。

即 $p^\ominus = 100.0\ kPa$，$c^\ominus(H^+) = 1\ mol \cdot L^{-1}$ 时，

$$\Delta_f H_m^\ominus(H^+) = 0,\ \Delta_f G_m^\ominus(H^+) = 0,\ S_m^\ominus(H^+) = 0$$

由此可得出其余各种离子的 $\Delta_f H_m^\ominus$、$\Delta_f G_m^\ominus$ 和 $S_m^\ominus$ 比较值。表 2-2 列出若干常见离子标准热力学数据，利用它们可以进行有关离子反应的热力学计算。

表 2-2　水溶液中某些离子的标准热力学数据

离子	$\Delta_f H_m^\ominus$/($kJ \cdot mol^{-1}$)	$\Delta_f G_m^\ominus$/($kJ \cdot mol^{-1}$)	$S_m^\ominus$/($kJ \cdot mol^{-1}$)	离子	$\Delta_f H_m^\ominus$/($kJ \cdot mol^{-1}$)	$\Delta_f G_m^\ominus$/($kJ \cdot mol^{-1}$)	$S_m^\ominus$/($kJ \cdot mol^{-1}$)
Ag^+	105.90	77.11	73.93	Fe^{3+}	−87.68	−84.94	−113.39
Ba^{2+}	−538.36	−560.66	12.55	Fe^{3+}	−47.40	−10.52	−293.30
Br^-	−120.91	−120.82	80.71	HCO_3^-	−691.11	−587.06	−94.98
CH_3COO^-	−491.62	−375.68	—	I^-	−55.94	−51.67	109.37
CO_3^{2-}	−676.26	−528.10	−53.14	Mg^{2+}	−461.96	−456.01	−117.99
Ca^{2+}	−534.59	−553.04	−55.23	NH_4^+	−132.80	−79.50	112.84
Cl^-	−167.46	−131.17	55.10	NO_3^-	−206.57	−110.50	146.44
Cu^{2+}	64.39	64.98	−100.41	Na^+	−239.66	−261.87	60.25
$[Cu(NH_3)_4]^{2+}$	−334.30	−256.06	806.68	OH^-	−229.94	−157.30	−10.54
F^-	−249.11	−276.48	−9.62	SO_4^{2-}	−907.50	−741.99	17.15
H^+	0	0	0	Zn^{2+}	−152.42	−147.21	−106.48

2. 化学反应标准摩尔 Gibbs 函数变——$\Delta_r G_m^\ominus$

(1)用标准摩尔生成 Gibbs 函数变计算

由于 Gibbs 函数是状态函数，因此用本章第二节中计算反应热效应相应的方法，可以推导出如下结论：一个化学反应的标准摩尔 Gibbs 函数变 $\Delta_r G_m^\ominus$ 等于该反应中各生成物的标准摩尔生成 Gibbs 函数变总和减去各反应物的标准摩尔生成 Gibbs 函数变的总和。

上述结论用数学式表示，则为

$$\Delta_r G_m^\circ = \sum_B \nu_B \Delta_f G_{H,B}^\circ \tag{2-14}$$

这样，根据各物质的标准摩尔生成 Gibbs 函数变 $\Delta_f G_m^\circ$，即可算出某一化学反应的标准摩尔反应 Gibbs 函数变 $\Delta_r G_m^\circ$，从而判断出在标准态下反应进行的方向。即：

$\Delta_r G_m^\circ < 0$，则表明该反应在 298 K、100 kPa 下，即可自发进行。$\Delta_r G_m^\circ$ 的负值越大，反应自发进行的趋势越大；

$\Delta_r G_m^\circ > 0$，则该反应在上述条件下，不能自动发生，而其逆方向的反应可以自发进行。

【例 2-5】 试根据各物质的标准摩尔生成 Gibbs 函数变 $\Delta_f G_m^\circ$，判断下列反应在 298 K 时，标准态下能否进行。

$$SiO_2(s) + 2H_2(g) = Si(s) + 2H_2O(g)$$

解：(先从附录中查出各物质相应的 $\Delta_f G_m^\circ$ 值，注意有关物质的聚集状态)

	$SiO_2(s)$	$+2H_2(g)$	$=Si(s)$	$+2H_2O(g)$
$\Delta_f G_m^\circ/(kJ \cdot mol^{-1})$	−856.67	0	0	−228.59

根据 $\Delta_r G_m^\circ = \sum_B \nu_B \Delta_f G_{m,B}^\circ$，则

$$\begin{aligned}\Delta_r G_m^\circ &= [\Delta_f G_m^\circ(Si, s) + 2\Delta_f G_m^\circ(H_2O, g)] - [\Delta_f G_m^\circ(SiO_2, s) + 2\Delta_f G_m^\circ(H_2, g)] \\ &= \{[0 + 2\times(-228.59)] - [(-856.67) + 2\times 0]\} kJ \cdot mol^{-1} \\ &= +399.49\ kJ \cdot mol^{-1}\end{aligned}$$

该反应的 $\Delta_r G_m^\circ > 0$，正值很大，表明它在室温下不可能自发进行。换言之，在 298 K 时，用 $H_2(g)$ 还原 $SiO_2(s)$ 的反应是不可能的；其逆方向的反应(硅分解水蒸气的反应)在热力学上是可自发进行的。

【例 2-6】 根据离子的标准热力学数据，判断下列离子反应能否自发进行。

已知 $Mg(OH)_2$ 的 $\Delta_f G_m^\circ$ 为 $-833.6\ kJ \cdot mol^{-1}$

$$Mg^{2+}(aq) + 2OH^-(aq) = Mg(OH)_2(s)$$

解：从表 2-2 中查出有关离子的 $\Delta_f G_m^\circ$ 数据和已知条件，得

	$Mg^{2+}(aq)$	$+2OH^-(aq)$	$=Mg(OH)_2(s)$
$\Delta_f G_m^\circ/(kJ \cdot mol^{-1})$	−456.01	−157.30	−833.6

$$\begin{aligned}\Delta_r G_m^\circ &= \Delta_f G_m^\circ[Mg(OH)_2, s] - [\Delta_f G_m^\circ(Mg^{2+}, aq) + 2\Delta_f G_m^\circ(OH^-, aq)] \\ &= \{-883.6 - [(-456.01) + 2\times(-157.30)]\} kJ \cdot mol^{-1} \\ &= -112.99\ kJ \cdot mol^{-1}\end{aligned}$$

该反应的 $\Delta_r G_m^\circ < 0$，且负值很大，表明它在 298 K 下反应自发进行的趋势较大，生成白色沉淀 $Mg(OH)_2$。

(2)利用 Gibbs-Helmholz 方程的计算

如果某物质的标准摩尔生成 Gibbs 函数变 $\Delta_f G_m^\circ$ 是未知的，则可先利用各物质的标

准摩尔生成焓 $\Delta_f H_m^\ominus$ 和标准摩尔熵 $S_m^\ominus$，分别计算出反应的标准摩尔反应焓变 $\Delta_r H_m^\ominus$ 和标准摩尔熵变 $\Delta_r S_m^\ominus$，再用等温方程计算反应的标准摩尔反应 Gibbs 函数变 $\Delta_r G_m^\ominus$。即先由下列两式计算反应的标准热效应 $\Delta_r H_m^\ominus$ 和标准摩尔熵变 $\Delta_r S_m^\ominus$：

$$\Delta_r H_m^\ominus = \sum(\Delta_f H_m^\ominus)_{生成物} - \sum(\Delta_f H_m^\ominus)_{反应物}$$

$$\Delta_r S_m^\ominus = \sum(S_m^\ominus)_{生成物} - \sum(S_m^\ominus)_{反应物}$$

再代入 Gibbs-Helmholz 等温方程计算即得，只是注意式中的热力学温度为 298 K。

$$\Delta_r G_m^\ominus = \Delta_r H_m^\ominus - T \cdot \Delta_r S_m^\ominus$$

【例 2-7】已知在标准态下各物质的有关热力学数据，试判断下列反应在 298 K 时能否进行。

	$2Al(s)$	$+Fe_2O_3(s)$	$=\!=\!=Al_2O_3(s)$	$+2Fe(s)$
$\Delta_f H_m^\ominus/(kJ \cdot mol^{-1})$	0	−742.2	−1675.7	0
$S_m^\ominus/(J \cdot K^{-1} \cdot mol^{-1})$	28.32	87.40	50.92	27.28

解：先分别算出反应的标准摩尔反应焓变和标准摩尔反应熵变

$$\begin{aligned}\Delta_r H_m^\ominus &= [\Delta_f H_m^\ominus(Al_2O_3,s) + 2\Delta_f H_m^\ominus(Fe,s)] - [2\Delta_f H_m^\ominus(Al,s) + \Delta_f H_m^\ominus(Fe_2O_3,s)]\\ &= \{[(-1675.7) + 2\times 0] - [2\times 0 + (-742.2)]\}\ kJ \cdot mol^{-1}\\ &= -933.5\ kJ \cdot mol^{-1}\end{aligned}$$

$$\begin{aligned}\Delta_r S_m^\ominus &= [S_m^\ominus(Al_2O_3,s) + 2S_m^\ominus(Fe,s)] - [2S_m^\ominus(Al,s) + S_m^\ominus(Fe_2O_3,s)]\\ &= [(50.92 + 2\times 27.28) - (2\times 28.32 + 87.40)]\ J \cdot K^{-1} \cdot mol^{-1}\\ &= -38.56\ J \cdot K^{-1} \cdot mol^{-1}\end{aligned}$$

$$\begin{aligned}\Delta_r G_m^\ominus &= \Delta_r H_m^\ominus - T \cdot \Delta_r S_m^\ominus\\ &= [(-933\,500) - 298\times(-38.56)]\ J \cdot mol^{-1}\\ &= -922.0\ kJ \cdot mol^{-1}\end{aligned}$$

这是大家熟知的铝热剂的化学原理。尽管该反应的标准摩尔熵值减小，但由于 $\Delta_r H_m^\ominus$ 的负值很大，是一个强烈的放热反应，故 $\Delta_r G_m^\ominus$ 仍是一个较大的负值，表明该反应在标准态下，298 K 时自发进行的趋势很大。

可见，对于决定 $\Delta_r G_m^\ominus$ 的符号和数值，在低温时，$\Delta_r H_m^\ominus$ 项是主要的，它基本上可单独决定 $\Delta_r G_m^\ominus$ 的符号和数值；只有在高温下(即式中 T 值很大时)，$T \cdot \Delta_r S_m^\ominus$ 项才起重要作用。

3. 其他温度 $\Delta_r G_{m,T}^\ominus$ 的估算

大多数化学反应都不是在 298 K 下进行的，有的还需在上千度的高温下进行。由于 $\Delta_r H_m^\ominus$、$\Delta_r S_m^\ominus$、$\Delta_r G_m^\ominus$ 都是温度的函数，要计算它们在不同温度下的准确数值，超出了本书的范围；但如在该温度区域内，反应中各物质没有“相变”(如熔化、气化等)发生，则可用标准热力学数据 $\Delta_f H_m^\ominus$ 和 $S_m^\ominus$ 做近似计算，即可将反应的 $\Delta_r H_m^\ominus$ 和 $\Delta_r S_m^\ominus$ 近似当作与温度无关的常数处理，仍用等温方程计算，只是注意式(2-15)中的热力学温度 T 是该反应进行的温度。

$$\Delta_r G_m^\ominus(T)=\Delta_r H_m^\ominus - T\cdot\Delta_r S_m^\ominus \tag{2-15}$$

【例 2-8】 已知在 298 K 时，反应 C(石墨)+CO_2(g)══2CO(g)不能自发进行，试问在 1000 K 下，该反应能否自发进行？

解：从附录中查出 298 K 时的有关数据，计算出该温度下反应的 $\Delta_r H_m^\ominus$ 和 $\Delta_r S_m^\ominus$，再代入等温方程中做近似计算，注意此时，$T=1000$ K。

	C(石墨)	+ CO_2(g)	══2CO(g)
$\Delta_f H_m^\ominus/(kJ\cdot mol^{-1})$	0	−393.14	−110.52
$S_m^\ominus/(J\cdot K^{-1}\cdot mol^{-1})$	5.74	213.64	197.56

$$\begin{aligned}\Delta_r H_m^\ominus &=[2\Delta_f H_m^\ominus(CO,g)]-[\Delta_f H_m^\ominus(C,石墨)+\Delta_f H_m^\ominus(CO_2,g)]\\&=\{[2\times(-110.52)]-[0+(-393.14)]\}kJ\cdot mol^{-1}\\&=172.1\ kJ\cdot mol^{-1}\end{aligned}$$

$$\begin{aligned}\Delta_r S_m^\ominus &=[2S_m^\ominus(CO,g)]-[S_m^\ominus(C,石墨)+S_m^\ominus(CO_2,g)]\\&=[(2\times197.56)-(5.74+213.64)]J\cdot K^{-1}\cdot mol^{-1}\\&=175.74\ J\cdot K^{-1}\cdot mol^{-1}\end{aligned}$$

代入等温方程，则有

$$\begin{aligned}\Delta_r G_{m,1000\,K}^\ominus &=\Delta_r G_{m,1000\,K}^\ominus=[\Delta_r H_m^\ominus - T\Delta_r S_m^\ominus\times(172.1-1000\times175.74\times10^{-3})]kJ\cdot mol^{-1}\\&=-3.64\ kJ\cdot mol^{-1}\end{aligned}$$

$\Delta_r G_{m,1000\,K}^\ominus<0$，故此时反应可自发进行；它属于吸热、熵增的反应，即低温不能自发进行，而在高温下可以自发进行的反应。

【知识要点提醒】 掌握化学反应的标准摩尔 Gibbs 函数变($\Delta_r G_m^\ominus$)的计算方法。

五、Gibbs 函数的应用

1. 判断反应进行的方向和限度

一个只涉及体积功、恒温、恒压下的化学反应自发进行的条件是，该反应的摩尔 Gibbs 函数变 $\Delta_r G_m<0$，反应一直进行到 $\Delta_r G_m=0$，即到达化学平衡时为止。这就是化学反应在该条件下的最大限度。如反应的 $\Delta_r G_m>0$，则反应为非自发，其逆方向的反应将自发进行。关于化学平衡的问题，将在下章中讨论。可根据表 2-3 判断化学反应进行的方向和限度。

表 2-3 判断化学反应进行的方向和限度

非标准态	标准态	化学反应进行的方向和限度
$\Delta_r G_m<0$	$\Delta_r G_m^\ominus<0$	正反应方向自发进行
$\Delta_r G_m>0$	$\Delta_r G_m^\ominus>0$	正反应方向非自发进行而逆反应方向自发进行
$\Delta_r G_m=0$	$\Delta_r G_m^\ominus=0$	化学反应处于平衡状态

如反应中各物质均处于标准态，则可利用附录中列出的标准热力学数据进行计算，算出反应的标准摩尔生成 Gibbs 函数变 $\Delta_r G_m^\ominus$ 来做分析。

如果一个反应等于两个或两个以上的反应之和（或差），则该反应的 Gibbs 函数变应等于各反应的 Gibbs 函数变之和（或差），这是前面讲过的状态函数的加和性。即当

$$\text{反应}(1)=\text{反应}(2)+\text{反应}(3)$$

则有

$$\Delta_r G_m^\ominus(1)=\Delta_r G_m^\ominus(2)+\Delta_r G_m^\ominus(3)$$

工业上常利用这种加和性，将一个不能自发进行的反应和一个自发趋势很大的反应相耦合（称耦合反应），组成一个可以自发进行的反应。例如，用廉价、杂质含量相当高的粗 TiO_2 矿石制取 $TiCl_4(l)$ 的反应，在室温下，$\Delta_r G_m^\ominus$ 的正值很大，是不能自发进行的：

$$TiO_2(s)+2Cl_2(g) = TiCl_4(l)+O_2(g), \qquad \Delta_r G_m^\ominus=173.2\ kJ \cdot mol^{-1}$$

如该反应与一个 $\Delta_r G_m^\ominus$ 负值很大的反应相耦合，便可使之变为自发反应。例如，用下列人们熟知的碳燃烧反应与之耦合：

$$C(\text{石墨})+O_2(g) = CO_2(g), \qquad \Delta_r G_m^\ominus=-393.51\ kJ \cdot mol^{-1}$$

则得

$$TiO_2(s)+2Cl_2(g)+C(\text{石墨}) = TiCl_4(l)+CO_2(g)$$

$$\Delta_r G_m^\ominus=[173.2+(-393.51)]\ kJ \cdot mol^{-1}=-220.31\ kJ \cdot mol^{-1}$$

$\Delta_r G_m^\ominus$ 远小于零，可见耦合所得的反应自发倾向很大，从而实现由稳定性较大的 $TiO_2(s)$ 制备稳定性较小的 $TiCl_4(l)$ 的要求。

再如，下面列举的 AlN、Si_3N_4、TiN 和金属卤化物等典型无机物制备技术所涉及的化学反应，均可看作耦合反应的实例：

$$SiO_2(s)+2Cl_2(g)+2C(s) = SiCl_4(l)+2CO(g)$$

$$Al_2O_3(s)+N_2(g)+3C(s) = 2AlN(s)+3CO(g)$$

$$3SiO_2(s)+2N_2(g)+6C(s) = Si_3N_4(s)+6CO(g)$$

$$TiCl_4(l)+NH_3(g)+\frac{1}{2}H_2(g) = TiN(s)+4HCl(g)$$

2. 判断物质的稳定性

在只做体积功、恒温、恒压条件下，自发过程的趋势是使系统的 Gibbs 函数减少。因此，Gibbs 函数越大的系统稳定性越差，故可用化合物的标准摩尔生成 Gibbs 函数变 $\Delta_f G_m^\ominus$ 的数值和符号来比较它们稳定性大小。一般来说，化合物标准摩尔生成 Gibbs 函数变 $\Delta_f G_m^\ominus$ 的负值越大，其稳定性越大；$\Delta_f G_m^\ominus$ 的负值越小，甚至为正值者，稳定性越差。

如前所述，Gibbs 函数变的值与温度有关，不同温度下 $\Delta_r G_m^\ominus$ 会有显著变化。有的化合物在低温下相当稳定，温度升高，稳定性变小，甚至变得很不稳定；而另一些化合物则与此相反。为了说明物质的稳定性，则需做具体分析。在等温方程式 $\Delta_r G_m^\ominus=\Delta_r H_m^\ominus-$

$T \cdot \Delta_r S_m^\circ$ 中，则只要在讨论的温度范围内，反应物与生成物不发生“相变”，就可将反应的标准摩尔反应焓变（$\Delta_r H_m^\circ$）和标准摩尔反应熵变（$\Delta_r S_m^\circ$）近似当作与温度无关的常数处理，$\Delta_r G_m^\circ$ 对 T 作图应呈直线关系。

以氧化物为例，1944 年，Ellingham 为比较氧化物的相对稳定性，用单质与 1 mol O_2 化合生成氧化物的反应标准摩尔反应 Gibbs 函数变 $\Delta_r G_m^\circ$ 对温度 T 作图，称为氧化物的 $\Delta_r G_m^\circ$-T 图（图 2-7）。注意图 2-7 中的 $\Delta_r G_m^\circ$ 数值与氧化物的标准摩尔生成 Gibbs 函数变 $\Delta_f G_m^\circ$ 不同，前者是以 1 mol O_2 为基准的，而后者是以 1 mol 氧化物为基准的。这是要特别注意的。

图 2-7 中可得一系列氧化物的 $\Delta_r G_m^\circ$-T 直线，直线的斜率即等于该氧化物生成反应的标准摩尔反应熵变——$\Delta_r S_m^\circ$。图中的折线表示因熔化或气化而引起的变化。

从图 2-7 中可看出下列规律：

①氧化物的稳定性决定于 $\Delta_r G_m^\circ$ 的负值大小，$\Delta_r G_m^\circ$ 的负值越大（在图中位置越低）的化合物稳定性越大；而 $\Delta_r G_m^\circ$ 的负值越小，甚至为正值的氧化物稳定性越小。在氧化物中最稳定的是 CaO，而 HgO 和 Ag_2O 等的负值较小，且温度升高时，即迅速变为正值，极不稳定，只需稍微加热，它们即可分解为金属单质和氧气。

②绝大多数氧化物的 $\Delta_r G_m^\circ$ 随温度升高，其负值减小，即其稳定性随温度升高而减小，因为分解反应一般是熵增的反应。有一个反应例外，即反应 $2C(s) + O_2(g) = 2CO(g)$ 的 $\Delta_r G_m^\circ$-T 线朝右下方倾斜，即温度升高，$\Delta_r G_m^\circ$ 变得负值增大。这是因为该反应的熵增很大，1 mol O_2(g)生成了 2 mol 的 CO(g)。碳的氧化反应的 $\Delta_r G_m^\circ$-T 线，与表示温度的横轴几乎平行，意味着熵变很小。故 Cr_2O_3、ZnO 等均可在高温下被碳还原为金属。ZnO 在 1100 ℃可被碳还原，但此时锌已化为蒸气，故反应需在密封容器中进行以避免锌又被氧化。我国是最先发明这种炼锌法的。CO(g)和 CO_2(g)的生成线，对于冶金工业有特殊意义。所以使得质优价廉的碳和一氧化碳作为还原剂而被广泛应用。

③如果在高温（如 1000 K）下，作横轴的垂直线，则可看到，在该温度时，一些金属（包括 Si、C、H_2 等）与氧结合的能力顺序为：Ca、Mg、Al、Ti、Si、Mn、Cr、Na、Zn、C、Fe、H_2、Ni、Cu。所以，在高温时，金属活泼性规律与常温时不同，既不同于元素周期表中的顺序，也不同于溶液中金属标准电极电势的顺序。

④一个氧化物能被在 $\Delta_r G_m^\circ$-T 图中位于其下方的那些金属所还原，因为能生成热力学上更加稳定的氧化物，而相反的过程不能发生。例如，H_2 在任何温度下都无法还原 Fe 以下的任一金属，但可还原 Ni 以上的任一金属；又如，金属 Mn 在任何温度下都可以将 ZnO 还原为 Zn，但 MnO 不能被 Zn 所还原。这一关系可从图 2-7 中直接看出，用起来是十分方便的。

其他若干物质（如卤化物、硫化物和碳酸盐等）的 Ellingham 图在冶金工业及其他高温反应中，也都有着广泛的应用。

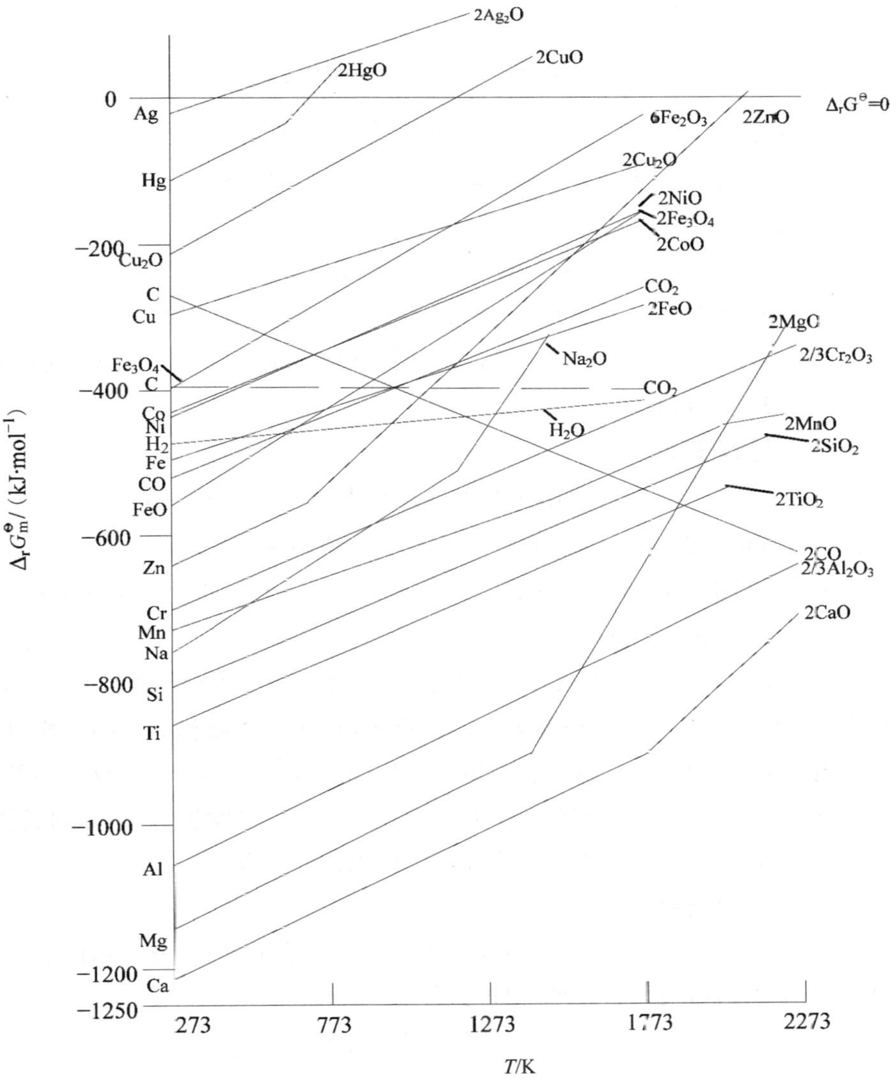

图 2-7　氧化物的 $\Delta_r G_m^\ominus$-T 图

3. 选择合理的合成方法

在材料科学等重大学科领域中，能否选择出合理的合成方法与工艺，是至关重要的。

例如，氮化硼 BN 是一种耐高温的绝缘材料，在耐火材料和电子工业中有重要的应用价值。BN 的合成方法主要有三种：用单质 B 与 N_2 反应；用 B_2O_3 和 NH_3 反应；用 BCl_3 与 NH_3 反应。试通过热力学计算，从原料成本、能量消耗、产品纯度和有关设备等几方面进行综合考察，选出其中最合理的合成方法。已知 $\Delta_f G_m^\ominus(BN,s)=-228.4\ kJ\cdot mol^{-1}$。

(1)用单质 B 与 N_2 反应

$$B(s)+\frac{1}{2}N_2(g) \xlongequal{\quad} BN(s)$$

$\Delta_f G_m^\ominus/(kJ \cdot mol^{-1})$ 　　0　　0　　-228.4

$\Delta_r G_m^\ominus=[(-228.4)-(0+0)]kJ \cdot mol^{-1}=-228.4\ kJ \cdot mol^{-1}$

(2)用 B_2O_3 与 NH_3 反应

$$B_2O_3(s)+2NH_3(g) \xlongequal{\quad} 2BN(s)+3H_2O(g)$$

$\Delta_f G_m^\ominus/(kJ \cdot mol^{-1})$ 　　-1193.7　-16.5　　-228.4　-228.6

$\Delta_r G_m^\ominus=\{[2\times(-228.4)+3\times(-228.6)]-[(-1193.7)+2\times(-16.5)]\}kJ \cdot mol^{-1}$

$=84.1\ kJ \cdot mol^{-1}$

(3)用 BCl_3 与 NH_3 反应

$$BCl_3(g)+NH_3(g) \xlongequal{\quad} BN(s)+3HCl(g)$$

$\Delta_f G_m^\ominus/(kJ \cdot mol^{-1})$ 　　-388.7　-16.5　　-228.4　-95.3

$\Delta_r G_m^\ominus=\{[(-228.4)+3\times(-95.3)]-[(-388.7)+(-16.5)]\}kJ \cdot mol^{-1}$

$=-109.1\ kJ \cdot mol^{-1}$

上述反应中，反应(1)、(3)的 $\Delta_r G_m^\ominus$ 均小于零，是热力学上可自发进行的反应，有利于 BN 的生成，特别是反应(1)自发趋势更大。但反应(1)用硼单质作为起始原料，价格高；反应(3)的产品纯度高，HCl(g)虽可加热除去，但它的腐蚀作用很大，对反应器及管道会造成严重损坏。反应(2)虽然 $\Delta_r G_m^\ominus>0$，在常温下反应不能自发进行，但原料价格便宜，且不产生腐蚀性气体，故在工业上用提高反应温度来促使反应自发进行。

4. 估算反应进行的温度

在等温方程中，$\Delta H^\ominus$、$\Delta S^\ominus$ 可近似看作是不随温度改变的常数，就可用标准热力学数据近似地估算出化学反应进行时所需温度条件：

$$\Delta_r G_{m,T}^\ominus=\Delta_r H_m^\ominus-T \cdot \Delta_r S_m^\ominus<0$$

即 $\qquad \Delta_r H_m^\ominus-T \cdot \Delta_r S_m^\ominus<0$

或 $\qquad T \cdot \Delta_r S_m^\ominus>\Delta_r H_m^\ominus$

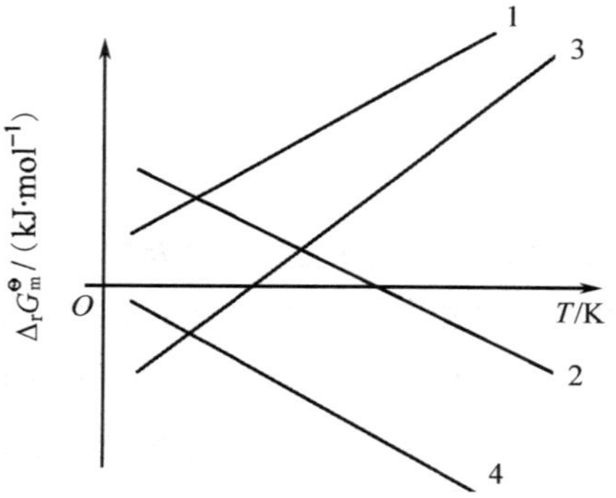

图 2-8　化学反应的类型和进行的温度条件

对不同的反应类型(见图 2-8)，直线 1、4 均为在任何温度下不能或能够自发进行的反应；而对 $\Delta_r S_m^\ominus>0$，$\Delta_r H_m^\ominus>0$ 的反应(直线 2)，则有：

$$T>\frac{\Delta_r H_m^\ominus}{\Delta_r S_m^\ominus}$$

即这类反应自发进行时所必需的最低温度应高于反应的标准摩尔反应焓和标准摩尔反应熵的比值。

对于 $\Delta_r S_m^{\ominus}<0$ 而 $\Delta_r H_m^{\ominus}<0$ 的反应(直线 3),则

$$T<\frac{\Delta_r H_m^{\ominus}}{\Delta_r S_m^{\ominus}}$$

即这类反应所必需的最高温度应低于反应的 $\Delta_r H_m^{\ominus}/\Delta_r S_m^{\ominus}$ 值。

若定义 $\Delta_r G_{m,T}^{\ominus}=0$ 时的温度,即 $\Delta_r G_{m,T}^{\ominus}$ 改变正、负号时的温度为转变温度 $T_{转}$,则

$$T_{转}=\Delta_r H_m^{\ominus}/\Delta_r S_m^{\ominus}$$

据此,即可估算化学反应自发进行的温度条件。

【例 2-9】 已知 BN(s)的 $\Delta_f H_m^{\ominus}$ 和 $S_m^{\ominus}$ 分别为 232.8 $kJ\cdot mol^{-1}$ 和 14.81 $J\cdot K^{-1}\cdot mol^{-1}$,试求反应 $B_2O_3(s)+2NH_3(g)=\!=\!=2BN(s)+3H_2O(g)$ 自发进行所需的温度条件。

解:先写出配平的化学反应式,先计算出反应的标准摩尔焓变和标准摩尔熵变,即可估算出转变温度 $T_{转}$ 的值

	$B_2O_3(s)$	$+2NH_3(g)=\!=\!=$	$2BN(s)$	$+3H_2O(g)$
$\Delta_f H_m^{\ominus}/(kJ\cdot mol^{-1})$	−1272.8	−46.11	−232.8	−241.81
$S_m^{\ominus}/(J\cdot K^{-1}\cdot mol^{-1})$	53.97	192.34	14.81	188.72

$$\Delta_r H_m^{\ominus}=\{[2\times(-232.8)+3\times(-241.81)]-[(-1272.8)+2\times(-46.11)]\}kJ\cdot mol^{-1}$$
$$=173.99\ kJ\cdot mol^{-1}$$

$$\Delta_r S_m^{\ominus}=[(2\times14.81+3\times188.72)-(53.97+2\times192.34)]J\cdot K^{-1}\cdot mol^{-1}$$
$$=157.13\ J\cdot K^{-1}\cdot mol^{-1}$$
$$=0.157\ 13\ kJ\cdot K^{-1}\cdot mol^{-1}$$

$$T_{转}=173.99(kJ\cdot mol^{-1})/0.157\ 13(kJ\cdot K^{-1}\cdot mol^{-1})=1107.3\ K$$

该反应属于 $\Delta_r H_m^{\ominus}>0$,$\Delta_r S_m^{\ominus}>0$ 的类型,故算得的温度是该反应自发进行的最低温度。这在一般的工业生产中是完全可以实现的。因此,该反应有可能通过适当提高温度(约 840 ℃)来自发进行。显然,上述计算的前提是假定反应中各物质均处于标准态。

上面介绍了 $\Delta G_m^{\ominus}$ 的若干应用,在本书后面的有关部分,我们还可以看到 $\Delta G_m^{\ominus}$ 在化学平衡、离子平衡和可逆电池电动势等方面的应用。

【知识要点提醒】 Gibbs 函数的应用:判断反应进行的方向和限度,判断物质的稳定性,选择合理的合成方法,估算反应进行的温度。

本 章 小 结

本章主要讲述了热力学基本概念,热和功,状态函数 U、H、S、G,热力学定律,G 判据等相关知识。通过本章的学习,能够掌握焓变、熵变及 Gibbs 函数变的相关计算,能够判断化学反应进行的方向,估计化学反应自发进行的温度条件。

习　　题

一、选择题

1. 比较下列各组物质中，(　　)有较大的焓值。

A. 298 K 的 1 mol $H_2O(l)$和 348 K 的 1 mol $H_2O(l)$

B. 1 mol $CH_3OH(l)$和 1 mol $CH_3OH(g)$

C. 1 mol 的 C(石墨)、1 mol 的 $O_2(g)$和 1 mol 的 $CO_2(g)$

D. 1 mol $N_2(g)$、3 mol $H_2(g)$的混合物和 2 mol 的 $NH_3(g)$

2. 在下列反应中，$Q_p = Q_V$ 的反应为(　　)。

A. $CaCO_3(s) \longrightarrow CaO(s) + CO_2(g)$　　B. $N_2(g) + 3H_2(g) \longrightarrow 2NH_3(g)$

C. $C(s) + O_2(g) \longrightarrow CO_2(g)$　　D. $2H_2(g) + O_2(g) \longrightarrow 2H_2O(l)$

3. 下列各反应的 $\Delta_r H_m^\ominus(298\ K)$值中，恰为化合物标准摩尔生成焓的是(　　)。

A. $2H(g) + \frac{1}{2}O_2(g) \longrightarrow H_2O(l)$　　B. $2H_2(g) + O_2(g) \longrightarrow 2H_2O(l)$

C. $N_2(g) + 3H_2(g) \longrightarrow 2NH_3(g)$　　D. $\frac{1}{2}N_2(g) + \frac{3}{2}H_2(g) \longrightarrow NH_3(g)$

4. 某系统由 A 态沿途径Ⅰ到 B 态放热 100 J，同时得到 50 J 的功；当系统由 A 态沿途径Ⅱ到 B 态做功 80 J 时，Q 为(　　)。

A. 70 J　　B. 30 J　　C. −30 J　　D. −70 J

5. 环境对系统做 10 kJ 的功，而系统失去 5 kJ 的热量给环境，则系统的内能变化为(　　)。

A. −15 kJ　　B. 5 kJ　　C. −5 kJ　　D. 15 kJ

6. 表示 CO_2 生成热的反应是(　　)。

A. $CO(g) + \frac{1}{2}O_2(g) = CO_2(g)$　$\Delta_r H_m^\ominus = -238.0\ kJ \cdot mol^{-1}$

B. C(金刚石)$+ O_2(g) = CO_2(g)$　$\Delta_r H_m^\ominus = -395.4\ kJ \cdot mol^{-1}$

C. 2C(金刚石)$+ 2O_2(g) = 2CO_2(g)$　$\Delta_r H_m^\ominus = -787.0\ kJ \cdot mol^{-1}$

D. C(石墨)$+ O_2(g) = CO_2(g)$　$\Delta_r H_m^\ominus = -393.5\ kJ \cdot mol^{-1}$

7. 反应 $CaCO_3(s) \longrightarrow CaO(s) + CO_2(g)$在高温下正反应能自发进行，而在 298 K 时反应是不自发的，则逆反应的 $\Delta_r H_m^\ominus$ 和 $\Delta_r S_m^\ominus$ 是(　　)。

A. $\Delta_r H_m^\ominus > 0$ 和 $\Delta_r S_m^\ominus > 0$　　B. $\Delta_r H_m^\ominus < 0$ 和 $\Delta_r S_m^\ominus > 0$

C. $\Delta_r H_m^\ominus > 0$ 和 $\Delta_r S_m^\ominus < 0$　　D. $\Delta_r H_m^\ominus < 0$ 和 $\Delta_r S_m^\ominus < 0$

8. 反应 $N_2(g)+3H_2(g)$══$2NH_3(g)$的 $\Delta G=a$，则 $NH_3(g)$══$\frac{1}{2}N_2(g)+\frac{3}{2}H_2(g)$的 ΔG 为(　　)。

A. a^2　　B. $1/a$　　C. $1/a^2$　　D. $-a/2$

9. 下列各组参数，属于状态函数的是(　　)。

A. Q_p, G, V　　B. Q_V, V, G　　C. V, S, W　　D. G, U, H

10. 下列物理量中，属于状态函数的是(　　)。

A. G　　B. Q　　C. ΔH　　D. ΔG

二、填空题

1. 已知 $H_2O(l)$的标准生成焓 $\Delta_r H_m^\circ=-286\ kJ\cdot mol^{-1}$，则反应 $H_2O(l)$══$H_2(g)+\frac{1}{2}O_2(g)$，在标准状态下的反应热效应＝________________，氢气的标准摩尔燃烧焓＝________________。

2. 不查表，排出下列各组物质的熵值由大到小的顺序：

(1) $O_2(l)$、$O_3(g)$、$O_2(g)$的顺序为____________________________；

(2) $NaCl(s)$、$Na_2O(s)$、$Na_2CO_3(s)$、$NaNO_3(s)$、$Na(s)$的顺序为____________________________；

(3) $H_2(g)$、$F_2(g)$、$Br_2(g)$、$Cl_2(g)$、$I_2(g)$的顺序为____________________________。

3. 冬天公路上撒盐可使冰融化，此时的 ΔG 值符号为______，ΔS 值的符号为______。

4. 用 Gibbs 函数的变量 $\Delta_r G$ 来判断反应的方向，必须在____________条件下；当 $\Delta_r G<0$ 时，反应将__________进行。

5. 标准状态时，$H_2O(l, 100\ ℃)\longrightarrow H_2O(g, 100\ ℃)$过程中，$\Delta H^\circ$ ______ 0，ΔS° ______ 0，ΔG° ______ 0。（填＞、＝、＜）

三、问答题和思考题

1. 举例说明下列过程：

(1) 化学能转变为机械能

(2) 电能转变为化学能

(3) 热能转变为化学能

(4) 化学能转变为电能

(5) 光能转变为化学能

(6) 化学能转变为热能

2. 什么是状态函数？它有哪些特点？你还能举出两个其他状态函数的实例吗？

3. 什么是一个物体或系统的热力学能？热力学能的绝对数值能否确知？这对我们讨论相关问题有无影响？

4. 热力学标准态的含义是什么？为什么要规定标准态？

5. 简述热化学中测量反应热的两种方法的原理。

6. 用实例说明焓的物理意义。能否确知一个系统的焓值？为什么？

7. 试区别下列符号表示的意义：ΔH、$\Delta H^\ominus$、$\Delta_f H_m^\ominus$、$\Delta_r H_m^\ominus$。

8. Hess 定律的实质是什么？为什么说它只是热力学第一定律的特殊形式？举出 Hess 定律的几种应用实例。

9. 什么叫自发过程？它有哪些特点？非自发过程是否是不能发生的过程？

10. 自发过程是如何同混乱度、同熵相联系的？影响熵值大小的规律有哪些？

11. 何谓标准摩尔熵？为什么说标准摩尔熵都有非零的正值？

12. 什么是 Gibbs 函数判据？它的适用范围是什么？

13. 试用 Gibbs-Helmholz 方程讨论化学反应自发性的几种类型。

14. 你能说出 Gibbs 函数有哪些物理意义吗？如何用 Gibbs 函数变来判断某个过程的进行方向和限度？

15. 计算一个化学反应的标准摩尔 Gibbs 函数变 $\Delta_r G_m^\ominus$ 有哪些方法？试说明 $\Delta_r G_{m,T}^\ominus$ 与温度间的关系。

*16. 什么叫耦合反应？如何将一个非自发的化学反应变为自发反应？

*17. 试说明当 $\Delta_r G_{m,T}^\ominus=0$ 时，系统即处于平衡状态，此时 $T_{转}=\Delta_r H_m^\ominus/\Delta_r S_m^\ominus$ 式为什么能够成立？

四、计算题

1. 某系统由 A 状态变至 B 状态共经历了三步：(1)吸热 300 kJ，对外做功 100 kJ；(2)放热 50 kJ，体积不变；(3)环境对系统做功 500 kJ，无热量变化。试计算该系统热力学能的变化量 ΔU。

2. 利用标准摩尔生成焓 $\Delta_f H_m^\ominus$ 数据，计算下列反应的标准摩尔焓变：

   (1)$2CH_4(g)=\!=\!=C_2H_4(g)+2H_2(g)$

   (2)$Fe_2O_3(s)+CO(g)=\!=\!=2FeO(s)+CO_2(g)$

   (3)$CO_2(g)+2H_2O(g)=\!=\!=CH_4(g)+2O_2(g)$

   (4)$2NaHCO_3(s)=\!=\!=Na_2CO_3(s)+CO_2(g)+H_2O(l)$

3. 已知 $C_6H_6(l)$在标准态下完全燃烧为 $CO_2(g)$和 $H_2O(l)$时的标准摩尔焓变 $\Delta_r H_m^\ominus=-3267.5\ kJ\cdot mol^{-1}$，试利用附录中有关数据计算液苯的 $\Delta_f H_m^\ominus$，并与附录中的液苯的标准摩尔生成焓相比较。

4. 碳化硅(俗称金刚砂)是一种重要的工业材料。已知反应 $SiO_2(s)+3C$(石墨)$=\!=\!=SiC(s)+2CO(g)$，标准摩尔焓变 $\Delta_r H_m^\ominus=+624\ kJ\cdot mol^{-1}$，试用附录中的有关数据计算 $SiC(s)$的标准摩尔生成焓。

5. 煤的气化技术是由下列热化学反应组成，由碳与水反应生成甲烷。已知：

$C(石墨) + H_2O(g) \!=\!=\!= CO(g) + H_2(g)$，　$\Delta_r H_m^\ominus = +131.4\ kJ \cdot mol^{-1}$

$CO(g) + H_2O(g) \!=\!=\!= CO_2(g) + H_2(g)$，　$\Delta_r H_m^\ominus = -41.4\ kJ \cdot mol^{-1}$

$CO(g) + 3H_2(g) \!=\!=\!= CH_4(g) + H_2O(g)$，　$\Delta_r H_m^\ominus = -206.2\ kJ \cdot mol^{-1}$

试计算反应：$2C(石墨) + 2H_2O(g) \!=\!=\!= CH_4(g) + CO_2(g)$的标准摩尔反应焓变，并与用标准摩尔生成焓公式法计算结果相比较。

6. 如果仅从单位质量的放热量来做比较，$C_2H_2(g)$、$B_2H_6(g)$、$SiH_4(g)$和$N_2H_4(l)$中何者是最佳的高能燃料？

7. 乙醇$C_2H_5OH(l)$和乙醛$CH_3CHO(l)$完全燃烧时，分别放出热量为$-1366.8\ kJ \cdot mol^{-1}$和$-1166.4\ kJ \cdot mol^{-1}$。

(1)写出这两种化合物燃烧反应的热化学方程式；

(2)计算乙醇氧化为乙醛反应的标准摩尔反应焓变[已知$\Delta_f H_m^\ominus(CH_3CHO, l) = -196\ kJ \cdot mol^{-1}$]。

8. 根据附录中标准摩尔熵的数据，计算下列反应的标准摩尔反应熵变：

(1)$C(石墨) + CO_2(g) \!=\!=\!= 2CO(g)$

(2)$NH_3(g) + HCl(g) \!=\!=\!= NH_4Cl(s)$

(3)$Mg(s) + H_2O(l) \!=\!=\!= MgO(s) + H_2(g)$

(4)$Fe_3O_4(s) + 4CO(g) \!=\!=\!= 3Fe(s) + 4CO_2(g)$

9. 查附录，计算下列反应的标准摩尔生成 Gibbs 函数变，并判断反应在 298 K 时，能否自发进行？

(1)$SiH_4(g) + 2O_2(g) \!=\!=\!= SiO_2(s) + 2H_2O(l)$

(2)$4NH_3(g) + 5O_2(g) \!=\!=\!= 4NO(g) + 6H_2O(l)$

(3)$CH_4(g) + 2H_2O(g) \!=\!=\!= CO_2(g) + 4H_2(g)$

(4)$Ca(HCO_3)_2(s) \!=\!=\!= CaCO_3(s) + CO_2(g) + H_2O(l)$

10. 一氧化碳和氢合成甲醇是一重要的工业反应：$CO(g) + 2H_2(g) \!=\!=\!= CH_3OH(l)$，试用$\Delta_f G_m^\ominus$直接计算和用$\Delta_r H_m^\ominus$、$\Delta_r S_m^\ominus$的等温方程两种方法计算该反应的 Gibbs 函数变$\Delta_r G_m^\ominus$，并判断该反应在 298 K 时能否自发进行。

11. 已知：$H_2(g) + \frac{1}{2}O_2(g) \!=\!=\!= H_2O(l)$　$\Delta_r G_m^\ominus = -236.87\ kJ \cdot mol^{-1}$

$H_2O(l) \longrightarrow H_2O(g)$　$\Delta_r G_m^\ominus = -8.59\ kJ \cdot mol^{-1}$

$H_2O(g) + Cl_2(g) \!=\!=\!= 2HCl(g) + \frac{1}{2}O_2(g)$　$\Delta_r G_m^\ominus = 38.1\ kJ \cdot mol^{-1}$

试计算 HCl(g)的标准摩尔生成 Gibbs 函数变$\Delta_f G_m^\ominus$。

12. 已知$SF_4(g)$和$SiCl_4(g)$的标准摩尔生成 Gibbs 函数变$\Delta_f G_m^\ominus$分别为$-1506\ kJ \cdot mol^{-1}$和$-569.8\ kJ \cdot mol^{-1}$，试用计算表明为什么 HF(g)可以腐蚀$SiO_2(s)$，而

HCl(g)不能。

13. 从 Ellingham 图中直接比较下列化合物在 1000 K 时稳定性的大小：

MgO　Fe_2O_3　Na_2O　Cr_2O_3　NiO

14. 用 $BaCO_3$ 热分解制取 BaO，反应温度要在 1640 K 左右。如将 $BaCO_3$ 与炭黑或碎炭混合，按本式反应：$BaCO_3(s)+C(s)=\!=\!=BaO(s)+CO(g)$，则所需的反应温度可显著降低。试用热力学计算说明这一过程。[已知 $\Delta_f G_m^\ominus(BaO,s)=-525.1\ kJ\cdot mol^{-1}$]

15. 根据制造水煤气的反应 $C(s)+H_2O(g)=\!=\!=CO(g)+H_2(g)$，试判断：

(1)该反应在 298 K、100 kPa 时，能否自发进行；

(2)该反应在 1000 K、100 kPa 时，能否自发进行。

16. 用甲醇分解来制备甲烷：$CH_3OH(l)\longrightarrow CH_4(g)+\frac{1}{2}O_2(g)$在 298 K、100 kPa 时不能自发进行，试求该反应自发进行的温度条件。(假定反应中各物质均处于标准态)

17. (1)计算碳酸镁 $MgCO_3(s)$的热分解生成 MgO(s)和 $CO_2(g)$的反应，在 298 K、100 kPa 时的反应标准摩尔生成 Gibbs 函数变 $\Delta_r G_m^\ominus$；

(2)求该反应自发进行的温度条件。

18. 对生命起源问题，有人提出最初植物或动物的复杂分子是由简单分子自动形成的。如尿素[$CO(NH_2)_2$]的生成可用反应方程式表示为：$CO_2(g)+2NH_3(g)\longrightarrow CO(NH_2)_2(s)+H_2O(l)$

(1)已知 298 K 时的 $\Delta_r H_m^\ominus=-133\ kJ\cdot mol^{-1}$，$\Delta_r S_m^\ominus=-424\ J\cdot K^{-1}\cdot mol^{-1}$，试说明此反应在 298 K 和标准态下能否自发进行；

(2)在标准态下最高温度为何值时，反应就不再自发进行了？

19. 人体所需能量大多来源于食物在体内的氧化反应，如葡萄糖在细胞中与氧发生氧化反应生成 CO_2 和 $H_2O(l)$，并释放出能量。通常用燃烧热去估算人们对食物的需求量，已知葡萄糖的生成热为$-1260\ kJ\cdot mol^{-1}$，试计算葡萄糖的燃烧热。

第三章　化学平衡和化学反应速率

本章提要

知识要点	掌握程度	相关知识
化学平衡相关知识	掌握	化学平衡特点，平衡常数定义及相关计算，多重平衡法则，提高转化率
平衡移动及影响因素	掌握	勒沙特列原理，控制条件使反应向所需方向移动或使反应更加完全
化学动力学相关知识	重点掌握	反应速率表示方法，浓度和温度对化学反应速率的影响，质量作用定律，速率方程，动力学方程

【历史回顾】

合成氨工业

利用氮气与氢气直接合成氨的工业生产曾是一个难题。合成氨从实验室研究到实现工业生产，大约经历了150年。1909年德国物理化学家F.哈伯用锇做催化剂在高温高压条件下实现了直接由氮气与氢气合成氨，并提出将未参与反应的气体返回反应器的循环方法。该工艺被德国巴登苯胺纯碱公司所采用。由于金属锇价格昂贵，该公司于1912年通过大量试验，研制成功了含有钾、铝氧化物做助催化剂的价廉易得的铁催化剂，并由工程师C.博施解决了一系列在其工业化过程中碰到的难题。因此，人们称这种合成氨法为哈伯-博施法，它是工业上实现高压催化反应的第一个里程碑。由于哈伯和博施的突出贡献，他们分别获得1918、1931年度诺贝尔化学奖。

本章中要讨论两个性质不同的问题：一是化学平衡(chemical equilibrium)，亦即化学反应进行的限度问题。化学平衡对实际生产有很大的指导意义。人们不仅需要知道反应进行的方向和条件，还要知道在该条件下反应进行的限度，了解所能得到的最大产量；如需进一步提高产量还可采取哪些措施；等等。二是化学反应的速率和机理。了解化学反应进行的方向、限度，是化学热力学的任务，而化学反应的现实性，即化学反应的速率和反应历程，则是化学动力学讨论的内容。

对化学反应来说，化学热力学和动力学是相辅相成的。反应的现实性，首先取决于反应的可能性。如果一个在热力学上是不可能进行的反应，则根本不会发生，也就不存在动力学过程。一个可能进行的反应，则要通过动力学的研究来改变反应速率和历程，适应生产的需要。

第一节 化学平衡

一、非标准态反应 Gibbs 函数变 $\Delta_r G_m$ 的表达式

前一章中讨论了标准态下纯物质的 Gibbs 函数变。若不是纯物质或不是处于标准态下，则各物质的 Gibbs 函数变 ΔG 与该物质的浓度或分压有关。热力学中导出了恒温恒压下计算非标准态反应摩尔 Gibbs 函数变 $\Delta_r G_{m,T}$ 的化学反应等温式：

$$\Delta_r G_{m,T} = \Delta_r G^{\ominus}_{m,T} + RT\ln Q \text{ 或 } \Delta_r G_{m,T} = \Delta_r G^{\ominus}_{m,T} + 2.303RT\lg Q \tag{3-1}$$

式中 $\Delta_r G^{\ominus}_{m,T}$ 为 T 下反应的标准摩尔 Gibbs 函数变；R 为摩尔气体常数，对于气体反应，Q 为压力商 Q_p；对于溶液中的反应，在反应物和生成物的浓度都不大时，Q 为浓度商 Q_c，总称为反应商。写该反应商时，纯固体和纯液体不计入该式中。

例如，对于反应：$a\text{A(g)} + b\text{B(aq)} = p\text{C(s)} + q\text{D(g)}$

$$\Delta_r G_{m,T} = \Delta_r G^{\ominus}_{m,T} + RT\ln \frac{(p_D/p^{\ominus})^q}{(p_A/p^{\ominus})^a (c_B/c^{\ominus})^b},$$

即

$$Q = \frac{(p_D/p^{\ominus})^q}{(p_A/p^{\ominus})^a (c_B/c^{\ominus})^b}$$

式中 p_D、p_A 为 D、A 的分压(Pa)，c_B 为 B 的浓度($\text{mol} \cdot \text{L}^{-1}$)，$p^{\ominus}$、$c^{\ominus}$ 为标准压力(100 kPa)和标准浓度($1\ \text{mol} \cdot \text{L}^{-1}$)。

又如氧化铁的还原反应：

$$Fe_2O_3(s) + 3H_2(g) = 2Fe(s) + 3H_2O(g)$$

$$\Delta_r G_{m,T} = \Delta_r G^{\ominus}_{m,T} + RT\ln \frac{[p(H_2O)/p^{\ominus}]^3}{[p(H_2)/p^{\ominus}]^3}$$

【知识要点提醒】 注意反应商的表达式中不包含纯固体和纯液体项。

二、化学平衡的特征

在化学反应中，只有少数反应在一定条件下差不多能够进行到底。如氯酸钾热分解和氟化氢的合成：

$$2KClO_3 \xrightarrow[\Delta]{MnO_2} 2KCl + 3O_2\uparrow$$

$$H_2 + F_2 \longequal 2HF$$

由于它们逆反应的倾向极小，因此实际上可以认为这些反应是不可逆的，称为不可逆反应(irreversible reaction)。

但是，很多化学反应，在同一条件下能同时向正、逆两个方向进行，这种反应称为可逆反应(reversible reaction)。为了表示化学反应过程的可逆性，在化学方程中用两个指向相反的箭头($\rightleftharpoons$)代替(══)。如合成氨的反应：

$$N_2 + 3H_2 \rightleftharpoons 2NH_3$$

该可逆反应在密封容器中不能进行到底，因为在 N_2 和 H_2 合成 NH_3 的同时，在同样条件下 NH_3 又分解为 N_2 和 H_2。在一定温度下，可以达到这样一种状态：单位时间内有多少 NH_3 分子生成，就会有同样数目的 NH_3 分子分解为 N_2 和 H_2，可逆反应所处的这种状态，就称为化学平衡状态(chemical equilibrium state)。

系统达到化学平衡时有以下三个特征：

①化学平衡的最明显的特征是正反应速率等于逆反应速率，呈动态平衡。平衡并不是反应的停顿，而是正、逆两方向的反应所引起的作用抵消，即单位时间内，反应系统中有关的各物质的消耗量与生成量相等。

②从热力学观点看，到达平衡时，化学反应的 Gibbs 函数变为 0，反应达到了该条件下的极限。此时，反应中各物质的浓度(或分压)不再改变，即平衡组成不变。

化学反应 Gibbs 函数变

$\Delta_r G_{m,T} = \left(\frac{\partial G}{\partial \xi}\right)_{T,p} = \sum_B \nu_B G_{m,B}$，$G_{m,B}$ 与反应系统中的各个相的组成有关。若在反应过程中系统内各个相的组成均不变，则

$\Delta_r G_{m,T} = \left(\frac{\partial G}{\partial \xi}\right)_{T,p} = \sum_B \nu_B G_{m,B}$ 与 ξ 无关，即系统的 G-ξ 似乎为一直线，见图 3-1 中虚线。

而实际上随着反应的进行，不仅反应物的物质的量减少，产物的物质的量增加，而且反应物的 $G_{m,B}$ 减小，产物的 $G_{m,B}$ 增大。这就使得整个反应系统的 G-ξ 不成直线，而是向下凹的曲线，如图 3-1 中实线所示。

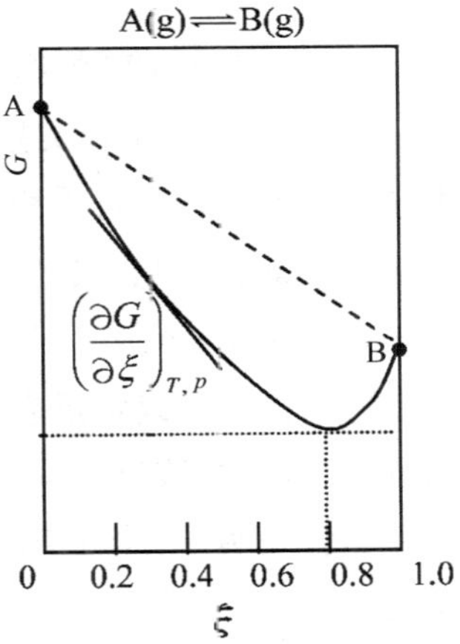

图 3-1　恒温恒压下均相反应的“G-ξ 曲线示意图”

由此图可见，随着反应的进行，即随着 ξ 的增大，系统的 Gibbs 函数 G 先逐渐减小，经过最低点后又逐渐增大。最低点的左侧 $\Delta_r G_{m,T} < 0$，反应可自发进行；G 降至最低点时，$\Delta_r G_{m,T} = 0$，系统达到化学平衡状态；最低点的右侧 $\Delta_r G_{m,T} > 0$，表明若 ξ 进一步增大，G 将增大，这在恒温恒压下是不可能自动发生的。

③化学平衡是相对的、有条件的，因此是可以改变的。若维持平衡的条件发生变化，系统内各种物质的浓度(或气体的分压)将发生变化，原来的平衡被破坏，直至建立新的平衡。

【知识要点提醒】 化学平衡是动态平衡，而且具有相对性，改变条件可以使平衡移动，平衡时化学反应的摩尔 Gibbs 函数变为零。

三、平衡常数

实验结果表明，在可逆反应达到平衡时，生成物的浓度积与反应物的浓度积之比(称浓度商)，在一定温度时是一个常数；浓度积是指有关物质的浓度项(并以反应中计量系数为幂)的乘积。如合成氨的反应：

$$N_2 + 3H_2 \underset{500\ ^\circ C}{\overset{催化剂}{\rightleftharpoons}} 2NH_3$$

其实验数据如表 3-1 所示。

表 3-1　合成氨在不同初始浓度下的平衡常数

实验序号	起始浓度/($mol \cdot L^{-1}$)			平衡浓度/($mol \cdot L^{-1}$)			平衡常数 $\frac{c^2(NH_3)}{c(N_2) \cdot c^3(H_2)}$
	$c(N_2)$	$c(H_2)$	$c(NH_3)$	$c(N_2)$	$c(H_2)$	$c(NH_3)$	
1	1.00	3.00	0	0.690	2.07	0.620	6.28×10^{-2}
2	2.18	1.54	0	2.000	1.00	0.360	6.48×10^{-2}
3	0	0	2.00	0.688	2.06	0.624	6.47×10^{-2}
4	0	0	1.00	0.396	1.19	0.208	6.48×10^{-2}

由表 3-1 的实验数据看出，在 500 ℃合成氨时，不论是从正反应(1、2 号实验)开始，还是从逆反应(3、4 号实验)开始；也不论反应物的初始浓度多大，只要反应达到平衡，各生成物浓度的系数幂乘积[$c^2(NH_3)$]与各反应物浓度的系数幂乘积[$c(N_2) \cdot c^3(H_2)$]之比是一个常数，即 $c^2(NH_3)/[c(N_2)c^3(H_2)]=K$。通过一系列实验数据的整理，总结出 K 值约为 6.40×10^{-2}。该 K 值称为合成氨反应的实验平衡常数(equilibrium constant)。

平衡常数可以定量表示该反应的进行限度。其数值越大，表明在给定条件下生成物的量越多，亦即该反应进行得越完全。

实验证明，上述规律同样适用于其他可逆反应的平衡系统。对于达到平衡的一般可逆反应：

$$aA + bB \rightleftharpoons pC + qD$$

反应物和生成物平衡浓度表示为 $c(A)$、$c(B)$、$c(C)$、$c(D)$，它们与平衡常数之间的关系为：

$$K_c = \frac{c^p(\text{C}) \cdot c^q(\text{D})}{c^a(\text{A}) \cdot c^b(\text{B})}$$

K_c 为浓度实验平衡常数，该式称为浓度平衡常数表达式。若 A、B、C、D 为气态物质，其平衡常数表达式中常以气体的平衡分压表示，即

$$K_p = \frac{p^p(\text{C}) \cdot p^q(\text{D})}{p^a(\text{A}) \cdot p^b(\text{B})}$$

K_p 称为压力实验平衡常数。合成氨反应在 500 ℃时，$K_p = 1.59 \times 10^{-5}$。

在热力学中最常用的是标准平衡常数(standard equilibrium constant)，用 $K^\ominus$ 表示，其中 $\ominus$ 是标准态的符号。设反应：

$$a\text{A(g)} + b\text{B(aq)} \rightleftharpoons p\text{C(s)} + q\text{D(g)}$$

则其标准平衡常数式为

$$K^\ominus = \frac{(p_\text{D}/p^\ominus)^q}{(p_\text{A}/p^\ominus)^a \cdot (c_\text{B}/c^\ominus)^b} \tag{3-2}$$

式中：$p^\ominus$、$c^\ominus$ 分别为气体和溶液的标准压力(100 kPa)和标准浓度(1 mol · L^{-1})；$p_\text{A}/p^\ominus$ 称为气体物质 A 的相对分压；$c_\text{B}/c^\ominus$ 称为溶液中物质 B 的相对浓度。可见，标准平衡常数乃是生成物的相对分压(或相对浓度)以其计量系数为幂的乘积与反应物的相对分压(或相对浓度)以其计量系数为幂的乘积的比值。

前已指出，非标准态反应 Gibbs 函数变 $\Delta_r G_{m,T}$ 与标准态反应 Gibbs 函数变 $\Delta_r G_m^\ominus$ 有下列关系式：

$$\Delta_r G_{m,T} = \Delta_r G_{m,T}^\ominus + RT\ln Q$$

式中 Q 为反应商。当平衡时，$\Delta_r G_{m,T} = 0$，则

$$0 = \Delta_r G_{m,T}^\ominus + RT\ln Q \quad 或 \quad \ln Q = -\Delta_r G_{m,T}^\ominus / RT$$

在一定温度下，$\Delta_r G_{m,T}^\ominus$ 为常数，因此，此时 Q 变为常数 $K^\ominus$，即

$$\Delta_r G_{m,T}^\ominus = -RT\ln K^\ominus = -2.303RT\lg K^\ominus \tag{3-3}$$

式中 $\Delta_r G_{m,T}^\ominus$ 是反应的标准摩尔 Gibbs 函数变，即反应涉及的各物质的分压或浓度均为标准态时的 Gibbs 函数变；$K^\ominus$ 为标准平衡常数；R 是气体常数；T 是热力学温度(K)。

利用式(3-3)，根据 $\Delta_r G_{m,T}^\ominus$ 的符号可将化学反应区分为以下三种类型：

①若 $\Delta_r G_{m,T}^\ominus$ 是负值，则 $\lg K^\ominus$ 一定是正值，且 $K^\ominus$ 大于 1。即当所有反应物和生成物均处于标准态时，反应就向正方向自发进行，何况反应开始时，生成物浓度微乎其微，故此类反应以正向为主。

②若 $\Delta_r G_{m,T}^\ominus$ 是正值，则 $\lg K^\ominus$ 就是负值，$K^\ominus$ 小于 1，当所有的反应物和生成物都处于标准态时，逆向反应将自发进行，此类反应以逆向为主。

③若 $\Delta_r G_{m,T}^\ominus = 0$，即生成物标准摩尔生成 Gibbs 函数变的总和等于反应物标准摩尔生成 Gibbs 函数变的总和，则 $\lg K^\ominus = 0$，$K^\ominus = 1$，属于特殊情况，就是说，当所有反应物和

生成物都为标准态时，反应即处于平衡状态。

从式(3-3)中，还可对 Gibbs 函数变化值的物理意义有进一步理解。如果 $\Delta_r G^\ominus_{m,T}$ 是一个很大的负数，$K^\ominus$ 将远远大于 1，在通常情况下，正向反应基本上可以进行完全。相反，若 $\Delta_r G^\ominus_{m,T}$ 是一个很大的正数，则 $K^\ominus$ 将是一个很小的数值，逆向反应将进行完全。因此，虽然从热力学原理看，一切化学反应都是可逆的，在任何温度下，它们都有一个与其 $\Delta_r G^\ominus_{m,T}$ 相联系的标准平衡常数 $K^\ominus$ 值，但在这两种情况下，可分别将上述可逆反应看成实际上的不可逆反应。

例如，当 $\Delta_r G^\ominus_{m,T}$ 分别为 $-50\ \text{kJ}\cdot\text{mol}^{-1}$ 和 $+50\ \text{kJ}\cdot\text{mol}^{-1}$，与之相对应的化学反应标准平衡常数值分别是 6.0×10^{8} 和 1.7×10^{-9}，正逆反应进行程度相差悬殊，完全可做不可逆反应处理。因此，前面提到的不可逆反应实际上可看作是可逆反应的极限情况，只有当 $\Delta_r G^\ominus_{m,T}$ 的绝对值较小时(如在 $-10\ \text{kJ}\cdot\text{mol}^{-1}\sim+10\ \text{kJ}\cdot\text{mol}^{-1}$ 范围内)，$K^\ominus$ 值的大小才能使平衡系统内的反应物和生成物都具有可观的浓度(见表 3-2)。

表 3-2　298 K 时反应的 $\Delta_r G^\ominus_{m,T}$ 与相应的 $K^\ominus$ 值

$\Delta_r G^\ominus_{m,T}/(\text{kJ}\cdot\text{mol}^{-1})$	-50	-10	-5	0	$+5$	$+10$	$+50$
$K^\ominus$	6×10^{8}	57	7.5	1	0.13	0.02	1.7×10^{-9}
平衡混合物的组成	反应物可忽略	生成物占优势		反应物和生成物都具有可观浓度	反应物占优势		生成物可忽略
结论	反应正向进行	正反应为主		正逆反应相当	逆反应为主		反应逆向进行

【知识要点提醒】 根据标准反应平衡常数与反应的标准摩尔 Gibbs 函数变之间的关系及其数值大小和符号，可以判断化学反应的特点。

四、多重平衡法则

平衡常数表达式与化学反应方程式的写法有关。例如，合成氨反应：

$$N_2(g)+3H_2(g)\rightleftharpoons 2NH_3(g) \qquad (\text{I})$$

$$K^\ominus(\text{I})=\frac{[p(NH_3)/p^\ominus]^2}{[p(N_2)/p^\ominus]\cdot[p(H_2)/p^\ominus]^3}$$

如写为：

$$\frac{1}{2}N_2(g)+\frac{3}{2}H_2(g)\rightleftharpoons NH_3(g) \qquad (\text{II})$$

$$K^\ominus(\text{II})=\frac{p(NH_3)/p^\ominus}{[p(N_2)/p^\ominus]^{\frac{1}{2}}\cdot[p(H_2)/p^\ominus]^{\frac{3}{2}}}$$

而氨的分解方程式：

$$2NH_3(g) \rightleftharpoons N_2(g) + 3H_2(g) \qquad (\text{Ⅲ})$$

则

$$K^\ominus(\text{Ⅲ}) = \frac{[p(N_2)/p^\ominus] \cdot [p(H_2)/p^\ominus]^3}{[p(NH_3)/p^\ominus]^2}$$

对上述三种不同的化学反应方程式，其标准平衡常数的关系为：

$\Delta_r G_m^\ominus(\text{Ⅰ}) = -RT\ln K^\ominus(\text{Ⅰ})$，$\Delta_r G_m^\ominus(\text{Ⅱ}) = -RT\ln K^\ominus(\text{Ⅱ})$，$\Delta_r G_m^\ominus(\text{Ⅲ}) = -RT\ln K^\ominus(\text{Ⅲ})$

因为方程式(Ⅰ)=2×方程式(Ⅱ)，所以，$\Delta_r G_m^\ominus(\text{Ⅰ}) = 2\times\Delta_r G_m^\ominus(\text{Ⅱ})$

则 $-RT\ln K^\ominus(\text{Ⅰ}) = -2RT\ln K^\ominus(\text{Ⅱ})$，$K^\ominus(\text{Ⅰ}) = [K^\ominus(\text{Ⅱ})]^2$

同理可推出，$K^\ominus(\text{Ⅰ}) = 1/[K^\ominus(\text{Ⅲ})]$

由此可推论与归纳出若干平衡常数运算规则：

①一个平衡反应(其标准平衡常数为 $K^\ominus$)乘常系数 q，得到新平衡反应的标准平衡常数为$[K^\ominus]^q$。q 可为整数，也可为分数。

②当正反应的标准平衡常数为 $K^\ominus_{正}$ 时，逆反应的标准平衡常数为 $K^\ominus_{逆} = 1/K^\ominus_{正}$。

③如果一个反应可以表示为两个或更多个反应之和，则总反应的 $K^\ominus$ 等于同温度时各反应的标准平衡常数 $K^\ominus$ 的乘积，如：

反应(Ⅲ)=反应(Ⅰ)+2×反应(Ⅱ)

则
$$K_3^\ominus = K_1^\ominus \cdot [K_2^\ominus]^2$$

④如果一个平衡反应是由两个平衡反应相减所得，则该反应的标准平衡常数等于那两个反应标准平衡常数之商。如：

反应(Ⅲ)=反应(Ⅱ)−3×反应(Ⅰ)，

则
$$K_3^\ominus = K_2^\ominus/[K_1^\ominus]^3$$

其中③、④两条，又称多重平衡规则，有广泛的应用。

【例 3-1】 在温度为 700 ℃时，有下列反应：

(1) $SO_2(g) + \frac{1}{2}O_2(g) \rightleftharpoons SO_3(g) \qquad K_1^\ominus = 20$

(2) $NO_2(g) \rightleftharpoons NO(g) + \frac{1}{2}O_2(g) \qquad K_2^\ominus = 0.012$

(3) $SO_2(g) + NO_2(g) \rightleftharpoons SO_3(g) + NO(g)$

试求该温度时反应(3)的平衡常数 K_3。

解：由以上三个方程式可以看出

$$(1) + (2) = (3)$$

根据多重平衡规则，则有

$$K_3^\ominus = K_1^\ominus \cdot K_2^\ominus = 20 \times 0.012 = 0.24$$

【知识要点提醒】 能够正确写出相关反应的标准平衡常数之间的关系。

第二节　化学平衡系统的计算

一、标准平衡常数的计算

平衡常数对于预计一个化学反应在自然界能否发生及反应程度如何，都是极有科研意义和实用价值的数据。

用式(3-3)，由反应的标准 Gibbs 函数变 $\Delta_r G^\ominus_{m,T}$ 可以计算不同温度下的标准平衡常数 $K^\ominus$。

$$\Delta_r G^\ominus_{m,T} = -RT\ln K^\ominus$$

前文已指出，确定 $\Delta_r G^\ominus_{m,T}$ 的方法主要有两种：

①$\Delta_r G^\ominus_{m,298.15} = \sum_B \nu_B \Delta_f G^\ominus_{m,B}$，所用数据可在附录中或有关手册中查到，但这些数据是 298.15 K 下测定的，因此只能算得 298.15 K 时的 $K^\ominus$。

②用等温方程计算：

$$\Delta_r G^\ominus_{m,T} = \Delta_r H^\ominus_{m,T} - T \cdot \Delta_r S^\ominus_{m,T} \approx \Delta_r H^\ominus_{m,298.15} - T \cdot \Delta_r S^\ominus_{m,298.15}$$

式中：

$$\Delta_r H^\ominus_{m,298.15} = \sum_B \nu_B \Delta_f H^\ominus_{m,B}$$

$$\Delta_r S^\ominus_{m,298.15} = \sum_B \nu_B S^\ominus_{m,B}$$

如将 $\Delta_r H^\ominus_{m,T}$ 和 $\Delta_r S^\ominus_{m,T}$ 当作与温度无关的常数，则可以估算出任何反应温度(K)下的 $\Delta_r G^\ominus_{m,T}$ 来。

利用标准平衡常数，可进行许多重要计算。

1. 由平衡常数预计反应实现的可能性

将大气中的氮转变为能为植物直接吸收的含氮化合物，这一过程叫作“固氮”(nitrogen fixation)。这是人类长期追求的目标。从化学上看至少有两种可能的方法：

①$N_2(g) + O_2(g) \rightleftharpoons 2NO(g)$

②$N_2(g) + 3H_2(g) \rightleftharpoons 2NH_3(g)$

通过相应的计算，反应①的平衡常数为：

$K_1 = 2.2 \times 10^{-31}$ (298 K)

平衡常数值如此小，表明生成 NO 的浓度微不足道，即 N_2 与 O_2 基本上不起反应。除自然界的雷电作用和汽车高温燃烧的尾气外，显然该反应不能作为室温固氮的实用方法。

反应②的平衡常数为：$K_2 = 5 \times 10^8$ (298 K)

平衡常数相当大，表明平衡体系中主要的组分是希望得到的产物 NH_3，此反应应当进行得很完全。但该反应在室温下的反应极慢。因此，只有在加热、加压和催化剂存在时，才可望工业化。可见，热力学结论只指出化学反应的可能性，却不能解决反应的现实性问题。

2. 由平衡常数预计反应的方向和限度

(1)预计反应方向

已知 $\Delta_r G^\circ_{m,T} = -RT\ln K^\circ$，而非标准态反应的 Gibbs 函数变 $\Delta_r G_{m,T}$ 为：

$$\Delta_r G_{m,T} = \Delta_r G^\circ_{m,T} + RT\ln Q$$

即
$$\Delta_r G_{m,T} = -RT\ln K^\circ + RT\ln Q$$

或
$$\Delta_r G_{m,T} = RT\ln(Q/K^\circ)$$

其中 Q 为反应商。

当 $Q<K^\circ$ 时，则 $\Delta_r G_{m,T}<0$，表示正向反应在指定条件下可自发进行；

当 $Q>K^\circ$ 时，则 $\Delta_r G_{m,T}>0$，表示在指定条件下逆向自发进行；

当 $Q=K^\circ$ 时，则 $\Delta_r G_{m,T}=0$，此时，反应商 Q 即为平衡常数 K°，表示反应在指定条件下处于平衡状态。

【例 3-2】 在某温度时，将 2 mol O_2、1 mol SO_2 和 8 mol SO_3 气体混合加入 10 L 的容器中，已知反应的平衡常数 $K_c=100$，则下列反应将向何方向进行？

$$2SO_2(g)+O_2(g) \rightleftharpoons 2SO_3(g)$$

解：本题所给出的是浓度平衡常数，故应先计算有关物质的浓度

$$c(SO_3)=0.8\ \text{mol}\cdot\text{L}^{-1}$$

$$c(SO_2)=0.1\ \text{mol}\cdot\text{L}^{-1}$$

$$c(O_2)=0.2\ \text{mol}\cdot\text{L}^{-1}$$

$$Q=\frac{[c(SO_3)]^2}{[c(SO_2)]^2\cdot[c(O_2)]}=\frac{0.8^2}{0.1^2\times 0.2}=320$$

而 $K_c=100$，$Q>K_c$，即在该条件下反应逆向进行，向 SO_3 分解方向进行。

(2)预计反应的限度

【例 3-3】 甲烷与水蒸气反应，是工业上制氢和制取燃料的重要反应：

$$CH_4(g)+H_2O(g) \rightleftharpoons CO(g)+3H_2(g)$$

试利用标准摩尔生成 Gibbs 函数变 $\Delta_f G^\circ_m$，计算 25 ℃时的标准平衡常数 K°，判断该反应的可行性。

解：由附录中查得

	$CH_4(g)$	$+H_2O(g)$	$\rightleftharpoons CO(g)$	$+3H_2(g)$
$\Delta_f G^\circ_m/(\text{kJ}\cdot\text{mol}^{-1})$	−50.75	−228.6	−137.15	0

$$\Delta_f G_m^\ominus = \sum_B \nu_B \Delta_f G_{m,B}^\ominus(B)$$
$$=\{[(-137.15)+3\times 0]-[-50.75+(-228.6)]\}\text{kJ}\cdot\text{mol}^{-1}=142.2\ \text{kJ}\cdot\text{mol}^{-1}$$
$$\lg K^\ominus=\frac{-\Delta_f G_m^\ominus}{2.303RT}=-\frac{142.2\times 1000}{2.303\times 8.314\times 298}=-24.92$$
$$K^\ominus=1\times 10^{-25}$$

此反应标准平衡常数极小，表示在该温度下，甲烷几乎不可能生成一氧化碳和氢气，即此反应在室温下无可行性。但它是吸热、熵增大类型的反应，故在一定的高温下是可实现的。

二、平衡系统中各物质的量及转化率的计算

有了平衡常数，即可计算平衡时各物质的平衡浓度，反应的最大产量、转化率、离解率以及达到某种要求所需反应物的量等。化学平衡是一个反应所能达到的极限状态。平衡时，生成物的分压或浓度都是在此平衡条件下的最大量。

转化率是指反应物在平衡时已转化为生成物的百分数。离解率是指反应物在平衡时已离解的百分数。

$$\text{某反应物的转化率}\ \varepsilon=\frac{\text{该反应物已转化为产物的量}}{\text{该反应物的起始量}}\times 100\% \quad (3\text{-}4)$$

$$\text{某反应物的离解率}\ \varepsilon'=\frac{\text{该反应物已离解的量}}{\text{该反应物的起始量}}\times 100\% \quad (3\text{-}5)$$

【例 3-4】 已知反应 $CO(g)+H_2O(g)\rightleftharpoons CO_2(g)+H_2(g)$ 在 1173 K 达到平衡时，测得平衡常数 $K_c=1.00$，若在 100 L 密闭容器中加入 CO 和水蒸气各 200 mol，试计算在该温度下的 CO 转化率。

解：设反应达到平衡时，CO 已转化的浓度为 x mol·L⁻¹，则有

	$CO(g)$	$+H_2O(g)\rightleftharpoons$	$CO_2(g)$	$+H_2(g)$
起始浓度/($\text{mol}\cdot\text{L}^{-1}$)	2	2	0	0
平衡浓度/($\text{mol}\cdot\text{L}^{-1}$)	$2-x$	$2-x$	x	x

把各物质的平衡浓度代入平衡常数表达式：

$$K_c=\frac{[c(CO_2)/c^\ominus]\cdot[c(H_2)/c^\ominus]}{[c(CO)/c^\ominus]\cdot[c(H_2O)/c^\ominus]}=\frac{x\cdot x}{(2-x)\cdot(2-x)}=1.00$$

解得 $x=1\ \text{mol}\cdot\text{L}^{-1}$，故 CO 的平衡转化率为：

$$\varepsilon_{CO}=\frac{(2-1)\text{mol}\cdot\text{L}^{-1}}{2\ \text{mol}\cdot\text{L}^{-1}}\times 100\%=50\%$$

一般来说，通过计算所得的平衡转化率，是根据平衡常数计算出来的，称为该反应条件下理论上的最高转化率。应当指出，原料配比能直接影响平衡转化率。如在例 3-4 中，水蒸气的通入量如果增加一倍(即通入 400 mol)则 CO 的平衡转化率将增大为 66.7%。

反之，水蒸气的通入量若减小为原来的一半（即 100 mol），则 CO 的平衡转化率将减小为 33.3%。从而不难看出，增大水蒸气的用量或浓度、分压，都可以提高 CO 的转化率，即提高 CO 转化反应的程度，工业生产中就是利用这一原理来调控反应物的转化率的。

【例 3-5】 在一定温度时，合成氨反应 $N_2+3H_2 \rightleftharpoons 2NH_3$ 的标准平衡常数 $K^\ominus=2.25\times10^{-4}$。若在该温度下，$N_2$ 与 H_2 以 1∶3 的体积比在密闭容器内反应，达到平衡时氨的体积分数为 40%，试估算平衡时所需要的总压力约为多少？

解：本题为气体反应，在同温同压下，各气体物质的体积比即为其物质的量之比，由于 N_2、H_2 起始时的体积比是 1∶3，反应过程中消耗的 N_2 与 H_2 分子数之比也是 1∶3，因而，平衡时 N_2 与 H_2 的体积比仍为 1∶3。

已知平衡时 NH_3 的体积百分比为 40%，即体积分数为 0.40，平衡混合气体中其余两种气体 N_2 和 H_2 总的体积分数应为 $1-0.40=0.60$。同温、同压下，某气体的体积分数，即等于其摩尔分数。因此平衡时，NH_3 的摩尔分数为 0.40，N_2、H_2 摩尔分数分别为

$$x_{N_2}=0.60\times\frac{1}{1+3}=0.15 \qquad x_{H_2}=0.60\times\frac{3}{1-3}=0.45$$

气体的分压定律指出，在混合气体中，某组合气体的分压等于总压与其摩尔分数的乘积。设所需总压力为 p(kPa)，则平衡时各物质的分压分别为 $p_{NH_3}=0.40p$，$p_{N_2}=0.15p$，$p_{H_2}=0.45p$，代入平衡常数式，即得：

$$K^\ominus=\frac{(p_{NH_3}/p^\ominus)^2}{(p_{N_2})\cdot(p_{H_2}/p^\ominus)^3}=\frac{(0.40p/p^\ominus)^2}{(0.15p/p^\ominus)\cdot(0.45p/p^\ominus)^3}=2.25\times10^{-4}$$

$$p=2360.2\ \text{kPa}$$

【知识要点提醒】 原料的用量、浓度、分压等影响反应物的转化率。

三、化学平衡的移动

化学平衡是相对的，只有在一定条件下才能保持平衡。一旦条件改变，就会影响到各物质的 Gibbs 函数，使反应的 Gibbs 函数变 $\Delta_r G_{m,T}$ 不再等于零，化学平衡状态被破坏，成为不平衡状态。反应将继续向某一方向进行，直至 $\Delta_r G_{m,T}$ 再次为零，反应达到新的平衡。此时反应中的浓度（或分压）已发生了变化，和旧的平衡浓度（或平衡分压）都不相同。在新的一定条件下，一个化学反应对应着一定的新平衡状态。从一个平衡状态变化到另一个新的平衡状态，叫作化学平衡的移动。

1884 年，法国化学家 Le Châtelier 从实验中总结出一条规律：如果改变平衡体系的条件之一（如浓度、压力或温度等），平衡就会向减弱这个改变的方向移动。这称作勒沙特列原理（Le Châtelier's principle），是适用于一切平衡的普遍规律。应用这一规律，可以通过改变条件，使反应向所需的方向转化或使所需的反应进行得更完全。

1. 浓度对化学平衡的影响

反应物的浓度与 Gibbs 函数有密切关系，当物质浓度增大时，其 Gibbs 函数值也增大。平衡时，$\Delta_r G_{m,T}=0$，即$\sum(G)_{生成物}=\sum(G)_{反应物}$，如增加反应物浓度（或减小生成物浓度），都将使$\sum(G)_{生成物}<\sum(G)_{反应物}$，反应将向减小反应物 Gibbs 函数方向，即平衡向反应的正方向移动。同理，反应物的浓度减小（或生成物浓度增加），都将使$\sum(G)_{生成物}>\sum(G)_{反应物}$，平衡逆向移动。换言之，增加某物质浓度，平衡总是向减少该物质浓度的方向移动；如果减少某物质浓度，则平衡总是向着生成该物质的方向移动。这一结论，可从例 3-4 中得到印证。增加反应物之一 $H_2O(g)$的浓度，可提高另一反应物的转化率，使之得到充分利用，并增加了反应的产率。又如，用接触法制硫酸时，为了尽量利用二氧化硫，就需加入过量的氧气（空气）。

如果及时除去生成物之一，平衡就会不断地向生成该物质的方向移动。这样就能使可逆反应进行得更完全些，成为实际上的不可逆反应。例如，煅烧石灰石为生石灰时，常用压缩空气流把生成的二氧化碳尽快吹除，这使反应基本上只是向正方向进行而难以建立起化学平衡来。又如用氢气还原四氧化三铁的可逆反应，若将不断生成的水蒸气随时排出，则四氧化三铁就会全部转变为铁。可见，在密闭容器中的可逆反应是不能进行到底的。

2. 压力对化学平衡的影响

在气体参加的平衡系统中，无论总压还是分压发生变化，都会引起各物质的 Gibbs 函数变化，从而都会使化学平衡移动。其规律为：

①增加平衡系统中某气体的分压，平衡将向减少该气体分压的方向移动；反之，减少某气体的分压，平衡将向着增加该气体分压的方向移动。这和增加（或减少）物质浓度的结果相一致。

②增加系统总压力，系统的平衡向着反应中气体分子数减少的方向移动；减少系统总压，平衡则向气体分子数增多的方向移动；如反应前后气体分子数相同，则总压不影响平衡。以碳的气化反应为例：

$$C(s)+CO_2(g)\rightleftharpoons 2CO(g)$$

当温度、容器都不变时，只增大总压，平衡将向气体分子数减少的方向移动，即向生成 CO_2 的方向移动。因为在恒温、恒容时，依据 $pV=nRT$ 可知，气体总压力与气体分子物质的量成正比，故总压增大，气体分子数越多的一方，其浓度增加越大，故平衡向浓度较小的一方移动，亦即向减少其浓度方向移动。同样，减少总压，平衡向着气体分子数增多即生成 CO 的方向移动（见表 3-3）。

表 3-3　压力对碳的气化反应的影响(1000 K)

压力/kPa	CO 浓度/%	CO_2 浓度/%	压力/kPa	CO 浓度/%	CO_2 浓度/%
5778.0	5	95	162.1	60	40
1349.0	10	90	91.2	70	30
567.2	40	60	20.3	90	10
299.8	20	80	50.7	80	20

气体反应的 $K^\ominus$、K_p、K_c、K_x 之间的关系：对于反应 $0=\sum_B \nu_B B$

$$K^\ominus=\prod_B\left(\frac{p_B}{p^\ominus}\right)^{\nu_B}=\left(\frac{1}{p^\ominus}\right)^{\sum_B \nu_B}\prod_B p_B^{\nu_B}=\left(\frac{1}{p^\ominus}\right)^{\sum_B \nu_B}\cdot K_p$$

因为 $p_BV=n_BRT$，所以 $p_B=c_BRT$，则

$$K^\ominus=\prod_B\left(\frac{p_B}{p^\ominus}\right)^{\nu_B}=\prod_B\left(\frac{c_BRT}{p^\ominus}\right)^{\nu_B}=\left(\frac{RT}{p^\ominus}\right)^{\sum_B \nu_B}\prod_B c_B^{\nu_B}=\left(\frac{RT}{p^\ominus}\right)^{\sum_B \nu_B}\cdot K_c$$

因为 $p_B=p\cdot x_B$，所以

$$K^\ominus=\prod_B\left(\frac{p_B}{p^\ominus}\right)^{\nu_B}=\prod_B\left(\frac{p\cdot x_B}{p^\ominus}\right)^{\nu_B}=\left(\frac{p}{p^\ominus}\right)^{\sum_B \nu_B}\cdot\prod_B x_B^{\nu_B}=\left(\frac{p}{p^\ominus}\right)^{\sum_B \nu_B}\cdot K_x$$

3. 温度对化学平衡的影响

温度对化学平衡的影响主要是改变平衡常数值，而压力和浓度只影响平衡系统各物质的相对量而对平衡常数值无影响。表 3-4 中所列数据是温度对 $K^\ominus$ 影响的实例。碳的气化反应是一个吸热反应，从表中看出，对焓变为正值的吸热反应，随着温度的升高，K_p 值迅速增大。

温度影响放热反应平衡常数的实例，如合成氨反应 $N_2(g)+3H_2(g)\rightleftharpoons 2NH_3(g)$，$\Delta_r H_m^\ominus=-92.22\ kJ\cdot mol^{-1}$，其不同温度下的 $K^\ominus$ 值列于表 3-5 中。可以看出，随反应温度的升高，$K^\ominus$ 值减小。

表 3-4　不同温度时 $C(s)+CO_2(g)\rightleftharpoons 2CO(g)$ 的压力平衡常数

温度 t/℃	500	600	700	800	900	1000
$K^\ominus$	0.00324	0.076	0.89	6.6	35.4	132

表 3-5　不同温度时 $N_2(g)+3H_2(g)\rightleftharpoons 2NH_3(g)$ 的压力平衡常数(压力为 1 MPa)

温度 t/℃	200	300	400	500	600
$K^\ominus$	0.413	3.87×10^{-3}	1.7×10^{-4}	1.4×10^{-5}	2.4×10^{-6}

标准平衡常数与温度有关，主要是因为反应的标准 Gibbs 函数变 $\Delta_r G_m^\ominus$ 的值随温度有较大的变化，而 $\Delta_r H_m^\ominus$ 和 $\Delta_r S_m^\ominus$ 的值，受温度影响较小。已知

$$\Delta_r G_{m,T}^\ominus = \Delta_r H_m^\ominus - T \cdot \Delta_r S_m^\ominus \quad 和 \quad \Delta_r G_{m,T}^\ominus = -2.303RT\lg K^\ominus$$

将两式结合，即得

$$\Delta_r H_m^\ominus - T \cdot \Delta_r S_m^\ominus = -2.303RT\lg K^\ominus$$

或

$$\lg K^\ominus = -\frac{\Delta_r H_m^\ominus}{2.303R} \cdot \frac{1}{T} + \frac{\Delta_r S_m^\ominus}{2.303R} \tag{3-6}$$

式中 $K^\ominus$ 和 T 是两个变量，以 $\lg K^\ominus$ 对 $\frac{1}{T}$ 作图，必得一直线，其斜率为 $\frac{\Delta_r H_m^\ominus}{2.303R}$。

再讨论温度与标准平衡常数的关系。设有一个可逆反应，在温度 T_1 时达到平衡，其标准平衡常数为 $K_1^\ominus$；在温度 T_2 时再次建立平衡，其标准平衡常数为 $K_2^\ominus$。

于是应有

$$\Delta_r H_m^\ominus - T_1 \cdot \Delta_r S_m^\ominus = -2.303RT_1\lg K_1^\ominus$$

$$\Delta_r H_m^\ominus - T_2 \cdot \Delta_r S_m^\ominus = -2.303RT_2\lg K_2^\ominus$$

将上述两式分别除以 T_1、T_2，再将两式相减，整理后得

$$\Delta_r H_m^\ominus \left(\frac{1}{T_1} - \frac{1}{T_2}\right) = 2.303R\lg \frac{K_2^\ominus}{K_1^\ominus}$$

或

$$\lg \frac{K_2^\ominus}{K_1^\ominus} = \frac{\Delta_r H_m^\ominus}{2.303R}\left(\frac{T_2 - T_1}{T_2 T_1}\right) \tag{3-7}$$

对于吸热反应，$\Delta_r H_m^\ominus > 0$，如果升高温度，即 $T_2 > T_1$，则

$$\lg(K_2^\ominus / K_1^\ominus) > 0 \quad 即 \quad K_2^\ominus > K_1^\ominus$$

即标准平衡常数变大，意味着生成物的数量增加，反应正向进行。因此，温度升高，化学平衡向吸热方向移动。

对于放热反应，$\Delta_r H_m^\ominus < 0$，如果升高温度，即 $T_2 > T_1$，则

$$\lg(K_2^\ominus / K_1^\ominus) < 0 \quad 即 \quad K_2^\ominus < K_1^\ominus$$

即标准平衡常数变小。只有降低温度，即 $T_2 < T_1$ 时，才能使

$$\lg(K_2^\ominus / K_1^\ominus) > 0 \quad 即 \quad K_2^\ominus > K_1^\ominus$$

标准平衡常数变大，有更多的生成物出现，意味着正向反应的继续进行。就是说，降低系统的温度，化学平衡则向放热的方向移动。

图 3-2 和图 3-3 所示分别是碘化氢和一氧化氮的生成反应在某一温度区间的温度升高（$1/T$ 值变小），放热反应的标准平衡常数 $K^\ominus$ 值减小，吸热反应的 $K^\ominus$ 值则增加；温度降低时，情况正好相反。

式(3-7)称为范德华方程。在已知反应的标准热效应 $\Delta_r H_m^\ominus$ 和某一温度的标准平衡常数 $K_1^\ominus$ 时，可用该式计算另一温度时的标准平衡常数 $K_2^\ominus$；或者已知化学反应在不同温

度的标准平衡常数时，也可用(3-7)计算反应的标准热效应 $\Delta_r H_m^\ominus$。

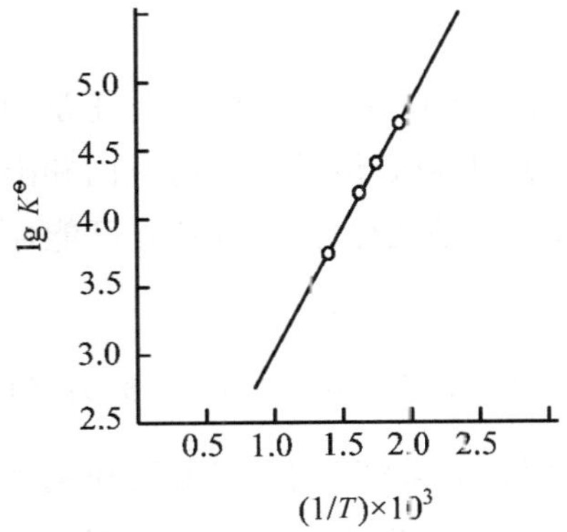

图 3-2　$H_2(g)+I_2(g) \rightleftharpoons 2HI(g)$

反应的 lg $K^\ominus$-$1/T$ 图

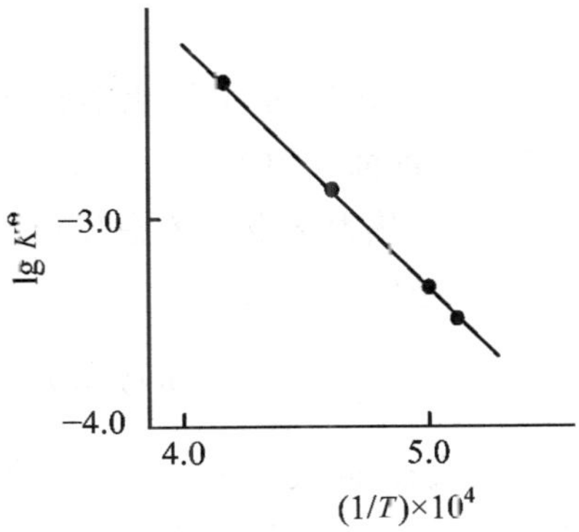

图 3-3　$N_2(g)+O_2(g) \rightleftharpoons 2NO(g)$

反应的 lg $K^\ominus$-$1/T$ 图

总之，影响平衡移动的三个主要因素，其作用归纳在表 3-6 中。

表 3-6　外界条件改变对化学平衡的影响

影响因素	条件改变	化学平衡的变化	平衡移动方向
浓度	①加入反应物(或减少生成物)	反应物一部分被消耗	正向移动
	②加入生成物(或减少反应物)	生成物一部分被消耗	逆向移动
压力(气体)	③增大体积(减小压力)	压力增加	向气体分子数增多的方向移动
	④减小体积(增加压力)	压力降低	向气体分子数减少的方向移动
温度	⑤升高温度	消耗热量	向吸热方向移动
	⑥降低温度	释放热量	向放热方向移动

实际工作中往往要综合考虑多方面因素的作用，控制最适宜的条件，使反应向着预期的方向移动，以期获得最好的结果。如合成氨，从平衡观点看，该反应在低温加压的条件下进行；但温度较低时，其反应速率太小，以致无实际价值。因此工业上适当提高反应温度，牺牲部分转化率，以保证有较大的反应速率。

【知识要点提醒】 浓度、压力和温度影响化学平衡，浓度和压力不影响平衡常数值，温度影响平衡常数值。

第三节　化学反应速率

化学反应的快慢问题，即化学反应速率(chemical reaction rate)问题，是化学中的重要内容之一。前面介绍了如何应用化学热力学的原理来判断化学反应的方向和限度问题。然而，化学热力学没有考虑反应的快慢，因此，一些热力学上判断极有可能性的反应，实际却未必发生。如：

$$H_2(g)+\frac{1}{2}O_2(g)=\!=\!=H_2O(l),\Delta_rG_m^{\ominus}(298\ K)=-237.2\ kJ\cdot mol^{-1},K^{\ominus}=3.61\times10^{41}$$

从该数值看，此反应进行的可能性是极大的。但在通常情况下，把氢气和氧气通入一密闭容器中，在极长的时间内也几乎观察不到 $H_2O(l)$的生成。这是因为该反应的速率太小，在有限的时间内，几乎不能进行反应。又如，CO 和 NO 是汽车尾气的两种有毒气体，若使它们发生反应，会大大改善汽车尾气对大气环境的污染。

$$CO(g)+NO(g)=\!=\!=CO_2(g)+\frac{1}{2}N_2(g)$$

$$\Delta_rG_m^{\ominus}(298\ K)=-343.78\ kJ\cdot mol^{-1},K^{\ominus}=1.70\times10^{60}$$

从该数值看，此反应在常温常压的反应转化率是很高的，可惜反应速率极慢，实际上不能发生。要想上述反应有实际意义，就需要研究影响反应速率的因素及如何采取措施，来控制反应的速率。可见，对于化学反应来说，可能性与现实性的研究是同样重要的。

一、化学反应速率的表示方法

不同化学反应的速率极不相同：有的极快，在瞬间即可完成，如炸药的爆炸、酸碱的中和等；有的反应较慢，如金属的腐蚀、高聚物的老化等；有的则非常缓慢，以致不能觉察，如岩石的风化等。

物质的本性对其化学反应能力有决定性的作用。例如，白磷在空气中可以自燃而红磷则不能；氟气和氢气混合，即使在低温时，也能以爆炸的形式完成反应，而同为卤素的碘和氢气则需加热才能反应。但是，目前对物质内部的结构与其反应能力间的关系研究尚不够，还不能概括其间的规律。一般来说，溶液中的离子反应速率很快，通常可在毫秒(10^{-3} s)或微秒(10^{-6} s)内完成；共价分子间的反应就要慢得多，而且彼此间的速率相差很大。这与分子内化学键的强弱、分子的结构等都有密切的关系。

根据国际上的规定，我国是采用反应进度来表示化学反应速率的。化学反应进行的程度即反应进度 ξ 是随时间而变化的。化学反应速率可用反应进度随时间的变化率来表示，其有着严格的数学定义。对于反应 $0=\sum_B\nu_BB$，反应速率是单位体积中反应进度

随时间的变化率，即

$$\upsilon=\frac{\mathrm{d}\zeta}{V\mathrm{d}t}=\frac{\mathrm{d}n_{\mathrm{B}}}{V\cdot\nu_{\mathrm{B}}\cdot\mathrm{d}t} \tag{3-8}$$

假设反应系统的体积在反应中恒定不变（如体积一定的气相反应或体积变化可忽略的液相反应），因 $c_{\mathrm{B}}=\frac{n_{\mathrm{B}}}{V}$，对有限量的变化，式(3-8)可简化为：

$$\upsilon=\frac{1}{\nu_{\mathrm{B}}}\cdot\frac{\Delta c_{\mathrm{B}}}{\Delta t} \tag{3-9}$$

式中：反应速率 υ 的单位为 $\mathrm{mol\cdot L^{-1}\cdot s^{-1}}$，其中体积也可用 $\mathrm{m^3}$（或 mL）作单位，时间也可用 min 和 h 作单位。$\Delta c_{\mathrm{B}}/\Delta t$ 表示 B 物质的浓度在一段时间间隔中的变化量，但 ξ 或 υ 均与所研究反应中选用的物质无关，即可以选择任一反应物或任一生成物来表示化学反应的速率。有时用某一反应物的消耗速率或某一生成物的生成速率表示化学反应速率，此时，其速率数值因选用不同的物质而异。

例如，合成氨反应：$N_2(g)+3H_2(g)=\!=\!=2NH_3(g)$，则

$$\upsilon(N_2)=\frac{1}{\nu(N_2)}\cdot\frac{\Delta c(N_2)}{\Delta t}=\frac{1}{\nu(H_2)}\cdot\frac{\Delta c(H_2)}{\Delta t}=\frac{1}{\nu(NH_3)}\cdot\frac{\Delta c(NH_3)}{\Delta t}$$

在反应刚开始时，$c(N_2)=10\ \mathrm{mol\cdot L^{-1}}$，经过 100 秒后，$c(N_2)=9\ \mathrm{mol\cdot L^{-1}}$，则分别用 N_2、H_2、NH_3 表示反应速率为：

$$\upsilon(N_2)=\frac{1}{(-1)}\cdot\frac{(9-10)\mathrm{mol\cdot L^{-1}}}{100\ \mathrm{s}}=0.01\ \mathrm{mol\cdot L^{-1}\cdot s^{-1}}$$

$$\upsilon(H_2)=\frac{1}{(-3)}\cdot\frac{3\times(9-10)\mathrm{mol\cdot L^{-1}}}{100\ \mathrm{s}}=0.01\ \mathrm{mol\cdot L^{-1}\cdot s^{-1}}$$

$$\upsilon(NH_3)=\frac{1}{(-2)}\cdot\frac{2\times(9-10)\mathrm{mol\cdot L^{-1}}}{100\ \mathrm{s}}=0.01\ \mathrm{mol\cdot L^{-1}\cdot s^{-1}}$$

反应速率的实验测定必须准确测出不同时刻反应物或生成物的浓度。这一点常常是困难的，尤其是对那些反应速率很快的反应，通常有两类测定方法：

①化学分析法(chemical analysis)。反应进行后，在某一时刻突然使反应终止（如用骤冷反应系统，冲稀或迅速移去反应物等），再取样，做化学分析测定反应系统中物质浓度。

②物理化学分析法(physical chemical analysis)。如果反应物和生成物的某种物理性质有较大的差别，则随着反应进行，这种物理性质就不断出现较显著的改变。测量不同时刻反应系统这一性质的改变情况，就可计算出浓度的变化和化学反应速率。通常利用的物理性质有：压力、体积、颜色、吸光度、折射率、电导、电动势和光谱等。物理化学分析法可以连续进行，不像化学分析法那样要中断反应，但需先确定浓度与物理性质间的关系，即作一系列的标准曲线(standard curve)。

除反应物的本性外，影响反应速率的外部因素还有浓度、气体的压力、温度、催化剂和反应物的聚集态、反应的介质以及扩散速率等。本节主要讨论外部因素的影响。

【知识要点提醒】 反应速率是单位体积中反应进度随时间的变化率，其单位是 $mol \cdot L^{-1} \cdot s^{-1}$。

二、浓度对化学反应速率的影响

1. 基元反应和非基元反应

从微观上看，在化学反应过程中，反应物分子一般总是经过若干个简单的反应步骤，才最后转化为产物分子的。每一简单的反应步骤就是一个基元反应（基元过程）(elementary reaction)，而总的反应是非基元反应(non-elementary reaction)。例如，氯化氢的合成反应：

$$H_2(g)+Cl_2(g)=\!=\!=2HCl(g)$$

实验和理论分析均已知道，H_2 分子和 Cl_2 分子并非一步直接化合生成 HCl，而要经过下列各步：

①$Cl_2+M \longrightarrow 2Cl\cdot+M$

②$Cl\cdot+H_2 \longrightarrow HCl+H\cdot$

③$H\cdot+Cl_2 \longrightarrow HCl+Cl\cdot$

④$Cl\cdot+Cl\cdot+M \longrightarrow Cl_2+M$

式中 Cl· 和 H· 表示自由原子，其中的黑点表示单电子；M 称为第三体，可以是反应物 H_2 和 Cl_2 分子，也可以是杂质分子或容器器壁，它起着传递能量的作用。反应①、②、③、④都是由反应物直接一步反应生成产物的。这样一步完成的反应就是基元反应。而它们的总反应 $H_2(g)+Cl_2(g)=\!=\!=2HCl(g)$，称为复杂反应（非基元反应）。

基元反应是组成一切化学反应的基本单元。反应机理（或反应历程）一般是指该反应是由哪些基元反应组成的。例如，上述四个基元反应就构成了 $H_2(g)+Cl_2(g)=\!=\!=2HCl(g)$分子的反应机理。

化学反应方程式，除非特别注明，一般都属于化学计量方程式，而不代表基元反应。例如，$N_2(g)+3H_2(g)=\!=\!=2NH_3(g)$就是化学计量方程式，它只说明参加反应的各个组分在反应过程中，其数量的变化符合方程式系数间的比例关系，即 $N_2(g)$、$H_2(g)$、$NH_3(g)$的物质的量比是 1∶3∶2，并不能说明一个 N_2 分子与三个 H_2 分子相碰撞就生成两个 NH_3 分子。所以它也不是基元反应。

【知识要点提醒】 理解基元反应的含义，并与化学计量方程式区分。

2. 基元反应的速率方程——质量作用定律，反应分子数

基元反应方程式中各反应物分子数之和称为反应分子数。

经过碰撞而活化的单分子分解反应或异构化反应，为单分子反应。例如：

$$A \longrightarrow 产物$$

因为是一个个的活化分子独自进行的反应，所以这种分子在单位体积内的数目越多（即浓度越大），则单位体积内，单位时间起反应的数量就越多，即反应物的消耗速率与反应物的浓度成正比：

$$-dc_A/dt = kc_A$$

双分子反应可分为异类分子间的反应与同类分子间的反应：

$$A+B \longrightarrow 产物$$

$$A+A \longrightarrow 产物$$

其反应速率与单位体积单位时间内的反应分子间的碰撞数成正比，按分子运动论，单位体积单位时间内的分子碰撞数与浓度成正比，因此反应物 A 的消耗速率与反应物浓度乘积成正比。对上述两反应，分别有：

$$-dc_A/dt = kc_A c_B$$

$$-dc_A/dt = kc_A^2$$

依此类推，对于基元反应：

$$aA+bB+\cdots \longrightarrow 产物$$

其速率方程可根据其反应方程式得到：

$$-dc_A/dt = kc_A^a c_B^b \cdots \qquad (3\text{-}10)$$

就是说，基元反应的速率与各反应物浓度的幂乘积成正比，其中各浓度的方次为反应动力学方程中相应组分的分子个数。这是质量作用定律。速率方程中的比例常数 k，叫作反应速率常数(reaction rate constant)，反应温度一定，k 值一定，与浓度无关。

例如，下述各基元反应的速率方程可分别由其反应式写出：

$$2NO_2 = 2NO+O_2 \qquad v = -dc_{NO_2}/dt = k \cdot c_{NO_2}^2$$

$$NO_2+CO = NO+CO_2 \qquad v = -dc_{NO_2}/dt = k \cdot c_{NO_2} \cdot c_{CO}$$

基元反应可分为：单分子反应、双分子反应和三分子反应。绝大多数的基元反应为双分子反应；在分解反应或异构化反应中，可能出现单分子反应；三分子反应数目更少，一般只出现在原子复合或自由基复合反应中。四个分子同时碰撞在一起的机会极少，所以还没有发现大于三个分子的基元反应。

质量作用定律只适用于基元反应。对于非基元反应，只有分解为若干个基元反应时，才能对每个基元反应逐个运用质量作用定律。再依据反应机理和各个基元反应的速率方程而推求出总反应的速率方程。

例如，反应 $2NO+2H_2 = N_2+2H_2O$，根据反应式写出该速率方程 $v=k \cdot c_{NO}^2 \cdot c_{H_2}^2$，但实验证明该反应的速率方程为 $v=k \cdot c_{NO}^2 \cdot c_{H_2}$。

这一情况表明该反应不是基元反应，其反应可能由下列两步基元反应所组成：

①$2NO+H_2 \longrightarrow N_2+H_2O_2$ （慢反应）

②$H_2O_2+H_2 = 2H_2O$　　(快反应)

可见这是与复杂反应中速率最慢的一步反应为控速步骤相一致的。

研究反应速率方程，不仅可解决反应物浓度与反应速率间的关系，还可为探索复杂反应的反应历程提供有用的线索。

例如，反应：$A_2+2B = 2AB$

假定该反应是由两个基元反应所组成：

第一步　$A_2 = 2A$

第二步　$2A+2B = 2AB$

一般来说，这两步反应的反应速率是不相同的。若第一步为慢反应而第二步为快反应，那么对总反应来说，其整个过程的反应速率取决于反应速率最慢的一步，反应速率最慢的一步叫控速步骤(ratedetermming step)。因此，该反应的速率方程应为：

$$\upsilon=k\cdot c_{A2}$$

如第二步为慢反应而第一步为快反应，则该反应的速率方程式为：

$$\upsilon=k\cdot c_A^2c_B^2$$

对于气体物质参加的反应，当温度一定时，增大(或减小)压力，也就是增加(或减小)气体物质的浓度，速率应与上述讨论相一致。对于液相系统，可以认为压力一般不影响化学反应速率。

【知识要点提醒】 反应分子数与质量作用定律只适用于基元反应。

3. 化学反应速率方程的一般形式，反应级数

不论是否知道机理，研究化学动力学问题总要由实验测定出速率方程。这不只是为了证实机理，也是研究反应速率的规律、寻找反应的适宜条件所必需。

对于化学计量反应

$$aA+bB+\cdots\longrightarrow\cdots+yY+zZ$$

由实验数据得出的经验速率方程，一般也可写成与式(3-10)相类似的幂乘积形式：

$$-dc_A/dt=kc_A^{n_A}c_B^{n_B}\cdots \tag{3-11}$$

式(3-11)中指数n_A、n_B…它们分别表示物质A、B、…的浓度对反应速率的影响程度，称分级数。它可以是整数，也可是分数或负数。负数表示该物质对反应起阻滞作用。分级数之和，称反应级数，用n表示。

若$n=n_A+n_B+\cdots=1$，称一级反应；$n=n_A+n_B+\cdots=2$，称二级反应；……反应级数分别表示反应速率与反应物浓度的n次方成比例。如果反应速率与反应物浓度无关而等于常数时，则该反应为零级反应。基元反应多为一级和二级反应，少数反应为三级反应。反应级数不同，反应物浓度随时间的变化情况也不相同。化学反应的反应级数可用实验方法测定。

许多发生在固体表面的催化反应都是零级反应。又如在超声波作用下，CCl_4与

H_2O 作用生成 Cl_2 的反应。任何零级反应都是以匀速进行速率与浓度无关，反应物将在一定时间内全部耗尽。零级反应的特征是，如以浓度对时间作图，得一直线。

表 3-7 中列出不同反应级数的若干实例。

表 3-7　各类反应级数的实例

反应级数	反应方程式	速率方程
零级反应	$N_2O(g) \xrightarrow{Au} N_2(g) + \frac{1}{2}O_2(g)$	$\upsilon = k \cdot c(N_2O) = k$
一级反应	$2N_2O_5 = 4NO_2 + O_2$	$\upsilon = k \cdot c(N_2O_5)$
	$CH_3CH_2Cl \longrightarrow CH_2 = CH_2 + HCl$	$\upsilon = k \cdot c(CH_3CH_2Cl)$
二级反应	$NO_2 + CO = NO + CO_2$	$\upsilon = k \cdot c(NO_2) \cdot c(CO)$
	$CH_3COOC_2H_5 + OH^- \longrightarrow CH_3COO^- + C_2H_5OH$	$\upsilon = k \cdot c(CH_3COOC_2H_5) \cdot c(OH^-)$
三级反应	$2NO + O_2 = 2NO_2$	$\upsilon = k \cdot c^2(NO) \cdot c(O_2)$
分数级数反应	$CO + Cl_2 = COCl_2$	$\upsilon = k \cdot c(CO) \cdot c^{3/2}(Cl_2)$

对于一般零级反应，$A \longrightarrow$ 生成物，如以 $c(A_0)$、$c(A)$ 分别表示反应物的初始浓度和 t 时浓度，则零级反应的浓度-时间关系式为：$-dc_A/dt = k$，积分得

$$c_A = c_{A_0} - kt \tag{3-12}$$

对一般的一级反应，$B \longrightarrow$ 生成物

$$\upsilon = -\frac{dc_B}{dt} = k \cdot c_B$$

积分可得

$$\ln c_B = \ln c_{B_0} - kt \tag{3-13}$$

式(3-13)中，$c(B_0)$、$c(B)$ 分别表示反应物的起始浓度和反应经过时间 t 时的浓度。如将式(3-13)改写为：

$$\lg\left(\frac{c_{B_0}}{c_B}\right) = \frac{kt}{2.303}$$

在一级反应中，反应物浓度降低为初始浓度的一半（$c_B = \frac{1}{2}c_{B_0}$）所需的时间 $t_{1/2}$ 是一常数，与浓度无关，该时间 $t_{1/2}$ 就称为反应的半衰期。

$$t_{1/2} = 0.693/k \tag{3-14}$$

从式(3-14)中可以看出，一级反应的半衰期与其速率常数成反比。k 值大的反应，反应速率大，半衰期短，k 值小的反应半衰期长。每个一级反应都有其特定的半衰期。换言之，若反应半衰期是一常数，则该反应一定是一级反应。

所有的放射性衰变都是一级反应，且该过程与温度无关。利用这一点，在考古学、地壳岩石的年龄的估算等领域都有重要的应用。

【例 3-6】 从某处遗物古书卷取出的小块纸片，测得其中$^{14}C/^{12}C$的比值为现在活植物体内比值的 0.795 倍，试估测这些古书卷的年龄（已知^{14}C的半衰期 $t_{1/2}=5720$ 年，假定空气中$^{14}C/^{12}C$的比例历年不变）。

解：先算出其一级反应速率常数 k

$k=0.693/t_{1/2}=0.693/5720$ 年$=1.21\times10^{-4}\cdot$年$^{-1}$

在活体中$^{14}C/^{12}C$的比值是一个常数，^{12}C不会衰变，也是常数，因此活体中的^{14}C可视为起始浓度 c_0，纸片中的^{14}C即为 t 时的浓度 c，从题意可知：$c/c_0=0.795$，则

$$\lg(c_0/c)=kt/2.303 \qquad \lg(1/0.795)=1.21\times10^{-4}t/2.303$$

解得 $t=1900$ 年

即上述古书卷至今已有 1900 年的历史了。

对于一般二级反应，反应 2A ⟶ 产物的速率方程为

$$-\mathrm{d}c_A/\mathrm{d}t=kc_A^2$$

反应 aA+bB ⟶ 产物，在 A、B 的初始浓度相等，且 $a=b$ 时，任一时刻两反应物的浓度仍相等，$c_A=c_B$，因此它的速率方程为

$$-\mathrm{d}c_A/\mathrm{d}t=kc_Ac_B=kc_A^2$$

积分得积分式

$$\frac{1}{c_A}-\frac{1}{c_A^0}=kt \tag{3-15}$$

将 $c_A=c_A^0/2$ 代入式可得

$$t_{1/2}=\frac{1}{kc_A^0} \tag{3-16}$$

【知识要点提醒】 反应级数可以是零、非零整数、分数、负数。理解半衰期的概念，一级反应的半衰期为一常数。

三、温度对化学反应速率的影响

1. 温度对反应速率影响的规律

人们在实践中很容易观察到，绝大多数化学反应的速率随温度的升高而加快。因此，加热是提高反应速率最常用的方法。范德华曾发现在室温附近，温度每升高 10 ℃，一般化学反应速率增大 2～4 倍。温度对反应速率的影响，主要影响反应速率常数或速率系数。一个确定的反应，在不同的温度有不同的 k 值。一般地说，温度升高，k 值增大，反应速率加快。可参见表 3-8。表中分别列出 HI 的生成和 N_2O_5 的分解反应中不同温度对应的速率常数 k 值。范德华经验规律比较粗略，适用的温度范围不大。

表 3-8　温度对速率常数 k 的影响

反应	$H_2(g)+I_2(g)$ ══ $2HI(g)$					
温度/K	556	575	629	666	700	781
速率常数	4.45×10^{-5}	1.37×10^{-4}	2.52×10^{-3}	1.41×10^{-2}	6.43×10^{-2}	1.35
反应	$N_2O_5(g)$ ══ $2NO_2(g)+\frac{1}{2}O_2(g)$					
温度/K	273	293	298	308	318	328
速率常数	7.87×10^{-7}	1.76×10^{-5}	3.38×10^{-5}	1.35×10^{-4}	4.98×10^{-4}	1.50×10^{-3}

瑞典化学家 Arrhenius 根据实验结果，提出了化学反应的速率常数与温度之间的关系式，称为 Arrhenius 公式（Arrhenius formula），

$$k=A\cdot e^{-\frac{E_a}{RT}} \tag{3-17}$$

式中 E_a 称为 Arrhenius 活化能，通常称为活化能（activation energy），其单位为 $J\cdot mol^{-1}$。A 称为指前因子或指数前因子，又称为表观频率因子，其单位与 k 相同。将(3-17)式两边取对数即得：

$$\ln k=\ln A-\frac{E_a}{RT} \quad 或 \quad \lg k=\lg A-\frac{E_a}{2.303RT} \tag{3-18}$$

式中 $\lg A$ 和 $-\frac{E_a}{2.303R}$ 都是常数，若以 $\lg k$ 对 $\frac{1}{T}$ 作图就可得一直线，其斜率为 $-\frac{E_a}{2.303R}$，直线在纵轴上的截距为 $\lg A$。由此就可以求出活化能 E_a 值和指前因子 A 的值。图 3-4 是反应 N_2O_5 ══ $NO_2+\frac{1}{2}O_2$，在 273～328 K 间的速率常数 $\lg k$ 与 $\frac{1}{T}$ 的关系图。

实际上，只要测定温度 T_1、T_2 时的速率常数 k_1 和 k_2，即可计算出反应的活化能；或者已知活化能和某一温度下的反应速率常数 k_1，则可计算出另一温度下的速率常数 k_2 来。

温度 T_1 时，　$\lg k_1=\lg A-\frac{E_a}{2.303RT_1}$

温度 T_2 时，　$\lg k_2=\lg A-\frac{E_a}{2.303RT_2}$

两式相减得

$$\lg\frac{k_2}{k_1}=\frac{E_a}{2.303R}\left(\frac{1}{T_1}-\frac{1}{T_2}\right)=\frac{E_a}{2.303R}\left(\frac{T_2-T_1}{T_2T_1}\right) \tag{3-19}$$

从式(3-18)和式(3-19)中，可得出如下结论：

①对任一化学反应，当温度 T 增加时，$\frac{E_a}{RT}$ 项变小，$\ln k$ 变大，k 值变大，反应速率加

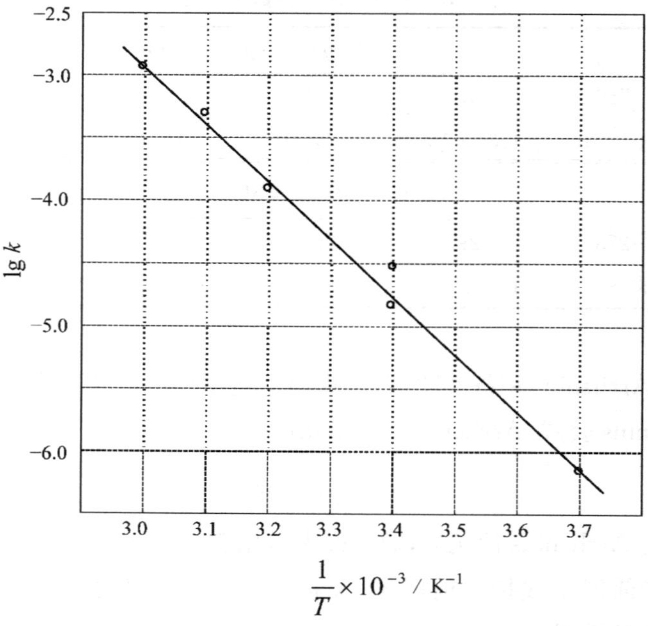

图 3-4 反应 $N_2O_5 \longrightarrow 2NO_2 + \frac{1}{2}O_2$ 的 lg k-$\frac{1}{T}$图

快。由于 k 在对数项中，因此，温度变化对化学反应速率影响很大。

②在相同温度时，对常数项 A 值相近的化学反应来说，活化能 E_a 值越大，其速率常数 k 值越小，反应速率越小；E_a 值越小者，反应速率越大。如某反应活化能降低 10 kJ · mol^{-1}，则其速率可增加 50 倍。

一般化学反应的活化能 E_a 在 42～420 kJ · mol^{-1} 之间，而大多数化学反应是在 62～250 kJ · mol^{-1} 之间。当活化能小于 42 kJ · mol^{-1} 时，其反应的速率很快，甚至不能用一般方法测定，如中和反应等；当活化能大于 420 kJ · mol^{-1} 时，其反应速率将非常慢。

③从式(3-19)中可见，当 T_2、T_1 温度一定时，E_a 值越大，k_2/k_1 的值越大，即升高相同温度，活化能大的反应速率增加的倍数比活化能小的反应速率增加的倍数要大；反之亦然。

为什么化学反应中需要一定的活化能呢？

首先，活化能用来克服分子靠近时所产生的斥力，为分子的有效碰撞提供条件。其次，化学反应过程是破坏旧化学键，建立新化学键的过程。破坏旧键需要消耗一定的能量，只有具有较高能量的活化分子，才能在碰撞时，把动能转化为分子内部的势能。可以这样来理解：把活化能想象成一个能垒，要发生化学反应，反应物分子必须越过能垒。每一化学反应都对应着不同的能垒。

上述类比，可从图 3-5 和图 3-6 得到说明。图 3-5 中反应物分子必须越过能垒 E_a，达到“山顶”活化态，变成活化分子才能转化为生成物。所以，活化能实际上是分子反应时所必须越过的一定的“能垒”。由于该反应中反应物的能量高于生成物的能量，反应中必然有能量释放，为放热反应。显然，山头越高，即能垒越高表明活化能越大，分子活化越困难，反应速率也就越小。与此相反，在图 3-6 中反应物能量低于生成物的能量，是吸热反应。

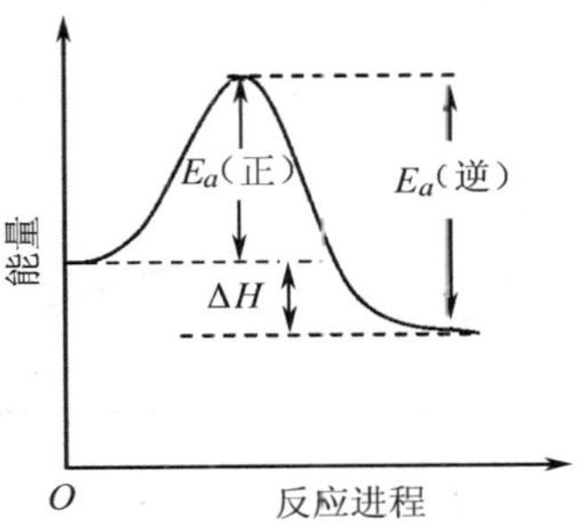

图 3-5　放热反应能量变化

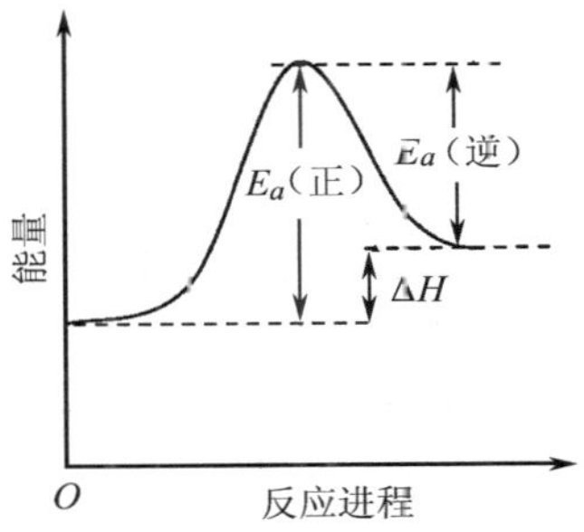

图 3-6　吸热反应能量变化

从图 3-5 和图 3-6 中看出，反应的活化能与反应热效应有一定关系。反应标准摩尔焓变等于正、逆反应活化能之差，即 $\Delta_r H_m^\circ = E_a(正) - E_a(逆)$。在放热反应中正反应的活化能小于逆反应活化能，$E_a(正) - E_a(逆) < 0$，即 $\Delta_r H_m^\circ < 0$。如蜡烛的燃烧反应，其反应式如下：

$$C_{46}H_{92}O_2(s) + 68O_2(g) \longrightarrow 46CO_2(g) + 46H_2O(l)$$

在室温下，蜡烛是不会自发燃烧的，然而，一旦点燃，蜡烛则可继续燃烧。这是因为蜡烛与氧反应具有很高的活化能。而在室温时，其活化分子数少，欲有较多的分子克服活化能垒与氧起反应引起蜡烛燃烧，则一根火柴的热量是必需的。蜡烛与氧反应是放热反应，即反应产物的能量(储存在化学键里的能量)比反应物的低。因此，一旦部分活化分子开始反应所释放的能量足以使其他分子不断克服“能垒”变成活化分子，使反应持续进行，即蜡烛持续燃烧。

对于吸热反应，正反应的活化能大于逆反应的活化能，$E_a(正) - E_a(逆) > 0$，即 $\Delta_r H_m^\circ > 0$。如在植物的光合作用过程中产生葡萄糖分子的反应：

$$6CO_2(g) + 6H_2O(l) \longrightarrow C_6H_{12}O_6(s) + 6O_2(g)$$

在这种反应里，产物的活化能比反应物的要小，能量被产物所吸收。在吸热反应里，反应物一开始，即需要输入能量使分子克服“能垒”而活化，然后还要继续供给能量，才能使反应持续进行，如果停止能量的供给，如将绿色植物始终放在暗处，光合作用就会停止，从而会引起植物的死亡。

总之，温度对化学反应有两方面的影响：

①升高温度，供给能量，使反应物分子中活化分子所占比例提高；或与之相反。这种影响是主要的。

②升温将增加单位时间、单位体积内分子碰撞的次数，从而加速反应。

化学反应速率随温度呈指数关系升高的规律，并非所有的反应都遵守。温度对反应速率系数的影响有图 3-7 所示的几种类型。（纵轴为温度，横轴为反应速度系数）

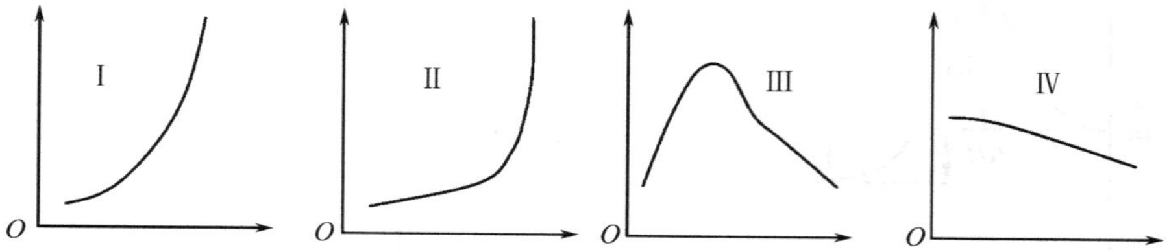

图 3-7　反应速率系数随温度变化的类型

其中Ⅰ型是最常见的，即反应速率随温度呈指数关系而升高。Ⅱ型的曲线变化是当温度升高至某一定值时，反应速率系数急剧增大，这是爆炸反应的特征。Ⅲ型的特点是起初反应速率系数随温度升高而增大，之后又随温度的升高而减小，其间出现一个极大值，典型例子是酶催化反应。Ⅳ型情况较为少见，即反应速率系数随温度升高而逐渐减小，NO 与 O_2 化合生成 NO_2 的反应，可作一个例子。

【知识要点提醒】 一般地，化学反应速率随温度呈指数关系升高，但并非所有的反应都是如此。

2. 碰撞理论

反应物分子之间的碰撞是发生化学反应的首要条件，反应速率与单位时间内分子的碰撞次数（即碰撞频率）成正比。

分子之间发生反应碰撞是必要条件，但非充分条件。因为反应不仅必须碰撞，而且必须有足够的能量和适当的取向使旧分子中旧化学键断裂，新的分子才有可能形成。在常温常压下气体分子间互相碰撞的频率是很大的，其数量级高达 $10^{35}\ m^{-3}\cdot s^{-1}$，但只有那些平动能达到一个临界值 E_c①时的分子间的碰撞才能发生化学反应。这种能够产生化学反应的碰撞称为有效碰撞。能够发生有效碰撞的分子称为活化分子。活化分子在总分子中所占的份额 f 符合 Maxwell-Boltzman 分布律。

① 按理论推算 $E_a=E_c+\frac{1}{2}RT$，因 $\frac{1}{2}RT \ll E_c$，所以，$E_a \approx E_c$。

$$f=\frac{\text{活化分子数}}{\text{总分子数}}=\frac{\text{有效碰撞频率}}{\text{总碰撞频率}}=e^{-E_c/RT}$$

式中 E_c 是指能发生有效碰撞的分子对所具有的最低动能。在碰撞理论中 $f=e^{-E_c/RT}$ 叫作能量因子。

活化分子具有比一般分子高得多的能量。能量很大的分子和能量很小的分子所占比例都很小，大部分分子能量在平均能量附近。使分子活化所需要吸收的能量就是活化能。后来研究进一步证明，活化能 E_a 等于活化分子的平均能量与一般分子的平均能量之差，即

$$E_a=\overline{E}_{\text{活化分子}}-\overline{E}_{\text{一般分子}}$$

此外，分子还必须处于有利的方位上才能发生有效的碰撞。即碰撞的两分子只有在一定方向上的碰撞才有可能是有效碰撞。若以 P 代表反应速率的方位因子，P 越大，表示碰撞的方位越有利。

【知识要点提醒】 碰撞理论指出，分子碰撞不一定能发生反应，但发生反应必须要分子碰撞。

四、催化剂对反应速率的影响

1. 催化剂与催化作用

在硫酸的生产过程中，二氧化硫和氧气生成三氧化硫的反应，具有非常高的活化能，即使在高温下，反应也极为缓慢。然而在反应体系中加入少量铂粉就会极大地加速反应。像铂这种能够改变化学反应速率，而本身的质量、组成和化学性质，在反应前后保持不变的物质，称为催化剂，催化剂的这种改变反应速率的作用，称为催化作用。大多数催化剂都可加速反应，有的甚至可使化学反应速率增加 10 个数量级，称正催化剂。少数催化剂则可延缓反应，被称为负催化剂。在实际应用中，它们有特定的名称，如减缓金属腐蚀的缓蚀剂，防止高分子老化的抗老剂，阻缓燃烧过程的阻燃剂等。一般讲的催化剂，都是指可加速反应的正催化剂。

在影响反应速率的三个主要因素中，催化剂的作用要比浓度(包括气体物质的压力)、温度显著得多。

为什么催化剂能加快反应速率呢？研究表明，催化剂能降低活化能，改变反应的历程，使更多的分子成为能越过活化能垒的活化分子，从而提高了反应的速率。如图 3-8 中所示，在某一化学反应中，由于催化剂的加入，反应途径由①变为②，活化能由 E_a 降为 E_a'，因此，化学反应速率增大。

设反应 $A+B \longrightarrow AB, E_a$

反应的活化能 E_a 很大，不易进行；而加入催化剂 K，可经历下列两个步骤：

① $A+K \longrightarrow AK, E_{a1}$

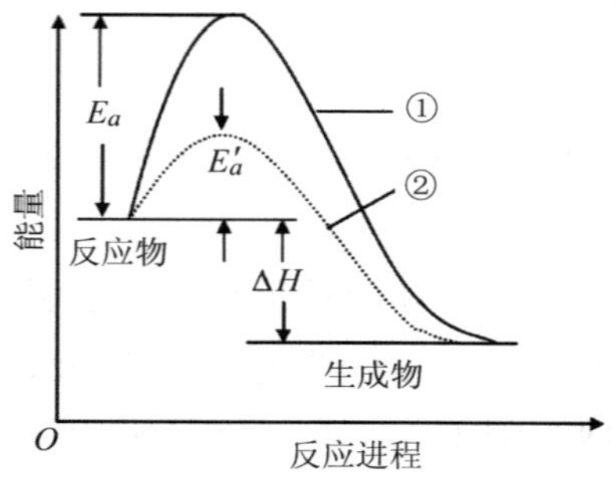

图 3-8　催化作用使反应活化能降低

②$AK+B \longrightarrow AB+K, E_{a2}$

式中的AK称为中间络合物。由于E_{a1}、E_{a2}均远小于原反应的活化能E_a，因此催化剂K的加入，改变了反应途径，降低了活化能，从而大大地加速了反应进行。可见，催化剂要有效地起催化作用，必须具备两个条件：

①易与反应物作用，即E_{a1}要小。

②中间络合物稳定性小，即其能量较高，使反应进行到底。

从以上讨论可见，催化剂具有下列特点：

①催化剂具有程度不同的活性，可使反应物分子活化。它积极地参与反应，又可在反应后再生。因此少量催化剂常能使相当大量的反应物发生反应。

②催化剂不影响化学平衡。由于催化剂在反应前后化学性质、组成保持不变，所以它的存在与否不会改变反应的始态和终态，当然就不会改变反应的$\Delta_r G_m^\circ$和$\Delta_r H_m^\circ$，从图3-8中可见，无论催化剂降低活化能E'_a到何种程度，只要反应物和生成物一定，则反应热效应$\Delta_r H_m^\circ$就是定值。这就是说，催化剂的作用是加速或延缓反应，缩短或延长到达平衡的时间，但不会使平衡移动。由此可见，对正反应有效的催化剂，对逆反应也是有效的，催化剂不能实现热力学上不可能自发进行的反应。

③少量的杂质常可强烈影响催化剂的活性。这些杂质可起助催化剂或毒物两方面的作用，助催化剂本身活性很小或没有活性，但可提高主催化剂的活性。如合成氨的铁系催化剂中，常加入Al_2O_3-K_2O为助催化剂。毒物则可使催化剂的活性和选择性减小。这种现象称为催化剂中毒。这有两种情况，如将毒物除去，催化剂催化性能仍可恢复，为暂时性中毒；永久性中毒则使催化剂完全失效，非重新经过化学处理不能恢复其活性。

④催化剂具有特殊的选择性。实验证明，没有适合一切反应的共同催化剂，某一类型的反应能使用某些催化剂；同一反应选择不同的催化剂，可以得到不同产物。

例如，乙醇在下列不同条件下可得极不相同的产物。

$$CH_3CH_2OH \xrightarrow[200\sim250\ ℃]{Cu} CH_3CHO + H_2 \quad (乙醛)$$

$$CH_3CH_2OH + CH_3CHO \xrightarrow[400\sim500\ ℃]{ZnO\cdot Cr_2O_3} CH_2{=}CH{-}CH{=}CH_2 + 2H_2O \quad (丁二烯)$$

这就是说，催化剂有使化学反应沿着某一特定方向进行的特殊本领。

【知识要点提醒】 催化剂通过降低反应活化能、改变反应历程加速化学反应，但是催化剂自身不发生变化。

2. 单相催化与多相催化

催化剂降低活化能的方式，有单相催化(homogeneous catalysis)和多相催化(heterogeneous catalysis)两大类。

(1)单相催化反应

单相催化反应又称均相催化反应，其中反应物与催化剂都处于同一相中。例如，都为气体或为均匀溶液。例如，NO 催化氧化 SO_2 为 SO_3 的反应。SO_2 氧化反应的活化能很高。($E_a=251\ \text{kJ}\cdot\text{mol}^{-1}$)，反应速率很慢，加入 NO 后，可发生下列两步反应：

$$2NO(g)+O_2(g)\longrightarrow 2NO_2(g)\quad (较快反应)$$

$$NO_2(g)+SO_2(g)C\longrightarrow NO(g)+SO_3(g)\quad (快反应)$$

从而使 SO_2 的氧化反应加速，NO 参与反应，又及时从反应中脱出，保持组成、化学性质不变。

叔丁醇的脱水反应是单相催化反应的又一例证：

$$(CH_3)_3C—OH\longrightarrow (CH_3)_2C=CH_2+H_2O, E_a\approx 274\ \text{kJ}\cdot\text{mol}^{-1}$$

在 450 ℃以下，反应速率极慢。如加入少量氢溴酸 HBr 为催化剂，则可使反活化能降低为 $127\ \text{kJ}\cdot\text{mol}^{-1}$，而按下述反应历程加速反应，

$$(CH_3)_3C—OH+HBr\longrightarrow (CH_3)_3C—Br+H_2O\quad (较快反应)$$

$$(CH_3)_3C—Br\longrightarrow (CH_3)_2C=CH_2+HBr\quad (快反应)$$

单相催化的类型很多，如气相反应、溶液中的酸碱催化和配合催化等。

(2)多相催化反应

多相催化反应又称非均相反应，其中催化剂与反应物分属不同的相，主要是固体催化气相反应和液相反应。如工业上制备硫酸用的 V_2O_5-K_2O 催化剂；合成氨生产中的铁系催化剂等。

多相催化是在气-固、液-固界面上发生的界面反应。催化反应至少是连续地通过下列过程进行的：

①反应物被吸附到催化剂表面上，化学键松弛而活化。

②反应物在催化剂表面上进行化学反应，生成产物。

③产物在表面上解吸、脱离反应区，向外扩散。

由于反应的活化能降低，使活化分子的比例增加；同时，因吸附而增大在催化剂表面上反应物的浓度，这都将加快反应速率。如碘化氢的分解反应，无催化剂时，$E_a=183\ \text{kJ}\cdot\text{mol}^{-1}$，如以铂为催化剂，活化能降低为 $58\ \text{kJ}\cdot\text{mol}^{-1}$。如该反应在 503 K (230 ℃)进行，则速率常数 k 可增加到无催化剂时的 9.6×10^{12} 倍。其余典型反应见表 3-9 中所列的数据。

表 3-9 催化剂对反应活化能的影响

反应	活化能/($kJ \cdot mol^{-1}$)	
	无催化剂	有催化剂
$2NH_3(g) \longrightarrow N_2(g)+3H_2(g)$	330.0	163
$2N_2O(g) \longrightarrow 2N_2(g)+O_2(g)$	245.0	121
$2H_2O_2(g) \longrightarrow 2H_2O(g)+O_2(g)$	75.3	过氧化氢酶,23
$CH_3CHO(g) \longrightarrow CH_4(g)+CO(g)$	190.0	$I_2(g)$,136

实际上,多相催化主要是由于化学吸附产生的,且催化剂表面只有一小部分能起催化作用,起催化作用的这一部分称为活性中心(active center)。反应物只有被吸附在活性中心上,才能变形并被活化,从而加速反应。化学吸附的吸附力带有化学键性质,故一种催化剂只能催化某些特定的反应,这就是催化剂具有选择性的原因。

因此,多相催化剂的活性与其组成、结构和状态密切相关。一般来说,粒子越细或表面积越大,表面缺陷越多,其催化活性越好。多相催化剂可连续进行催化;与产物易于分离,使用温度范围很宽,故许多工业反应都采用多相催化,或将单相催化剂负载于多孔的聚合物或无机载体上。如将酶负载于若干不溶性载体上,获得固定化酶,应用极广。

酶的质点直径范围在 $10^{-8} \sim 10^{-7}$ m 之间,故其催化作用可看作是介于单相与多相之间,既可看成是反应物(或称底物)与酶形成中间活化物,也可看作是酶的表面吸附反应物而加速反应。因此,酶是一类最复杂的催化剂。近年来,在深入研究酶的催化机理的基础上,又开展了化学模拟生物酶的研制。目前,已在实验室中合成了一些模拟酶,可在常温常压下,将反应物转化为人们期望的生成物,像生物固氮酶,可直接将空气中的氮气转化为植物可吸收利用的物质。这是一项重大的成就,预示着科学技术和农业生产的突破性进展。我国在模拟酶领域内,特别是生物固氮酶的研制和合成方面,处于世界领先水平。

目前,催化技术在化学工业(据统计,有 85%的化学反应是借助催化剂发生的)、石油、医药和食品工业,环境保护和国防技术以及生命科学等部门中,都有十分重要的应用。

【知识要点提醒】 单相催化反应为均相催化反应,多相催化反应为非均相催化反应。

第四节　几类特殊的化学反应

一、多相反应

多相反应的类型很多。例如，气-固反应、液-固反应、固-固反应以及液-液反应等。所以，可以说单相反应只是它的一种特例。多相反应大多数是在相的界面上进行，只有少数多相反应主要发生在不同的相中。既然大多数多相反应在相的界面上进行，所以它们多由扩散、吸附和化学反应等步骤组成。如在固体表面上进行的气体反应，一般来说可以分为下列几步：

①气体分子扩散到固体表面。

②气体分子被吸附在固体表面。

③被吸附物质在固体表面上进行化学反应。

④生成物从固体表面解脱吸附(称解吸)。

⑤生成物分子通过扩散离开固体表面。

由此可见，多相反应的反应速率除与浓度、温度和催化剂有关外，还与相互作用的相与相接触面大小有关。接触面增大，则反应速率显著加快。故在生产中常将固态反应物破碎或研磨成粉状物，将液态反应物喷射成雾状等来增加反应面积。如锌粉和盐酸作用要比锌粒和盐酸作用快得多；微细煤粉和空气的混合物会迅速燃烧甚至爆炸。某些平常不易燃烧的可燃物，细微分散后，遇有火星就会燃烧、爆炸，这也和接触面的大大增加有直接的关系。此外，多相反应的反应速率还与扩散速率有关。扩散可以使未起作用的反应物不断地进入界面，生成物不断地离开界面扩散出去。因此，用搅拌、鼓风等来加快扩散速度，从而使反应速率加快是生产中常用的方法。

气体与固体的反应是多相反应最常见的一种类型，如碳的燃烧：

$$C(s)+O_2(g)=\!=\!=CO_2(g)$$

因反应只在碳的表面进行，碳的浓度(即其密度)保持不变，是一定值，因此该反应的速率方程通常表示为：

$$v=k\cdot c(O_2)$$

即在一定条件下，多相反应的反应速率仅与和固体起反应的气体或溶液中的浓度成正比，而速率常数的大小除与温度有关外，还与固相的粒度(即接触面积)的大小有关。

二、链反应

有许多反应的反应历程相当复杂，只要用任何方法使反应一经开始，它就可以自动地、迅速地、连续不断地进行下去，有时甚至以爆炸形式出现，这类反应称为链反应（chain reaction）。

在链反应中有自由基 R· 或自由原子 X· 产生，旁边的小黑点表示它们具有一个未成对电子，因而能量很高，活性很大，很容易起反应，而且在反应中始终有自由基交替地消失和产生。只有这样才使反应持续地进行下去。所有的链反应都包含三个基本步骤：

①链的引发(开始)：反应物分子在热、光、放电等或引发剂的作用下生成自由基的反应。

②链的增长(链的传递)：自由基与分子相互作用的交替过程，旧自由基消失的同时有新的自由基生成。

③链终止：自由基结合成稳定分子或将多余的能量传给容器壁，转为活性小的物质后，链就此终止。

以自由基型加成聚合合成高聚物的反应为例，来说明链反应的过程。

链的引发——反应开始时，单体分子 M 在引发剂 R—R′的作用下，产生自由基。引发剂是一类易在较低温度下分解形成自由基的化合物，后者与单体分子作用生成单体自由基：

$$\underset{\text{引发剂}}{R—R'} \xrightarrow[\text{加热}]{\text{均裂}} \underset{\text{自由基}}{R\cdot + \cdot R'} \qquad R\cdot + \underset{\text{单体分子}}{M} \longrightarrow \underset{\text{单体自由基}}{RM\cdot}$$

链的增长——链一经引发，便立即开始链的增长过程：

$$RM\cdot + M \longrightarrow \underset{\text{二聚体自由基}}{RMM\cdot} \xrightarrow{+M} \underset{\text{三聚体自由基}}{RMMM\cdot} \xrightarrow{+M} \cdots \xrightarrow{+M} \underset{\text{聚体自由基}}{RM_x\cdot}$$

链的终止——链增长至一定程度，失去活性而终止，主要方式为双基终止：

$$M_n\cdot + M_m\cdot \longrightarrow M_{n+m}$$

也可发生双基歧化，即两个自由基相遇，一个获得 H 原子另一个失去 H 原子，都会丧失活性，其中产物之一含有双键。

上述的链反应中，在链增长的每一步基元反应中，每消耗一个自由基，同时产生一个自由基，链的传递形如直线，故称直链反应。

另一大类链反应在链增长过程中，每步基元反应产生的自由基比消失的要多。链的传递形如枝杈发射状，称为支链反应，如 H_2 和 O_2 的燃烧反应。

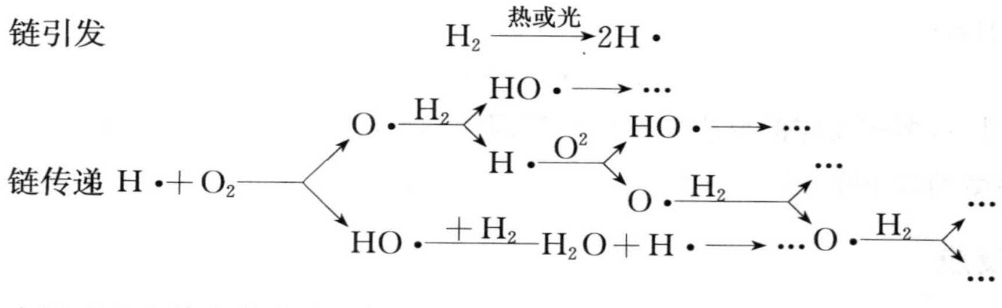

支链反应有较多的自由基同时作用，反应速率比直链反应要快得多，往往导致爆炸，

氢氧混合物常称“爆鸣气”就是这个道理。

爆炸反应都是强烈的放热反应，反应以链反应方式进行，速率极快；如来不及散热，温度升高又使反应速率急剧增加，生成的气体体积急速膨胀，最终导致爆炸发生。很多可燃气体或以细粉分散的可燃性固体物，在空气中含量到达一定限度时，一经点燃，就会产生爆炸。因此，在生产过程中，应十分注意，以免发生事故。表 3-10 中列出若干工业上常见气体的爆炸界限（体积百分数，引起爆炸的上限和下限）。

表 3-10　若干可燃性气体常温常压下在空气中的爆炸界限

可燃气体	爆炸界限	可燃气体	爆炸界限
H_2	4%～74%	C_2H_2	2.5%～80%
CO	12.5%～74%	C_2H_5OH	4.3%～19%
CH_4	5.3%～14%	$C_2H_5OC_2H_5$	1.9%～48%
C_2H_4	3%～29%	NH_3	16%～27%

很多重要的工业过程如高聚物的制备、橡胶的合成、石油的裂化、烃类的燃烧和爆炸反应等，都属于链反应。如果有意识地利用某些能与自由基作用的“调节剂”（如十二硫醇 $C_{12}H_{25}SH$、四氯化碳等），就可控制、调节高聚物的相对分子质量；在汽油中加入“抗震剂”四乙基铅 $Pb(C_2H_5)_4$，可减轻汽油燃烧时的“爆震”现象，但铅化合物燃烧后易污染大气，现已用甲基叔丁基醚（MTBE）代替，而且使用无铅汽油车辆耗油量减少，并大大地降低了汽车尾气中铅、NO_x 和 CO 的含量，从而降低尾气对空气的污染。

三、光化学反应

凡因紫外光或可见光作用而引发的化学反应，通称为光化学反应（photochemical reaction）。该类反应遵循光化学当量定律，即在光化学初级过程中，系统每吸收一个光量子，则活化一个分子（或原子）。这一定律对于光化学的初级过程是正确的。

我们知道，一定波长的光是与一定的能量相联系的，其关系式为：

$$\varepsilon = h\nu = hc/\lambda$$

式中 ε 为一个光子的能量(J)，ν 为光的频率(s^{-1})，λ 为波长(m)，c 为光速（真空中 $2.998\times10^8\ m\cdot s^{-1}$），$h$ 为普朗克常数($6.626\times10^{-34}\ J\cdot s$)。因此，1 mol 物质活化需要 1 mol 光子，其吸收的能量应为 1 mol 光子的能量，称为 1 爱因斯坦。

$$E = Lh\nu = Lhc/\lambda = \frac{0.1197\ J\cdot m\cdot mol^{-1}}{\lambda}$$

据此即可算出紫外光和可见光区内波长及其能量。见表 3-11。

表 3-11 紫外光和可见光区波长和能量

波段	波长 λ/nm	能量 $E/(\text{kJ}\cdot\text{mol}^{-1})$	能量 E/eV
紫外	200	598	6.20
紫外	400	299	3.10
紫	450	266	2.76
蓝	500	239	2.48
绿	570	209	2.16
黄	590	203	2.10
橙	620	192	2.00
红	750	159	1.60

从表 3-11 可见，波长越短（频率越高），光能越大，故紫外光对化学反应有较大的效力。许多物质，特别是有机化合物，分子中大多数的键能都在上述能量范围内。因此紫外光或可见光的能量足以造成键的断裂，而引发光分解、光合成、光氧化还原和光聚合等一系列化学反应，无机化合物中有许多见光分解的化合物。卤化银的感光性能（其中 AgBr 的光敏性为最好），乃是照相术赖以建立的基础。在太空遨游的侦察卫星装配的恒星相机，可将地面上发生的各种情况"一览无余"，也能精确地测定出地球上任何一点的目标和位置。因此，在国防技术、工农业生产以及天气预报等部门都有极广泛的重要应用。

和热化学反应相比，光化学反应的活化能较小，通常约为 30 $\text{kJ}\cdot\text{mol}^{-1}$，故反应速率较大；热化学反应总是使系统的 Gibbs 函数降低，而许多光化学反应（并不是所有的光化学反应）则使系统 Gibbs 函数增加。植物的光合作用是人们熟知的例子：

$$6CO_2(g)+6H_2O(l)\xrightarrow{hv}C_6H_{12}O_6(s)+6O_2(g)$$

$$\Delta_rG_m^{\ominus}=+2900\ \text{kJ}\cdot\text{mol}^{-1}$$

该反应在光的作用下，以植物中的叶绿素为催化剂，由 CO_2 和 H_2O 合成了人类亟须的糖类，同时放出供人们呼吸的氧气，使系统的 Gibbs 函数大为增加，对人类生存意义是不可估量的！

光敏化反应是在有敏化剂存在下的光化学反应，敏化剂的作用是传递能量，自身参与反应生成自由基，再与反应物作用而回复到初始态，其中汞敏化的反应较常见。汞在吸收 250 nm 处光能而被激发，在这一能量范围的断键反应均可被激发。

例如，用波长为 253.7 nm 的紫外光照射氢气时，氢气并不离解。该紫外光的能量为

$$E=Lh\nu=Lhc/\lambda=\frac{0.1197\ \text{J}\cdot\text{m}\cdot\text{mol}^{-1}}{253.7\times10^{-9}\ \text{m}}=471\ 601\ \text{J}\cdot\text{mol}^{-1}=471.6\ \text{kJ}\cdot\text{mol}^{-1}$$

而 H_2 分子离解能为 436 $\text{kJ}\cdot\text{mol}^{-1}$，照理反应应该可以发生，但实际上并不离解。只有在氢气中混入少量汞蒸气后，H_2 分子立刻离解，汞蒸气就称为光敏化剂（又称为感光

剂）。又如，

$$2SiH_4 \xrightarrow{Hg} Si_2H_6 + H_2$$

$$2BCl_3 + 5H_2 \xrightarrow{Hg} B_2H_4 + 6HCl$$

光化学合成涉及光取代、光异构、光敏电子转移和光氧化还原等反应，主要用于有机化合物的制备。某些化合物不够稳定，用热化学方法很难得到，而在光化学反应中却易制得。因此，光化学合成又成为物质制备的新方法。

利用光聚合或光解聚的“光刻技术”，是光化学反应在生产中的重要应用。主要用于大规模集成电路的制作上，图像清晰，分辨率可达 500 线/mm 以上，操作简便。

将光化学和电化学结合的光电转换电解水制氢方法，被认为是大有希望的新技术。其装置如图 3-9 所示。

电化学光电池的电极分别为 n-型半导体 TiO_2 和铂电极，电解质分别为 NaOH 和 H_2SO_4 溶液。当光照射时，负极 n-TiO_2 受光激发产生正、负电荷的分离，生成电子 e^- 和“空穴”p^+。

$$n\text{-}TiO_2(s) \xrightarrow{h\nu} e^- + p^+ \text{（}TiO_2\text{ 极上）}$$

TiO_2 极上的空穴（p^+）使水分解而产生氧气：

$$H_2O(l) + 2p^+ \longrightarrow 2H^+ + \frac{1}{2}O_2(g)$$

激发到半导体导带上的电子，经外电路流至铂电极，使氢离子还原而析出氢气：

$$2H^+ + 2e^- \longrightarrow H_2(g)$$

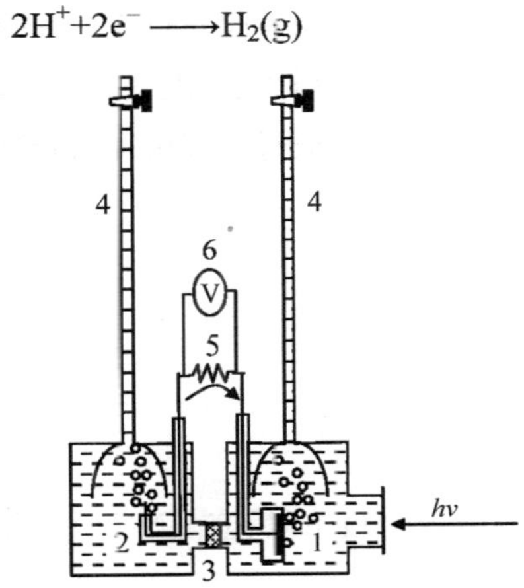

图 3-9 分解水的电化学光电池

1—TiO_2 2—Pt 3—隔膜 4—气体导管 5—负载 6—电压计

正极溶液的 pH 越小，生成 H_2 的反应越容易。通过光化学反应，利用太阳光能直接分解水制氢气，一直是人们追求的目标。这方面已进行了大量的研究工作。目前，已经证实当紫外光照射含有某些铂、铑配位化合物催化剂的硫酸稀溶液时，催化剂吸收光能而激发，具有很强的氧化还原性，能催化硫酸水溶液的分解，产生氢气和过二硫酸。这种光配合催化分解水制氢气的方法，分解效率高，在释放氢气时，氧转移至过二硫酸中并不放出。

当然，这只是实验阶段的工作，离实用化还有相当距离。

光化学反应还用于能量（特别是太阳能）的贮存和转化，例如，

$$2NOCl \xrightarrow{h\nu\ 635\ nm} 2NO + Cl_2$$

$$\Delta_r H_m^{\circ} = 77\ kJ \cdot mol^{-1}$$

$$NO_2 \xrightarrow{h\nu\ 400\ nm} NO + \frac{1}{2}O_2$$

$$\Delta_r H_m^\ominus = 56.5\ kJ \cdot mol^{-1}$$

以化学能所贮存或转变的光能，可以以适当方式再以电能和热能的形式释放出来，为人类的生产和生活服务。

本章小结

本章主要讨论两个问题：一是化学平衡，即化学反应进行的限度问题；二是化学反应的速率和机理。在理解掌握化学平衡和化学反应速率等概念的基础上，掌握化学平衡常数的计算，及影响化学反应速率的因素等知识。通过本章的学习，能够根据生产需要，通过改变浓度、压力、温度使平衡移动，从而指导生产，提高产能。通过改变浓度、温度来提高反应速率，通过反应历程的研究来指导生产。

习　　题

一、选择题

1. 在某温度下，反应$\frac{1}{2}N_2(g)+\frac{3}{2}H_2(g) = NH_3(g)$的平衡常数$K=a$，上述反应若写成$2NH_3(g) = N_2(g)+3H_2(g)$，则在相同温度下反应的平衡常数为(　　)。

   A. a/2　　B. 2a　　C. a^2　　D. $1/a^2$

2. 已知下列反应的平衡常数：

   $H_2(g)+S(s) = H_2S(g)$，K_1

   $S(s)+O_2(g) = SO_2(g)$，K_2

   则反应$H_2(g)+SO_2(g) = O_2(g)+H_2S(g)$的平衡常数为(　　)。

   A. K_1+K_2　　B. K_1-K_2　　C. K_1K_2　　D. K_1/K_2

3. 如果某反应的$K^\ominus \geqslant 1$，则它的(　　)。

   A. $\Delta_r G_m^\ominus \geqslant 0$　　B. $\Delta_r G_m^\ominus \leqslant 0$　　C. $\Delta_r G_m \geqslant 0$　　D. $\Delta_r G_m \leqslant 0$

4. 已知反应$2A(g)+B(s) = 2C(g)$，$\Delta_r H^\ominus > 0$，要提高A的转化率，可采用(　　)。

   A. 增加总压　　B. 加入催化剂　　C. 增大A的浓度　　D. 升高温度

5. 下列方法能使平衡$2NO(g)+O_2(g) = 2NO_2(g)$向左移动的是(　　)。

   A. 增大压力　　B. 增大p_{NO}　　C. 减小p_{NO_2}　　D. 减小压力

二、填空题

1. 反应 $2MnO_4^-(aq)+5H_2O_2(aq)+6H^+(aq)=\!=\!=2Mn^{2+}(aq)+5O_2(g)+8H_2O(l)$ 的标准平衡常数 $K^\ominus$ 的表达式为________________。
2. 已知 $K_{sp}^\ominus(Ag_2S)=6.3\times10^{-50}$，$K_f^\ominus([Ag(CN)_2]^-)=2.5\times10^{20}$，则反应 $2[Ag(CN)_2]^-(aq)+S^{2-}(aq)\rightleftharpoons Ag_2S(s)+4CN^-(aq)$ 的标准平衡常数 $K^\ominus=$________________。
3. 在一定温度下，可逆反应 $C(s)+CO_2(g)=\!=\!=2CO(g)$ 的 $K^\ominus=2.0$；当 $CO_2(g)$ 与 $CO(g)$ 的分压皆为 100 kPa 时，则该反应在同样温度时自发进行的方向为________。
4. 可逆反应 $Cl_2(g)+3F_2(g)\rightleftharpoons 2ClF_3(g)$ 的 $\Delta_r H_m^\ominus(298\ K)=-326.4\ kJ\cdot mol^{-1}$，为提高 $F_2(g)$ 的转化率，应采用________压________温的反应条件。当定温定容，系统组成一定时，加入 He(g)，$\alpha(F_2)$ 将________。

三、问答题和思考题

1. 什么叫化学平衡？为什么一个化学反应的 $\Delta_r G=0$ 时，该反应即处于平衡状态？
2. 简述化学平衡的特征。书写平衡常数表达式时，应注意哪些问题？
3. 标准平衡常数与反应的标准摩尔 Gibbs 函数变间有何联系？这种联系有哪些实际应用？
4. 计算标准平衡常数的方法有哪些？能否利用 $K^\ominus$ 的大小，直接判断不同类型反应进行的程度？说明原因。
5. 什么是 Le Châtelier 原理？能否从理论上分析其内容？它有哪些实际应用？
6. 为什么浓度和压力只影响化学平衡移动的方向，而温度还要影响 $K^\ominus$ 的数值？能否从理论上予以说明？
7. 菱镁矿的煅烧反应：$MgCO_3(s)\rightleftharpoons MgO(s)+CO_2(g)$，$\Delta_r H_m^\ominus>0$，下列变化将如何改变 $MgCO_3$ 的量？

   (1)加入 MgO；

   (2)及时除去 CO_2；

   (3)在温度不变时，增大反应系统的体积；

   (4)增加系统的压力。
8. 为什么国际上要采用反应进度来表示化学反应速率？它有什么优点？
9. 影响化学反应速率的因素有哪些？试举出生活中的三个化学反应，比较它们反应速率的大小，并说明加速和减速的方法。
10. 反应物浓度对化学反应速率有何影响？质量作用定律的内容是什么？
11. 什么是基元反应？它有什么特点？
12. 反应历程的含义是什么？根据什么线索探讨一个复杂反应的历程？
13. 什么叫反应的级数？分别说明零级和一级反应的特点。
14. 为什么温度升高会使大多数化学反应的速率加快？温度与化学反应速率之间存在何

种定量关系？

15. 什么叫反应的活化能？化学反应为什么需要活化能？如何测定或计算某一化学反应的活化能？

*16. 简述碰撞理论要点，并用以解释温度和浓度（包括气体物质的压力）对反应速率的影响。

*17. 说明催化剂加速化学反应的原因，比较单相与多相催化作用的异同。

*18. 什么是多相反应、链反应和光化学反应？它们都有哪些实际应用？

四、计算题

1. (1)已知 298 K 时，反应 $ICl(g) \rightleftharpoons \frac{1}{2}I_2(g) + \frac{1}{2}Cl_2(g)$ 的 $K_1^\ominus = 2.2 \times 10^{-3}$。试求：

   ① $2ICl(g) \rightleftharpoons I_2(g) + Cl_2(g)$ 的 $K_2^\ominus$；② $I_2(g) + Cl_2(g) \rightleftharpoons 2ICl(g)$ 的 $K_3^\ominus$；

   (2)已知某温度时反应 $H_2(g) + S(g) \rightleftharpoons H_2S(g)$ 的 $K_1^\ominus = 1.0 \times 10^{-3}$；反应 $S(g) + O_2(g) \rightleftharpoons SO_2(g)$ 的 $K_2^\ominus = 5.0 \times 10^{-6}$，试计算：$H_2(g) + SO_2(g) \rightleftharpoons H_2S(g) + O_2(g)$ 的 $K_3^\ominus$。

2. 某温度时，反应 $Fe_3O_4(s) + 4H_2(g) \rightleftharpoons 3Fe(s) + 4H_2O(g)$，开始时用 1.6 g 氢和过量的四氧化三铁在密闭容器中作用，达到平衡后，有 16.76 g 铁生成，求此反应的标准平衡常数 $K^\ominus$。

3. 碳酸氢钠的热分解反应 $2NaHCO_3(s) \rightleftharpoons Na_2CO_3(s) + CO_2(g) + H_2O(g)$。在 125 ℃时，$K^\ominus = 0.253$，求此温度下，$CO_2(g)$ 和 $H_2O(g)$ 的平衡分压。

4. 利用附录中的热力学数据，计算反应 $SO_2(g) + \frac{1}{2}O_2(g) \rightleftharpoons SO_3(g)$，在 298 K 时的 $\Delta_r G_m^\ominus$ 和 $K^\ominus$。

5. 将纯氨气装入密闭容器中，在 400 ℃、1 MPa 下达到平衡，测得有 98%（体积）的氨分解。试计算氨分解反应在该温度下的标准摩尔 Gibbs 函数变 $\Delta_r G_m^\ominus$。

6. 某温度下，反应 $H_2(g) + I_2(g) \rightleftharpoons 2HI(g)$ 达到平衡时，测得系统中 $c(H_2) = 0.5\ mol \cdot L^{-1}$，$c(I_2) = 0.5\ mol \cdot L^{-1}$，$c(HI) = 1.23\ mol \cdot L^{-1}$。如果此时从容器中迅速抽出 HI(g) $0.6\ mol \cdot L^{-1}$。平衡将向何方向移动？求再次平衡时各物质的浓度。

7. 反应 $PCl_3(g) + Cl_2(g) \rightleftharpoons PCl_5(g)$ 达到平衡时，改变下列条件，对平衡有何影响？

   (1)加入 $Cl_2(g)$；

   (2)除去 $PCl_3(g)$；

   (3)加入 $PCl_5(g)$；

   (4)加压减小容器体积。

8. 反应 $2Cl_2(g) + 2H_2O(g) \rightleftharpoons 4HCl(g) + O_2(g)$，$\Delta_r H_m^\ominus = 113\ kJ \cdot mol^{-1}$，在 400 ℃时达到平衡，试估计下列变化将如何影响 Cl_2 的量。

(1)温度升至 500 ℃；

(2)加入氧气；

(3)除去容器中的水气；

(4)增大容器的体积。

9. 25 ℃时在溶液中进行的反应：$S_2O_8^{2-}+2I^- \longrightarrow 2SO_4^{2-}+I_2$，现将有关数据列表如下：

实验序号	$\frac{S_2O_8^{2-}\text{的起始浓度}}{mol \cdot L^{-1}}$	$\frac{I^-\text{的起始浓度}}{mol \cdot L^{-1}}$	$\frac{\text{起始速率}(I_2\text{的浓度增加})}{mol \cdot L^{-1} \cdot s^{-1}}$
1	1.0×10^{-4}	1.0×10^{-2}	0.65×10^{-6}
2	2.0×10^{-4}	1.0×10^{-2}	1.30×10^{-6}
3	2.0×10^{-4}	0.5×10^{-2}	0.65×10^{-6}

(1)写出上述反应的速率方程式；

(2)该反应为几级反应？是否为基元反应？

(3)计算上述反应的速率常数 k。

10. 某反应 A $\longrightarrow$B，当 c(A)＝0.200 mol · L^{-1}，其反应速率为 0.005 mol · L^{-1} · s^{-1}。试计算在下列情况下，反应速率常数各为多少。

(1)反应对 A 是零级；

(2)反应对 A 是一级。

11. 零级反应 A $\longrightarrow$B＋C，如 A 物质的起始浓度为 0.36 mol · L^{-1}，在 1 h 内完全分解，试求该反应时间以 s 为单位表示的速率常数。

12. 一级反应 A $\longrightarrow$B＋C，已知 A 的起始浓度为 0.50 mol · L^{-1}，速率常数 k＝5.3×10^{-3} · s^{-1}，试求：

(1)反应 3 min 后，A 的浓度；

(2)该反应的半衰期。

13. 某反应在 700 K 时，其速率常数 k_1＝0.0105 L · (mol · s)$^{-1}$，若活化能为 188 kJ · mol^{-1}，求该反应在 800 K 时的速率常数 k_2。

14. 乙醛的分解反应 $CH_3CHO \longrightarrow CH_4+CO$，在 538 ℃时，$k_1$＝0.79 L · (mol · s)$^{-1}$，在 592 ℃时，$k_2$＝4.95 L · mol^{-1} · s^{-1}，求反应的活化能。

15. 氨的分解反应：$2NH_3(g) \longrightarrow N_2(g)+3H_2(g)$，无催化剂时活化能为 330 kJ · mol^{-1}，如在钨表面分解，其活化能降低为 163 kJ · mol^{-1}，试用计算表明有、无催化剂时分解反应速率相差的倍数。

16. 低温下反应 $CO(g)+NO_2(g) \longrightarrow CO_2(g)+NO(g)$的速率方程是：$v=k \cdot c^2(NO_2)$，试问下列哪个反应机理与该方程式一致？

(1)基元反应：$CO+NO_2 \longrightarrow CO_2+NO$

(2) $2NO_2 \longrightarrow N_2O_4$(快)；$N_2O_4 + 2CO \longrightarrow 2CO_2 + 2NO$(慢)

(3) $2NO_2 \longrightarrow 2NO + O_2$(慢)；$2CO + O_2 \longrightarrow 2CO_2$(快)

17. 已知反应 $O_2(g) \rightleftharpoons 2O(g)$，在 298 K 时，$\Delta_r G_m^\ominus = 460\ kJ \cdot mol^{-1}$，试计算该反应的标准平衡常数 $K^\ominus$。

18. O_3 的分解反应为一级反应：$O_3(g) \longrightarrow O_2(g) + O(g)$，298 K 时的反应速率常数 $k = 3 \times 10^{-26} \cdot s^{-1}$，求 O_3 分解的半衰期。

19. 已知反应 $2NO(g) + O_2(g) \longrightarrow 2NO_2(g)$ 的 $\Delta_r H_m^\ominus = -114.1\ kJ \cdot mol^{-1}$，试问下列情况下，$NO_2$ 在反应平衡时的产率和反应速率将如何变化：

(1)增加总压；

(2)提高反应温度；

(3)加入催化剂；

(4)增加 NO_2 的浓度。

第四章　原子结构

本章提要

知识要点	掌握程度	相关知识
氢原子结构	重点掌握	氢原子光谱,玻尔理论,薛定谔方程,四个量子数
多电子原子结构	掌握	轨道能级,核外电子排布,屏蔽效应、钻穿效应,Slater 规则
元素周期律	熟悉	核外电子排布规则,原子的电子结构,元素周期性

【历史回顾】

约翰·道尔顿

约翰·道尔顿(John Dalton,1766—1844),英国化学家、物理学家,近代原子理论的提出者。1803 年,他继承古希腊朴素原子论和牛顿微粒说,提出原子论,把原子学说第一次从推测转变为科学概念。他最先从事测定原子量工作,并发表第一张原子量表,为后来测定元素原子量工作开辟了光辉前景。为了纪念道尔顿,很多化学家使用道尔顿作为原子量的单位。

物质由什么构成?古代中国曾有阴阳五行说,古希腊学者提出宇宙由火、气、水、土四种元素构成。1803 年,道尔顿继承了古代原子论,正式提出原子论。

1909～1911 年,Rutherford(卢瑟夫)及其合作者完成了 α 粒子散射实验,提出了含核模型。后经 Bohr(波尔)、Heisenberg(海森堡)和 Schrödinger(薛定谔)等人的发展,形成了原子结构的近代理论。

第一节　原子结构的近代概念

一、波粒二象性

从 17 世纪开始,人们对于光的本质的波动性(wave property)和微粒性(particle

property)经历了 200 多年的反复争论，最终辩证唯物主义宇宙观获得胜利，确立了对光本质的正确理解。

按照微粒说，光辐射的能量密度（光强度）I 等于光子能量 ε_0 与光子密度 ρ 的乘积，即 $I=\varepsilon_0\rho=h\nu\cdot\rho$。从波动说来看，光辐射的能量 I 等于真空中单位体积内的电磁能，即 Ψ^2 代表电磁场强度（即能量密度），

$$I=\frac{\Psi^2}{4\pi}$$

综合光的波粒二象性（wave-particle dualism），则光子密度 ρ 与电磁场强度 Ψ^2 成正比，即 $\rho\propto\Psi^2$。

在光的波粒二象性的启发下，法国科学家 de Broglie（德布罗意）于 1924 年提出实物粒子也具有波动性的假说。他认为表示实物粒子微粒性的物理量 E（能量）、P（动量）与表示其波动性的物理量 ν（频率）和 λ（波长）之间的关系，与光相同，即

$$E=h\nu \qquad P=m\nu=h/\lambda$$

这样的假设，从经典力学观点看来是很难理解的。但在 1927 年，这个假设被 Davisson 和 Germer 的电子衍射实验所证实。无论以晶体粉末还是用金箔作为光栅都可以得到明暗相间的环形衍射图形，证明电子具有波动性，并从电子衍射得出如下关系式：

沿 x 方向传播的频率为 ν，波长为 λ 的波，可以用电磁场强度 Ψ^2 来表示。

$$\Psi=A\cdot\cos 2\pi\left(\frac{x}{\lambda}-\nu t\right)=A\cdot\cos 2\pi\left(\frac{xP}{h}-\frac{Et}{h}\right)=A\cdot\cos\frac{2\pi}{h}(xP-Et)$$

Ψ 本来是描述波动的函数，在此可用来表示自由电子的行为。这种描述实物粒子的波称为德布罗意波。它适用于电子、中子、质子及一切微观粒子。因此微观粒子都具有波动性，并都可以用波函数 Ψ 来描述。

波函数的值在波峰区域为正值，在波谷区域为负值。常在波的示意图中以（＋）、（－）符号来表示。

【知识要点提醒】 与光子一样，电子、中子、质子等一切微观粒子都具有波粒二象性。

二、波函数的物理意义

为了理解波函数 Ψ 及其与所描述的粒子的关系，我们可观察一个电子衍射实验。

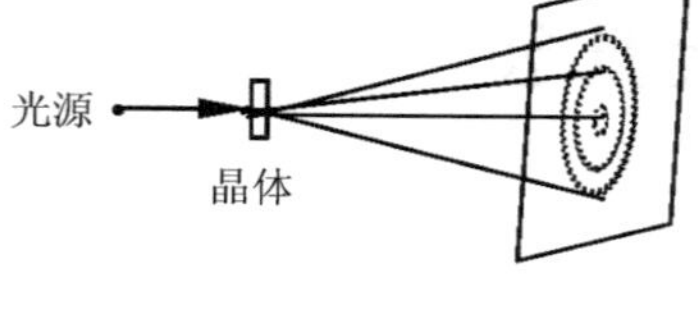

图 4-1 电子衍射示意图

如上所述，当电子流强度非常大时，其穿过晶体后即可在显示屏上得到完整的衍射图（参见图 4-1）。

假如电子流强度非常小，以至是一个一个地射出的，屏上只能显示出一个个的衍射斑点，充分表现出电子的微粒性。开始时，这些衍射斑点是杂乱无章的，随着时间的延长衍射斑点逐渐增多，便显示出规律性，最

终的图像仍为明暗相间的衍射环，从而又显示出波动性。

由此可见，电子波动性是许许多多独立的电子在完全相同条件下运动的统计结果，因此波函数(wave function)Ψ 也就是微粒运动统计规律的描述。

联系公式 $\rho=\dfrac{dN}{d\tau}$，光波强度等于单位体积内光子数目的多少。又 $\rho=k\Psi^2$，光子密度 ρ 与电磁场强度 Ψ^2 成正比，二式结合即得：

$$\frac{dN}{d\tau}=k\Psi^2 \quad 或 \quad dN=k\Psi^2 d\tau \tag{4-1}$$

对大量电子的射线，dN 为空间某点附近小体积元 $d\tau$ 内的电子数。对于一个电子来说(如氢原子中的电子)$k\Psi^2 \cdot d\tau$ 只能说是在 $d\tau$ 体积内找到该电子的概率。Ψ^2 为概率密度，代表在 t 时刻空间某点附近单位体积内电子出现的概率。对于化学中常见的稳定态原子，其能量有确定的值，电子在空间某点出现的概率不随时间而变化。于是可用不包括时间的波函数 $\Psi(x,y,z)$描述电子的运动状态。Ψ^2 代表电子在空间某点附近单位体积内出现的概率，如果用空间球坐标，则此波函数为 $\Psi(r,\theta,\varphi)$。

于是经典物理学中粒子运动的轨道等概念消失了，代之以核外某空间找到粒子的概率。这就是量子力学(quantum mechanics)与经典牛顿力学的本质区别之一。

【知识要点提醒】 波函数 Ψ 是大量微粒运动统计规律的描述，Ψ^2 反映了微粒在空间某点附近单位体积内出现的概率。

三、测不准原理

本来，经典力学的任务之一就是由体系某一瞬时相关物理量 p 和 q 的数值，来求算其他各种物理量的值。经典力学认为，物理量 p 和 q 可以测到任何所希望的精确度(这里的 p 和 q 是泛指的物理量)。但近几十年来已经证明，这种测定的精确度不能超过一定的限度。

原子中电子的运动，由于其质量非常小，运动速度又极快，且具有波粒二象性。因此人们对于电子以及其他微观粒子的运动速度和空间位置两个相关物理量的测量也有一定的精确度极限。

1927 年，德国的海森堡(Heisenberg)提出了一个重要关系式：如果以 Δx 表示粒子位置的测量误差，以 ΔP 表示粒子动量的测量误差，则同时测定二者时，精确度极限为

$$\Delta x \cdot \Delta P \geqslant \frac{h}{2\pi} \tag{4-2}$$

式中 h 为普朗克常数，$h=6.626\times10^{-34}$ J·s。

【例 4-1】 电子质量为 $m=9.11\times10^{-28}$ g，原子直径为 10^{-10} m，若电子位置精确到原子直径的 $\dfrac{1}{10}$，试求其速度的测量误差最小为多少。

解： $\Delta\nu \geqslant \frac{h}{2\pi m \Delta x} = \frac{6.626\times10^{-34}\ \frac{\text{kg}\cdot\text{m}^2}{\text{s}^2}}{2\pi\times9.11\times10^{-31}\text{kg}\times10^{-11}\text{m}} = 1.16\times10^7\ \text{m}\cdot\text{s}^{-1}$

这一误差已经超过一般电子运动速度本身，显然这样的误差是不能忽视的，但这是最高精确度。这一极限不是测定方法或测量仪器的限制，而是由微观世界的内在本质所决定的。所以关系式 $\Delta x \cdot \Delta P \geqslant \frac{\text{h}}{2\pi}$ 被称为海森堡测不准原理或不确定原理（uncertainty principle）。

量子力学的研究中，微粒的能量是一项极为重要的物理量。如果尽可能准确地测量其速度，则其位置就无法准确知道。因而只能使用统计规律，即用电子在核外空间各区域出现的概率大小来表述其运动状况了。

【知识要点提醒】 测不准原理不是由于测定方法或测量仪器导致的，而是由微观世界的内在本质所决定的。

四、微观粒子的运动方程——薛定谔方程

根据实物粒子的波粒二象性，一束沿 x 方向运动的实物粒子流，其电磁场强度 Ψ^2 可用如下波动方程表示：

$$\Psi = A\cdot\cos\frac{2\pi}{h}(xP - Et) \tag{4-3}$$

式中 Ψ 为坐标 x 和时间 t 的连续函数。但根据量子化条件，能量（E）和动量（P）不连续。将波函数 Ψ 对 x 取二阶偏微分，得：

$$\frac{\partial^2\Psi}{\partial^2 x} = -\left(\frac{2\pi}{\lambda}\right)^2\Psi$$

对于 x、y、z 三维空间中传播的波，相应的偏微分方程为

$$\frac{\partial^2\Psi}{\partial^2 x} + \frac{\partial^2\Psi}{\partial^2 y} + \frac{\partial^2\Psi}{\partial^2 z} = -\left(\frac{2\pi}{\lambda}\right)^2\Psi$$

又变换 $\lambda = \frac{h}{P} = \frac{h}{\sqrt{2m(E-V)}}$，则

$$\frac{\partial^2\Psi}{\partial^2 x} + \frac{\partial^2\Psi}{\partial^2 y} + \frac{\partial^2\Psi}{\partial^2 z} + \frac{8\pi^2 m}{h^2}(E-V)\Psi = 0 \tag{4-4}$$

此二阶偏微分方程称为薛定谔方程（schrödinger equation）。式中：x、y、z 为电子位置坐标；m 为电子质量；h、π 为常数；E 为电子的能量；V 为电子的势能（包括核对某一电子的吸引势能及其他电子对该电子的排斥势能）。方程包含了微粒性的物理量和体现波动性的物理量（Ψ），所以它能正确地反映微观粒子的运动规律。解薛定谔方程的目的就是要求出微观粒子的运动函数 Ψ 及与这一状态相对应的能量 E。

波函数 Ψ 是量子力学中描述核外电子空间运动状态的数学函数式，即一定的波函数

表示电子的一种运动状态，这种运动状态由于历史习惯人们称之为原子轨道或原子轨函。所以波函数 Ψ 是原子轨道的同义词。例如，电子运动的 1s 状态，即 Ψ_{1s} 也称 1s 轨道。同理 Ψ_{2p}，Ψ_{3d}，Ψ_{4f} 也分别称为 2p 轨道、3d 轨道和 4f 轨道。

波函数 Ψ 的意义有如下三方面：

①波函数 Ψ 是描述核外电子运动状态的数学函数式。

②每个波函数 Ψ 都具有对应的能量 E。同一原子中相同能量状态构成一个能级层。

③波函数的平方 Ψ^2 表示电子在核外空间某处单位体积内出现的概率，即概率密度。

【知识要点提醒】 薛定谔方程反映了微观粒子的运动规律，解薛定谔方程的目的是求出微观粒子的波函数及与这一状态相应的能量。

五、概率密度和电子云

根据海森堡测不准原理，不可能同时准确地了解电子在某一瞬间在核外空间所处的位置和运动速度。但可以用统计的方法来判断电子在核外空间某一区域出现机会的多少(即概率)。化学家常用天空中浓度不同的云彩来摹想这种概率分布(probability density)，Ψ^2 又被称为电子云。用小黑点表示：黑点密集处，电子的概率密度较大；黑点稀疏概率密度较小。

图 4-2 和图 4-3 分别为基态氢原子 1s 的电子云和基态锂原子 2s 的电子云示意图。不要误认为概率密度大的地方电子出现的概率就一定大。氢原子 1s 电子云密度最大处是在原子核处。电子在核外空间出现的概率等于概率密度与该区域总体积的乘积，即概率 $P=\Psi^2 \cdot d\tau$。近核处 $d\tau$ 极小，实际上概率 P 几乎为零。概率最大的应是距核不太远、Ψ^2 值也较大的一个球壳区域。

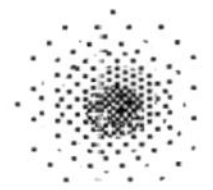

图 4-2　1s 电子云示意图

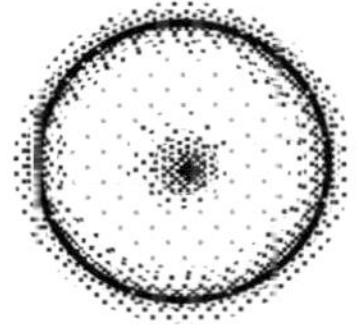

图 4-3　2s 电子云示意图

由于电子运动的不确定性，不可能给出一张找到电子概率为 100%的图形。为表示电子云在空间分布的形状，可将电子云密度相同的点连接起来，就围成一个曲面(或等值面)。把大于 90%概率都包括在内的那个等值面，就叫作电子云(electron cloud)的界面。界面以外，电子出现的概率很小，可以忽略。以此界面表示电子云的形状，这样的图叫电子云的界面图。

s、p、d 的电子云形状分别是球形、哑铃形和花瓣形。注意，它们是空间立体图形。

【知识要点提醒】 注意区分概率和概率密度，电子在核外空间出现的概率等于概率密度与该区域总体积的乘积，电子云对应概率密度。

* 六、氢原子波函数的空间图像

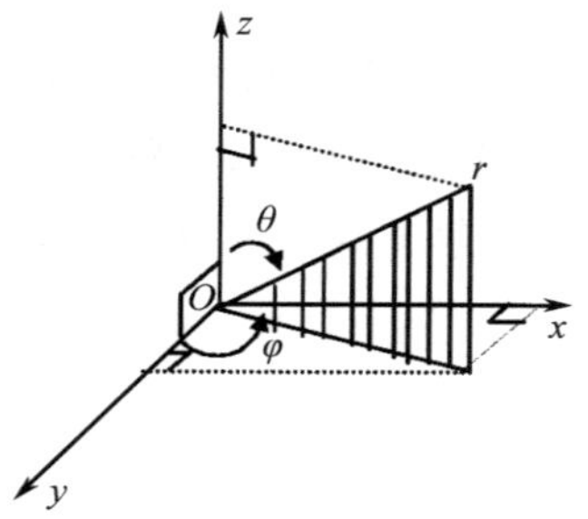

图 4-4　坐标的转换

为讨论问题的方便，在量子力学中常将波函数变换为空间球极坐标形式，即将 $\Psi(x,y,z)$ 变换为 $\Psi(r,\theta,\varphi)$，变换后的波函数 Ψ 仍含有三个变量，再分离变量将 $\Psi(r,\theta,\varphi)$ 表示成为 $R(r)$ 和 $Y(\theta,\varphi)$ 两部分，即

$$\Psi(r,\theta,\varphi)=R(r)\cdot Y(\theta,\varphi)$$

分别从径向和角度两方面讨论 Ψ 和 Ψ^2 的变化(如图 4-4)，并绘出相应的图像。

氢原子波函数 $\Psi(r,\theta,\varphi)$ 分离为 $R(r)$ 和 $Y(\theta,\varphi)$ 的情况如表 4-1 所示。

表 4-1　氢原子的波函数(a_0＝波尔半径＝52.9 pm)

轨道	$\Psi(r,\theta,\varphi)$	$R(r)$	$Y(\theta,\varphi)$
1s	$\sqrt{\frac{1}{\pi a_0^3}}\cdot e^{-r/a_0}$	$2\sqrt{\frac{1}{a_0^3}}\cdot e^{-r/a_0}$	$\sqrt{\frac{1}{4\pi}}$
2s	$\frac{1}{4}\sqrt{\frac{1}{2\pi a_0^3}}\left(2-\frac{r}{a_0}\right)\cdot e^{-r/2a_0}$	$\sqrt{\frac{1}{8a_0^3}}\left(2-\frac{r}{a_0}\right)\cdot e^{-r/2a_0}$	$\sqrt{\frac{1}{4\pi}}$
$2p_x$	$\frac{1}{4}\sqrt{\frac{1}{2\pi a_0^3}}\left(\frac{r}{a_0}\right)\cdot e^{-r/2a_0}\sin\theta\cdot\cos\varphi$	$\sqrt{\frac{1}{24a_0^3}}\left(\frac{r}{a_0}\right)\cdot e^{-r/2a_0}$	$\sqrt{\frac{3}{4\pi}}\cdot\sin\theta\cdot\cos\varphi$
$2p_y$	$\frac{1}{4}\sqrt{\frac{1}{2\pi a_0^3}}\left(\frac{r}{a_0}\right)\cdot e^{-r/2a_0}\sin\theta\cdot\cos\varphi$	$\sqrt{\frac{1}{24a_0^3}}\left(\frac{r}{a_0}\right)\cdot e^{-r/2a_0}$	$\sqrt{\frac{3}{4\pi}}\cdot\sin\theta\cdot\cos\varphi$
$2p_z$	$\frac{1}{4}\sqrt{\frac{1}{2\pi a_0^3}}\left(\frac{r}{a_0}\right)\cdot e^{-r/2a_0}\cdot\cos\theta$	$\sqrt{\frac{1}{24a_0^3}}\left(\frac{r}{a_0}\right)\cdot e^{-r/2a_0}$	$\sqrt{\frac{3}{4\pi}}\cdot\cos\theta$

1. 径向分布函数

由于半径 r 的球面面积为 $4\pi r^2$，球壳薄层的体积为 $4\pi r^2\mathrm{d}r$，在此空间内找到电子的概率为 $4\pi r^2\Psi^2\cdot\mathrm{d}r$。令 $4\pi r^2\Psi^2=D(r)$，$D(r)$ 称为径向分布函数(radial distribution function)，以 $D(r)$ 对 r 作图，如图 4-5。

在 1s 径向分布图中，$r=a_0=52.9$ pm(或 0.53 Å)处有一高峰，即 $D(r)$ 有极大值。表明电子在 $r\approx 53$ pm 的球壳内出现的概率最大，$r<53$ pm 时，Ψ^2 值虽大，但 r 很小，所以球壳上电子出现的概率小，$r>53$ pm 时，虽然 r 值增大，但 Ψ^2 值小，$4\pi r^2\Psi^2$ 也不会有较大值。

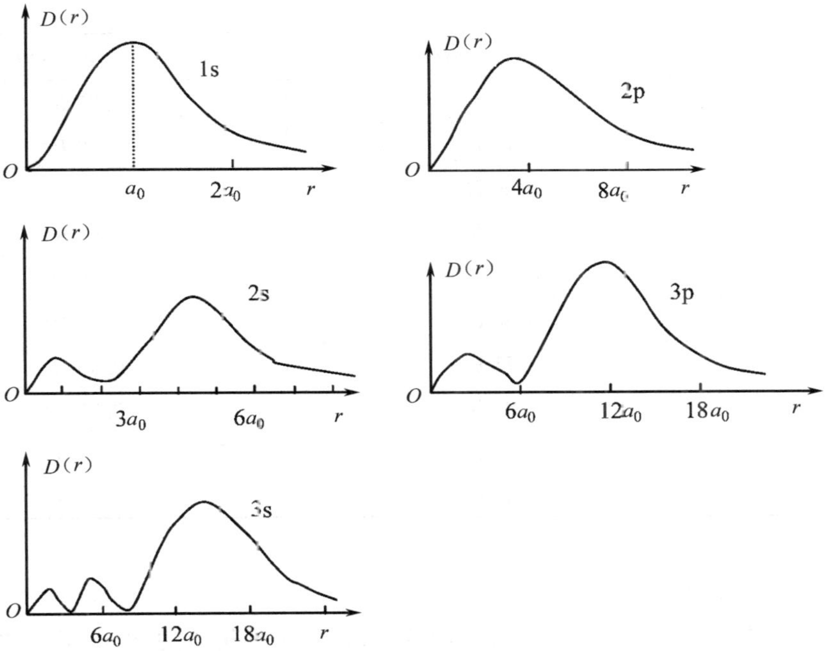

图 4-5　氢原子的径向分布函数图

2. 角度分布函数

如果将角度波函数 $Y(\theta,\varphi)$ 对 θ 和 φ 作图，可得波函数的角度分布图[$Y(\theta,\varphi)$-θ 和 $Y(\theta,\varphi)$-φ]及电子云的角度分布图。

(1)原子轨道角度分布图

由薛定谔方程可得 $2p_z$ 角度分布为 $Y(2p_z)=R\cdot\cos\theta$（与 φ 无关），R 为一常数。当 θ 取不同角度时，相应的 Y 值（以长度表示）可得图 4-6 所示的 $2p_z$ 轨道角度分布图，其形状如两个相切的球。显然 Y 是有正、负值的，它表示 $Y(2p_z)$ 的正、负性质，以同样方法可得电子云的角度分布。$2p_z$ 的角度分布见表 4-2。

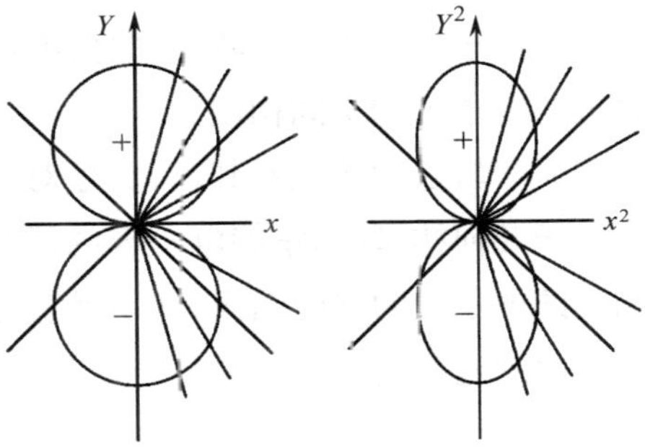

图 4-6　$2p_z$ 的轨道角度分布图

表 4-2　$2p_z$ 的角度分布

θ	$Y(2p_z)=R\cdot\cos\theta$	$Y^2=R'\cos^2\theta$
0°	1.00 R	1.00 R^2
15°	0.97 R	0.93 R^2

续表

θ	$Y(2p_z)=R\cdot\cos\theta$	$Y^2=R'\cos^2\theta$
30°	0.87 R	0.75 R^2
45°	0.71 R	0.50 R^2
60°	0.50 R	0.25 R^2
75°	0.26 R	0.07 R^2
90°	0.00 R	0.00 R^2
120°	−0.50 R	0.25 R^2
135°	−0.71 R	0.50 R^2
150°	−0.87 R	0.75 R^2
165°	−0.97 R	0.93 R^2
180°	−1.00 R	1.00 R^2

(2)电子云的角度分布

与原子轨道相比，电子云的角度分布图形与之相比是相似的，但电子云的角度分布图更瘦一些。

此外，原子轨道的角度有正、负号，它代表波函数 Ψ 中的角度部分(角度波函数)Y 有正、负值(并不表示 Ψ 的正、负)，其值平方后 Y^2 就无正、负号了。

原子轨道角度分布与电子云的角度分布都只反映函数关系中的角度部分，而非原子轨道或电子云的实际形状(有关但不相同)，径向分布与角度分布相结合即可组合出原子轨道或电子云的空间构型。

原子轨道的形状及其正、负号对于化学键的形成及反应的性质有重要意义；而在讨论分子几何构型时，掌握电子云的形状又是十分必要的。应当注意，上述各原子轨道和相应的电子云的空间图像，并不是直接观察到的，而是通过计算绘制出来的。所以它们只能表示近似情况。

七、核外电子的排布状态——四个量子数

如前所述，解薛定谔方程的目的就是要求出微观粒子的运动函数(波函数)Ψ 以及与这一运动状态相对应的微观粒子的能量。在求解过程中，出现了三组常数 n、l、m，它们有一定的取值要求；只有当 n、l、m 符合取值要求时，薛定谔方程才有合理解，因此，这些常数被称为量子数(quantum number)。

其中，n 称为主量子数　$n=1,2,3,4,\cdots$

l 称为角量子数　$l=0,1,2,3,\cdots,n-1$

m 称为磁量子数　$m=0,\pm1,\pm2,\pm3,\cdots,\pm l$

每一组(n,l,m)取值对应于一确定的$\Psi(r,\theta,\varphi)$或$\Psi(x,y,z)$，即对应于核外电子的一个特定的状态。或者说，每一组(n,l,m)数值，对应着一个特定的原子轨道。

1. 主量子数 n

主量子数(principal quantum number)n 代表核外电子出现概率最大的区域距核的远近，或由不同的 n 形成不同的主(能)层或电子层。

$n=1$ 为第一电子层或称 K 层，距核最近；$n=2$ 为第二电子层或称 L 层，其余类推。

离核近，电子能量较低，离核远则电子能量较高。因此，主量子数 n 对于确定电子的能量具有决定性的作用。对于氢原子，核外电子能量完全由 n 值决定：

$$E_n=-\frac{13.6}{n^2}(\text{eV})=-\frac{2.179\times10^{-18}}{n^2}(\text{J}) \tag{4-5}$$

2. 角量子数 l

角量子数(azimuthal quantum number)l 代表角动量的大小，是决定原子轨道(或电子云)的形状的量子数，表示每一主层中不同的亚层。

$l=0$ 时，核外电子的运动状态与角度无关，原子轨道(或电子云)是球形对称的，称为 s 轨道(或 s 电子云)。

$l=1$ 时，原子轨道(或电子云)是纺锤形(或哑铃形)分布，称为 p 轨道(或 p 电子云)。p 轨道(或 p 电子云)沿某一直角坐标轴的方向有最大值。

$l=2$ 时，原子轨道(或电子云)呈花瓣形分布，称为 d 轨道(或 d 电子云)。

$l=3$ 时，原子轨道(或电子云)形状复杂，称为 f 轨道(或 f 电子云)。

3. 磁量子数 m

同一电子层中某一特定形状的原子轨道可以在空间有不同的伸展方向，从而得到若干空间取向不同而能量相同的原子轨道，称为等价轨道。磁量子数(magnetic quantum number)不同，在磁场中这些轨道沿磁场方向的分量不同，相应的能量出现差异，反映在光谱上则表现为线状光谱在磁场中分裂为相距很近的若干条谱线。

磁量子数 m 有 $2l+1$ 个取值，例如：

$l=0$ 时，m 有一个取值，即 $m=0$，s 轨道球形对称，在空间只有一个取值，轨道无方向性。

$l=1$ 时，m 有三个取值，即 $m=0,\pm1$，分别代表三个 p 轨道 p_x、p_y、p_z，通常它们具有完全相同的能量。

$l=2$ 时，$m=0,\pm1,\pm2$，表明 d 轨道在空间有五个伸展方向。

$l=3$ 时，$m=0,\pm1,\pm2,\pm3$，表明 f 轨道在空间有七个伸展方向。

以上 n、l、m 三个量子数结合起来，便确定了核外电子的一个空间运动状态(即原子轨道)，包括轨道的大小、形状和空间取向。

4. 自旋量子数 m_s

用分辨率很高的光谱仪观察氢原子及碱金属的原子光谱，就会发现每条谱线是由两条离得很近的谱线组成，这种谱线结构称为光谱的精细结构，这是由于电子的自旋造成的。自旋量子数(spin quantum number)用 m_s 表示。它只有 $+\frac{1}{2}$ 和 $-\frac{1}{2}$ 两个取值，分别代表电子顺时针和逆时针的两个自旋方向，表示为"↓"和"↑"。

综上所述，n、l、m 三个量子数确定了电子的空间运动状态(即原子轨道)，m_s 确定了电子的自旋运动状态。因此电子完整的核外运动状态包括其空间运动状态和自旋运动状态，由 n、l、m、m_s 四个量子数共同确定。

鲍利总结了大量实验数据指出，在任何原子中不可能有四个量子数完全相同的两个电子，称为鲍利不相容原理(Pauli exclusion principle)。根据四个量子数的取值条件(关系)和鲍利不相容原理，很容易推出各电子层中电子可能有的(最多)运动状态数。

由此可知，各电子层可能有的电子空间运动状态(原子轨道)数为主量子数的平方(n^2)，由 n、l、m 三个量子数决定，各电子层可能有的电子运动状态数为 $2n^2$ 个。参见表 4-3。

表 4-3　核外电子运动可能的状态数

主量子数 n	电子层符号	角量子数 l	轨道符号	磁量子数 m	轨道空间取向数	每层中的轨道数	自旋量子数 m_s	各亚层运动状态数	各电子层运动状态数
1	K	0	1s	0	1	1	±1/2	2	2
2	L	0	2s	0	1	4	±1/2	2	8
		1	2p	0,±1	3		±1/2	6	
3	M	0	3s	0	1	9	±1/2	2	18
		1	3p	0,±1	3		±1/2	6	
		2	3d	0,±1,±2	5		±1/2	10	
4	N	0	4s	0	1	16	±1/2	2	32
		1	4p	0,±1	3		±1/2	6	
		2	4d	0,±1,±2	5		±1/2	10	
		3	4f	0,±1,±2,±3	7		±1/2	14	

【知识要点提醒】 电子完整的核外运动状态包括其空间运动状态和自旋运动状态，n、l、m 三个量子数确定了电子的空间运动状态(即原子轨道)，m_s 确定了电子的自旋运动状态。注意各量子数间的关系和取值范围。

八、多电子原子中轨道的能级

在氢原子或其他单电子系统（离子）中，各轨道能级的高低仅由主量子数决定。同一主层内各亚层之间的能量完全相同，而在多电子原子中，关系较为复杂。这一复杂关系往往用屏蔽效应（shielding effect）和钻穿效应（penetration effect）来解释。

1. 屏蔽效应

氢原子的核电荷数 $Z=1$，核外仅一个电子，此电子仅受核吸引而无其他电子影响，所以电子运动能级仅由主量子数 n 决定，即 $E=-\frac{13.6}{n^2}(\text{eV})$；其他单电子系统能量与核电荷及主量子数的关系为：

$$E_n=-\frac{13.6Z^{*2}}{n^2}(\text{eV})=-\frac{2.179\times10^{-18}Z^{*2}}{n^2}(\text{J}) \tag{4-6}$$

原子序数 $Z>1$ 的原子，核外电子也不止一个，因此每个核外电子除受核吸引外，电子之间还存在排斥，薛定谔方程无法精确求解。为此，Slater 提出有效核电荷 Z^* 的概念。他认为，在多电子原子中，对于其中某一电子 i 来说，由于其余电子对它的排斥作用相当于部分抵消了原子核对该电子的吸引力，因此对电子 i 发生作用的有效核电荷 Z^* 要比原子序数 Z 要小，即 $Z^*=Z-\sigma$，σ 叫屏蔽常数（shielding constant）。这种把其他电子对某一电子 i 的作用归结为抵消了一部分核电荷的作用叫屏蔽效应。屏蔽效应使得核对电子的吸引力减弱，因而电子具有的能量增大。多电子原子中由于屏蔽效应的存在，一般地说，当角量子数 l 相同时，轨道的能量随主量子数 n 值而增大，即

$$E_{1s}<E_{2s}<E_{3s}\cdots \qquad E_{2p}<E_{3p}<E_{4p}\cdots$$

这是由于 n 越大，电子离核越远，其他电子（尤其内层电子）对它的屏蔽作用也越大，使 E 的绝对值减小能量升高。

Slater 根据光谱实验资料提出了计算屏蔽常数 σ 近似值的经验规则，其内容如下：

①轨道分组：将原子中的轨道按下列顺序分组，(1s)、(2s，2p)、(3s，3p)、(3d)、(4s，4p)、(4d)、(4f)、(5s，5p)…

②在上述顺序中处于被屏蔽电子右侧各轨道中的电子，对此电子无屏蔽作用，即$\sigma=0$。

③如被屏蔽电子为(ns，np)组中的电子，则同组中每一个其他电子对被屏蔽电子的 σ 为 0.35（同组为 1s 电子时 σ 为 0.30）。($n-1$)电子层中的每个电子，对被屏蔽电子的 σ 为 0.85，($n-2$)以及更内层中的电子的 σ 为 1.00。

④如被屏蔽电子为(nd)、(nf)组中的电子，同组中其他各电子对被屏蔽电子的 σ 也是 0.35，按上述顺序所有左侧各组中的电子对被屏蔽电子的 σ 均为 1.00。

例如，计算碳原子的 1s、2s 和 2p 电子的轨道能量并由此计算碳原子的系统能量。

碳原子的电子分布为 $1s^2 2s^2 2p^2$。

1s 轨道能量：$\sigma(1s)=0.30, Z^*=6-0.3=5.7$

$$E_{1s}=-\frac{2.179\times10^{-18}\ \mathrm{J}\times5.7^2}{1^2}=-70.8\times10^{-18}\ \mathrm{J}$$

2s 轨道能量：$\sigma(2s)=2\times0.85+3\times0.35=2.75, Z^*=6-2.75=3.25$

$$E_{2s}=-\frac{2.179\times10^{-18}\ \mathrm{J}\times3.25^2}{2^2}=-5.75\times10^{-18}\ \mathrm{J}$$

2p 轨道能量：$E_{2p}=E_{2s}=-5.75\times10^{-18}$ J，因 Slater 规则中把 ns、np 列在一组无法区分它们的能量高低。

碳原子系统能量$=E_{1s}\times2+E_{2s}\times2+E_{2p}\times2=-164.6\times10^{-18}$ J

2. 钻穿效应

当 n 相同时，l 越大，能量越高，这可以用从氢原子核外电子的径向分布图粗略分析。

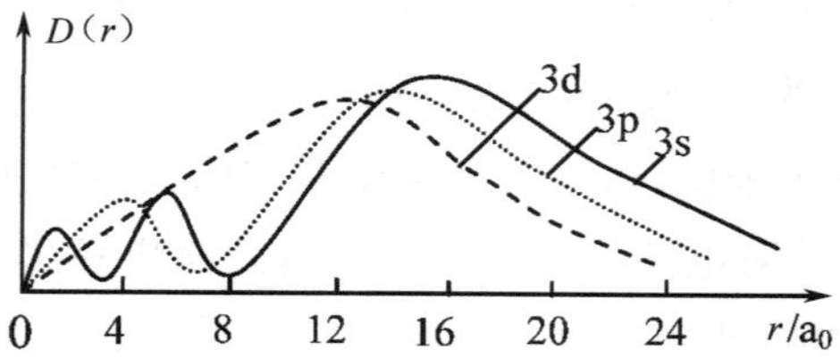

图 4-7　钻穿效应示意图

3s 轨道在离核最近处有小峰，电子钻穿到核附近的机会较多，3p 次之，3d 最少。[原子轨道径向分布曲线的特点是具有$(n-1)$个峰，3s 有三个峰，3p 两个峰，3d 单峰]在多电子原子中，相同主量子数的各轨道，角量子数每小一个单位就多一个离核较近的峰。电子钻得深，受核作用强，其他电子对之屏蔽作用也小，相应能量也较低，因而引起同一电子层中 s、p、d、f 等亚层的能量产生差异。这种影响称为电子的钻穿效应，钻穿作用一般是指价电子对内电子层的钻穿。参见图 4-7。

由于钻穿效应，造成同一电子层中 $E_{ns}<E_{np}<E_{nd}<E_{nf}\cdots$这就叫能级分裂(level splitting)。

屏蔽效应和钻穿效应本是互有联系的，是从两个角度来描述多电子原子中电子之间的相互作用对轨道能量的影响。屏蔽效应着眼于其他电子对某电子的屏蔽，而钻穿效应则着眼于某电子回避其他电子的屏蔽。

3. 关于能级交错问题

主量子数和角量子数都不相同时，某些轨道还可能发生能级交错现象(energy level interleaving)。

例如，4s 轨道和 3d 轨道之间，虽然 4s 轨道最大峰比 3d 轨道最大峰离核远得多，使 4s 轨道受到的屏蔽作用比 3d 轨道大得多，但其有三个小峰钻到近核处，钻穿作用的影响超过了主量子数的影响，即屏蔽效应使得 4s 轨道能量反而比 3d 轨道更低。当电子填充完 3p 后，将先填充 4s，后再填充 3d，类似的能级交错还有：

$$E_{5s}<E_{4d}\qquad E_{6s}<E_{4f}<E_{5d}\qquad E_{7s}<E_{5f}<E_{6d}$$

能级交错的结果，使得不同 n、l 的电子形成如图 4-8 所示的近似能级图。

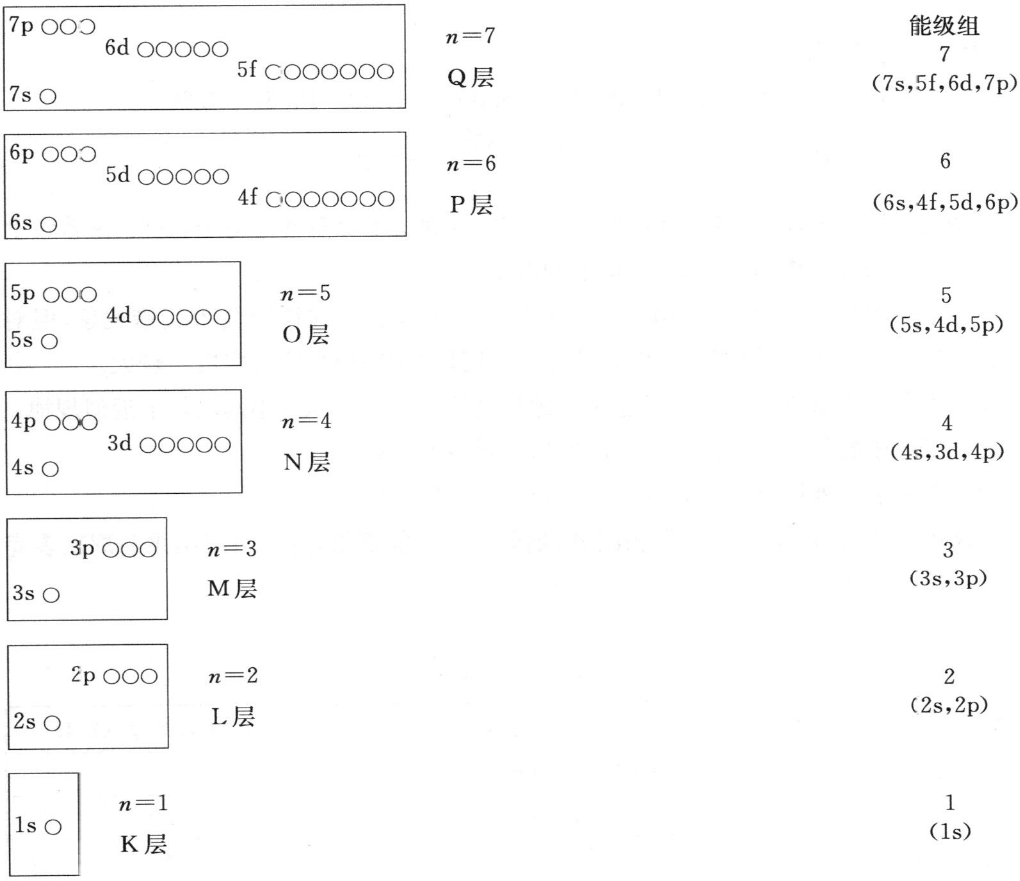

图 4-8　鲍利近似能级图

对能级交错现象的解释，除了用上述的轨道的径向分布说明外，还可根据 Slater 模型(Slater model)来解释。

例如，钾原子中，如果价电子在 3d 轨道上，则 $\sigma(3d)=1.00\times18=18.00$，$Z^*=19-18=1.00$，$E_{3d}=-\dfrac{2.179\times10^{-18}\ \text{J}\times1.00^2}{3^2}=-2.421\times10^{-19}\ \text{J}$；如果价电子在 4s 轨道上，则 $\sigma(4s)=1.00\times10+0.85\times8=16.8$，$Z^*=19-16.8=2.20$，$E_{4s}=-\dfrac{2.179\times10^{-18}\ \text{J}\times2.20^2}{4^2}=-6.591\times10^{-19}\ \text{J}$，$E_{4s}<E_{3d}$，也就是说，电子在 4s 轨道上受到核的吸引比在 3d 轨道上大，电子处于 4s 轨道时，对降低钾原子系统能量的贡献比处于 3d 轨道时的贡献大。

又如钛原子的电子层结构为[Ar]$3d^24s^2$，此时 4s 轨道上已有两个电子，按同样方法计算，可知在 4s 轨道上某电子，其 σ 值为：

$$\sigma(4s)=0.35\times1+0.85\times10+1.00\times10=18.85, Z^*=22-18.85=3.15$$

$$E_{4s}=-\frac{2.179\times10^{-18}\ \text{J}\times3.15^2}{4^2}=-1.351\times10^{-18}\ \text{J}$$

对 3d 上某一电子，则

$$\sigma(3d)=0.35\times1+1.00\times18=18.35, Z^*=22-18.35=3.65$$

$$E_{3d}=-\frac{2.179\times10^{-18}\ \text{J}\times3.65^2}{3^2}=-3.226\times10^{-18}\ \text{J}$$

这里所得的结果与钾原子不同，在钛原子中因为 3d 轨道上已有两个电子，这时 4s 轨道上的电子所受核的吸引作用小于 3d 轨道上的电子。

对于电子数目较少的原子，用 Slater 屏蔽模型可以较好地说明能级交错现象，但对电子数目较多的原子，如第四周期以后的元素，计算的结果与实验事实出入较大。

我国著名化学家徐光宪院士通过对光谱数据的归纳，于 1956 年提出如下近似规律：

①对于原子的外层电子，$(n+0.7l)$值越大，能量越高。

②对于离子的外层电子，$(n+0.4l)$值越大，能量越高。

建议将$(n+0.7l)$值的个位数相同者，划分为一个能级组，这一分组结果与周期表完全一致。参见表 4-4。

表 4-4　能级组规律

轨道	$n+0.7l$	能级组	组内空间运动状态数
5f	7.1	Ⅵ(6s 4f 5d 6p)	16
5d	6.4	Ⅴ(5s 4d 5p)	9
5p	5.7		
5s	5.0		
4f	6.1		
4d	5.4		
4p	4.7		
4s	4.0	Ⅳ(4s 3d 4p)	9
3d	4.4		
3p	3.7		
3s	3.0	Ⅲ(3s 3p)	4
2p	2.7		
2s	2.0	Ⅱ(2s 2p)	4
1s	1.0	Ⅰ(1s)	4

【知识要点提醒】 屏蔽效应和钻穿效应是从不同角度描述多电子原子中电子之间的相互作用对轨道能量的影响。屏蔽效应着眼于其他电子对某电子的屏蔽,而钻穿效应则着眼于某电子回避其他电子的屏蔽。二者共同作用可能导致能级交错。

第二节　核外电子的排布和元素周期律

一、核外电子排布的规则

核外电子排布遵循三条原则,即能量最低原理(lowest energy principle)、鲍利不相容原理(Pauli exclusion principle)、洪特规则(Hund rule)。

能量最低原理:电子在原子轨道上的分布,要尽可能使电子的能量最低,从而使整个系统能量最低,即排布核外电子时,应尽可能先占能量较低的轨道,当能量较低的轨道排满后,再排能量较高的轨道。徐光宪经验公式的计算值与相应轨道上电子的能量顺序相一致。

鲍利不相容原理:任何原子中都不可能拥有运动状态完全相同的电子,即每个原子轨道最多只能容纳两个电子,而且它们的自旋相反。

洪特规则:在各等价轨道上,电子将尽可能分占不同的轨道,且自旋方向相同。这一规则系洪特从实验中总结出来的,后为量子力学所证实,它与能量最低原理相一致。

作为洪特规则的特例,在同一亚层的轨道上当电子全充满、半充满、全空时能量较低,系统较稳定。如 s^2、p^3、p^6、d^5、d^{10}、f^7 和 f^{14} 等都是较稳定的。

【知识要点提醒】 理解核外电子排布遵循的能量最低原理、鲍利不相容原理以及洪特规则的含义。

二、各周期元素原子的电子构型

周期表从氢元素开始,其后的各元素随着原子核电荷数(即原子序数)(nuclear charge number)的增加,依次增加一个电子到核外电子层,并遵从上述三原则,随着元素原子序数的增加,其原子中的电子在轨道中按照能量由低到高的顺序填充。

周期表第一号元素氢(H),其原子的核外只有一个电子,必然填充在 1s 轨道,其量子状态为$(1,0,0,+\frac{1}{2})$或$(1,0,0,-\frac{1}{2})$。第二号元素氦(He)的原子核比氢多一个质子,1s 轨道上增加了一个电子。根据鲍利不相容原理,1s 轨道上的两个电子自旋方向必然相反,即氦原子中两个电子的量子状态为$(1,0,0,+\frac{1}{2})$和$(1,0,0,-\frac{1}{2})$。元素锂(Li)的第三个电子只能进入 2s 轨道,从而使周期表开始第二周期,这第三个电子的量子状态为

$(2,0,0,+\frac{1}{2})$或$(2,0,0,-\frac{1}{2})$。第四号元素铍(Be)原子的第四个电子的自旋与第三个电子的自旋相反，它们共占 2s 轨道。

第二周期元素原子的排布情况如表 4-5 所示。

表 4-5　第二周期元素原子核外电子排布

元素	原子的电子构型	元素	原子的电子构型
Li	$1s^2 2s^1$	N	$1s^2 2s^2 2p^3$
Be	$1s^2 2s^2$	O	$1s^2 2s^2 2p^4$
B	$1s^2 2s^2 2p^1$	F	$1s^2 2s^2 2p^5$
C	$1s^2 2s^2 2p^2$	Ne	$1s^2 2s^2 2p^6$

按照洪特规则，

${}_6C$ 的原子构型为 $1s^2 2s^2 2p^2$，电子排布为[↑↓]　[↑↓]　[↑][↑][ ]

${}_7N$ 的电子增加一个，电子排布为[↑↓]　[↑↓]　[↑][↑][↑]

${}_8O$ 的原子的电子构型为[↑↓]　[↑↓]　[↑↓][↑][↑]

尽管${}_8O$ 原子中电子为偶数，但实验证实仍有两个未成对电子。

第三周期元素的电子排布情况与第二周期类似，只是占有的最外层轨道序数 $n=3$。该周期最后一个元素为稀有气体氩(Ar)，原子的电子构型为[Ne]$3s^2 3p^6$，共有十八个电子。

从第 19 号元素钾(K)开始，原子的最外层电子进入 4s 轨道。从第 21 号元素钪(Sc)起，原子中的最外电子填充 3d 轨道，钪到锌(Zn)共十个元素形成第一过渡元素系。以后的元素原子的最外电子填充到 4p 轨道。全周期共十八个元素，到稀有气体氪(Kr)结束，形成长周期(long period)。

第五周期元素原子的电子排布与第四周期类似，由铷(Rb)到氙(Xe)，原子的最外电子依次填充 5s、4d 和 5p 轨道，其中从钇(Y)到镉(Cd)形成第二过渡元素系(second transition element system)。

过渡元素原子的价电子排布一般可以写为$(n-1)d^{1-10}ns^2$。但按照洪特规则的特例，d 轨道半充满或全充满的状态较稳定。因此铬(Cr)和铜(Cu)原子的电子排布分别为[Ar]$3d^5 4s^1$ 和[Ar]$3d^{10} 4s^1$(而不是[Ar]$3d^4 4s^2$ 和[Ar]$3d^9 4s^2$)。由于 5s 和 4d 轨道的能量差比 4s 和 3d 轨道的能量差要小，5s 电子较容易激发到 4d 轨道上，使得第五周期过渡元素铌(Nb)原子的电子排布不是[Kr]$4d^3 5s^2$ 而排布成[Kr]$4d^4 5s^1$。钯(Pd)的电子排布也有“反常”的情况。钼(Mo)、银(Ag)是上一周期相应元素的重复。

过渡元素原子核外电子排布见表 4-6。

表 4-6　过渡元素原子核外电子排布

Sc d^1s^2	Ti d^2s^2	V d^3s^2	Cr d^5s^1	Mn d^5s^2	Fe d^6s^2	Co d^7s^2	Ni d^8s^2	Cu $d^{10}s^1$	Zn $d^{10}s^2$
Y d^1s^2	Zr d^2s^2	Nb d^4s^1	Mo d^5s^1	Tc d^5s^2	Ru d^6s^2	Rh d^7s^2	Pd d^{10}	Ag $d^{10}s^1$	Cd $d^{10}s^2$
La d^1s^2	Hf d^2s^2	Ta d^3s^2	W d^4s^2	Re d^5s^2	Os d^6s^2	Ir d^7s^2	Pt d^9s^1	Au $d^{10}s^1$	Hg $d^{10}s^2$

第六周期以铯($_{55}$Cs)开始，原子的最外层电子填入 6s 轨道。从 57 号元素镧(La)至 71 号元素镥(Lu)共十五个元素，其最外层电子相继填入 4f 轨道。这一元素系列称为镧系。镧系之后的元素，原子的最外电子填入 5d 轨道，与镧系共同组成第三过渡元素系(La～Hg 共二十二个元素)。再往后，电子又填入 6p 轨道。这样，整个第六周期共包含了三十二个元素，结束于放射性稀有气体元素氡(Rn)，组成特长周期(special period)。

第七周期为不完全周期(incomplete period)，原子中电子填充情况与第六周期相类似。89 号元素锕(Ac)之后的元素，原子中的电子陆续填入 5f 轨道，形成锕系元素(共十五个元素)。锕系的最后一个元素铹(Lr)为 103 号，原子的电子构型为$[Rn]5f^{14}6d^17s^2$。其后的元素原子的最外层电子继续填入 6d 轨道。104 号元素原子的电子构型为$[Rn]6d^27s^2$。105 号元素为$[Rn]6d^37s^2$，依次类推。109 号元素是德国 Darstadt 重离子研究会于 1982 年 9 月发现的。1994 年和 1996 年德国科学家又先后发现了 110、111 和 112 号元素。1999 年俄罗斯科学家发现了周期表上的 114 号元素，美国合成了 118 号元素并发现了由 118 号元素衰变产生的第 116 号元素。

【知识要点提醒】 根据核外电子排布规则，正确书写原子的电子构型。

三、原子结构与周期表的关系

1869 年，门捷列夫曾指出，单质及化合物的性质周期性地随着它们的原子量(现称相对原子质量)而改变。但这留下两处显著的矛盾，即 Co～Ni、Te～I 等原子量顺序与它们在周期表中的位置相颠倒，人们一直怀疑它们的原子量测定是否有错误。近代研究证实，元素性质是随着其原子序数的递增而呈周期性变化的。按照各元素原子核外电子排布顺序就形成了元素周期表(periodic table of elements)，从而使上述矛盾得以解决。

①周期表中，各元素所在的周期数等于该元素原子的电子层数，或最大主量子数(n)。随着原子核电荷数的增加，其最外层电子排布由 ns^1 到 ns^2np^6 依次填充，每一周期都从新电子层开始。

②每一周期的元素数目等于该周期新出现的各个亚层所能容纳的电子的最大数目。它们分别是 2、8、8、18、18、32、32。

③周期表中主族元素原子的最外层电子填入 ns 亚层或 np 亚层；副族元素原子的最

后电子填入$(n-1)$d 亚层，镧系、锕系元素原子的最外层电子则填入$(n-2)$f 亚层。

④原子的价电子(最外层、次外层和倒数第三电子层)结构相同的元素在周期表中排在一个纵行，称为“族”，主族元素和副族元素各有七个族，其族数后分别缀以 A 和 B，还有 0 族元素(由稀有气体元素组成)和ⅧB 族元素(由 Fe、Ru、Os、Co、Rh、Ir、Ni、Pd、Pt 三个纵行组成)。主族元素的族数等于原子最外层 ns 亚层和 np 亚层电子数之和。如 Li、Na、K、Rb、Cs、Fr 诸元素，原子的最外层电子均为 ns^1；N、P、As、Sb、Bi 诸元素的最外层电子均为 ns^2np^3，它们分别称为碱金属族(IA)和氮族(VA)。副族元素的族数有两种情况：一是$(n-1)$d 亚层充满者，族数等于最外层 ns 亚层的电子数(如ⅠB 族、ⅡB 族)；二是$(n-1)$d 亚层未充满者，族数等于最外层 ns 亚层的电子数与次外层$(n-1)$d 亚层电子数之和。

关于镧系和锕系元素的位置，目前尚有不同意见。较多数人的意见如本书周期表所示，镧系由 57 号 La 至 71 号 Lu 组成，锕系由 89 号 Ac 至 103 号 Lr 组成，位于过渡元素ⅢB 族 Y 之下，分占上下两个格子，其结构特点是最外层的电子填入$(n-2)$f 轨道，可填十四个电子，分别有 15 个元素。为此，Y 下的两个格子应由 La 和 Ac 占据，其电子构型分别为[Xe]$5d^1 6s^2$ 和[Rn]$6d^1 7s^2$，其后各元素最外层的电子分别填入 $4f^{1-14}$ 和 $5f^{1-14}$，单列于周期表下两横排。这样，又出现了周期表 d 亚层和 f 亚层填充顺序的矛盾。近期光谱研究表明 70 号 Yb 外层电子构型为 $4f^{14}6s^2$，71 号 Lu 为 $4f^{14}5d^1 6s^2$。因此有人提出镧系元素由 57 号 La 至 70 号 Yb 组成，锕系元素由 89 号 Ac 至 102 号 No 组成，ⅢB 族 Y 之下为 71 号 Lu 和 103 号 Lr。

⑤按照不同构型的元素在周期表中的位置，可将周期表中元素划分为若干区。

s 区：最外层电子构型为 ns^1 和 ns^2。它们是ⅠA、ⅡA 主族元素，即碱金属族和碱土金属族元素，都是典型的活泼金属(active metal)。

p 区：最外层电子构型为 ns^2np^{1-6}。它们是ⅢA～ⅦA 和零族元素，包括稀有气体元素、卤族元素、氧族元素、氮族元素、碳族元素和硼族(土族)元素。它们中有典型的非金属元素，也有金属性较强的元素；有化学相对惰性的稀有气体，也有既与酸也与碱相作用的元素，性质差异极大。

d 区和 f 区：这两区的元素通称为过渡元素(transition element)，均为副族。包括了第四、第五、第六周期全部 IB～ⅦB 和ⅧB 族元素，d 区元素原子的最外层电子构型为$(n-1)d^{1-10}ns^{1-2}$，均为金属元素，大多数较坚硬，导热导电性好，由于$(n-1)$d 亚层电子未满，故可形成许多有色的和顺磁性的化合物。f 区元素又称内过渡元素，电子构型为$(n-2)f^{0-14}(n-1)d^{0-2}ns^2$，包括镧系和锕系元素。

可见，元素周期表中元素及其化合物性质变化，正是元素原子中电子按其特有的规律逐层排布的宏观反映。

按照 s、p、d、f 分区的现代元素周期表可大致表示如下：

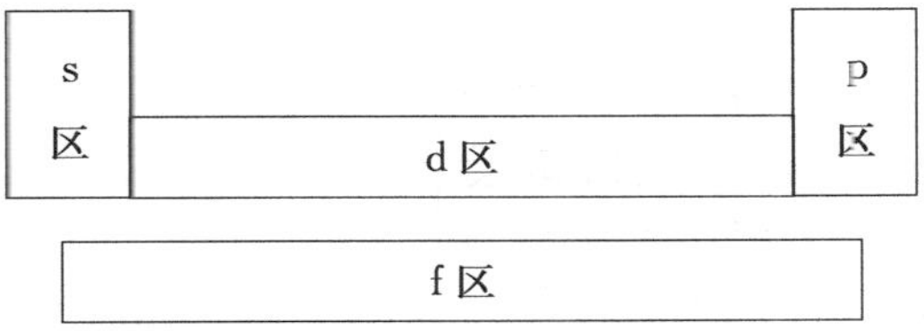

【知识要点提醒】 元素的性质随原子序数的递增而周期性地变化，按照各元素原子核外电子排布顺序形成了元素周期表。熟悉元素周期表的结构和特点。

四、元素的周期性

原子结构的周期性变化必然导致元素性质的周期性变化。周期表中元素性质的周期变化包括不少的性质。本书择其要者分述如下：

1. 原子半径(Atomic Radius)

从严格意义上讲，由于原子和电子的波粒二象性，核外电子的运动区域并无明显边界，原子也似无“半径”而言。然而，现实的分子中相邻两原子的核间距离基本确定。姑且将其视为相互接触的球体，则核间距即为相关原子的半径之和。根据固体的 x-Ray 衍射和气体分子的电子衍射结果，定义了原子在不同环境下的半径，即共价半径(r_C)(covalent radius)、金属半径(r_M)(metallic radius)和范德华半径(r_V)(van der Waals radius)。同核双原子以共价键相结合，两核间距离的一半叫作原子的共价半径。金属晶体中相邻两原子核间距离的一半为原子的金属半径，一般来说，$r_M > r_C$；分子晶体中两个相邻非键合原子的核间距离的一半称为范德华半径，它是三种半径中最大的。图 4-9 为三种原子半径的示意图。

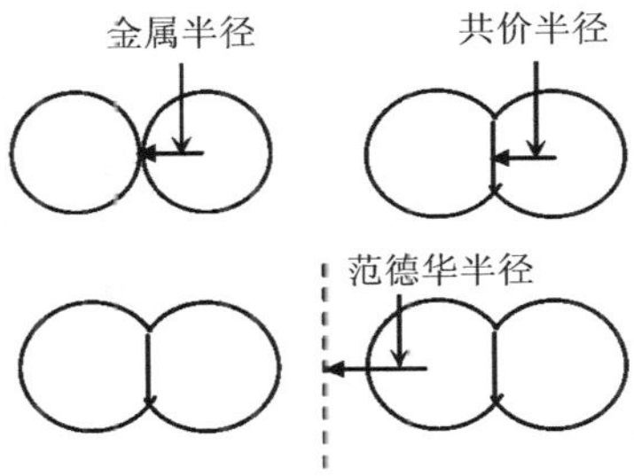

图 4-9 三种原子半径的示意图

通常所谓原子半径，是指原子的共价半径。各元素原子的单键共价半径列于表 4-7。

原子半径的大小主要取决于核外电子的层数和原子的有效核电荷。主要规律为：

周期表中同一周期主族元素从左到右，原子半径依次减小。这是由于有效核电荷逐渐增大(依次增加 0.65)，而电子层数保持不变。增加的电子同处一层，彼此屏蔽较小，原子核对电子的吸引作用逐渐增大的缘故。第二、三周期元素原子的共价半径及有效核电荷如表 4-8 所示(Ne 和 Ar 为范德华半径)。

副族元素由于有效核电荷增加缓慢(依次增加 0.15)，原子核对外层电子的吸引作用也增加较少，因而原子半径的减小也较缓慢，并随电子亚层的全充满、半充满等因素而略有起伏。

表 4-7　元素的原子半径（pm）

H 37																	He 180
Li 123	Be 89											B 83	C 77	N 70	O 66	F 64	Ne 160
Na 157	Mg 136											Al 125	Si 117	P 110	S 104	Cl 99	Ar 190
K 203	Ca 174	Sc 144	Ti 132	V 122	Cr 117	Mn 117	Fe 117	Co 116	Ni 115	Cu 117	Zn 125	Ga 125	Ge 122	As 121	Se 117	Br 114	Kr 200
Rb 216	Sr 192	Y 162	Zr 145	Nb 134	Mo 129	Tc 127	Ru 124	Rh 125	Pd 128	Ag 134	Cd 141	In 150	Sn 140	Sb 141	Te 137	I 133	Xe 220
Cs 235	Ba 198	La 169	Hf 144	Ta 134	W 130	Re 128	Os 126	Ir 126	Pt 129	Au 134	Hg 144	Tl 155	Pb 154	Bi 152	Po 153	At —	Rn 214
Fr 270	Ra 220	Ac —															

La 169	Ce 165	Pr 165	Nd 164	Pm 163	Sm 166	Eu 185	Gd 161	Tb 159	Dy 159	Ho 158	Er 157	Tm 156	Yb 170	Lu 156

注：表中所列数值除稀有气体外，均为共价半径。数据摘自 Lange' Handbook of Chemistry，13th ed.，McGraw—Will，1985。

表 4-8　第二、三周期元素原子的共价半径及有效核电荷

元素	Li	Be	B	C	N	O	F	Ne
r/pm	123	89	83	77	70	66	64	160
Z^*	1.30	1.95	2.60	3.25	3.90	4.55	5.20	5.85
元素	Na	Mg	Al	Si	P	S	Cl	Ar
r/pm	157	136	125	117	110	104	99	190
Z^*	2.20	2.85	3.50	4.15	4.80	5.45	6.10	6.75

周期表中同族元素自上而下，原子半径依次渐大，因为外层电子构型相同，有效核电荷增加不大，因而电子层增加起主导作用，副族元素第五周期半径相似。

第六周期镧系元素和第七周期锕系元素，由于最外层电子相继填入到倒数第三层的 f 亚层，各元素原子的有效核电荷基本相等，因此从左到右原子半径的减小极不明显。镧系元素由镧(La)至镥(Lu)，核电荷由 57 增至 71，而共价半径仅由 169 pm 减至 156 pm。这一半径减小的现象称为镧系收缩。镧系收缩的结果，使得 Zr 与 Hf、Nb 与 Ta 等镧系以后的第三过渡系和第二过渡系同族元素的性质极相似，往往在矿石中共生；还使镧系元素之间也极为相似，难以逐一分离。

原子半径对单质和化合物性质有重要影响，是决定金属性质与非金属性质的重要因素；原子半径大小还会改变物质晶型和影响合金的形成。图 4-10 为原子半径的周期性变化折线图例。

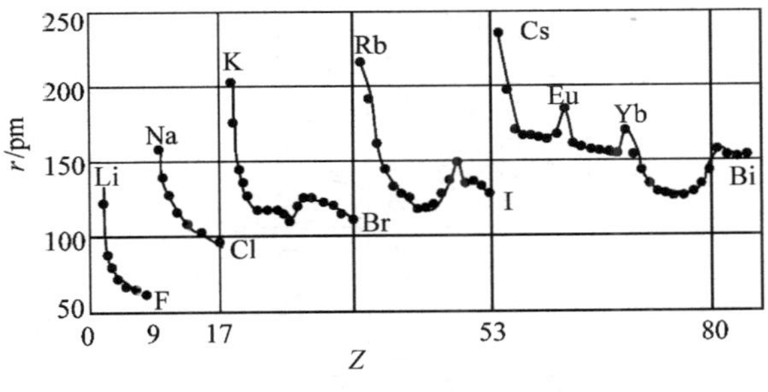

图 4-10　原子半径的周期性变化折线图例

2. 电离能(I)和电子亲和能(E)

电离能(ionization energy)表示元素原子丢失电子的能力。元素的一个基态气态原子失去一个电子成为气态一价正离子所需的能量称为该元素的第一电离能，记为 I_1。若进一步失去电子，则还有第二、三电离能，I_2、I_3，$I_3>I_2>I_1$。通常将第一电离能简称为电离能(I)，单位 kJ · mol^{-1}。电离能的大小可由光谱数据精确测出。参见表 4-9。

表 4-9　元素的第一电离能（$kJ \cdot mol^{-1}$）

ⅠA																	0
H 1312.2	ⅡA											ⅢA	ⅣA	ⅤA	ⅥA	ⅦA	He 2372.6
Li 520.3	Be 899.6											B 800.8	C 1086.6	N 1402.5	O 1314.1	F 1681.2	Ne 2080.9
Na 495.9	Mg 737.8	ⅢB	ⅣB	ⅤB	ⅥB	ⅦB	Ⅷ B			ⅠB	ⅡB	Al 577.7	Si 786.6	P 1011.9	S 999.7	Cl 1251.3	Ar 1520.7
K 418.9	Ca 589.9	Sc 631.1	Ti 658.0	V 650.4	Cr 652.9	Mn 717.5	Fe 759.5	Co 758.5	Ni 736.8	Cu 745.6	Zn 906.5	Ga 578.9	Ge 762.3	As 946.7	Se 941.1	Br 1140.1	Kr 1350.9
Rb 403.1	Sr 549.6	Y 615.7	Zr 660.1	Nb 663.9	Mo 685.1	Tc 702.5	Ru 711.2	Rh 719.9	Pd 804.8	Ag 731.1	Cd 867.8	In 558.4	Sn 708.7	Sb 833.9	Te 869.4	I 1008.5	Xe 1170.5
Cs 375.8	Ba 503.0	La	Hf 675.5	Ta 761.4	W 720.1	Re 760.4	Os 839.6	Ir 878.2	Pt 868.5	Au 890.2	Hg 1007.2	Tl 589.4	Pb 715.6	Bi 703.4	Po 812.5	At	Rn 1037.2
Fr 270	Ra 220	Ac															

La 538.2	Ce 527.9	Pr 523.0	Nd 529.8	Pm 535.6	Sm 543.3	Eu 547.2	Gd 592.5	Tb 564.5	Dy 572.2	Ho 580.9	Er 588.7	Tm 596.4	Yb 603.5	Lu 523.6
Ac 665.9	Th	Pa	U	Np	Pu 559.7	Am 579.0	Cm	Bk	Cf	Es	Fm	Md	No	Lr

电离能的大小通常作为金属活泼性的重要标志。电离能越小，价电子越易丢失，该元素的金属性越强。元素的第一电离能随原子序数的增大呈现周期性变化，其大小主要取决于原子的有效核电荷、原子半径和原子的电子层结构。

①同一周期各元素从左至右，随着原子序数的增大，原子半径逐渐减小而有效核电荷依次增大，原子丢失电子越来越难，因而电离能增大。但由于电子亚层的半充满（如 N 与 O 等）或全充满而略有起伏。稀有气体各亚层全充满，具有稳定结构，电离能数值显著增大。

②过渡元素一般先电离 ns 电子后电离 $(n-1)$d 电子。ns 电子电离后，有效核电荷增大，电子的钻穿相应减小，主量子数成为影响能量的主要因素，如 Fe^{2+} 的 3d 轨道能量显著低于 4s 轨道的能量，故 Fe^{2+} 电子构型为 $3d^5 4s^0$。

③主族元素从上到下，电离能减小。因为原子半径增大，虽然核电荷数也增加，但由于内层电子数增加，屏蔽效应也愈加显著，核电荷对外层电子的引力随之减弱，使得外层电子易于失去。副族元素电离能的规律性较差，第五、六周期过渡元素的电离能大小“反常”。这是由于它们的半径变化不大，而有效核电荷却显著增大的缘故。

电离能的大小除反映元素金属性的强弱外，还可说明元素的常见化合价。表 4-10 列出第三周期元素电离能的数值。数据表明 Na 的 $I_1 \ll I_2$，Mg 的 $I_2 \ll I_3$，Al 的 $I_3 \ll I_4$，Si 的 $I_4 \ll I_5$。因此 Na 通常为 +1 价、Mg 为 +2 价、Al 为 +3 价……对于任何元素，第三电离能之后的各能级电离能数值都较大，高于 +3 价的独立离子很少存在。

表 4-10　第三周期元素的电离能

	Na	Mg	Al	Si	P	S	Cl	Ar
I_1	496	738	578	787	1012	1000	1251	1521
I_2	4562	1450	1817	1557	1903	51	2297	2966
I_3		7733	2745	3232	2912	3361	3822	3331
I_4			11578	4356	4957	4564	5158	5771
I_5				16091	6274	7613	6540	7283
I_6					21296	8496	9362	8781
I_7						27106	11018	11995
I_8							33605	13842

与电离能相对应，元素的气态基态原子获得一个电子成为气态一价负离子所释放的能量称为该元素的**第一电子亲和能**，记为 E_1，简称电子亲和能（electronic affinity）；同样，也有第二、三电子亲和能，记为 E_2、E_3 等。电子亲和能等于电子亲和反应焓变的负值，单位 $kJ \cdot mol^{-1}$。例如：

$$Cl(g)+e^- \longrightarrow Cl^-(g) \qquad \Delta H^\circ = -348.6\ kJ \cdot mol^{-1}$$

$$E_1 = 348.6\ kJ \cdot mol^{-1}$$

元素的第一电子亲和能一般为负值，第二电子亲和能多为正值，因为一价负离子排斥外来电子，若再结合电子必须供给能量以克服电子的斥力。电子亲和能难以测定，数据的完整性远不如电离能，且有较大误差。表 4-11 列出一些元素的第一电子亲和能。

表 4-11　一些元素的第一电子亲和能

元素	$E/(kJ \cdot mol^{-1})$	元素	$E/(kJ \cdot mol^{-1})$	元素	$E/(kJ \cdot mol^{-1})$	元素	$E/(kJ \cdot mol^{-1})$
H	72.8	Mg	(−230)	Se	195.0	At	(270)
Li	59.6	Ca	(−156)	Te	190.2	He	(−21)
Na	52.9	Sr	(−168)	Po	183.0	Ne	(−29)
K	48.4	Ba	−52.0	F	328.2	Ar	(−35)
Rb	46.9	Al	(42.6)	Cl	348.6	Kr	(−39)
Cs	45.5	O	141.0	Br	324.6	Xe	(−40)
Be	−240.0	S	200.4	I	295.2	Rn	(−40)

注：表中括号内为理论计算值。

电子亲和能的大小反映了原子获得电子的难易。亲和能数值越大，则气态原子结合一个电子释放的能量多，与电子的结合越稳定，表明该元素的原子越易获得电子，故非金属性越强。反之亦然。

电子亲和能的大小取决于原子的有效核电荷、原子半径和原子的电子构型。周期表中，同一周期从左到右，电子亲和能逐渐增大。因为原子有效核电荷增大，原子半径逐渐减小，随着最外层电子数目的增多，原子更易获得电子形成稳定结构，以卤族元素数值最大。同族元素从上到下，电子亲和能呈递减变化。但第二周期 N、O、F 三元素反而比第三周期的 P、S、Cl 电子亲和能要小，这是因为 N、O、F 的原子半径很小，电子云密度很大，电子间斥力增大所致。

有些元素电离能较高，电子难以电离，并不意味着易于结合电子。例如，稀有气体外层为八个电子稳定构型，丢失电子和获得电子都不容易。

3. 电负性(χ)

电负性(electronegativity)综合考虑了电离能和电子亲和能，首先由鲍利于 1932 年提出。它以一组数值的相对大小表示元素原子在分子中对成键电子的吸引能力，称为相对电负性，简称电负性。元素电负性越大，原子在形成化学键时对成键电子的吸引力越强。参见表 4-12、表 4-13。

表 4-12 元素的电负性值（一）

Ⅰ A																	0
H 1312. 2	Ⅱ A											Ⅲ A	Ⅳ A	Ⅴ A	Ⅵ A	Ⅶ A	He 3. 9
Li 1. 0	Be 1. 5											B 2. 0	C 2. 6	N 3. 1	O 3. 5	F 4. 0	Ne 3. 7
Na 0. 9	Mg 1. 2	Ⅲ B	Ⅳ B	Ⅴ B	Ⅵ B	Ⅶ B	Ⅷ B			Ⅰ B	Ⅱ B	Al 1. 5	Si 1. 9	P 2. 2	S 2. 6	Cl 3. 2	Ar 3. 3
K 0. 8	Ca 1. 0	Sc 1. 3	Ti 1. 5	V 1. 6	Cr 1. 6	Mn 1. 5	Fe Ⅱ 1. 8 Ⅲ 1. 9	Co 1. 8	Ni 1. 8	Cu Ⅰ 1. 9 Ⅱ 2. 0	Zn 1. 6	Ga 1. 6	Ge 1. 9	As 2. 0	Se 2. 5	Br 2. 9	Kr 3. 0
Rb 0. 8	Sr 1. 0	Y 1. 3	Zr 1. 6	Nb 1. 6	Mo 1. 8	Tc 1. 9	Ru 2. 2	Rh 2. 2	Pd 2. 2	Ag 1. 9	Cd 1. 7	In 1. 7	Sn Ⅱ 1. 8 Ⅳ 1. 9	Sb 2. 1	Te 2. 3	I 2. 7	Xe 2. 7
Cs 0. 7	Ba 0. 9	La 1. 1	Hf 1. 3	Ta 1. 3	W 1. 7	Re 1. 9	Os 2. 2	Ir 2. 2	Pt 2. 2	Au 2. 4	Hg 1. 9	Tl 1. 8	Pb 1. 8	Bi 1. 9	Po 2. 0	At 2. 2	Rn 2. 2
Fr 0. 7	Ra 0. 9	Ac 1. 1															

表 4-13 元素的电负性值(二)

La 1.1	Ce 1.1	Pr 1.1	Nd 1.1	Pm 1.1	Sm 1.1	Eu 1.2	Gd 1.1	Tb 1.1	Dy 1.2	Ho 1.2	Er 1.2	Tm 1.2	Yb 1.1	Lu 1.2
Ac 1.1	Th 1.3	Pa 1.5	U 1.7	Np 1.3	Pu 1.3	Am 1.3	Cm 1.3	Bk 1.3	Cf 1.3	Es 1.3	Fm 1.3	Md 1.3	No 1.3	Lr 1.3

同一周期从左到右,有效核电荷递增,原子半径递减,对电子的吸引能力渐强,因而电负性值递增;同族元素从上到下,随着原子半径的增大,元素电负性值递减。过渡元素的电负性值无明显规律。就总体而言,周期表右上方的典型非金属元素都有较大电负性值,F 的电负性值最大(4.0);周期表左下方的金属元素电负性值都较小,Cs 和 Fr 的电负性最小(0.7)。一般来说,非金属元素的电负性大于 2.0,金属元素电负性小于 2.0。

电负性概念还可以用来判断化合物中元素的正、负化合价和化学键的类型。电负性值较大的元素在形成化合物时,由于对成键电子吸引较强,往往表现为负化合价;而电负性值较小者表现为正化合价。在形成共价键时,共用电子对偏向电负性较强的原子而使键带有极性,电负性差值越大,键的极性越强。当化学键两端元素的电负性相差很大时(如大于 1.7)所形成的键则以离子性为主。

4. 氧化数

元素的氧化数(oxidation number)与原子的电子构型,特别是与价电子层结构密切相关,多数元素的最高氧化数等于其原子的价层电子总数,即与所在周期表中的族数相同。价电子层是指元素原子在形成化学键时,电子构型可能发生改变的那些电子亚层。对于主族元素,价电子层就是最外层电子层;对于副族元素,往往还有次外层的 d 亚层。价电子是指元素的原子中能用来参与反应形成化学键的电子。例如,镁的价电子层构型为 $3s^2$,氯为 $3s^2 3p^5$,铬为 $3d^5 4s^1$,锆为 $4d^2 5s^2$,它们的价电子数分别为 2、7、6、4。

s 区元素的氧化数与其价电子层电子数相同;p 区元素的氧化数既等于基态时价电子层的未成对电子数,也等于激发态时可能的未成对电子数。例如,氯原子基态和激发态未成对电子分布为

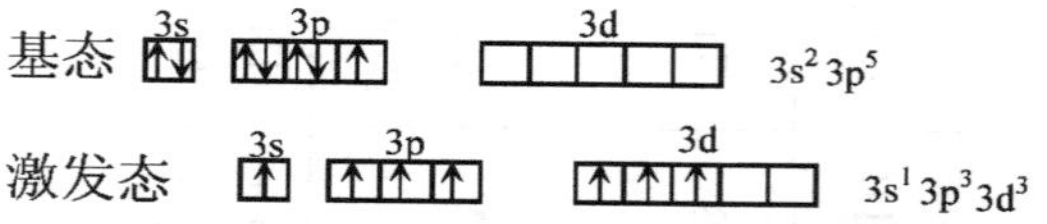

因此,氯的氧化数有−1、+1、+3、+5、+7。d 区元素的氧化数或者等于其最外层的 s 亚层电子数,或者等于最外层 s 亚层与次外层部分或全部 d 电子数之和。如ⅦB 族元素锰,其原子的价电子层构型为 $3d^5 4s^2$,故其氧化数可以是 2、3、4、6、7(如 $MnCl_2$、Mn_2O_3、MnO_2、K_2MnO_4、$KMnO_4$ 中的 Mn)。

由于周期表中各周期元素原子的价电子层周期性递变,因此其最高氧化数也呈周期

性变化。同周期主族元素从左至右，其最高氧化数依次递增；同族元素从上到下，其氧化数变化规律也基本相同。副族元素氧化数不很有规律，但ⅢB～ⅦB族元素的氧化数等于价电子层电子数（最外层s电子和次外层d电子数目之和），与其族数相同，其余元素则规律性较差。例如，第四周期元素，其最高氧化数如下：

Sc	Ti	V	Cr	Mn	Fe	Co	Ni	Cu	Zn
3	4	5	6	7	3	3	3	2	2

第五、六周期元素也有类似情况。

【知识要点提醒】 熟悉元素性质（如原子半径、电离能、电子亲和能、电负性、氧化数等）随原子结构周期性变化的一般规律。

本章小结

本章知识是无机化学中较抽象的部分，本章是本门课程的一个重点章节。主要讨论氢原子和多电子原子结构，通过屏蔽效应和钻穿效应解释元素性质的周期性，进而从更深的层次认识物质的本质和化学反应的实质，了解元素性质变化的内在规律。

习　　题

一、选择题

1. 下列说法中符合鲍利原理的是（　　）。

   A. 在同一原子中，不可能有四个量子数完全相同的电子

   B. 在原子中，具有一组相同量子数的电子不能多于两个

   C. 原子处于稳定的基态时，其电子尽先占据最低的能级

   D. 在同一电子亚层上各个轨道上的电子分布应尽先占据不同的轨道，且自旋平行

2. 某基态原子的第六电子层只有两个电子时，则第五电子层上电子数目为（　　）。

   A. 8　　B. 18　　C. 8～18　　D. 8～32

3. 下列各组量子数，不正确的是（　　）。

   A. $n=2, l=1, m=0, m_s=-1/2$　　B. $n=3, l=0, m=1, m_s=1/2$

   C. $n=2, l=1, m=-1, m_s=1/2$　　D. $n=3, l=2, m=-2, m_s=-1/2$

4. 下列基态离子中，具有 $3d^7$ 电子构型的是（　　）。

A. Mn^{2+}　　B. Fe^{2+}　　C. Co^{2+}　　D. Ni^{2+}

5. 和 Ar 具有相同电子构型的原子或离子是(　　)。

A. Ne　　B. Na^{+}　　C. F^{-}　　D. S^{2-}

6. 基态时，4d 和 5s 均为半充满的原子是(　　)。

A. Cr　　B. Mn　　C. Mo　　D. Tc

7. 角量子数 $l=2$ 的某一电子，其磁量子数 m(　　)。

A. 只有一个数值　　B. 可以是三个数值中的任一个

C. 可以是五个数值中的任一个　　D. 可以有无限多个数值

8. 在下列离子的基态电子构型中，未成对电子数为 5 的离子是(　　)。

A. Cr^{3+}　　B. Fe^{3+}　　C. Ni^{2+}　　D. Mn^{3+}

二、填空题

1. 填元素的符号。(1)在零族，但没有 p 电子________；(2)在 4p 能级上有一个电子________；(3)开始填充 4d 能级________；(4)价电子构型为 $3d^{10}4s^{1}$ ________。
2. 第五周期有________种元素，因为第________能级组最多可容纳________个电子，该能级组的电子填充顺序是________________。
3. 决定原子等价轨道数目的量子数是________，决定多电子原子的原子轨道能量的量子数是________。
4. 位于第四周期的 A、B、C、D 四种元素，其价电子数依次为 1、2、2、7，其原子序数按 A、B、C、D 的顺序增大。已知 A 和 B 的次外层电子数为 8，C 和 D 的次外层电子数为 18，由此可以推断四种元素的符号是______________，其中 C 和 D 所形成的化合物的化学式应为____________。
5. 已知某元素的四个价电子的四个量子数分别为(4,0,0,+1/2)，(4,0,0,−1/2)，(3,2,0,+1/2)，(3,2,1,+1/2)，则该元素原子的价电子排布为________________________，此元素是______________。

三、问答题和思考题

1. 量子力学原子模型是如何描述核外电子的运动状态的？
2. 证明电子具有波粒二象性的实验是什么？电子显微镜和光电管各利用了电子的何种性质？
3. 原子中的能级主要由哪些量子数来确定？
4. 为什么任何原子的最外层上最多容纳电子个数只能为 8？次外层最多容纳电子个数只能为 18？
5. 量子数 $n=3$、$l=1$ 的原子轨道的符号是什么？形状怎样？有几种空间取向？共有几个轨道？可容纳多少电子？
6. 量子数 $n=4$ 的电子层有几个亚层？各亚层有几个轨道？第四电子层最多可容纳多少

个电子？

7. 下列轨道中哪些是等价轨道？

$2s,3s,3p_x,4p_x,2p_x,2p_y,2p_z$

8. 试指出下列原子的电子排布式中，哪种属于基态、激发态的或错误的？

(1)$1s^2 2s^2 2p^1$

(2)$1s^2 2p^2$

(3)$1s^2 2s^1$

(4)$1s^2 2s^1 2p^1$

(5)$1s^2 2s^2 2p^1 3d^1$

(6)$1s^2 2s^2 2p^5 4f^1$

9. 试用四个量子数表明氮原子中各电子的运动状态。

10. 试写出$_{24}Cr$的电子分布式、价电子结构，指明其最外层、最高能级组的电子构型。

11. 为什么周期表中各周期的元素数目并不一定等于原子中相应电子层中电子的最大容纳数($2n^2$)？

12. 下列说法正确与否？为什么？

(1)因为 p 轨道近似为“8”字形，所以 p 电子按“8”形运动；

(2)主量子数为 1 时，有两个方向相反的原子轨道；

(3)主量子数为 2 时，有 2s、2p 两个轨道；

(4)主量子数为 3 时，有 3s、3p、3d、3f 四个亚层；

(5)因为氢原子中只有一个电子，故它只有一个原子轨道。

13. 试指出下列叙述是否正确。

(1)价电子层排布为 ns^1 的元素是碱金属元素；

(2)第Ⅷ B 族元素的价电子层排布为$(n-1)d^6ns^2$；

(3)第三周期的过渡元素的原子填充电子时是先填 3d 然后再填 4s，所以失去电子时，也是按这个顺序；

(4)因为镧系收缩，第六周期元素的原子半径全比第五周期同族元素半径小；

(5)$O(g)+e^- \longrightarrow O^-(g)$，$O^-(g)+e^- \longrightarrow O^{2-}(g)$都是放热过程；

(6)氟是最活泼的非金属元素，故其电子亲和能也最大。

*14. 什么叫屏蔽效应和钻穿效应？它们对元素的性质有何影响？

*15. 为什么$_{11}Na$的第一电离能比$_{10}Ne$和$_{12}Mg$都小？

*16. 电离能、电子亲和能和电负性的数值大小与元素的金属性、非金属性之间有何关系？

*17. 写出下列离子的电子构型，并说明各离子分别属于哪一类型(8 电子、18 电子、18+2 电子、不规则电子构型)。

Mg^{2+} Zn^{2+} Fe^{2+} Sn^{2+} Sn^{4+}

*18. 相同、不同的电子云穿透作用大小的次序是怎样的？

*19. 根据钾、钙的电离能数据，从电子层结构说明在化学反应过程中，钾表现+1价，钙表现+2价的原因。

*20. 在氢原子中4s和3d轨道哪一个能量高？19号元素和20号元素的4s和3d轨道哪一个能量高？说明理由。

*21. 说明下列事实的原因：

(1)元素最外层电子个数不超过8；

(2)元素次外层电子个数不超过18；

(3)各周期所包含的元素个数分别为2、8、8、18、18、32。

*22. (1)主、副族元素的电子层结构各有什么特点？

(2)周期表中s区、p区、d区和ds区元素的电子层结构各有什么特点？

(3)具有下列电子层结构的元素位于周期表中哪一个区？它们是金属元素还是非金属元素？

ns^2；ns^2np^5；$(n-1)d^5ns^2$；$(n-1)d^{10}ns^2$

四、计算题

1. 钠原子电离需要的能量为495.9 $kJ \cdot mol^{-1}$，计算使钠原子电离的光辐射最低频率和相应波长。

2. 根据德布罗意关系式，计算：

(1)与速度为光速$\frac{1}{100}$的电子相联系的波长；

(2)德布罗意波长为1 nm的电子流，其运动速度为多少？

3. 对下列各组原子轨道，填充合适的量子数。

(1)$n=(\quad)$ $l=3$ $m=2$ $m_s=+\frac{1}{2}$

(2)$n=2$ $l=(\quad)$ $m=1$ $m_s=-\frac{1}{2}$

(3)$n=4$ $l=0$ $m=(\quad)$ $m_s=+\frac{1}{2}$

(4)$n=1$ $l=0$ $m=0$ $m_s=(\quad)$

4. 填空。

(1)Zr($Z=40$) [Kr]4d( )$5s^2$

(2)________ [Kr]4d( )5s( )$5p^2$

(3)Bi($Z=83$) [Xe]4f( )5d( )6s( )6p( )

写出(2)的元素符号，并指出其所在的周期、族和分区。

5. 若元素最外层仅有一个电子，该电子的量子数为：$n=4$，$l=0$，$m=0$，$m_s=+\frac{1}{2}$，问：

(1)符合上述条件的元素可以有几个？原子序数各为多少？

(2)写出相应元素原子的电子排布式，并指出在周期表中的位置(周期、族、分区)。

6. 原子外围电子构型满足下列条件之一的元素是哪一类或哪一个元素？

(1)具有四个 p 电子；

(2)有两个量子数为 $n=4$ 和 $l=0$ 的电子，六个量子数为 $n=3$ 和 $l=2$ 的电子；

(3)3d 为全满、4s 只有一个电子的元素。

7. 有 A、B、C、D 四种元素，其价电子数依次为 1、2、6、7，其电子层数依次减少。已知 D^- 的电子构型与 Ar 原子相同，A、B、C 次外层电子数为 8、8、18，试推断这四种元素，并回答下列问题：

(1)原子半径由小到大的顺序；

(2)电负性由小到大的顺序；

(3)金属性由弱到强的顺序；

(4)分别写出各元素原子最外层 $l=0$ 的电子的量子数。

8. 已知甲元素是第三周期 p 区元素，其最低氧化值为−1，乙元素是第四周期 d 区元素，其最高氧化值为+4，试填表：

元素	价电子构型	族	金属或非金属	电负性的相对高低
甲				
乙				

9. 已知 $\Psi_{1s}=\sqrt{\frac{1}{\pi a_0^3}}e^{-\frac{r}{a_0}}$ (氢原子基态)，计算：

(1)$r=52.9$ pm 时的 Ψ 值；

(2)$r=2\times52.9$ pm 时的 Ψ 值；

(3)(1)和(2)的 Ψ^2 值；

(4)(1)和(2)的 $4\pi r^2\Psi^2$ 值；

(5)当 $r=0$ 和 $r=\infty$ 时，$4\pi r^2\Psi^2$ 分别等于多少？

10. 试用 Slater 规则：

(1)计算说明原子序数为 13、17、27 各元素中，4s 和 3d 哪一个能级的能量高；

(2)分别计算作用于 Fe 的 3s、3p、3d 和 4s 电子的有效核电荷数，这些电子所在各轨道的能量及铁原子系统能量。

第五章　化学键与分子结构

本 章 提 要

知识要点	掌握程度	相关知识
共价键理论	重点掌握	共价键特点，现代价键理论，杂化轨道理论，分子轨道理论
共价键参数	掌握	键长，键角，键矩
离子键与金属键	熟悉	离子键和金属键的特点

【历史回顾】

化学键的启蒙

在古希腊，原子论者对化学键有了最原始的设想，恩培多克勒认为，世界由“气、水、土、火”这四种元素组成，这四种元素在“爱”和“恨”的作用下分裂并以新的排列重新组合时，物质就发生了质的变化。这种作用力可以被看成是最早的化学键思想。

随后，原子论者德谟克利特设想，原子与原子间存在着一种“钩子”，也可以说是粗糙的表面，以致它们在相互碰撞时黏在一起，构成了一个稳定的聚集体。他对化学键的设想剔除了唯心主义因素，是更加先进的。

中世纪的J. R. 格劳伯则提出了物质同类相亲、异类相斥的思想。其后还出现了关于物质结合的亲和力说，认为物质的微粒具有亲和力，由此互相吸引而结合在一起。总之，人们关于化学键朦胧的认识，启发了后来的化学家。

通常单个原子是不稳定的，它们都有力图获得稳定结构的趋势。在这种推动力的驱使之下，当它们相互接近时，就可能发生化学反应而结合成分子。分子中相邻原子之间相互结合的这种强烈作用力就称为化学键(chemical bond)。

原子间化学键的形成与分子中化学键的破裂是最基本的化学反应。研究化学键的性质和化学变化的规律不仅可以深刻认识化学反应的内因，还可以了解外因对物质内部结构和性质的影响，预测物质变化的规律。目前，结构化学与计算机技术相结合，提出了“分子设计”作为研究方向，即按照新材料、新药物等对性能的要求来设计分子，合成相应的化合物。这一目标的实现对各个学科领域将产生重大影响。

本章将在讨论原子结构的基础上，简述化学键的形成和有关理论，以及分子结构和物理性质之间的关系，这些内容也是结构化学的重点之一。同时也对分子的性质、分子间的作用力和氢键与物质性质间的关系做了简单的讨论。

第一节　共价键

共价键(covalent bond)概念是 1916 年由美国化学家路易斯(G. N. Lewis)提出的。他认为在 H_2、O_2、N_2 等分子中，两个原子是由于共用电子对吸引两个相同的原子核而结合在一起的，电子成对并共用之后，每个原子都达到稳定的稀有气体原子的 8 电子结构。这种通过共用电子对形成的键叫作共价键。一般来说，电负性相差不大的元素原子之间常形成共价键。

一、共价键

1. 共价键的形成

海特勒(Heitler)和伦敦(London)应用量子力学理解由 H 原子形成 H_2 分子的系统，假设有两种情况：

①两个 H 原子中电子的自旋方向相反。当这两个 H 原子相互靠近时，每个 H 原子核除了吸引自身的 1s 电子外，还可以吸引另一个 H 原子的 1s 电子，即发生两个 1s 轨道的重叠。从电子出现概率密度分布(电子云)来看，由于轨道的重叠，使电子在两核间的概率密度增大，形成了高电子概率密度的区域(见图 5-1)，从而增强了核对其的吸引，同时部分抵消了两核间的排斥，此时系统能量降到最低，从而形成了稳定的化学键(见图 5-2 中的曲线 a)。但两原子也不能无限靠近，因为在更为靠近时，两核间的斥力迅速增加。在曲线上的能量最低点处，吸引和排斥达到平衡状态。

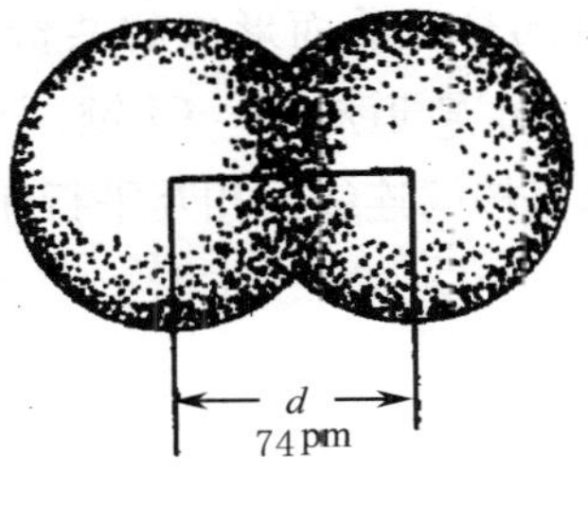

图 5-1　H_2 分子的核间距

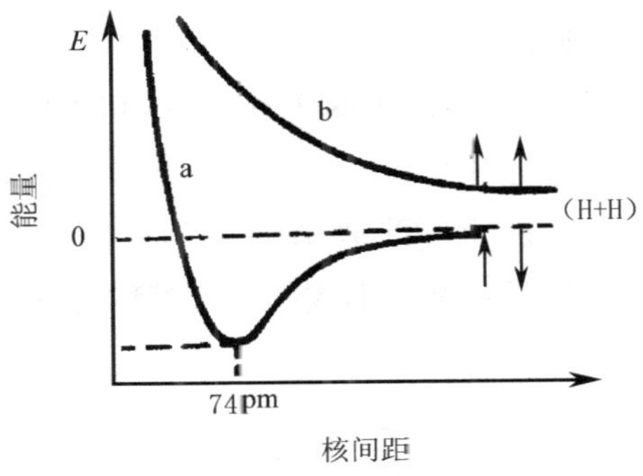

图 5-2　H_2 分子能量曲线

②两个 H 原子的自旋方向相同。当它们相互靠近时，两原子核间的电子概率密度几乎为零①，两核的正电荷互斥，使系统能量升高，处于不稳定状态，不能形成化学键（见图 5-2 中的曲线 b）。

2. 价键理论基本要点与共价键的特点

根据价键理论，形成共价键时键合原子双方各提供自旋方式相反的未成对价电子用以成对（电子配对原理）；成键双方的原子轨道尽可能最大限度地重叠（最大重叠原理）。

每个原子的一个未成对电子只能与另一个原子的一个未成对电子配对，形成一个共价单键，因此，一个原子有几个未成对的电子，便可与其他原子的几个自旋相反的未成对电子配对成键，这就是共价键的饱和性（saturation of covalent bonds）。例如，H 原子的 1s 轨道的一个电子与另一个 H 原子 1s 轨道上的一个电子配对，形成 H_2 分子后，每个 H 原子就不再具有未成对电子，也就不可能再与第三个 H 原子结合成 H_3 分子。又如，O 原子最外层有两个未成对的 2p 电子，它只能与两个 H 原子的 1s 电子配对，可形成两个共价单键，结合为 H_2O 分子。

两个原子间形成共价键时往往只能沿着一定的方向结合，除了 s 轨道是球形外，其他的 p、d、f 轨道在空间都有一定的伸展方向。因此，除了 s 轨道与 s 轨道成键没有方向限制外，其他原子轨道只有沿着一定的方向才能进行最大的重叠。例如，H 原子与 Cl 原子形成 H—Cl 键时，要求氢原子沿着氯原子具有未成对电子的 $3p_x$ 轨道的方向，即 Ψ_{3p_x} 具有最大值的方向键合（图 5-3）所示。因此，共价键的方向性自然与成键时要求原子轨道最大重叠有关。

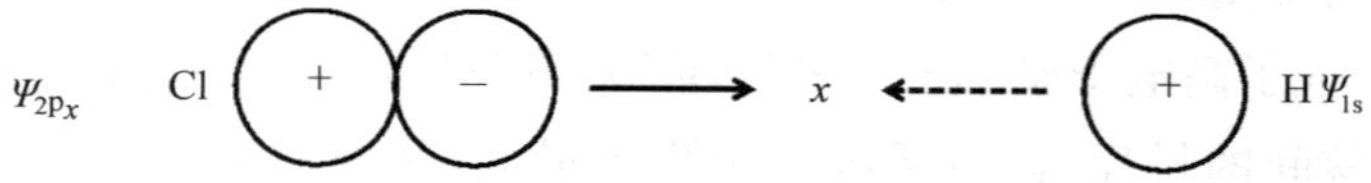

图 5-3　H—Cl 成键的方向性

3. 共价键的类型

由于原子轨道的形状不同，它们可以不同方式重叠。根据重叠方式：共价键可区分为 σ 键和 π 键。

原子轨道沿核间连线方向，以“头碰头”方式进行同号重叠而形成的共价键称为 σ 键。H_2 分子是 s—s 轨道成 H—H 键，HCl 分子是 s—p_x 轨道成 H—Cl 键，Cl_2 分子是 p_x—p_x 成 Cl—Cl 键[图 5-4(a)～(c)]。两原子轨道垂直核间连线并相互平行而进行“肩并肩”同号重叠所形成的共价键称为 π 键[图 5-4(d)]。

---

①　通过波的叠加来理解：自旋方向相同的两个电子相互靠近时，相当于反相的相位波的叠加；而自旋方向相反的两个电子相互靠近时，相当于同相的相位波的叠加。

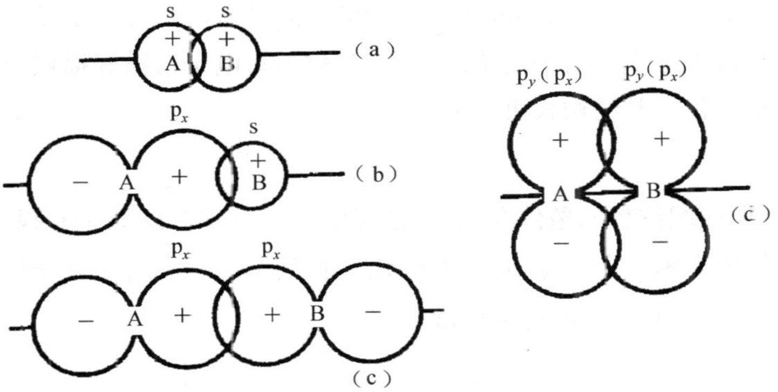

图 5-4　σ 键和 π 键示意图

例如，N_2 分子以三对共用电子把两个 N 原子结合在一起。N 原子的外层电子构型为 $2s^2 2p^3$：

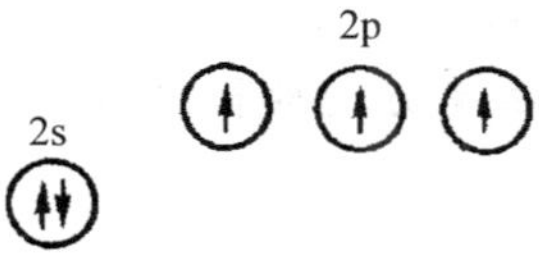

成键时用的是 2p 轨道上的三个未成对电子，若两个 N 原子沿 x 方向接近时，p_x 与 p_x 轨道形成 σ 键，而两个 N 原子垂直于 p_x 轨道的 p_y—p_y，p_z—p_z 轨道，只能在核间连线两侧重叠形成两个互相垂直的 π 键，如图 5-5 所示。

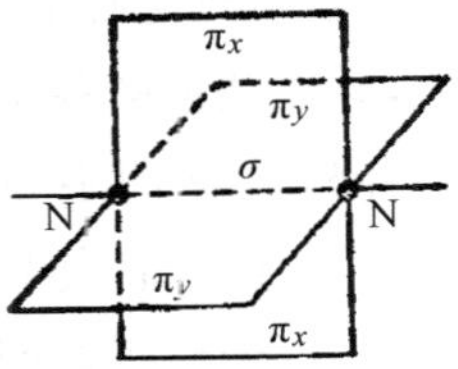

图 5-5　N_2 分子中三键示意图

双键中有一个共价键是 σ 键，另一个共价键是 π 键；三键中有一个共价键是 σ 键，另两个都是 π 键；至于单键，则成键时通常轨道都是沿核间连线方向达到最大重叠的，所以都是 σ 键。

从原子轨道重叠程度来看，π 键重叠程度要比 σ 键重叠程度小得多。所以 π 键的键能比 σ 键的键能要小些，π 键电子的能量较高，易活动，是化学反应的积极参与者。

共价键中共用的两个电子通常由两个原子提供，但也可以由一个原子单独提供一对电子，由两个原子共用。凡是由一个原子单方面提供一对电子和另一个有空轨道的原子(或离子)共用，这种共价键称为配位键(coordinate bond)。在配位键中，提供电子对的原子称为电子给予体(electron donor)；接受电子对的原子称为电子接受体(electron acceptor)。配位键的符号用箭头"→"表示而不用短线以示区别，箭头指向接受体。如 CO 分子中有配位键的形成。

C 原子的价层电子是 $2s^2 2p^2$；O 原子的价层电子是 $2s^2 2p^4$，C 原子和 O 原子的 2p 轨道上各有两个未成对电子，可以形成两个共价键。此外，C 原子的 2p 轨道上还有一个空轨道，O 原子的 2p 轨道上又有一对成对电子(也称孤对电子)，正好提供给 C 原子的空轨道共用而形成配位键。其结构式可写为：

$$:\mathrm{C}\overset{\leftarrow}{=}\mathrm{O}:$$

由此可见，形成配位键的条件有二：一是提供共用电子对的原子有孤对电子；二是接受共用电子对的原子有空轨道。很多无机化合物的分子或离子都有配位键，如 NH_4^+、SO_4^{2-}、PO_4^{3-}、ClO_4^- 等离子中都有配位键。

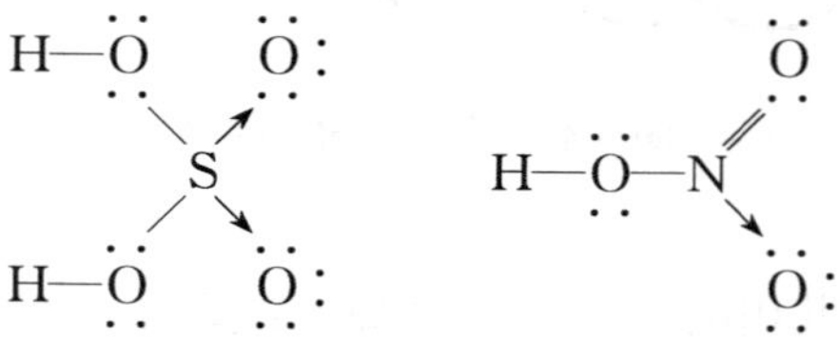

有一些重要的天然物质如血红素、叶绿素的分子里也有配位键。近年来，有些有机合成的催化反应也应用了配位键理论。

【知识要点提醒】 共价键是通过共用电子对形成的化学键。价键理论遵循电子配对理论和最大重叠原理。共价键具有方向性和饱和性，可分为 σ 键和 π 键。

二、杂化轨道理论

价键理论比较简单地阐明了共价键的形成过程和本质，并成功地解释了共价键的方向性、饱和性等特点。但在解释分子的空间结构方面却遇到了一些困难。例如，近代实验测定结果表明：CH_4 分子的结构是一个正四面体结构，碳原子位于四面体的中心，四个氢原子占据四面体的四个顶点。CH_4 分子中形成稳定的且完全相同的四个 C—H 键(如图 5-6 所示)。

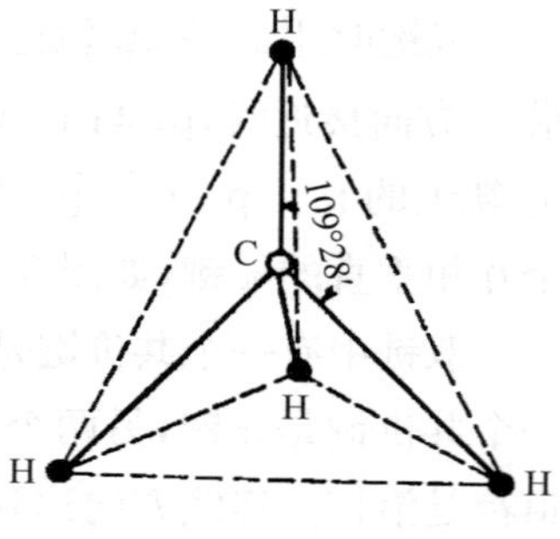

图 5-6 CH_4 结构示意图

但是根据价键法，由于碳原子的电子层结构为 $1s^2 2s^2 2p^2$，只有两个未成对的电子，所以它只能与两个氢原子形成两个共价单键。如果考虑将碳原子的一个 2s 电子激发到 2p 轨道上去则有四个成单电子(一个 s 电子和三个 p 电子)，它可与四个氢原子的 1s 电子配对形成四个 C—H 键。由于碳原子的 2s 电子与 2p 电子的能量是不同的，那么这四个 C—H 键应当不是等同的，这与实验事实不符，这是价键理论不能解释的，为了解释多原子分子的空间结构，鲍利于 1931 年在价键理论的基础上，提出了杂化轨道理论(hybrid orbital theory)。

1. 杂化与杂化轨道的概念

所谓杂化(hybridization)是指在形成分子时，由于原子的相互影响，若干不同类型能量相近的原子轨道混合起来，重新组合成一组新轨道。这种轨道重新组合的过程叫作杂化，所形成的新轨道就称为杂化轨道(hybrid orbital)。杂化轨道与其他原子的原子轨道重叠形成化学键。

2.杂化轨道理论的基本要点

①轨道经杂化后角度分布及形状均发生了变化，形成的杂化轨道形状一头大、一头小，大的一头与另一原子成键时，原子轨道可以得到更大程度的重叠，所以杂化轨道的成键能力比未杂化前更强(见图 5-7)，使系统能量降低得更多，生成的分子也更加稳定。因此杂化轨道理论认为原子轨道在成键时会采取杂化方式。

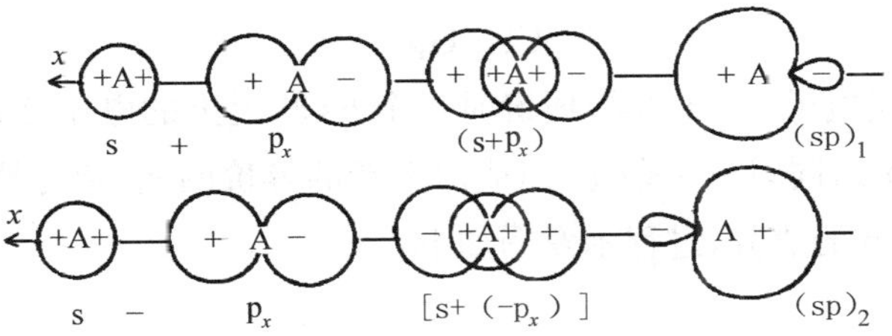

图 5-7　两个 sp 杂化轨道的形成和方向

②杂化轨道理论认为：在形成分子时，通常存在激发、杂化、轨道重叠等过程。但应注意，原子轨道的杂化，只有在形成分子的过程才会发生，而孤立的原子是不可能发生杂化的。同时只有能量相近的原子轨道(如 2s、2p 等)才能发生杂化，而 1s 轨道与 2p 轨道由于能量相差较大，是不能发生杂化的。

③电子激发和轨道杂化虽都可使成键系统的能量降低，但前者是由于多成了键(多成键后释放出的能量远比激发电子所需的能量多，故系统的总能量是降低的)，后者是因为成的键更强，二者并不相同。原子在成键时，既可以同时发生电子激发和轨道杂化，也可以只进行杂化(在后面讲到的有 d 轨道参与的杂化轨道中会体现这一点)。

④杂化轨道的数目与组成杂化轨道的各原子轨道的数目相等。例如，在 CH_4 分子形成时，碳原子的一个 2s 原子轨道和三个 2p 原子轨道进行杂化，形成四个 sp^3 杂化轨道。

⑤杂化轨道成键时，要满足原子轨道最大重叠原理。即原子轨道重叠越多，形成的化学键越稳定；同时杂化轨道成键时要满足化学键间最小排斥原理。键与键间排斥力的大小决定于键的方向，即决定于杂化轨道间的夹角。由于键与键之间的夹角越大的化学键之间的排斥能越小，例如，对 sp 杂化轨道来说当键角为 180°时，其排斥能最小，所以 sp 杂化轨道成键时分子成直线型。故杂化轨道的类型与分子的空间构型有关。

【知识要点提醒】 价键理论能够成功地解释共价键的方向性和饱和性等特点，而杂化轨道理论还能够成功地解释分子的空间结构问题。理解杂化轨道的概念及杂化轨道理论要点。

3. 杂化轨道的类型

根据原子轨道的种类和数目的不同，可以组成不同类型的杂化轨道。杂化轨道类型与分子的几何构型有密切关系，本章介绍由 s 轨道和 p 轨道参与杂化的三种方式，即 sp、sp^2、sp^3 杂化，以及等性杂化和不等性杂化。有 d 轨道参与的杂化轨道类型将在后面的章节中介绍。

(1)sp 杂化

sp 杂化是同一原子的一个 s 轨道和一个 p 轨道之间进行的杂化，形成两个等价的 sp 杂化轨道。以 $HgCl_2$ 分子的形成为例，实验测得 $HgCl_2$ 的分子构型为直线形，键与键的夹角为 180°：

Cl—Hg—Cl

Hg 原子的价层电子为 $5d^{10}6s^2$，成键时一个 6s 轨道上的电子激发到空的 6p 轨道上(成为激发态 $6s^16p^1$)，同时发生杂化，组成两个新的等价的 sp 杂化轨道。这种杂化轨道各含有 1/2s 和 1/2p 的成分，过程示意图如下：

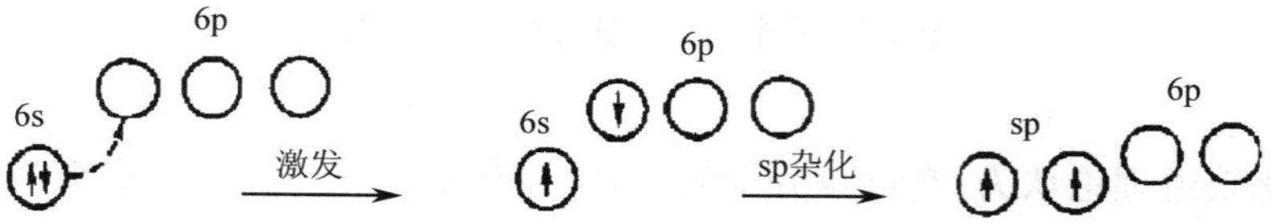

形成的 sp 杂化轨道在一直线上，杂化轨道间的夹角为 180°，如图 5-8 所示。两个 Cl 原子的 3p 轨道以“头顶头”方式与 Hg 原子的两个杂化轨道大的一端发生重叠，形成两个 σ 键。所以 $HgCl_2$ 分子中三个原子在一直线上，Hg 原子位于中间(又称其为中心原子)。这样就圆满地解释了 $HgCl_2$ 分子的几何构型。$BeCl_2$ 以及ⅡB 族元素的其他 AB_2 型直线形分子的形成过程与上述过程相似。

应用 sp 杂化轨道的概念可分别说明 CO_2 和 C_2H_2 分子的空间构型。根据实验测定，CO_2 分子中的三个原子成一直线，C 原子居中。为了说明 CO_2 分子的这一构型，一般认为 C 原子的外层电子 $2s^22p^2$ 在成键时经激发，并发生 sp 杂化，形成两个 sp 杂化轨道：

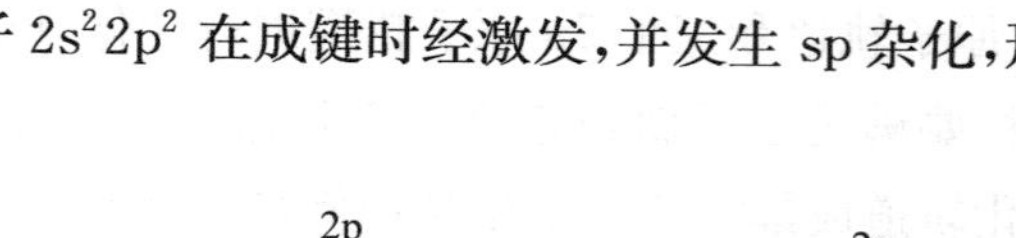

另两个未参与杂化的 2p 轨道仍保持原状，并与 sp 轨道相垂直。碳原子的两个 sp 杂化轨道上的电子分别与两个氧原子的 2p 电子形成 σ 键。碳原子的 2p 轨道上的电子则分别与两个氧原子剩下的未成对 2p 电子形成 π 键(图 5-9)。

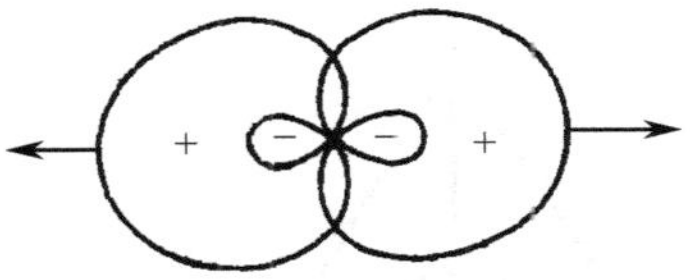

图 5-8　sp 杂化轨道的分布

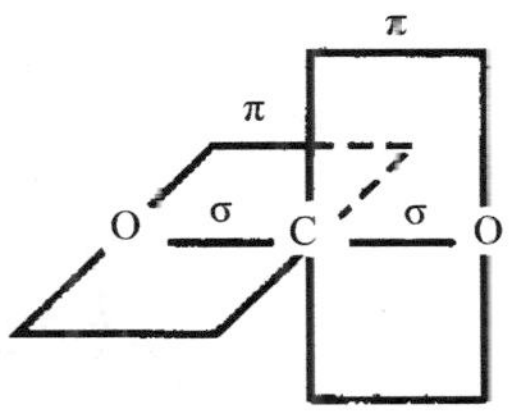

图 5-9　CO_2 分子的 σ 键和 π 键示图

乙炔(C_2H_2)分子中，每个 C 原子用两个 sp 杂化轨道分别与一个 H 原子及相邻的 C 原子成键，而未杂化的两个 2p 轨道与另一个 C 原子相对应的两个 2p 轨道相互重叠形成 π 键，所以 C_2H_2 分子中的碳碳三键是由一个 σ 键、两个 π 键所组成：

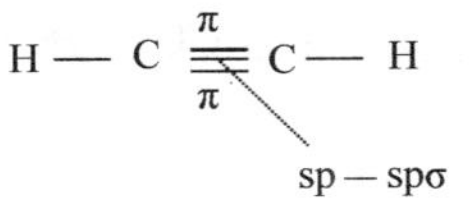

(2)sp^2 杂化

sp^2 杂化是同一原子的一个 s 轨道和两个 p 轨道进行杂化形成三个等价的 sp^2 轨道。以 BF_3 分子的形成为例，实验测得 BF_3 分子的几何构型是平面正三角形，键角为 120°。该分子形成过程示意图如下：

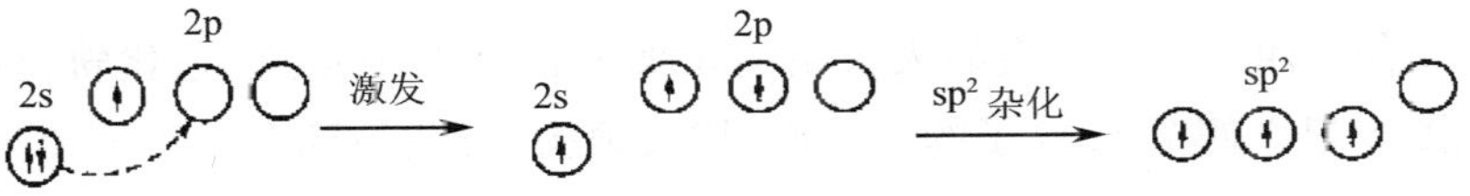

B 原子的价层电子为 $2s^2 2p^1$，只有一个未成对电子，成键过程中 2s 的一个电子激发到 2p 空轨道上，并发生杂化，组成三个新的等价的 sp^2 杂化轨道，每个杂化轨道均含有 1/3s 和 2/3p 轨道成分。这三个杂化轨道指向正三角形的三个顶点，杂化轨道间夹角为 120°，如图 5-10 所示。三个 F 原子的 2p 轨道以“头顶头”方式与 B 原子的三个杂化轨道的大头重叠，形成三个 σ 键。所以 BF_3 为平面正三角形，B 原子位于中心。

应用 sp^2 杂化轨道的概念也可以说明 C_2H_4 等分子的空间构型。在 C_2H_4 分子中，两个 C 原子和四个 H 原子处于同一平面上，每个 C 原子用三个 sp^2 杂化轨道分别与两个 H 原子及另一个 C 原子成键，而两个 C 原子各有一个未杂化的 2p 轨道相互重叠形成一个 π 键，所以 C_2H_4 分子的 C═C 双键中一个是 sp^2—sp^2σ 键，另一个是 p_z—p_zπ 键。

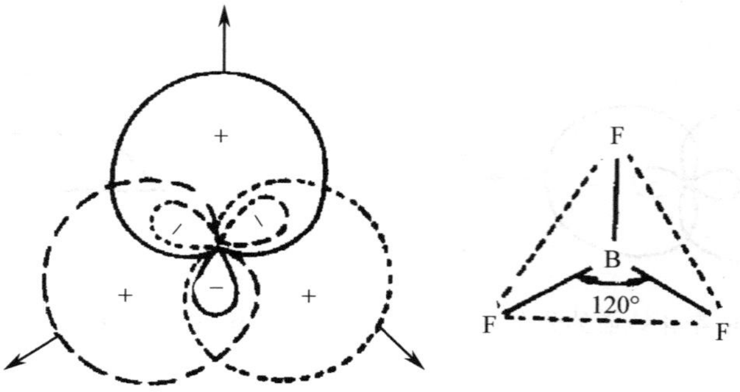

图 5-10　sp^2 杂化轨道的分布与分子的几何构型

(3)sp^3 杂化

sp^3 杂化是同一原子的一个 s 轨道和三个 p 轨道间的杂化，形成四个等价的 sp^3 轨道。CCl_4 分子的形成即属此例。实验测得 CCl_4 分子为正四面体结构，键角为 109.5°。分子形成过程示意图如下：

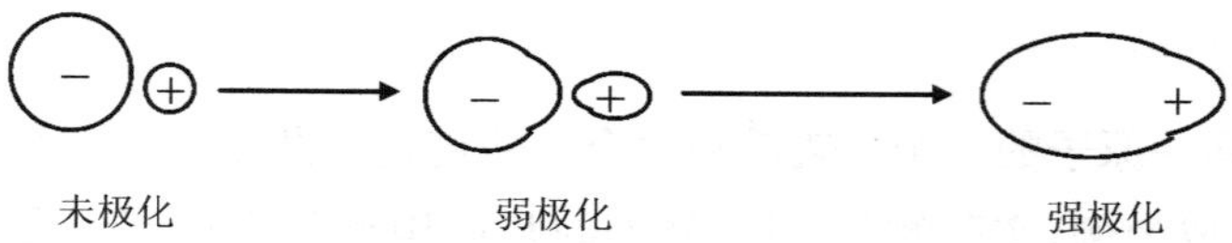

C 原子的价层电子为 $2s^2 2p^2$，只有两个未成对电子。成键过程中，经过激发，成为 $2s^1 2p^3$。同时发生杂化，组成四个新的等价的 sp^3 杂化轨道，每个杂化轨道均含 1/4s 和 3/4p 轨道成分。四个杂化轨道的大头指向正四面体的四个顶点，杂化轨道间的夹角为 109.5°，见图 5-11。四个 H 原子的 s 轨道以“头顶头”方式与四个杂化轨道的大头重叠，形成四个 σ 键。所以 CCl_4 分子为正四面体结构，C 原子位于其中心。

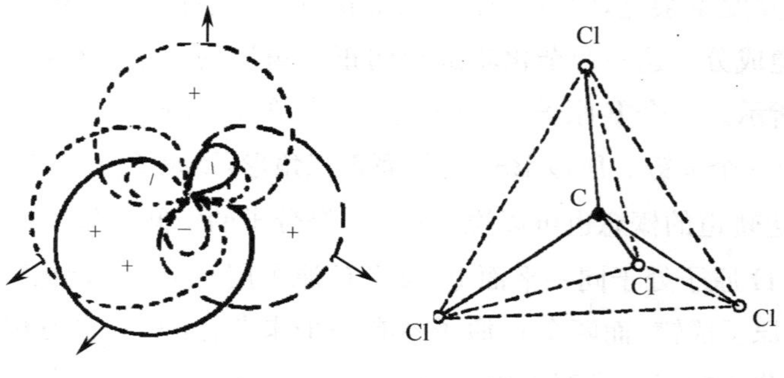

图 5-11　sp^3 杂化轨道的分布与分子的几何构型

应用 sp^3 杂化轨道的概念，同样可以解释 SiF_4、CH_4 和 C_2H_6 等分子的构型。

表 5-1 归纳了上面讨论的三种杂化轨道。不仅 s、p 原子轨道可以杂化，d 原子轨道也可参与杂化，形成 s—p—d 型杂化轨道（见后面的章节）。

表 5-1　sp^3、sp^2 和 sp 杂化轨道

杂化轨道	s 成分	p 成分	键角	构型
sp^3	$\frac{1}{4}$	$\frac{3}{4}$	109.5°	正四面体
sp^2	$\frac{1}{3}$	$\frac{2}{3}$	120°	平面三角形
sp	$\frac{1}{2}$	$\frac{1}{2}$	180°	直线形

比较 sp、sp^2、sp^3 三种杂化轨道，可知轨道含有的 s 成分依次减少，p 轨道成分依次增多，且轨道间的夹角也依次变小：$\frac{1}{2}$p 轨道时为 180°，$\frac{2}{3}$p 轨道时为 120°，$\frac{3}{4}$p 轨道时为 109.5°，纯 p 轨道时为 90°。

(4)不等性杂化

上述 sp^3 杂化轨道中，四个杂化轨道中的 s 成分相同，p 成分相同，sp^2 杂化轨道和 sp 杂化轨道也有类似情况，这样的杂化轨道称为等性杂化轨道，如上述的 CCl_4 分子、BF_3 分子和 $HgCl_2$ 分子都是等性杂化。

当几个能量相近的原子轨道杂化后，所形成的各杂化轨道的成分不完全相等时，即为不等性杂化(nonequivalent hybridization)。下面以 NH_3 分子形成为例加以说明。实验测定：NH_3 为三角锥形结构，键角为 107°18″，略小于正四面体的键角。N 原子的价层电子构型为 $2s^22p^3$，它的一个 s 轨道和三个 p 轨道进行杂化，形成四个 sp^3 杂化轨道。其中三个杂化轨道中各有一个成单电子，第四个杂化轨道则被成对电子所占有。三个具有成单电子的杂化轨道分别与 H 原子的 1s 轨道重叠成键，而成对电子（孤电子对）占据的杂化轨道不参与成键，它所含 s 轨道成分较多、p 轨道成分较少，其他成键的杂化轨道则相反，此即不等性杂化。孤对电子较密集于 N 原子周围，对成键电子施加同性相斥作用，这样就会影响到 N—H 共价键的空间排布，使他们之间的夹角压缩到 107°18″，小于正四面体中键的夹角[见图 5-12(a)]。

H_2O 分子的形成与此类似，其中 O 原子也采取不等性 sp^3 杂化，只是四个杂化轨道中有两个被成对电子所占有。成键轨道所含 p 轨道成分更多，其键的夹角也更小，分子呈 V 形，具体的形成过程为：O 原子的外层电子构型为 $2s^22p^4$，成键时也“混合”为四个 sp^3 杂化轨道，其中两个轨道各有一个未成对电子，另两个轨道则各有一对孤对电子。两

个未成对电子分别与两个 H 原子的 1s 电子成键，两对孤对电子靠近 O 原子(相应轨道含相同的 s 成分，但比成键轨道更多些)，施加同性相斥的影响于 O—H 共价键，使它们之间的夹角压缩到 104.5°[见图 5-12(b)]。

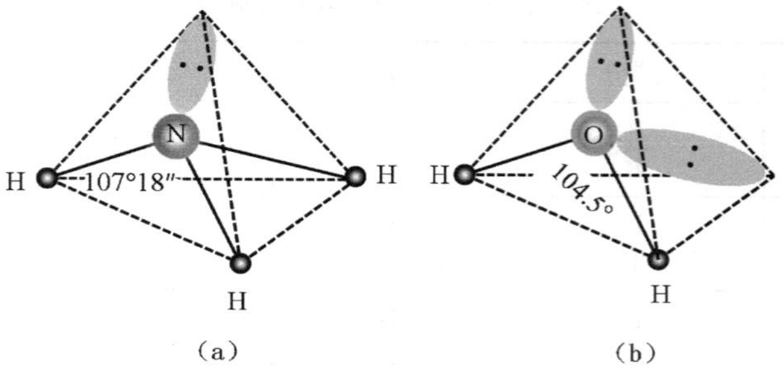

图 5-12 NH_3 和 H_2O 分子的几何构型

【知识要点提醒】 s 轨道与 p 轨道杂化可分为 sp、sp^2 和 sp^3 杂化，三种杂化方式对应不同的分子空间构型。注意不等性杂化对分子空间构型的影响。

第二节 分子轨道理论

前面介绍了价键理论、杂化轨道理论，这些理论比较直观，并能较好地说明共价键的形成和分子的空间构型，但它们也有局限性。例如，由于价键理论认为形成共价键的电子只局限于两个相邻原子间的小区域内运动，缺乏对分子作为一个整体的全面考虑，因此它对有些多原子分子，特别是有机化合物分子的结构不能说明，同时它对氢分子离子 H_2^+ 中的单电子键，氧分子中的三电子 π 键等无法解释。分子轨道理论(molecular orbital theory)，着重于分子的整体性，它把分子作为一个整体来处理，比较全面地反映了分子内部电子的各种运动状态，它不仅能解释分子中存在的电子对键、单电子键、三电子 π 键的形成，而且对多原子分子的结构也能给以比较好的说明。因此分子轨道理论在近些年来发展很快，在共价键理论中占有非常重要的地位。

一、分子轨道理论

1. 分子轨道理论的基本要点

①在分子中电子不从属于某些特定的原子，而是在遍及整个分子范围内运动，每个电子的运动状态可以用波函数 Ψ 来描述，这个 Ψ 称为分子轨道(molecular orbital)。

②分子轨道是由原子轨道线性组合而成的，而且组成的分子轨道的数目同互相化合

原子的原子轨道的数目相同。例如，如果两个原子组成一个双原子分子时，两个原子的两个 s 轨道可组合成两个分子轨道，两个原子的六个 p 轨道可组合成六个分子轨道等。

③分子轨道中电子的排布遵从与原子轨道电子排布同样的原则。即鲍利原理：每个分子轨道上最多只能容纳两个电子，而且自旋方向必须相反。

能量最低原理（lowest energy principle）：在不违背鲍利原理的原则下，分子中的电子将尽先占有能量最低的轨道。只有在能量较低的每个分子轨道已充满两个电子后，电子才开始占有能量较高的分子轨道。

洪特规则（Hund's Rule）：如果分子中有两个或多个等价或简并的分子轨道（即能量相同的轨道），则电子尽先以自旋相同的方式单独分占这些等价轨道，直到这些等价轨道半充满后，电子才开始配对。

2. 分子轨道的形成

以 A 原子和 B 原子形成 AB 分子为例，当两个原子轨道（Ψ_a 和 Ψ_b）组合成两个分子轨道（Ψ_{I} 和 Ψ_{II}）时，由于波函数 Ψ_a 和 Ψ_b 符号有正、负之分，因此波函数 Ψ_a 和 Ψ_b 有两种可能的组合方式：即两个波函数的符号相同或两个波函数的符号相反。这两种组合可以下式表示：

$$\Psi_{\mathrm{I}} = c_a\Psi_a + c_b\Psi_b$$

$$\Psi_{\mathrm{II}} = c_a'\Psi_a - c_b'\Psi_b$$

式中系数 c 或 c'，分别表示 Ψ_a 和 Ψ_b 原子轨道对分子轨道 Ψ_{I} 和 Ψ_{II} 贡献的程度。同核双原子分子：$c_a = c_b$，$c_a' = c_b'$，而异核双原子分子则不等。

另外，可以算出与这些分子轨道相应的能量 E_{I} 和 E_{II}，所谓轨道能量（orbital energy）指的是在该轨道中填入一个电子时系统能量的降低或升高。计算结果表明 E_{I} 低于 A、B 原子轨道的能量，而 E_2 则高于 A、B 原子轨道的能量：

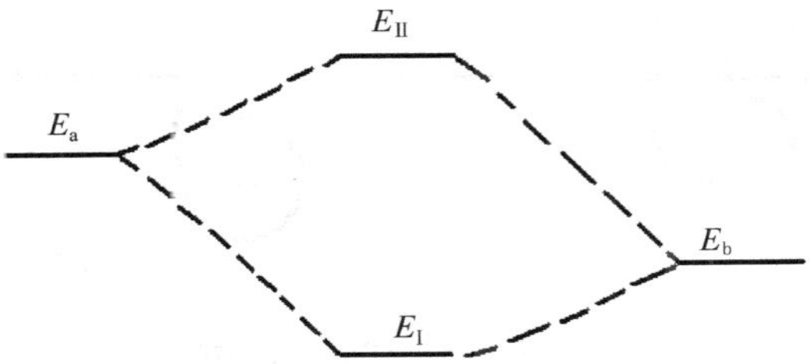

把能量较低的分子轨道 Ψ_{I} 叫作成键轨道（bonding orbital），能量较高的分子轨道 Ψ_{II} 叫作反键轨道（antibonding orbital）。形成共价键时原来的原子轨道中的电子应尽先分布在能量较低的成键轨道中。

成键轨道 Ψ_{I} 是原子轨道同号重叠（波函数相加）形成的，占据 Ψ_{I} 的电子在核间区域概率密度大，对两个核产生强烈的吸引作用，所形成的键强度大。

反键轨道 Ψ_{II} 是原子轨道异号重叠(波函数相减)而成,占据 Ψ_{II} 的电子在核间区域概率密度小,对成键不利,系统能量提高。

由不同类型的原子轨道线性组合可得不同种类的分子轨道,原子轨道的线性组合主要类型如图 5-13 所示:

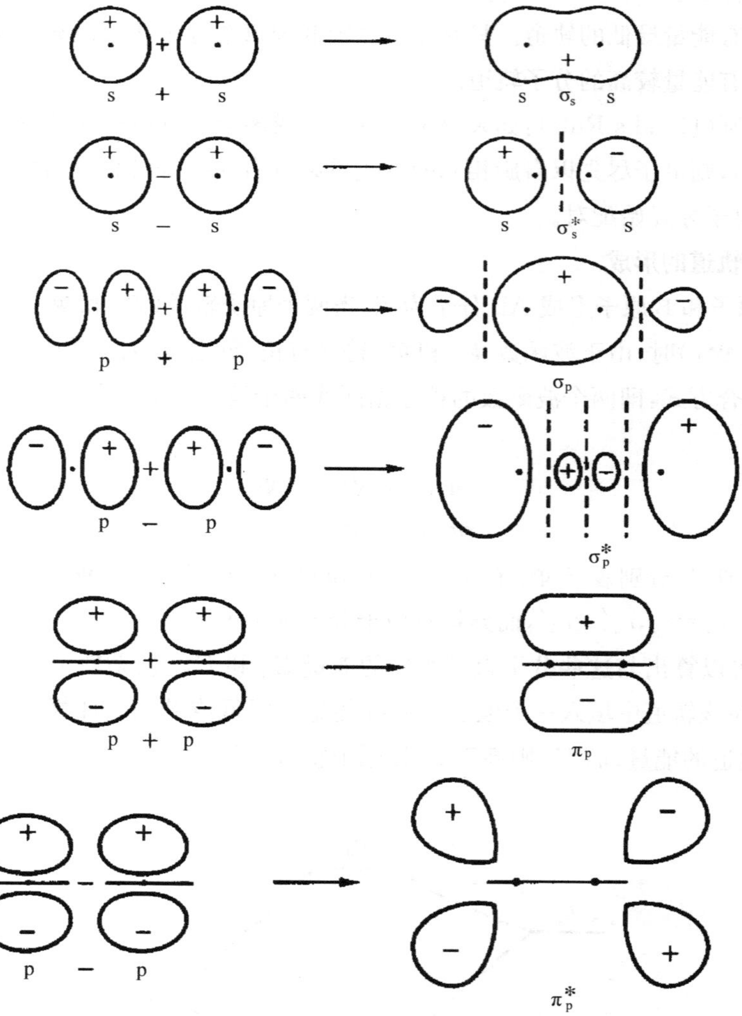

图 5-13 原子轨道形成分子轨道的示意图

原子中用 s、p、d 符号等表示原子轨道的名称,分子轨道则用 σ、π 等符号表示分子轨道的名称,其中标有"∗"表示反键轨道。

【知识要点提醒】 分子轨道分为成键轨道和反键轨道,成键轨道能量低,反键轨道能量高。注意分子轨道与原子轨道表示方法的区别。

3. 原子轨道组合成分子轨道的原则

分子轨道是由原子轨道线性组合(linear combination of atomic orbitals)而得,但并不是任意两个原子轨道都能组合成分子轨道。在确定哪些原子轨道可以组合成分子轨道时,应遵循下列三条原则。

①能量近似原则:如果有两个原子轨道能量相差很大,则不能组合成有效的分子轨道,只有能量相近的原子轨道才能组合成有效的分子轨道,而且原子轨道的能量愈相近愈好,这就叫能量近似原则(energy approximation principle)。这个原则对于确定两种不同类型的原子轨道之间能否组成分子轨道是很重要的。

例如,H、Cl、O、Na 各原子的有关原子轨道的能量分别为:

$$1s(H) = -1318\ kJ \cdot mol^{-1}$$

$$3p(Cl) = -1259\ kJ \cdot mol^{-1}$$

$$2p(O) = -1322\ kJ \cdot mol^{-1}$$

$$3s(Na) = -502\ kJ \cdot mol^{-1}$$

由于 H 原子的 1s 同 Cl 原子的 3p 和 O 原子的 2p 轨道能量相近所以可组成分子轨道,而 Na 原子的 3s 轨道同 Cl 原子的 3p 和 O 原子的 2p 轨道的能量相差甚大,所以不能组成分子轨道,只会发生电子的转移,而形成离子键。

②最大重叠原则:原子轨道发生重叠时,在可能的范围内重叠程度越大,成键轨道能量相对于组成的原子轨道的能量降低得越显著,成键效应越强,即形成的化学键越牢固,这就叫最大重叠原则(maximum overlapping principle)。

③对称性原则:只有对称性相同的原子轨道才能组成分子轨道,这就叫作对称性原则(symmetry principle)。所谓对称性相同,实际上是指重叠部分的原子轨道的正、负号相同。

【知识要点提醒】 原子轨道组合成分子轨道遵循能量相近原则、最大重叠原则和对称性原则。

4. 同核双原子分子

由上面讨论知,只有能量相近的原子轨道才能组合成有效的分子轨道,这就叫能量近似原则。有了这个原则就可以大大简化原子轨道的组合方式。

2s 和 2p 轨道之间的能量差,随原子不同而异。例如,第 2 周期元素 2s—2p 轨道能级差计算结果,从左至右增大。图 5-14 是第 2 周期元素 2s—2p 能级差的数据和分子轨道能级次序的示意图。从图中可以看出,第 2 周期分子轨道 σ_{2p} 和 π_{2p} 的能级次序和 2s—2p 之间的能级差有关。F_2 分子和 O_2 分子 2s—2p 能级差较大,π_{2p} 的能量高于 σ_{2p}。从 N_2 向左,由于 2s—2p 之间的能级差较小,π_{2p} 的能量反而低于 σ_{2p}。

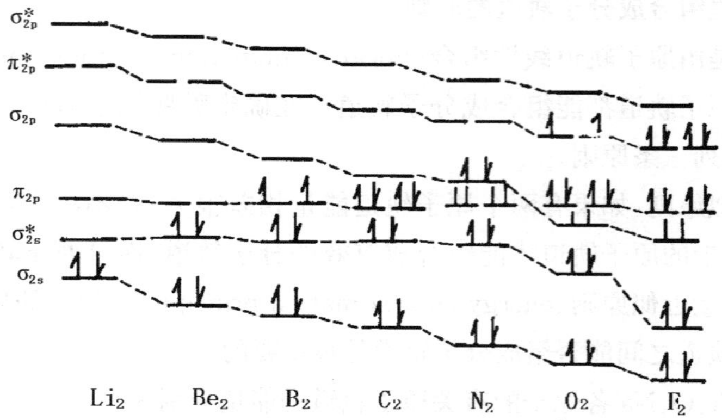

分子	Li_2	Be_2	B_2	C_2	N_2	O_2	F_2
ΔE(2s—2p)	—	—	5.90	8.57	11.59	15.02	18.82

图 5-14　第 2 周期元素 2s—2p 轨道能级差和分子轨道示意图

数据录自 J. Chemical Education 55, No. 9, (1978)；图形录自 Cotton, F. A Basic Inorganic Chemistry, 66 (1976)。

这是因为 2s—2p 轨道能量差大的原子，可以不考虑 2s 与 2p 轨道间的相互作用，因此 O_2 和 F_2 的分子轨道能级是按图 5-15(a)的能级。对于 N、C、B 等原子来说，由于 2s 和 2p 原子轨道能级相差较小(一般 10 eV 左右)，必须考虑 2s 和 2p 轨道之间的相互作用，以致造成 σ_{2p} 能级高于 π_{2p} 的能级的颠倒现象，故 N_2、C_2、B_2 等的分子轨道能级是按图 5-15(b)的能级顺序排列的。

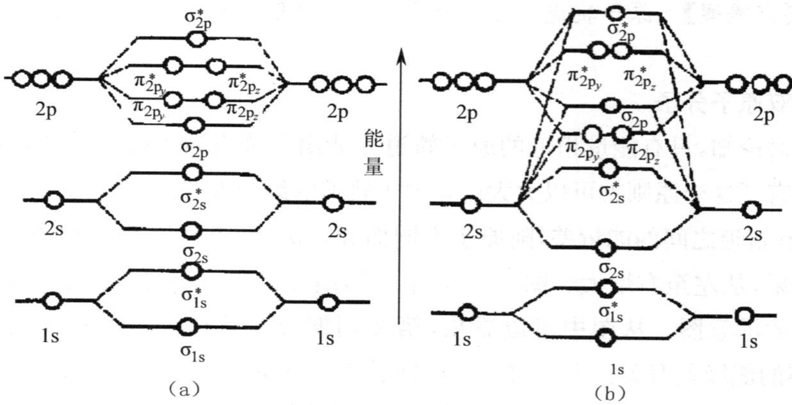

图 5-15　同核双原子分子的分子轨道能级图

下面举几个同核双原子分子的实例说明分子轨道法的应用：

①氢分子的结构。氢分子是由两个氢原子组成的。每个氢原子在1s分子轨道中有一个电子，两个氢原子的1s原子轨道互相重叠可组成反键和成键的分子轨道。两个电子将先填入能量最低的σ_{1s}成键分子轨道，如图5-16所示。H_2的电子构型：$(\sigma_{1s})^2$。

②氮分子的结构。氮分子由两个N原子组成，N原子的电子结构式为$1s^22s^22p^3$，每个N原子核外有七个电子，氮分子中共有十四个电子，电子填入分子轨道时，也遵从最低能量原理、鲍利原理和洪特规则。

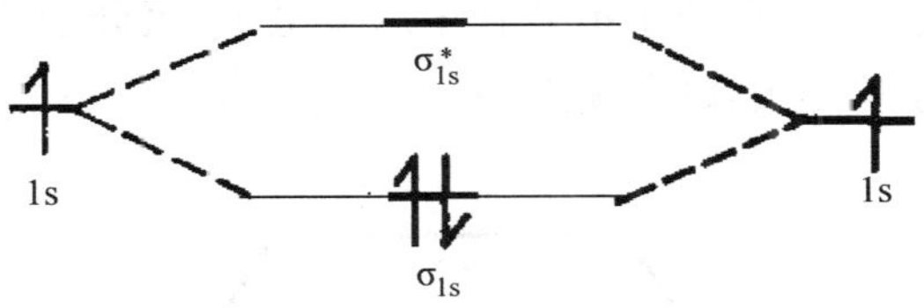

图5-16　氢分子的轨道能级图

N_2分子的分子轨道能级图如图5-17所示（内层的σ_{1s}和$\sigma_{1s}{}^*$未画出）。N_2的电子构型：$N_2[(\sigma_{1s})^2(\sigma_{1s}{}^*)^2(\sigma_{2s})^2(\sigma_{2s}{}^*)^2(\pi_{2p})^4(\sigma_{2p})^2]$。

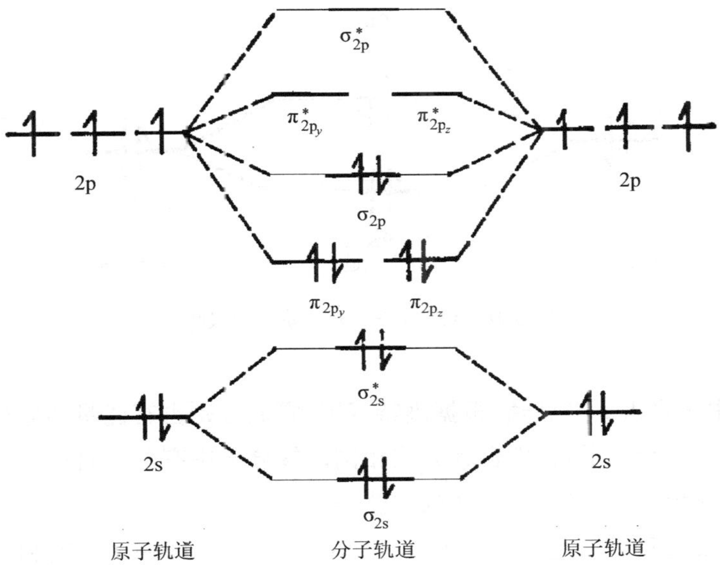

图5-17　N_2分子的轨道能级图

这里的$(\sigma_{1s})^2$和$(\sigma_{1s}{}^*)^2$的能量与1s原子轨道相比一低一高，$(\sigma_{2s})^2$和$(\sigma_{2s}{}^*)^2$的能量与

2s 原子轨道相比也是一低一高，互相抵消，对成键的贡献实际很小，而对成键的贡献主要是$(\pi_{2p})^4$ 和$(\sigma_{2p})^2$ 这三对电子，即形成两个 π 键和一个 σ 键。这三个键构成 N_2 中的三键，与价键理论讨论的一致。根据价键理论所写的 N_2 结构式为：

$$:N\equiv N:$$

上式除了三键外，还标明了两对孤对电子。有人认为，这两对孤对电子相应于分子轨道理论中$(\sigma_{2s})^2$ 和$(\sigma_{2s}{}^*)^2$。至于$(\sigma_{1s})^2$ 和$(\sigma_{1s}{}^*)^2$ 则是内层电子，在写结构式时就不另标明了。

③氧分子的结构。氧分子由两个氧原子组成，氧原子的电子结构式为 $1s^2 2s^2 2p^4$，每个氧原子核外有八个电子，在氧分子中共有十六个电子，氧分子的分子轨道能级图如图 5-18 所示。氧分子电子构型为：$O_2[(\sigma_{1s})^2(\sigma_{1s}{}^*)^2(\sigma_{2s})^2(\sigma_{2s}{}^*)^2(\sigma_{2p})^2(\pi_{2p})^4(\pi_{2p}{}^*)^2]$。

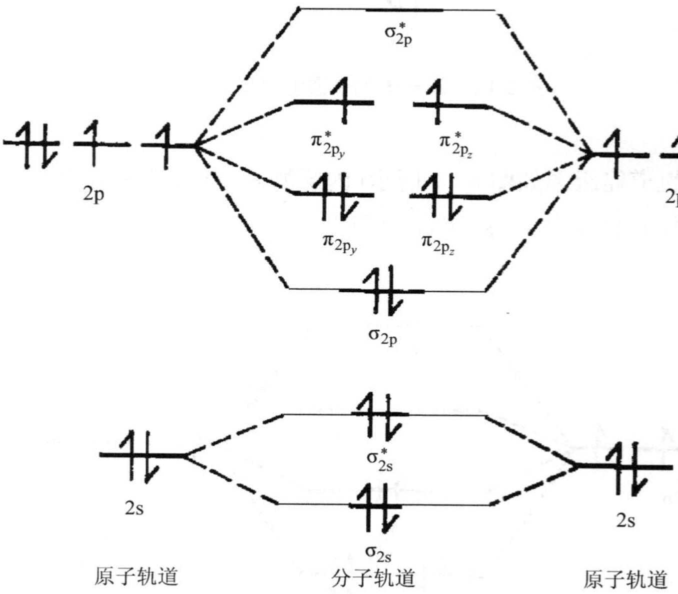

图 5-18　O_2 分子的分子轨道能级图

最后两个电子进入 $\pi_{2p}{}^*$ 轨道，根据洪特规则，它们分别占有能量相等的两个反键轨道，每个轨道里有一个电子，它们自旋方式相同。氧分子中有两个自旋方式相同的未成对电子，这一事实成功地解释了 O_2 的顺磁性。①

O_2 中对成键有贡献的是$(\sigma_{2p})^2$ 和$(\pi_{2p})^4$ 这三对电子，即一个 σ 键和两个 π 键。在$(\pi_{2p}{}^*)^2$ 反键轨道上的电子抵消了一部分$(\pi_{2p})^4$ 这两个 π 键的能量。考虑到这两个反键

① 这是物质在磁场中表现出来的一种选择。

电子，O_2 中的两个 π 键不是像 N_2 中那样的双电子 π 键，而是三电子 π 键，即每个 π 键实际上由两个成键电子和一个反键电子组成，O_2 中有两个三电子 π 键。可见把两个 O 原子结合在一起的是三键，而不像以前价键理论所画的那样是双键。由于三电子 π 键中有一个反键电子，削弱了键的强度，三电子 π 键不及双电子 π 键牢固。

【知识要点提醒】 能够正确绘制简单分子的轨道能级图。

***5. 异核双原子分子**

当两个不同原子结合成分子时，用分子轨道法处理在原则上与同核双原子分子一样，应遵循能量相近、最大重叠和对称性相同三原则，只有在这些条件下两个原子才能发生有效的组合。下面我们以 CO 为例来说明异核双原子分子的分子轨道的形成。

碳原子核外有六个电子，碳原子的电子结构式为 $1s^2 2s^2 2p^2$，氧原子核外有八个电子，氧原子的电子结构式为 $1s^2 2s^2 2p^4$。由于碳和氧原子的相应的原子轨道(如 2s 或 2p)能量相近，可以互相重叠形成 CO 分子的分子轨道。CO 分子轨道的能级与 N_2 的分子轨道能级顺序类似($\pi_{2p} < \sigma_{2p}$)，但不同的是 C 和 O 的原子轨道能级高低不同，电负性较高的氧原子的原子轨道能级低于碳原子的相应的轨道能级。CO 分子的轨道能级图如图 5-19 所示。CO 分子电子构型为：CO$[(\sigma_{1s})^2(\sigma_{1s}^*)^2(\sigma_{2s})^2(\sigma_{2s}^*)^2(\pi_{2p})^4(\sigma_{2p})^2]$。

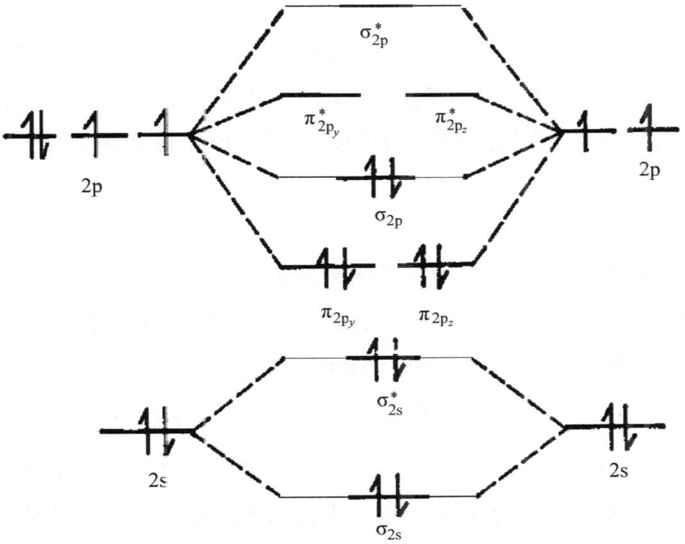

图 5-19　CO 分子的分子轨道能级图

在$(\sigma_{1s})^2$ 和$(\sigma_{1s}^*)^2$ 以及$(\sigma_{2s})^2$ 和$(\sigma_{2s}^*)^2$ 分子轨道中成键的与反键的轨道互相抵消，对成键有贡献的是$(\pi_{2p})^4(\sigma_{2p})^2$。所以 CO 分子中有两个 π 键和一个 σ 键。

由图 5-17 和 5-19 可知，尽管 C 原子和 O 原子是异核原子，但所形成的 CO 分子的分

子轨道结构和 N_2 分子的分子轨道结构相似(能量有差别),它们的分子中都有十四个电子,并都占据同样的分子轨道,这样的分子叫作等电子体。等电子体分子间的性质非常相似。

【知识要点提醒】 分子轨道理论与价键理论和杂化轨道理论不同,其着重于分子的整体性,把分子作为一个整体来处理,分子中的电子不隶属于某个原子,而是在遍及整个分子范围内运动,每个电子的运动状态可以用波函数描述,这个波函数称为分子轨道。

第三节　共价键参数与分子的性质

共价键的性质可以通过称为键参数(bond parameter)的某些物理量来描述,如键级(bond order)、键能(bond energy,E)、键长(bond length)和键角(bond angle)等。

一、键级

分子轨道理论提出了键级的概念,它的定义是:

$$键级=\frac{1}{2}(成键轨道中的电子数-反键轨道中的电子数)$$

例如,H_2、O_2、N_2、HF 和 CO 的键级分别为 1、2、3、1 和 3。与组成分子的原子系统相比,成键轨道中电子数目越多,使分子系统的能量降低得越多,增强了分子的稳定性;反之,反键轨道中电子数目的增多则削弱了分子的稳定性。所以键级越大,分子也越稳定。

二、键能

原子间形成的共价键的强度可用键断裂时所需的能量大小来衡量。

在双原子分子中,于 100 kPa 下按下列化学反应计量式使气态分子断裂成气态原子所需要的能量叫作键解离能(bond dissociation energy)。即

$$A—B(g)\xrightarrow{100\ kPa}A(g)+B(g)\quad D(A—B)$$

例如,在 298.15 K 时,$D(H—Cl)=432\ kJ\cdot mol^{-1}$,$D(Cl—Cl)=243\ kJ\cdot mol^{-1}$。

在多原子分子中断裂气态分子中的某一个键,形成两个“碎片”时所需的能量叫作分子中这个键的解离能。例如:

$$HOCl(g)\longrightarrow H(g)+OCl(g)\qquad D(H—OCl)=326\ kJ\cdot mol^{-1}$$

$$HOCl(g)\longrightarrow Cl(g)+OH(g)\qquad D(Cl—OH)=251\ kJ\cdot mol^{-1}$$

$$H_2O(g)\longrightarrow H(g)+OH(g)\qquad D(H—OH)=499\ kJ\cdot mol^{-1}$$

$$HO(g)\longrightarrow H(g)+O(g)\qquad D(O—H)=429\ kJ\cdot mol^{-1}$$

使气态的多原子分子的键全部断裂形成此分子的各组成元素的气态原子时所需的

能量，叫作该分子的原子化能 E_{atm}(atomization energy)。例如：

$$HOCl(g) \longrightarrow H(g) + Cl(g) + O(g)$$

$$E_{atm}(HOCl) = D(Cl—OH) + D(O—H) = 680\ kJ \cdot mol^{-1}$$

但 $E_{atm}(HOCl)$ 不等于 D(H—OCl)与 D(Cl—OH)之和。同理，

$$H_2O(g) \longrightarrow 2H(g) + O(g)$$

$$E_{atm}(H_2O) = D(H—OH) + D(O—H) = 928\ kJ \cdot mol^{-1}$$

所谓键能，通常是指在标准状态下气态分子拆开成气态原子时，每种键所需能量的平均值。对双原子分子来说，键能就是键的解离能。例如，298.15 K 时，$E(H—H) = D(H—H) = 436\ kJ \cdot mol^{-1}$。而对于多原子分子来说，键能和键的解离能是不同的。例如，H_2O 含两个 O—H 键，每个键的解离能不同，但 O—H 键的键能应是两个解离能的平均值，或者说是原子化能的一半：

$$E(O—H) = \frac{1}{2} \times (499 + 429)\ kJ \cdot mol^{-1} = 464\ kJ \cdot mol^{-1}$$

由上所述，键解离能指的是解离分子中某一种特定键所需的能量，而键能指的是某种键的平均能量，键能与原子化能的关系则是气态分子的原子化能等于全部键能之和。

键能是热力学能的一部分，在化学反应中键的破坏或形成，都涉及系统热力学能的变化；但若反应中的体积功很小，甚至可忽略时，常用焓变近似地表示热力学能的变化。键焓与键能近似相等，实验测定中常常得到的是键焓数据。一般来说，键能或键焓越大，化学键越牢固，含有该键的分子就越稳定。

表 5-2 一些共价键的键长和键能

共价键	键长/pm	键能/($kJ \cdot mol^{-1}$)	共价键	键长/pm	键能/($kJ \cdot mol^{-1}$)
H—H	74	436	C—C	154	346
H—F	92	570	C═C	134	602
H—Cl	127	432	C≡C	120	835
H—Br	141	366	N—N	145	159
H—I	161	298	N≡N	110	946
F—F	141	159	C—H	109	414
Cl—Cl	199	243	N—H	101	389
Br—Br	228	193	O—H	96	464
I—I	267	151	S—H	134	368

三、键长

分子中两原子核间的平衡距离称为键长。例如，H_2 分子中两个 H 原子的核间距为

74 pm，所以 H—H 键长就是 74 pm，键长和键能都是共价键的重要性质，可由实验（主要是分子光谱或热化学）测知。表 5-2 列出一些共价键的键长和键能数据。

由表 5-2 中数据可见，H—F，H—Cl，H—Br，H—I 键长依次递增，而键能依次递减（F_2、Cl_2、Br_2、I_2 也如此）；单键、双键及三键的键长依次缩短，键能依次增大，但双键、三键的键长与单键的相比并非两倍、三倍的关系。一般来说，两个原子之间形成的键越短，表示键越强，越牢固。

四、键角

在分子中键与键之间的夹角叫键角。键角与键长是反映分子空间构型的重要参数。例如，水分子中两个 O—H 键之间的夹角是 104.5°，这就决定了水分子是 V 形结构。

一般来说，如果知道了一个分子中的键长和键角数据，那么这个分子的几何构型就确定了。例如，知道 CO_2 分子是一个直线形的非极性分子，它的一些物理性质就可以预测。

五、键的极性

在共价键中，根据键的极性又分为非极性共价键（non-polar covalent bond）和极性共价键（polar covalent bond）。在单质中，同种原子形成的共价键，原子双方吸引电子的能力（即电负性）相同，所以共用电子对均匀地出现在两个原子之间，也就是说，电子对恰好在键的中央出现的概率最大。由于两个原子核正电荷重心和分子中负电荷重心恰好重合。这种键叫作非极性共价键。例如，H_2、O_2、N_2、Cl_2 分子中和巨分子单质如金刚石、晶态硅、晶态硼等的共价键，便是非极性共价键。

在化合物分子中，不同原子间形成的共价键，由于不同原子吸引电子的能力（电负性）不一样，使共用电子对偏向电负性大的原子一方，这时对成键的两个原子来说，电荷分布是不对称的。电负性较大的原子一端带部分负电荷，电负性较小的原子一端带部分正电荷，由于分子中正电荷重心和负电荷重心不重合，这样形成的键有极性，即在键的两端出现了电的正极和负极，这种键叫极性共价键。如在 HCl 分子中 Cl 原子把电子对拉向自己一边的能力比 H 原子强，成键的电子云偏向 Cl 原子一边，使 Cl 原子带了部分负电荷，H 原子带了部分正电荷，所以 H—Cl 键是一个极性共价键。

通常从成键原子的电负性值就可以大致判断共价键的极性大小。如果成键的两个原子的电负性相等，则形成的键应该是非极性共价键，如 H—H 和 Cl—Cl 等。如果成键的两个原子的电负性相差很大时，就形成极性共价键，正极靠近电负性小的原子，而负极靠近电负性大的原子。如 H 原子和 Cl 原子的电负性分别是 2.2 和 3.16，差值是 0.96，所以共用电子对偏向 Cl 原子一边，因而形成 H—Cl 极性共价键。

在极性共价键中，成键原子的电负性差越大，键的极性也越大。在卤化氢分子中键的极性对比如表 5-3 所示。

当两个原子的电负性相差很大时，可以认为生成的电子对完全转移到电负性大的原子上，这就形成了离子键。如 Na 原子和 Cl 原子的电负性分别是 0.93 和 3.16，差值是 2.23，这比表中所列卤化氢的电负性差值都大很多，结果形成了 Na^+、Cl^- 离子，形成离子键。

表 5-3　卤化氢分子的极性

卤化氢中的键	H—I	H—Br	H—Cl	H—F
电负性差值	0.46	0.76	0.96	1.78
极性大小	极性增大 →			

【知识要点提醒】 共价键的性质可以通过键级、键能、键长、键角和键的极性等键参数描述，明确这些键参数的含义。

第四节　离子键

活泼金属原子与活泼非金属原子所形成的化合物如 NaCl、KCl、CsCl、MgO、CaO 等，通常都是离子型化合物。它们的特点是：在一般情况下，主要以晶体的形式存在，它们具有较高的熔点和沸点，在熔融状态下或溶于水后其水溶液均能导电。

一、离子键的形成

当电离能很小的金属原子与电子亲和能很大的非金属原子，亦即电负性相差较大的原子，在一定条件下相遇时，它们容易通过电子转移形成带相反电荷的离子来实现外层电子的稳定结构，并且正负离子由于静电引力而结合形成离子键(ionic bond)。

最熟知的实例就是金属钠与氯气的反应，这两种单质生成离子化合物是一个放热反应，$\Delta_r H_m^\circ(NaCl) = -411.12\ kJ \cdot mol^{-1}$，即 298 K，100 kPa 时，由 Na(s) 与 Cl_2(g) 稳定单质反应生成 1 mol NaCl 晶体要释放 $411.12\ kJ \cdot mol^{-1}$ 能量，从而形成稳定体系。

二、离子键的本质与晶格能

离子化合物中的正、负离子电荷分布可视为球形对称的，根据库仑定律，正、负离子间的静电荷作用力 F 与离子电荷的乘积成正比，与离子的核间距平方成反比：

$$F = k\frac{q^+ \cdot q^-}{d^2}$$

公式表明，离子电荷越多，核间距越小，离子键强度越大，反之亦然。离子键的本质就是正、负电荷间的静电作用力。

在离子晶体中，离子键的强度常以晶格能(U)来定量描述。晶格能(lattice energy)定义为：298 K，100 kPa 条件下，1 mol 离子晶体分解为相互远离的气态离子所需的能量，常用单位为 $kJ \cdot mol^{-1}$，晶格能都是正值，其值越大，表明正、负离子结合越牢固，整个晶体能量越低，因而稳定性越好。

Born 和 Haber 提出应用热化学的实验数据进行离子晶体晶格能的计算。Born-Haber 的计算方法可示意如下：

ΔH_1 包括 M(s)的升华热 $\Delta_{sub}H$ 和气体分子 X_2 的解离能 D，即 $\Delta H_1 = \Delta_{sub}H + \frac{1}{2}D$；$\Delta H_2$ 包括 M(g)的电离能 I 和 X(g)的电子亲和能 E，即 $\Delta H_2 = I + E$；ΔH_3 为 MX(s)的晶格能 U 的负值，即 $\Delta H_3 = -U$。

根据 Hess 定律，$\Delta_f H_m = \Delta H_1 + \Delta H_2 + \Delta H_3 = \Delta_{sub}H + \frac{1}{2}D + I + E - U$

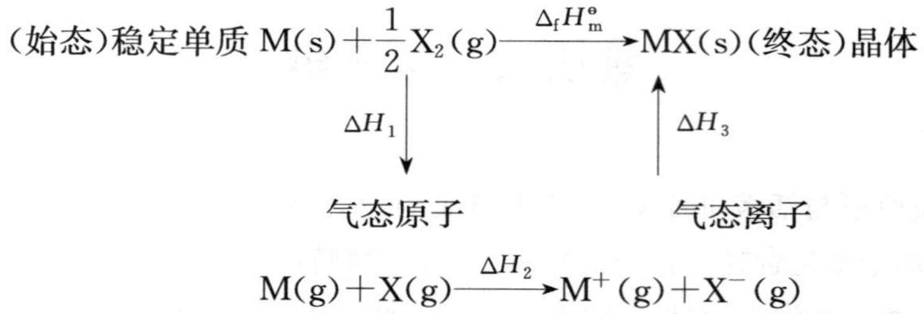

对于氯化钠晶体的形成反应，

$$\Delta_{sub}H = +106.0\ kJ \cdot mol^{-1} \qquad D(Cl_2) = +242.6\ kJ \cdot mol^{-1}$$

$$I(Na) = +495.8\ kJ \cdot mol^{-1} \qquad E(Cl) = -348.7\ kJ \cdot mol^{-1}$$

$$\Delta_f H_m = -411.12\ kJ \cdot mol^{-1}$$

$$故\ U = (106.0 + \frac{1}{2} \times 242.6 + 495.8 - 348.7 + 411.12)\ kJ \cdot mol^{-1}$$

$$= 785.52\ kJ \cdot mol^{-1}$$

一般来说，正、负离子的电荷越多，离子半径越小，离子间的吸引作用越强，晶格能的值越大，相应的物理性质也更突出。例如表 5-4 中，1 至 4 号随离子半径的增大晶格能递减，熔点也递降；5 至 8 号也反映了同样的规律。1 至 4 号与 5 至 8 号之间由于离子电荷的不同，晶格能明显不同，相互间大致为 1∶4 的关系。所以比较离子键的强弱应从离子电荷和离子半径两方面考虑。

表 5-4　离子晶体的性能比较

编号	1	2	3	4	5	6	7	8
晶体	NaF	NaCl	NaBr	NaI	MgO	CaO	SrO	BaO
核间距 d/pm	231	279	294	318	210	240	257	277
晶格能 $U/(\mathrm{kJ \cdot mol^{-1}})$	933	770	732	686	3916	3477	3205	3042
熔点/K	1261	1074	1013	935	3073	2843	2703	2196
硬度(金刚石为 10)	3.2	2.0	—	—	6.5	4.5	3.5	3.3

三、离子键特征和性质

由于离子的电荷可以视为球形对称的，因此只要空间允许每个离子可以从不同方向同时吸引若干带相反电荷的离子。每个离子周围异号离子的多少(配位数)主要取决于离子的空间条件。如氯化钠晶体，每个氯离子周围有六个钠离子，每个钠离子周围有六个氯离子；而氯化铯晶体中每个离子周围环绕八个异号离子。离子键没有方向性和饱和性。

【知识要点提醒】 离子键的本质是正、负电荷间的静电作用力。与共价键不同，离子键没有方向性和饱和性。

*第五节　金属键

对金属元素结构的探索，首先要注意到金属元素的两大特征：一是金属元素的价电子数都少于 4，大多数只有 1 或 2。二是金属原子在晶格中的配位数通常都为 8 或 12，配位数相当大。如何解决这“一大”“一少”的矛盾，目前已有两种主要理论。

一、电子海模型

电子海模型(electronic sea model)是将金属描绘成金属正离子在电子海中规则排列，如图 5-20 所示。

相对于非金属原子而言，金属原子价电子数目较少，核对价电子吸引力较弱。因此，电子容易摆脱金属原子的束缚成为自由电子，为整个金属所共有。金属正离子靠这些自由电子的胶合作用构成金属晶体，这种作用就是金属键(metallic bond)。

也就是说，金属键是金属晶体中的金属原子、金属离子跟维系它们的自由电子间产生的结合力。由于金属键中的电子不是固定于两原子之间，且是无数金属原子和金属离子共用无数自由流动的电子，故金属键无方向性和饱和性。

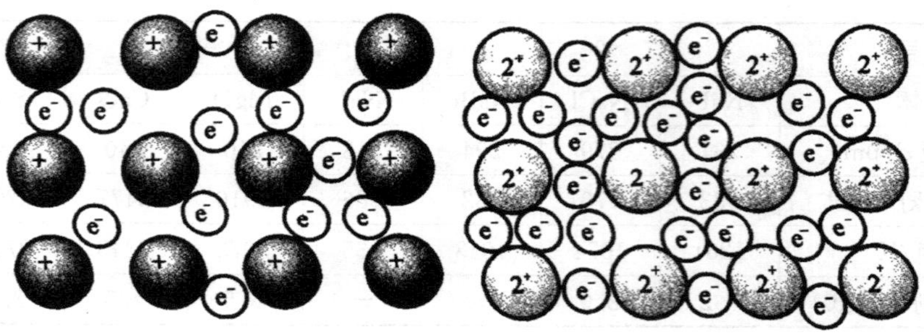

图 5-20　金属键的电子海模型

电子海模型可以说明金属的特性。自由电子在外加电场的影响下可以定向流动而形成电流，使金属具有良好的导电性。金属受热时，金属离子振动加强，与其不断碰撞的自由电子可将热量交换并传递，使金属温度很快升高，呈现良好的导热性。当金属受到机械外力的冲击，由于自由电子的胶合作用，金属正离子间容易滑动却不像离子晶体那样脆，可以加工成细丝和薄片，表现出良好的延展性。

二、能带理论

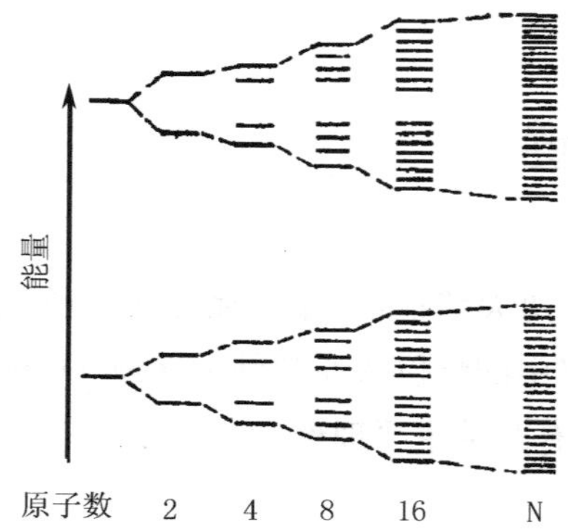

图 5-21　由原子紧密结合形成能带示意图

能带理论(energy bond theory)是 20 世纪 30 年代形成的晶体量子理论。能带理论把金属晶体看成一个大分子。这个分子由晶体中所有原子组合而成。现在以 Li 为例讨论金属晶体中的成键情况。一个 Li 原子有 1s、2s 两个轨道，两个 Li 原子有两个 1s、2 个 2s 轨道。按照分子轨道理论的概念，两个原子相互作用时原子轨道要重叠，同时形成成键分子轨道和反键分子轨道，这样由原来的原子能量状态变成分子能量状态。晶体中包含原子数越多，分子状态也就越多。若有 N 个 Li 原子，其 $2N$ 个原子轨道则可形成 $2N$ 个分子轨道。分子轨道如此之多，分子轨道之间的能级差很小，实际上这些能级很难分清(图 5-21)，可以看作连成一片成为能带。能带可看作是延伸到整个晶体中的分子轨道。

Li 原子的电子构型是 $1s^2 2s^1$，每个原子有三个电子，价电子数是 1。N 个 Li 原子有 $3N$ 个电子，这些电子如何填充到能带中去，与在原子和分子中的情况相似，要符合能量最低原理和鲍利原理。由 s,p,d 和 f 原子轨道分别重叠产生的能带中，最多容纳的电子数目，s 带为 $2N$ 个，p 带为 $6N$ 个，d 带为 $10N$ 个和 f 带为 $14N$ 个。由于每个 Li 原子只提供一个价电子，故其 2s 能带为半充满。由充满电子的原子轨道所形成的较低能量的能带叫作满带(filled band)，由未充满电子的原子轨道所形成的较高能量的能带叫作导带(conduction band)。例如，金属 Li 中，1s 能带是满带，而 2s 能带是导带。在这两种能带之间还隔开一段能量(图 5-22)。正如电子不能停留在 1s 与 2s 能级之间一样，电子不能进入 1s 能带和 2s 能带之间的能量空隙，所以这段能量空隙叫作禁带(forbidden band)。金属的导电性就是靠导带中的电子来体现的。空带是没有电子的原子轨道。

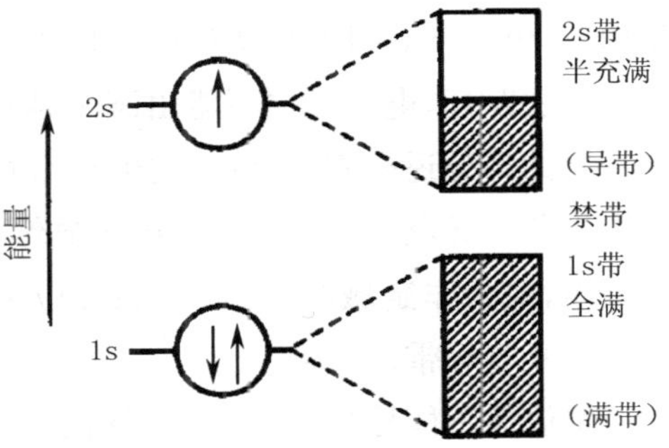

图 5-22　能带示意图

金属镁的价电子层结构为 $3s^2$，它的 3s 能带应是满带，似乎镁应是一个非导体，其实不是这样的。金属的密堆积使原子间距离极为接近，形成的相邻能带之间的能量间隔很小，甚至能带可以重叠。镁的 3s 和 3p 能带部分重叠(3p 能带为空带)，也就是说满带和空带重叠则成导带(图 5-23)。

根据能带结构中禁带宽度和能带中电子填充状况，可把物质分为导体(conductor)、绝缘体(insulator)和半导体(semiconductor)(图 5-24)。

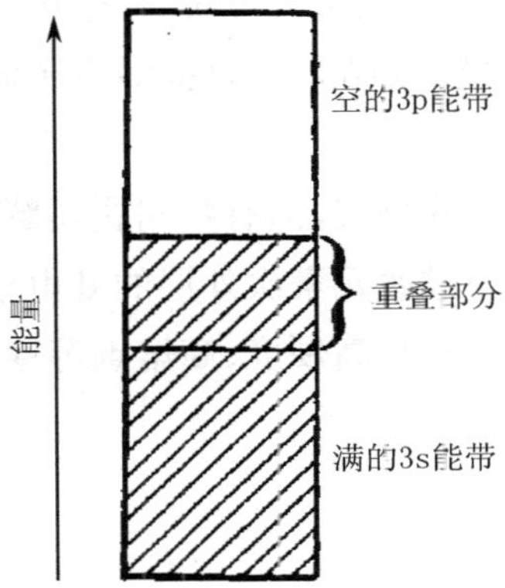

图 5-23　能带重叠示意图

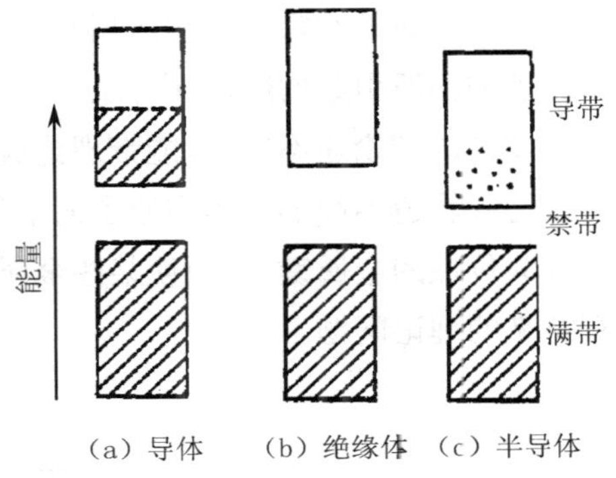

图 5-24　导体、绝缘体和兰导体的能带

一般金属导体的导带是未充满的，绝缘体的禁带很宽，其能量间隔超过 3 eV，而半导体的禁带较狭窄，能量间隔在(0.1 eV～3 eV)之间。例如，金刚石为绝缘体，禁带宽度为 6 eV，硅和锗为半导体，禁带宽度分别为 1.1 eV 和 0.6 eV。

能带理论是这样说明金属导电性的：当在金属两端接上导线并通电，在外加电场的作用下，电子将获得能量从负端流向正端，即朝着与电场相反方向流动。在满带内部的电子无法跃迁，电子往往不能由满带越过禁带进入导带。只有导带没有被电子占满，能量较高的部分还空着，导带内的电子获得能量后可以跃入其空缺部分，这样的电子在导体中担负着导电的作用。这些电子显然不定域于某两个原子之间，而是活动在整个晶体范围内，成为非定域状态（non-locality state）。因此，金属的导电性取决于它的结构特征——具有导带。

绝缘体不能导电，它的结构特征是只有满带和空带，且禁带宽度大，一般电场条件下，难以将满带电子激发入空带，即不能形成导带而导电。

半导体的能带特征也是只有满带和空带，但禁带宽度较窄，在外电场作用下，部分电子跃入空带，空带有了电子变成了导带，原来的满带缺少了电子，或者说产生了空穴，也形成导带能导电，一般称此为空穴导电（hole conduction）。在外加电场作用下，导带中的电子可从外加电场的负端向正端运动，而满带中的空穴则可接受靠近负端的电子，同时在该电子原来所在的地方留下新的空穴，相邻电子再向该新空穴移动又形成新的空穴，依此类推，其结果是空穴从外加电场的正端向负端移动，空穴移动方向与电子移动方向相反。半导体中的导电性是导带中的电子传递（电子导电）和满带中的空穴传递（空穴导电）所构成的混合导电性。

一般金属在升高温度时由于原子振动加剧，在导带中的电子运动受到的阻碍增强，而满带中的电子又由于禁带太宽不能跃入导带，因而电阻增大，减弱了导电性能。

在半导体中，随着温度升高，满带中有更多的电子被激发进入导带，导带中的电子数目与满带中形成的空穴数目相应增加，增强了导电性能，其结果足以抵消由于温度升高原子振动加剧所引起的阻碍而有余。

金属键的理论还不成熟，能带理论成功地说明了一些事实，但有些问题还解释不了。有人认为 d 轨道不影响金属中原子的堆积，也有人认为过渡元素次外层的 d 电子参与形成部分共价性的金属键，从而使某些金属（如 Cr、W 等）具有高硬度、高熔点等性质，这是很有意义的理论问题。

本 章 小 结

本章在讨论原子结构的基础上，重点介绍了化学键的形成及特点、价键理论、杂化轨道理论和分子轨道理论，以及分子结构和物理性质之间的关系。同时也对分子的性质、分子间的作用力和氢键与物质性质间的关系做了简单的讨论。

习　　题

一、选择题

1. 既存在离子键和共价键，又存在配位键的化合物是（　　）。

A. H_3PO_4　　B. $Ba(NO_3)_2$　　C. NH_4F　　D. NaOH

2. 下列各物质中，化学键的极性最大的是（　　）。

A. NaCl　　B. $MgCl_2$　　C. $AlCl_3$　　D. $SiCl_4$

3. 下列原子轨道沿 x 键轴重叠时，能形成 σ 键的是（　　）。

A. p_x—p_x　　B. p_y—p_y　　C. p_x—p_z　　D. s—d_{z^2}

4. 下列原子轨道沿 x 键轴重叠时，能形成 π 键的是（　　）。

A. p_x—p_x　　B. p_y—p_z　　C. p_y—p_y　　D. p_x—p_y

5. 下列化学式中，可能不存在的硫的化合物是（　　）。

A. SF_2　　B. SF_4　　C. SF_3　　D. SF_6

6. 下列分子中，中心原子采取不等性 sp^3 杂化的是（　　）。

A. BF_3　　B. BCl_3　　C. OF_2　　D. $SiCl_4$

7. 用价层电子对互斥理论判断，下列分子或离子中，空间构型为平面正方形的是（　　）。

A. CCl_4　　B. SiF_4　　C. NH_4^+　　D. ICl_4^-

8. 下列分子中，键和分子均具有极性的是（　　）。

A. Cl_2　　B. BF_3　　C. CO_2　　D. NH_3

二、填空题

1. 形成配位键时，中心原子应具备的条件是________________，配位体应具备的条件是________________。

2. 磷可以形成 PCl_5 分子是由于磷属于第 3 周期元素，其主量子数 $n=3$，杂化时可动用____________轨道，形成____________杂化轨道，分子的空间构型是____________。

3. ClF_3 分子中，中心原子 Cl 的杂化轨道是__________，分子的空间构型是__________。

4. 物质 NH_3、H_3BO_3、HNO_3、C_2H_5OH、C_6H_6 中，具有氢键的物质是______________，这些物质的氢键的类型分别为______________。

5. 在共价化合物中，键的极性大小与________________的差值有关，分子极性的大小可由__________的大小来量度。

三、问答题和思考题

1. 试用离子键理论说明由金属钾和单质氯反应，形成氯化钾的过程。如何理解离子键没有方向性和饱和性？

2. 如何理解共价键具有方向性和饱和性？

3. 共价键理论的基本要点是什么？它们如何说明了共价键的特征。

4. 说明 σ 键和 π 键、共价键和配位共价键、键的极性和分子的极性的差别和联系。

5. 什么叫原子轨道的杂化？为什么要杂化？sp 杂化有几种类型？各举一例说明。用杂化轨道理论说明 H_2O 分子为什么是极性分子。

6. NH_3、H_2O 的键角为什么比 CH_4 小？CO_2 的键角为何是 180°？乙烯为何取 120°的键角？

7. BF_3 分子是平面三角形的几何构型，但 NF_3 却是三角锥形几何构型，试用杂化轨道理论加以说明。

8. 举例说明不等性杂化的两类情况。

9. 试用激发和杂化轨道理论说明下列分子的成键过程：

(1) $BeCl_2$ 分子为直线形，键角为 180°；

(2) $SiCl_4$ 分子为正四面体形，键角为 109.5°；

(3) PCl_3 分子为三角锥形，键角略小于 109.5°；

(4) OF_2 分子为 V 形，键角小于 109.5°。

10. 试用杂化轨道理论说明下列分子的中心原子可能采取的杂化类型，并预测其分子的几何构型：

BBr_3　CO_2　CF_4　PH_3　SO_2

11. 简单说明 σ 键和 π 键的主要特征是什么。

12. 试对下列诸题各举出一种对应物质的化学式和结构式并予以说明：

(1) O 原子形成一个 σ 键和一个 π 键；

(2) O 原于以不等性 sp^3 杂化轨道形成两个 σ 键；

(3) B 原子用 sp^2 杂化轨道形成三个 σ 键；

(4) N 原子给出一对电子形成配位键；

(5) N 原子以不等性 sp^3 杂化轨道形成三个 σ 键。

13. 用分子轨道表示式写出下列分子、离子，并指出它们的键级。

H_2　He_2^-　O_2^-　N_2　F_2

14. O_2^- 的键长为 12.1 pm，O_2^+ 的键长为 11.2 pm；N_2 的键长为 10.9 pm，N_2^+ 的键长为 11.2 pm，(用分子轨道理论)解释为何 O_2^+ 键长比 O_2^- 短，而 N_2^+ 键长比 N_2 却较长。

15. 试用价键法和分子轨道法说明 O_2 和 F_2 分子的结构。这两种方法有何区别？

*16. CO、N_2 的键能分别为 1070 $kJ \cdot mol^{-1}$ 和 942 $kJ \cdot mol^{-1}$，是双原子分子中最高的，试说明原因。

*17. 主族元素 AB_3 型分子有三种几何构型，试各举一例说明。每个分子中有多少孤对电子？分子是否有极性？

*18. 判断下列说法是否正确，并说明理由。

(1)键能越大，键越牢固，分子也越稳定；

(2)sp^2 杂化轨道是由某个原子的 1s 轨道和 2p 轨道混合而成；

(3)在 CCl_4、$CHCl_3$、CH_2Cl_2 分子中，C 原子都采用了 sp^3 杂化，因此这些分子都呈正四面体形；

(4)杂化轨道的几何构型决定了分子的几何构型。

*19. 如何理解金属键的两大理论？

*20. 举例说明金属导体、半导体和绝缘体的能带结构有何区别。

四、计算题

1. ClF 的解离能为 246 $kJ \cdot mol^{-1}$，ClF 的生成热为 −56 $kJ \cdot mol^{-1}$，Cl_2 的解离能为 238 $kJ \cdot mol^{-1}$，试计算 $F_2(g)$ 的解离能。

2. 今有下列双原子分子或离子：

Li_2　Be_2　B_2　HF　F_2　CO^+

(1)写出它们的分子轨道式；

(2)计算它们的键级，判断其中哪个最稳定？哪个最不稳定？

第六章　固体结构

本 章 提 要

知识要点	掌握程度	相关知识
晶体结构和种类	熟悉	晶体的特征，晶体类型
离子晶体	重点掌握	离子的电子构型，离子半径及变化规律，离子极化，附加极化作用
分子晶体	掌握	偶极矩，极化率，变形性的影响因素，分子间作用力、氢键及二者对物质性能的影响
金属晶体、原子晶体、层状晶体	熟悉	三种晶体各自的特点

【历史回顾】

食　　盐

食盐的主要成分是氯化钠，纯净的氯化钠是一种无色透明的立方晶体。“盐”字本意是“在器皿中煮卤”。《说文》中记述：天生者称卤，煮成者叫盐。中国古时的盐是用海水煮出来的。传说黄帝时有个叫夙沙的诸侯，以海水煮卤，煎成盐，颜色有青、黄、白、黑、紫五样。中国人大约在神农氏（炎帝）与黄帝的时期开始煮盐。20 世纪 50 年代福建有文物出土，其中有煎盐器具，证明了仰韶时期（公元前 5000 年至前 3000 年）古人已学会煎煮海盐。根据以上资料和实物佐证，在中国，盐起源的时间远在 5000 年前的炎黄时代，发明人夙沙氏是海水制盐用火煎煮之鼻祖，后世尊崇其为“盐宗”。

在生产实践和科学实验中，我们通常遇到的不是单个原子或单个分子，而是原子、离子或者分子的集合体，因此有必要在讨论原子和分子的结构的基础上，进一步讨论物质内部的质点（原子、离子和分子）排列情况。物质主要呈固态、液态和气态三种聚集状态，组成固定的质点，是牢固地相互联系着的。这些质点一般来说不能移动，只能在一定位置附近振动。固体的结构对固体的物理性质起决定作用，所以在本章着重研究晶体结构的各种类型、晶体的结构与性质的关系；初步了解离子极化的概念及其作用；原子半径和离子半径的定义及其对化合物性质的影响。

第一节　晶体结构和类型

一、晶体结构的特征与晶格理论

1. 晶体结构的特征

晶体是由原子、离子或分子在空间按一定规律周期性重复排列构成的。晶体的这种周期性排列的基本结构特征使它具有以下共同的性质：

①晶体具有规则的几何外形，这是指物质凝固后从溶液中结晶的自然生长过程中出现的外形。非晶体不会自发地形成多面体外形，从熔融状态冷却下来时，内部粒子还来不及排列整齐，就固化成表面光滑的无定形体。

②晶体呈现各向异性，许多物理性质，如光学性质、导电性、热膨胀系数和机械强度等在晶体的不同方向上测定时，是各不相同的。非晶体的各种物理性质不随测定的方向而改变。

③晶体具有固定的熔点。非晶体如玻璃受热渐渐软化成液态，有一段较宽的软化温度范围。

上述晶体的宏观、外表特征是由它的微观内在结构特征所决定的。

2. 晶格和晶胞

用 X 射线研究晶体的结构得出：组成晶体的微粒在空间呈有规则的排列，而且每隔一定间距便重复出现，有明显的周期性。这种排列状态或点阵结构在结晶学上称为结晶格子，简称晶格(lattice)。晶格中最小的重复单位或者说能体现晶格一切特征的最小单元称为晶胞(cell)。微粒所占据的点叫晶格的结点。结点按照不同方式排列，即构成不同类型的晶体。

晶体某些物理性质的差异，除因晶格类型不同外，主要取决于晶格结点上所排列的微粒种类和微粒间的相互作用。

【知识要点提醒】 晶体具有规则的几何外形、各向异性、固定熔点等特点，这是由晶体内部原子、离子或分子的周期性排列导致的。区分晶格和晶胞的含义。

二、晶体类型

按照晶格上质点的种类和质点间作用力的实质不同，晶体可分为四种基本类型。

①金属晶体：晶格上的结点是金属的原子和离子。

②离子晶体：晶格上的结点是正、负离子。

③分子晶体：晶格上的结点是极性分子或非极性分子。

④原子晶体：晶格上的结点是原子。

第二节 离子晶体

高温下，氯化钠可以气态 NaCl 离子型分子存在。但通常的存在形式是离子晶体，属于离子晶体的物质多是金属的盐类及其低价氧化物。NaCl 离子晶体中不存在单个的分子，正、负离子按一定方式交错排列，并向三维空间无限延伸，整个晶体就是一个氯化钠“大分子”，NaCl 为化学式。

在典型的离子晶体中，离子键的结合力很强，正、负离子被牢固地束缚在其平衡位置上，做不规则热运动（热振动），不能自由移动，因此有硬度大、熔点高、挥发性低、韧性和延展性差等特点。固态时一般不导电，而熔融态或溶于水后离子键受到破坏，出现可自由移动的离子，就会具有导电性。

一、离子特征

1. 离子电荷

正离子电荷数等于相应原子的丢失电子数；负离子电荷数等于相应原子所得电子数。

2. 离子的电子构型

离子的电子构型对离子化合物的性质有重要影响。金属离子的电子构型常有如下几类：

2 电子构型，如 Li^+、Be^{2+} 等；

8 电子构型，如 Na^+、Mg^{2+}、Al^{3+} 等；

18 电子构型，如 Sn^{4+}（2，8，18，18）、Zn^{2+}（2，8，18）；

（18＋2）电子构型，如 Sn^{2+}（2，8，18，18，2）；

不规则（9～17）构型，如 Fe^{2+}（2，8，14）。

3. 离子半径

部分离子半径列于表 6-1。根据实验数据，归纳出离子半径大致有如下的变化规律：

表 6-1 离子半径

离子	r/pm	离子	r/pm	离子	r/pm	离子	r/pm
H^-	208	Cl^-	181	Zn^{2+}	74	Ag^+	126
Li^+	60	Cl^{5+}	—	Ga^{3+}	62	Ag^{2+}	—

续表

离子	r/pm	离子	r/pm	离子	r/pm	离子	r/pm
Be^{+}	31	Cl^{7+}	26	Ge^{2+}	—	Cd^{2+}	97
B^{3+}	20	K^{+}	133	Ge^{4+}	53	In^{3+}	81
C^{4-}	260	Ca^{2+}	99	As^{3-}	222	Sn^{2+}	—
C^{4+}	15	Sc^{3+}	81	As^{3+}	47	Sn^{4+}	71
N^{3-}	171	Ti^{3+}	69	Se^{2-}	198	Sb^{3-}	245
N^{3+}	—	Ti^{4+}	64	Se^{6+}	42	Sb^{3+}	—
N^{5+}	11	V^{2+}	88	Br^{-}	195	Sb^{5+}	62
O^{2-}	140	V^{5+}	—	Br^{5+}	—	Te^{2-}	221
F^{-}	136	Cr^{3+}	65	Br^{7+}	39	Te^{4+}	—
Na^{+}	95	Cr^{6+}	36	Rb^{+}	148	Te^{3+}	56
Mg^{2+}	65	Mn^{2+}	80	Sr^{2+}	113	I^{-}	216
Al^{3+}	50	Mn^{4+}	—	Y^{3+}	93	I^{5+}	—
Si^{4-}	271	Mn^{7+}	46	Zr^{4+}	80	I^{7+}	50
Si^{4+}	41	Fe^{2+}	75	Nb^{5+}	70	Cs^{+}	169
P^{3-}	212	Fe^{3+}	60	Mo^{6+}	62	Ba^{2+}	135
P^{3+}	—	Co^{2+}	72	Tc^{7+}	—	La^{3+}	—
P^{5+}	34	Co^{3+}	—	Ru^{4+}	—	Hf^{4+}	—
S^{2-}	184	Ni^{2+}	70	Rh^{4+}	—	Ta^{5+}	—
S^{4+}	—	Cu^{+}	96	Pd^{2+}	—	W^{6+}	—
S^{6+}	29	Cu^{2+}	—	Pd^{4+}	—	Re^{7+}	—

数据引自:①物质结构简明教程,高等教育出版社,1965年版。

②Weast: Handbook of Chemistry and Physics,1970～1971,第51版。

①在周期表各主族元素中,由于自上而下电子层数依次增多,所以具有相同电荷数的同族离子的半径依次增大。例如:

$$F^{-}<Cl^{-}<Br^{-}<I^{-}$$

②在同一周期中主族元素随着族数递增,正离子的电荷数增大,离子半径依次减小。如:

$$Na^{+}>Mg^{+}>Al^{3+}。$$

③若同一元素能形成几种不同电荷的正离子时,则高价离子的半径小于低价离子的半径。例如:

$$rFe^{3+}(60\ pm)<rFe^{2+}(75\ pm)$$

④负离子的半径较大，约为 130～250 pm，正离子的半径较小，约为 10～170 pm。

⑤周期表中处于相邻族的左上方和右下方斜对角线上的正离子半径近似相等。例如：

$$Li^{+}(60\ pm) \sim Mg^{2+}(65\ pm);$$
$$Sc^{3+}(81\ pm) \sim Zr^{4+}(80\ pm);$$
$$Na^{+}(95\ pm) \sim Ca^{2+}(99\ pm)。$$

离子化合物中的正离子系由原子丢失最外层电子而形成，离子半径比相应原子半径要小；与之相反，负离子得电子后，由于电子斥力增大，离子半径大于相应原子半径。如果把正、负离子看成是相互接触的两个球体，则核间距离(d)就可以看作是正、负离子有效半径之和，$d=r^{+}+r^{-}$。由于离子半径是决定离子间引力大小的重要因素，因此离子半径的大小对离子化合物性质有显著影响。离子半径越小，电荷越高，静电作用力越强，物质的熔点也就越高。

【知识要点提醒】 掌握离子半径变化的一般规律，能够比较不同离子的半径大小。

二、离子极化

正、负离子相互接近时，由于各自原子核对对方电子云的吸引和对对方原子核的排斥，总会引起对方电子云主要是最外层电子云的变形，使电子云分布的重心偏离原子核，这种现象称为离子极化(ionic polarization)。离子极化的程度可以图 6-1 示意。

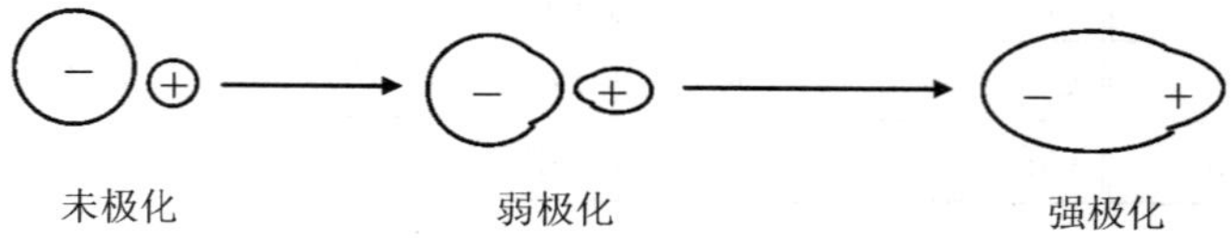

图 6-1 离子极化示意图

离子极化使离子键增加了电子云向对方变形偏移的成分，即增加了共价键成分，结果使键长减小，键的极性降低，离子的配位情况也因之而变化。离子极化的极端情况可以看作正、负离子的电子云共用，离子键转化为共价键。

从另一角度来说，离子间除了静电引力外，诱导力起着很重要的作用，因为阳离子具有多余的正电荷，一般半径较小，而且在外壳上缺少电子，它对相邻的阴离子会起诱导作用，这种作用通常称作离子的极化作用(polarization of ions)，阴离子半径一般较大，在外壳上有较多的电子容易变形，在被诱导过程中能产生临时的诱导偶极。这种性质通常称为离子的变形性(deformability of ions)。阴离子中产生的诱导偶极又会反过来诱导阳离子，阳离子如果是易变形的话(18 电子构型、18+2 电子构型或不饱和电子构型半径大的离子），阳离子中也会产生偶极，这样使阳离子和阴离子之间产生额外的吸引力。当两个离子更靠近时，甚至有可能使两个离子的电子云互相重叠起来，趋向于生成极性较小的键。换句话说，有可能使两个离子结合成共价极性分子。从这个观点也可以看出，离子键和共价键之间并没有严格的界限，在两者之间有一系列过渡。因此极性键可以看成是离子键向共价键过渡的一种形式。

离子极化是离子极化力与离子变形性这对矛盾运动的必然结果。所谓离子的极化力(polarization force)是指某离子使异电荷离子发生极化（变形）的能力，它与离子半径、电荷及离子的电子构型有关。

离子极化的一般规律为：

对于阳离子来说，极化作用应占主要地位，而对阴离子来说，变形性应占主要地位，下面分别做一些讨论。

1. 离子的极化作用

①电荷高的阳离子有强的极化作用。

②对于不同电子构型的阳离子来说，它们的极化作用大小如下：

18 或 18＋2 电子构型及氦型的离子，如 Ag^{+}、Pb^{2+}、Li^{+} 等	＞	9～17 电子构型，如 Fe^{2+}、Ni^{2+}、Cr^{3+}	＞	8 电子构型离子，如 Na^{+}、Mg^{2+} 等

这是因为 18 电子构型的离子，其最外电子层中的 d 电子对原子核有较小的屏蔽作用的缘故。

③电子层相似电荷相等时，半径小的离子有较强的极化作用。如极化作用大小次序：$Mg^{2+}>Ba^{2+}$；$F^{-}>Cl^{-}$；等等。

2. 离子的变形性

①18 电子构型和不规则电子构型的离子，其变形性比相近半径的稀有气体型离子大得多（指阳离子）。如变形性大小次序：$Ag^{+}>K^{+}$；$Hg^{2+}>Ca^{2+}$；等等。

②对于结构相同的离子来说，正电荷越高的阳离子变形性越小，如下列离子的变形性大小顺序是：

$$O^{2-}>F^{-}>Na^{+}>Mg^{2+}>Al^{3+}>Si^{4+}$$

③对于电子层结构相同的离子来说，电子层数越多（或半径越大），变形性越大，例如：

$$Li^{+}<Na^{+}<K^{+}<Rb^{+}<Cs^{+};F^{-}<Cl^{-}<Br^{-}<I^{-}$$

④复杂阴离子的变形性通常不大，而且其中心离子氧化数越高，变形性越小。常见的一些复杂阴离子和简单阴离子的变形性对比如下：

$$ClO_4^{-}<F^{-}<NO_3^{-}<OH^{-}<CN^{-}<Cl^{-}<Br^{-}<I^{-}$$

从上面几点可以归纳出：最容易变形的离子是体积大的阴离子和18电子构型或不规则电子构型的少电荷阳离子（如 Ag^+、Pb^{2+}、Hg^{2+}等），最不容易变形的离子是半径小电荷高的稀有气体型阳离子，如 Be^{2+}、Al^{3+}、Si^{4+}等。

3. 相互极化作用（或附加极化作用）

由于阴离子的极化作用一般不显著，阳离子的变形性又较小，所以通常考虑离子间相互作用时，一般总是考虑阳离子对阴离子的极化作用。但是当阳离子也容易变形时，往往会引起两种离子之间相互的附加极化效应，这种相互极化而增加的极化能力，称为附加极化力（additional polarization force），这种效应称为附加极化作用（additional polarization）。在这种情况下，每个离子的总极化力等于该离子固有极化力和附加极化力之和。极化和附加极化作用的结果，对化学键和化合物性质的影响更为显著。

①18电子构型的阳离子容易变形，容易引起相互的附加极化作用。

②在周期系的同族中，自上而下，18电子构型离子的附加极化作用递增，这就加强了这类离子同阴离子的总极化作用。

③在一种含有18电子构型阳离子的化合物中，阴离子的变形性越大，相互极化作用越强。

4. 离子极化对化合物性质的影响

（1）键的极性减小

在离子晶体中，如离子间相互极化作用很弱，对化学键影响不大，化学键仍为离子键。如离子间相互极化作用很强，引起离子变形后，阴、阳离子的电子云会重叠，致使阴、阳离子的核间距离缩短，如 AgI 晶体，Ag^+ 与 I^- 间的距离按离子半径之和约 126 pm＋216 pm＝342 pm，实测为 299 pm，缩短了 43 pm。键的离子性降低而共价性增加。离子间相互极化作用越强，电子云重叠程度越大，键的共价性越强，就有可能由离子键过渡为共价键。其过程示意如图 6-2。

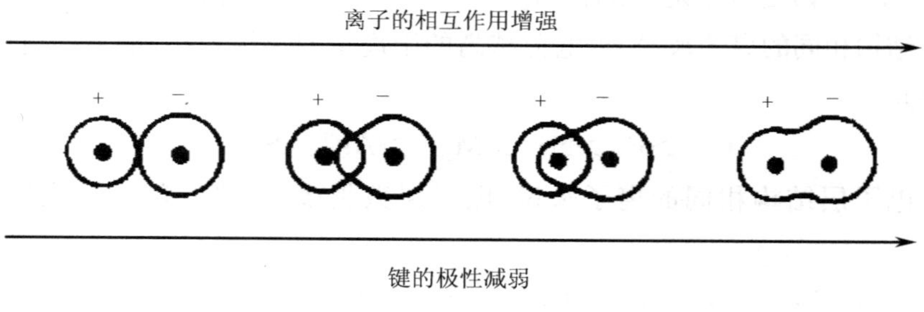

图 6-2　由离子键向共价键的过渡

下面从 AgF、AgCl、AgBr、AgI 的键型过渡加以说明。在卤化银系列化合物中，Ag^+ 为18电子构型，它的极化力和变形性都很大。对卤素离子来说，从 F^- 到 I^-，离子半径依次增大，离子的变形性依次增大。因此除 F^- 半径较小，相互极化作用较弱外，从 Cl^- 到 I^-，离子间在相互极化的同时，附加极化作用也依次增强，离子间电子云的相互重叠依次增加，所以核间距明显地小于阳、阴离子半径之和，并且差值依次增加（见表 6-2），化学键也就从 AgF 的离子键逐渐过渡为 AgI 的共价键。

表 6-2　卤化银的键型和性质

卤化银	AgF	AgCl	AgBr	AgI
卤素离子半径 r^-/pm	136	181	195	216
离子半径之和 $r^+ + r^-$/pm	262	307	321	342
实测键长 l/pm	246	277	288	299
键型	离子型	过渡键型	过渡键型	共价型
溶解度 $S/(mol \cdot L^{-1})$	易溶	1.34×10^{-5}	7.07×10^{-7}	9.11×10^{-9}
颜色	白色	白色	淡黄	黄

（2）溶解度减小

离子化合物大都易溶于水，离子相互极化引起键型过渡后，往往导致化合物溶解度减小。例如，表 6-2 中的卤化银。其中 AgF 为离子化合物，易溶于水，其他卤化物都从离子键依次向共价键过渡，故溶解度 AgCl—AgBr—AgI 依次明显减小。

（3）化合物的颜色加深

离子极化作用对化合物的颜色也有影响。几种卤化银的颜色见表 6-2。下面再列举几种卤化物的实例：

$PbCl_2$　$PbBr_2$　PbI_2

白色　白色　黄色

$HgCl_2$　$HgBr_2$　HgI_2

白色　白色　红色

由此可见，相互极化作用越强，化合物的颜色越深。这一现象在某些金属硫化物与氧化物之间同样存在。由于 S^{2-} 离子半径（184 pm）比 O^{2-} 离子半径（140 pm）大，故变形性增大，极化作用增强。例如，As_2O_3 为白色，As_2S_3 则为黄色；Cu_2O 为暗红色，Cu_2S 则为黑色。

（4）晶体的熔点降低

前已述及，离子化合物的熔点一般都比较高，共价化合物形成的分子晶体的熔点较低。当化合物由离子键向共价键过渡后，其熔点也会相应降低。表 6-3 示出离子极化对金属卤化物熔点的影响。在卤化钙中，随着卤素离子的变形性依次增加，离子极化作用依次加强，化学键的共价性增加，致使熔点依次降低。卤化钙与卤化镉相比，Cd^{2+} 离子与

Ca^{2+}离子的电荷相同、半径相近，但电子构型不同。Cd^{2+}为18电子构型，其极化作用和变形性都比Ca^{2+}强，所以Cd^{2+}与卤素离子的相互极化作用大于Ca^{2+}与卤素离子的相互极化作用，化学键的共价性更大，因而其卤化物的熔点相应地比Ca^{2+}卤化物的低。

表 6-3　离子极化对卤化物熔点的影响

金属离子(M^{2+})	r/pm	M^{2+}的电子构型	熔点 t_m/℃			
Ca^{2+}	99	$3s^2 3p^6$	1400	772	760	575
Cd^{2+}	97	$4s^2 4p^6 4d^{10}$	1100	568	567	388

综上所述，离子极化理论在无机化学中颇有实用意义，对某些同系列化合物的性质变化能做较好的解释。例如，可依此解释锌、镉与汞的碘化物的性质为什么有如表6-4所示的变化规律。但该理论只是一个近似的定性模型，还存在较大的局限性。

表 6-4　离子极化对卤化物性质的影响

物质	ZnI_2	CdI_2	HgI_2
颜色	无色	黄绿	红色(a型)
在水中的溶解度(g/L)	432(298 K)	86.2(298 K)	难溶

【知识要点提醒】 离子极化力是指某离子使其他异号电荷离子发生极化的能力，而不是自身发生极化的能力。离子的变形性指的是被极化离子的外层电子的变形。阳离子极化作用占主要地位，阴离子变形性占主要地位。

第三节　分子晶体

分子晶体是由极性分子或非极性分子通过分子间的作用力或氢键聚集在一起。

分子从总体上看是不显电性的，然而在温度足够低时许多气体可聚集为液体，甚至凝固为固体，这是怎样的吸引力使这些分子凝聚在一起的呢？

这里有一个局部和整体的关系问题。虽然分子从整体上看不显电性，但是在分子中有带正电荷的原子核和带负电的电子，它们一直在运动着，只是保持着大致不变的相对位置。有了这样的认识，才能理解分子之间吸引力的来源。这种吸引力比化学键弱得多，即使在晶体中分子靠得很近时，也不过是后者的1/10～1/100，但是在很多实际问题中却起着重要的作用。

一、分子的偶极矩和极化率

1. 分子的偶极矩

分子的偶极矩(μ)(Electric Dipole Moment of Molecule)用于定量地表示极性分子的极性大小。

$$\mu = q.l$$

式中 q 为分子中正电荷中心或负电荷中心上的荷电量，l 为偶极长度，即正、负电荷中心间的距离。对于极性分子如双原子异核分子 HX、多原子分子 O_3(V 字形)和 NH_3 等 $\mu \neq 0$；而对于非极性分子如双原子同核分子 H_2、N_2、O_2，多原子分子 S_8、P_4 和 BF_3、CO_2、CH_4 等，$\mu = 0$。分子的偶极矩可通过实验测定。表 6-5 是一些气态分子偶极矩的实验值。

表 6-5　一些物质分子的偶极矩与几何构型

分子式	$\mu/(10^{-30}$ C·m)	分子构型	分子式	$\mu/(10^{-30}$ C·m)	分子构型
H_2	0	直线形	SO_2	5.33	角折形
N_2	0	直线形	H_2O	6.17	角折形
CO_2	0	直线形	NH_3	4.90	三角锥形
CS_2	0	直线形	HCN	9.85	直线形
CH_4	0	正四面体形	HF	6.37	直线形
CO	0.40	直线形	HCl	3.57	直线形
$CHCl_3$	3.50	四面体形	HBr	2.67	直线形
H_2S	3.67	角折形	HI	1.40	直线形

分子的极性与分子的几何构型有关，所以测定分子的偶极矩，有助于比较物质极性的强弱和推断分子的几何构型。

2. 分子的极化率

极化率(polarizability)用于定量地表示分子的变形性大小。分子的变形性是由正电中心与负电中心不重合发生位移而引起的。如果分子受到外加电场的作用，分子内部电荷的分布因同电相斥、异电相吸的作用而发生相对位移。例如，非极性分子在未受电场的作用前，正、负电荷中心重合，当受到电场作用后，分子中带正电荷的核被吸向负极，带负电荷的电子云被引向正极，使正、负电荷中心发生位移而产生偶极，整个分子就发生了变形。对于极性分子来说，当分子进入外电场后，极性分子的固有偶极就进行定向排列，这个过程称为取向(orientation)。在电场的持续作用下，分子的正、负电荷中心也随之发生位移而使偶极距离增长，分子发生变形。如图 6-3 表示出了分子在电场中的极化。

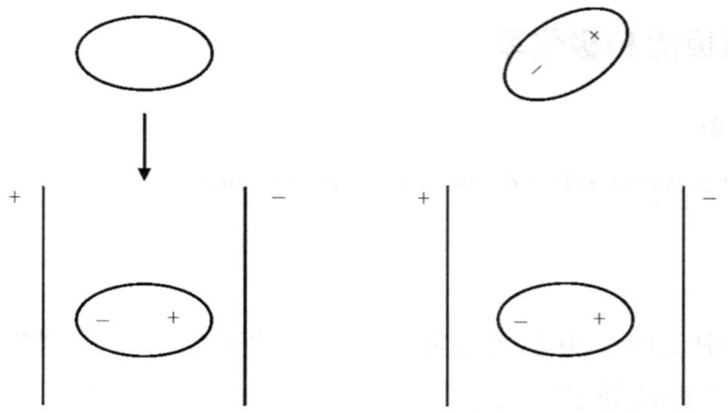

图 6-3　分子在电场中的极化

3. 影响分子变形性大小的因素

外因：外加电场越强，分子变形越厉害；内因：分子越大，分子变形越厉害。

分子在外电场作用下的变形程度，可以用极化率 α 来量度。α 可由实验测定。一些气态分子的极化率见表 6-6。

表 6-6　一些气态分子的极化率

分子式	$\alpha/(10^{-40}\mathrm{C\cdot m^2\cdot V^{-1}})$	分子式	$\alpha/(10^{-40}\mathrm{C\cdot m^2\cdot V^{-1}})$
He	0.227	HCl	2.85
Ne	0.437	HBr	3.86
Ar	1.810	HI	5.78
Kr	2.730	H_2O	1.61
Xe	4.450	H_2S	4.05
H_2	0.892	CO	2.14
O_2	1.740	CO_2	2.87
N_2	1.930	NH_3	2.39
Cl_2	5.010	CH_4	3.00
HBr	7.150	C_2H_6	4.81

【知识要点提醒】 偶极矩定量表示分子的极性大小；极化率定量表示分子的变形性大小。

二、分子间力

1. 色散力

非极性分子的偶极矩为零，似乎不存在相互作用。事实上分子内的原子核和电子在不断地运动，在某一瞬间，正、负电荷中心发生相对位移，使分子产生瞬时偶极，如图 6-4(a)所示。当两个或多个非极性分子在一定条件下充分靠近时，就会由于瞬时偶极而发生异性相吸的作用，如图 6-4(b)和(c)所示。这种作用力虽然是短暂的，瞬现即逝。但原子核和电子时刻在运动，瞬时偶极不断出现，异极相邻的状态也时刻出现，所以分子间始终维持这种作用力。这种由于瞬时偶极而产生的相互作用力，称为色散力(dispersion force)。色散力不仅是非极性分子之间的作用力，也存在于极性分子的相互作用之中。

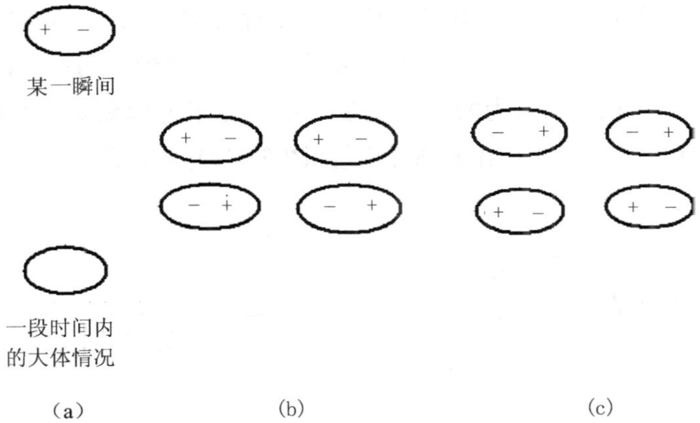

图 6-4　非极性分子间的相互作用

色散力的大小与分子的变形性或极化率有关。极化率越大，分子之间的色散力越大，物质的熔点、沸点越高(见表 6-7)。

表 6-7　物质的极化率、色散能与熔、沸点

物质	极化率 $\alpha/(10^{-40}\mathrm{C \cdot m^2 \cdot V^{-1}})$	色散能 $E/(10^{-22}\mathrm{J})$	熔点 t_m/℃	沸点 t_b/℃
He	0.227	0.05	−272.20	−268.94
Ar	1.810	2.90	−189.38	−185.87
Xe	4.450	18.00	−111.80	−108.10

2. 诱导力

极性分子中存在固有偶极，可以作为一个微小的电场。当非极性分子与它充分靠近

时，就会被极性分子极化而产生诱导偶极（如图 6-5），诱导偶极与极性分子固有偶极之间有作用力；同时，诱导偶极又可反过来作用于极性分子，使其也产生诱导偶极，从而增强了分子之间的作用力，这种由于形成诱导偶极而产生的作用力，称为诱导力（induction force）。诱导力与分子的极性和变形性有关，分子的极性和变形性越大，其产生的诱导力也越大。当然，极性分子与非极性分子之间也存在色散力。

图 6-5　极性分子和非极性分子间的作用

3. 取向力

当两个极性分子充分靠近时，由于极性分子中存在固有偶极，就会发生同极相斥、异极相吸的取向（或有序）排列，如图 6-6(b)。取向后，固有偶极之间产生的作用力，称为取向力（orientation force）。取向力的大小决定于极性分子的偶极矩，偶极矩越大，取向力越大。当然，极性分子之间也存在着诱导力[如图 6-6(c)]和色散力。

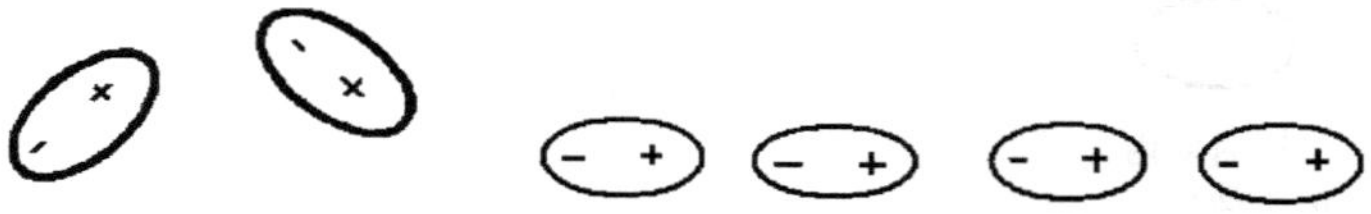

（a）分子离得较远　　（b）取向　　（c）诱导

图 6-6　极性分子和非极性分子间的作用

综上所述，在非极性分子之间只有色散力，在极性分子和非极性分子之间有诱导力和色散力，在极性分子之间有取向力、诱导力和色散力。这些力本质上都是静电引力。

在三种作用力中，色散力存在于一切分子之间，一般也是分子间的主要作用力（极性很大的分子除外），取向力次之，诱导力最小。从表 6-8 的数据可看出某些物质分子间作用能三个组成部分的相对大小。

表 6-8　某些物质分子间作用能及其构成

分子	$E_{取向}/(kJ \cdot mol^{-1})$	$E_{诱导}/(kJ \cdot mol^{-1})$	$E_{色散}/(kJ \cdot mol^{-1})$	$E_{总}/(kJ \cdot mol^{-1})$
Ar	0	0	8.490	8.49
CO	0.003	0.0084	8.740	8.75
HCl	3.305	1.0040	16.820	21.13

续表

分子	$E_{取向}/(kJ \cdot mol^{-1})$	$E_{诱导}/(kJ \cdot mol^{-1})$	$E_{色散}/(kJ \cdot mol^{-1})$	$E_{总}/(kJ \cdot mol^{-1})$
HBr	0.686	0.5020	21.920	23.11
HI	0.025	0.1130	25.860	26.00
NH_3	13.310	1.5480	14.940	29.80
H_2O	36.380	1.9290	8.996	47.31

4. 分子间力对物质性质的影响

分子间的吸引作用比化学键弱得多，即使在分子晶体中或分子靠得很近时，其作用力不过是化学键的 1/100 到 1/10，并且只是在分子间的距离为几百皮米时，才表现出分子间力，且随分子间距离的增加而迅速减小。分子间力(intermolecular force)普遍存在于各种分子之间，它对物质的物理性质如熔点、沸点、硬度、溶解度等都有一定的影响。例如，在周期表中，由同族元素生成的单质或同类化合物，其熔点或沸点往往随着相对分子质量的增大而升高。稀有气体按 He—Ne—Ar—Kr—Xe 的顺序，相对分子质量增加，分子体积增大，变形性或极化率升高，色散力随着增大，故熔、沸点依次升高。卤素单质都是非极性分子，常温下，F_2 和 Cl_2 是气体，Br_2 是液体，而 I_2 是固体，也反映了从 F_2 到 I_2 色散力依次增大这一事实。

卤化氢分子是极性分子，按 HCl—HBr—HI 顺序，分子的偶极矩递减，极化率递增，分子间的取向力和诱导力依次下降，色散力明显上升，致使这几种物质的熔点、沸点依次升高。此例也说明色散力在分子间力中所起的重要作用。除了极性很大的如 HF、H_2O 等分子，取向力起主要作用外，一般都是色散力为主。

【知识要点提醒】 分子间力包括色散力、诱导力和取向力。分子间力有时也称范德华力。非极性分子间只有色散力，极性分子和非极性分子间有诱导力和色散力，极性分子之间有色散力、诱导力和取向力。

三、氢键

按照前面对分子间力的讨论，在卤化氢中，HF 的熔、沸点理应最低，但事实并非如此。类似情况也存在于ⅣA、ⅤA 族各元素与氢的化合物中(如图 6-7)。

从图中可看出：HF、H_2O 和 NH_3 有着反常高的熔、沸点，说明这些分子除了普遍存在的分子间力外，还存在着另一种作用力。如在 HF 分子中，由于 F 原子的半径小、电负性大，共用电子对强烈偏向于 F 原子一方，使 H 原子的核几乎“裸露”出来。这个半径很小、又无内层电子的带正电荷的氢核，能和相邻 HF 分子中 F 原子的孤对电子相吸引，这种静电吸引力称为氢键(hydrogen bond)。由于氢键的形成，使简单 HF 分子缔合，如图所示(其中虚线表示氢键)：

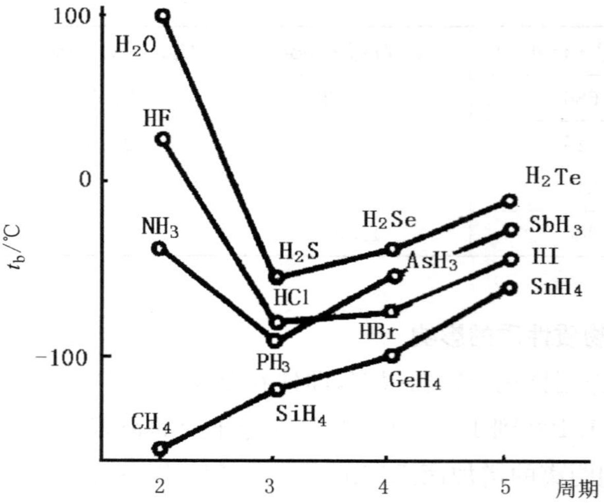

图 6-7　ⅣA—ⅦA 族各元素氢化物的沸点递变规律

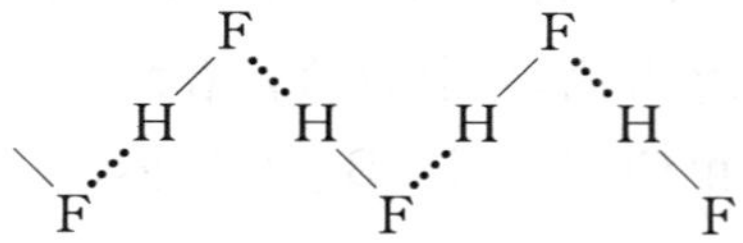

氢键的组成可用 X—H…Y 来表示，其中 X、Y 代表电负性大、半径小且有孤对电子的原子，一般是 F、O、N 等原子。X、Y 可以是不同原子，也可是相同原子。氢键的键能比共价键的键能小得多，但是有一点却与共价键相仿，氢键一般也有饱和性和方向性，而取向、诱导或色散作用则不具有这些性质。如液态水中，H_2O 分子靠氢键结合起来，形成缔合分子，一个 H_2O 分子可形成四个氢键，如图 6-8 所示。

O—H 只能和一个 O 原子相结合而形成 O—H…O 键，H 原子非常小，第三个 O 原子在靠近它之前，早就被已经结合的 O 原子排斥开了，这是氢键的饱和性。此外，当 O 原子靠近 O—H 的 H 原子形成氢键时，尽量使之保持 O—H…O 呈直线形，这样两个 O 原子间的斥力最小才能吸引得牢，这是氢键的方向性。

由于氢键的存在，冰和水具有很多不寻常的性质。冰靠氢键的作用结合成含有许多空洞的结构，因而冰的密度小于水，并浮在水面上，才使得江河湖泊中的生物在冬季免遭冻死。

氢键在分子聚合、结晶、溶解及晶体水合物形成等重要物理化学过程中，起着重要作用。当氨水冷却时，$NH_3 \cdot H_2O$，$2NH_3 \cdot H_2O$ 等水合氨分子晶体可以沉淀出来，此类化合物中氨分子和水分子通过氢键结合。此外，在 H_3BO_3 分子、$NaHCO_3$ 分子间都有 O—H…O 氢键。

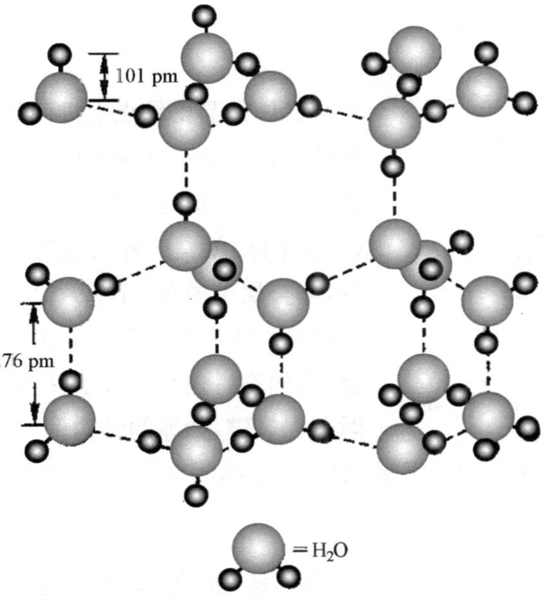

图 6-8　H_2O 分子中的氢键

在有机羧酸、醇、酚、胺、氨基酸和蛋白质中也都有氢键存在，如甲酸靠氢键形成双聚体结构：

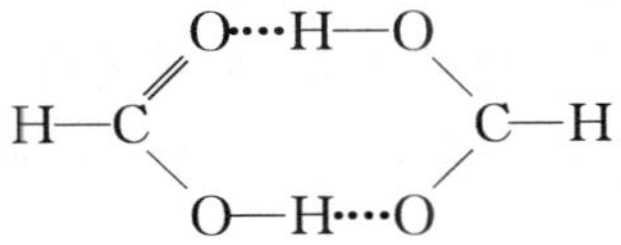

除了分子间氢键外，还有分子内氢键。硝酸分子中存在分子内氢键，使之形成多原子环状结构（图 6-9）。硝酸的熔点和沸点较低，酸性比其他强酸稍弱，都与分子内氢键有关。

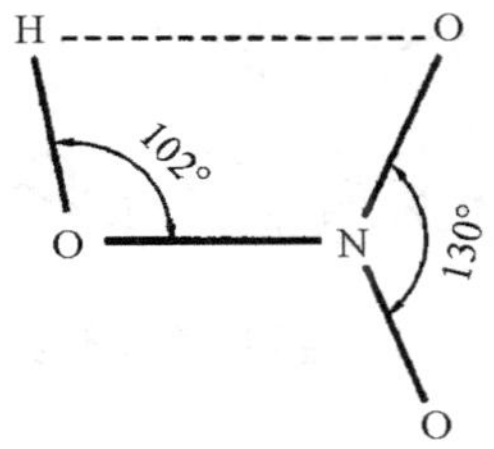

图 6-9　HNO_3 分子中的氢键

氢键在许多有机化合物（包括蛋白质）中起着重要作用，在通常温度下氢键容易形成和破坏，这在生理过程中是重要的。

【知识要点提醒】　氢键具有方向性和饱和性，而不具有色散力、诱导力和取向力。

四、分子晶体

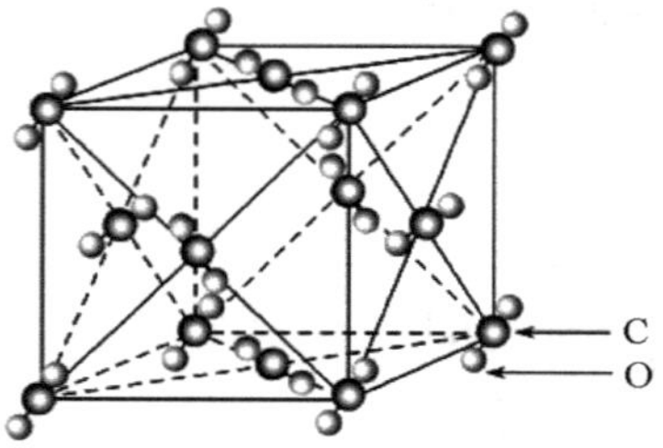

图 6-10　CO_2 的分子晶体(干冰)

晶体的晶格结点上排列的微粒是分子，即为分子晶体(molecular crystal)。虽然分子内部是以较强的共价键结合，但分子之间的作用力是范德华力。固态 CO_2(干冰)就是一种典型的分子晶体，见图 6-10。此外，非金属单质如 H_2、O_2、N_2、P_4、S_8，卤素等和非金属化合物如 NH_3、H_2O、SO_2 等及大部分有机化合物，在固态时也都是分子晶体。有些分子晶体中还同时存在氢键，如冰的结构。

由于分子间力比化学键弱得多，因而分子晶体有熔点、沸点低，硬度小等特征。

第四节　原子晶体和金属晶体

一、原子晶体

原子晶体晶格结点上排列的是原子，原子之间通过共价键结合而成的晶体为原子晶体(atomic crystal)。典型的原子晶体并不多，常见的有金刚石(C)(见图 6-11)、单质硅(Si)、单质硼(B)、碳化硅(SiC，俗称金刚砂)、石英(SiO_2，俗称水晶)等。

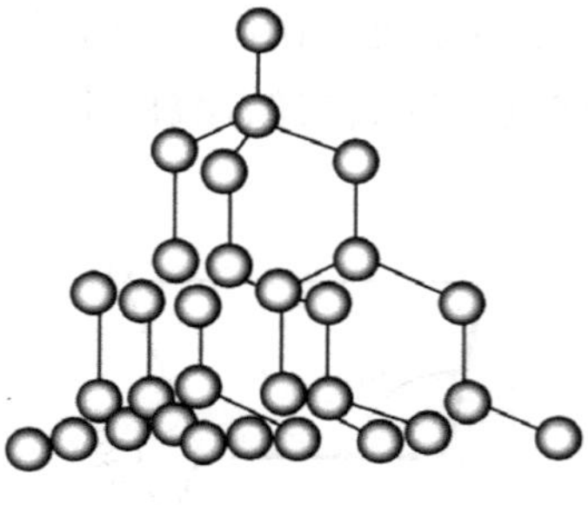
图 6-11　金刚石的晶体结构

在不同的原子晶体中，原子的排列方式可能不同，但原子之间都是以很强的共价键结合在一起的。例如，在金刚石晶体结构中，C 原子以 sp^3 杂化轨道成键，每个 C 原子周围都有四个 C—C σ 键，将所有 C 原子结合成一个整体，破坏这种晶体，要打开晶体中所有的共价键，需消耗很高的能量，故原子晶体熔点高、硬度大、不溶于一切溶剂中，且熔融状态也不导电。如表 6-9 所示。

表 6-9　原子晶体的硬度和熔点

原子晶体	硬度	熔点/℃
金刚石	10	3570
金刚砂	9.5	2700(升华)
石英	7	1713

原子晶体和分子晶体中虽然都存在共价键，但前者晶格结点上是原子，晶格是以原子间的共价键维系的；后者晶格结点上是分子，晶格是以分子间力维系的，与其分子内的共价键多少和强弱无关。

二、金属晶体

金属晶体(metallic crystal)中晶格结点上排列的是金属原子或离子。由于金属原子的最外电子层上电子较少，且与原子核联系较弱而容易脱落成自由电子，它们可在金属内部从一个原子自由地流向另一原子或离子，并被许多原子或离子所共用，而不是固定在两个原子之间，即处于非定域态。故金属键无方向性和饱和性。

自由电子可在整个晶体中运动，并将电能和热能迅速传递，故金属是电和热的良导体。金属晶格各部分如发生一定的相对位移，不会改变自由电子的流动和“胶合”状态，也就不会破坏金属键，故金属有较好的延展性。金属键有一定强度，故大多数金属有较高的熔点、沸点和硬度。

表 6-10 归纳了四种晶体的基本性质。

表 6-10　四种晶体的结构和性质

晶体类型	晶格结点上的粒子	粒子间的作用力	晶体的一般性质	实例
离子晶体	阴、阳离子	离子键	熔点较高，硬度大而脆，固态不导电，熔融态或水溶液导电	NaCl MgO
原子晶体	原子	共价键	熔点高，硬度大，不导电	金刚石 SiC
分子晶体	分子	分子间力(有的有氢键)	熔点低，硬度小，不导电	CO_2 NH_3
金属晶体	原子、离子	金属键	熔点一般较高，硬度一般较大，能导电，导热，具有延展性	W Ag Cu

【知识要点提醒】 掌握离子晶体、原子晶体、分子晶体和金属晶体的结构和性质。

第五节　层状晶体

前面已介绍了三种典型的化学键及由这些化学键和分子间作用力所构成的四种典型晶体。实际上在这些键型和晶体类型之间没有绝对界限。三种键型之间存在交融，各自存在对方的成分，形成一系列过渡性键型，从而产生一系列过渡性晶体结构。

在元素周期表中绝大多数元素单质是金属晶体，分布在左侧，从左向右，化学键型由金属键向共价键转变，晶型由金属晶体向分子晶体转变。周期表右侧的非金属单质是分子晶体，如 F_2、Cl_2、I_2、O_2、N_2 及稀有气体单质。在典型的分子晶体与金属晶体之间的过渡区域内存在着混合型晶体(mixed crystal)。石墨就是典型的混合型晶体。

石墨具有层状结构(图 6-12)，又称层状晶体(layered crystal)。同一层的 C—C 键长为 142 pm，层与层之间的距离是 335 pm。在这样的晶体中，C 原子采用 sp^2 杂化轨道，彼此之间以 σ 键联结在一起，每个 C 原子周围形成三个 σ 键，键角 120°，每个 C 原子还有一个 2p 轨道，其中有一个 2p 电子。这些 2p 轨道都垂直于 sp^2 杂化轨道的平面，且互相平行，互相平行的 p 轨道满足形成 π 键的条件。同一层中有很多 C 原子，所有 C 原子的垂直于 sp^2 杂化轨道平面的 2p 轨道中的电子，都参与形成 π 键，这种包含着很多原子的 π 键叫作大 π 键。因此石墨中 C—C 键长比通常的 C—C 单键(154 pm)略短，比 C═C 双键(134 pm)略长。

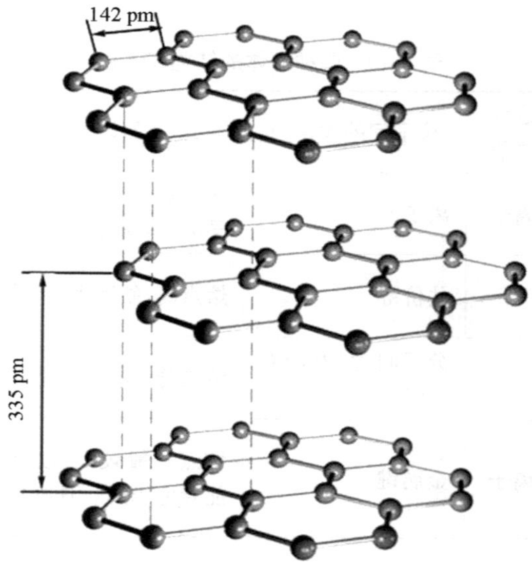

图 6-12　石墨的层状晶体结构

大 π 键中的电子并不定域于两个原子之间，而是非定域的，可以在同一层中运动。正如金属键一样，大 π 键中的电子使石墨具有金属光泽，并具有良好的导电和导热性。层与层之间的距离较远，它们是靠分子间力结合起来的。这种引力较弱，所以层与层之间可以滑移。石墨在工业上用作润滑剂就是利用这一特性。

总之，石墨晶体中既有共价键，又有类似于金属键那样的非定域大 π 键和分子间力在起作用，可见它是兼有原子晶体、分子晶体和金属晶体特征的混合型晶体。其他如云母、氮化硼等也是层状结构的混合型晶体，前述那种既有离子键成分，又有共价键成分的过渡晶体，如 AgCl、AgBr 等也属混合型晶体。

本章小结

本章着重研究离子晶体和分子晶体，阐明了晶体的结构与性质的关系。对原子晶体、金属晶体、层状晶体也进行了简单介绍。重点掌握离子极化的概念及其作用，以及原子半径和离子半径的定义及其对化合物性质的影响，理解分子间作用力的类型及其对晶体性能的影响。

习　　题

一、选择题

1. 下列物质的晶体中，属于原子晶体的是(　　)。

A. S_8　　B. Ga　　C. Si　　D. GaO

2. 下列离子中，极化率最大的是(　　)。

A. K^+　　B. Rb^+　　C. Br^-　　D. I^-

3. 下列离子中，极化力最大的是(　　)。

A. Cu^+　　B. Rb^+　　C. Ba^{2+}　　D. Si^{2+}

4. 下列离子半径大小顺序中错误的是(　　)。

A. $Mg^{2+} < Ca^{2+}$　　B. $Fe^{2+} > Fe^{3+}$　　C. $Cs^+ > Ba^{2-}$　　D. $F^- > O^{2-}$

5. 下列晶体熔化时，需要破坏共价键的是(　　)。

A. SiO_2　　B. HF　　C. KF　　D. Pb

6. 下列物质中，分子间不能形成氢键的是(　　)。

A. NH_3　　B. N_2H_4　　C. C_2H_5OH　　D. CH_3OCH_3

7. 下列分子中，偶极矩等于零的是(　　)。

A. CS_2　　B. NH_3　　C. H_2S　　D. SO_2

8. 下列离子中，未成对电子数为零的是(　　)。

A. Mn^{3+}　　B. Pb^{2+}　　C. Cu^{2+}　　D. Fe^{2+}

9. 下列物质晶格能大小顺序中正确的是(　　)。

A. MgO>CaO>NaF　　B. CaO>MgO>NaF

C. NaF>MgO>CaO　　D. NaF>CaO>MgO

二、填空题

1. 指出下列离子的外层电子构型的类型：

Ba^{2+} ________ e^-；Mn^{2+} ________ e^-；Sn^{2+} ________ e^-；Cd^{2+} ________ e^-。

2. 试判断下列各组物质熔点的高低(用“>”或“<”符号表示)：

NaCl ______ RbCl；CuCl ______ NaCl；MgO ______ BaO；NaCl ______ $MgCl_2$。

3. 氧化钙晶体中晶格结点上的粒子为________和________；粒子间作用力为________，晶体类型为________。

三、问答题和思考题

1. 列出下列两组物质熔点由高到低的次序：

(1)NaF　NaCl　NaBr　NaI

(2)BaO　SrO　CaO　MgO

2. 下列物质中，何者熔点最低？

NaCl　KBr　KCl　MgO

3. 写出下列各离子电子排布式，并根据它们的外层电子排布，指出其分别属于何种类型。

K^+　Pb^{2+}　Zn^{2+}　Co^{2+}　Cl^-　S^{2-}

4. 填充下表：

物质	晶体中质点间作用力	晶体类型	熔点/℃
KI			880
Si			1423
BN(立方)			3300
BBr_3			−46

5. 试比较下列各离子极化力的相对大小：

Fe^{2+}　Sn^{2+}　Sn^{4+}　Sr^{2+}

6. 已知 AlF_3 为离子型，$AlCl_3$ 和 $AlBr_3$ 为过渡型，AlI_3 为共价型，试说明键型差别的原因。

7. 试用离子极化解释下列各题：

(1)$FeCl_2$ 熔点为 670 ℃，$FeCl_3$ 熔点为 306 ℃；

(2)$CdCl_2$ 无色，CdS 黄色；CuCl 白色，Cu_2S 黑色。

8. 列出下列物质的离子极化作用由大到小的顺序。

$MgCl_2$　NaCl　$AlCl_3$　$SiCl_4$

9. 试判断下列各组的两种分子间存在哪些分子间作用力：

(1)Cl_2 和 CCl_4

(2)CO_2 和 H_2O

(3)H_2S 和 H_2O

(4)NH_3 和 H_2O

10. 指出下列各固态物质中分子间作用力的类型。

Xe　P_4　H_2O　NO　BF_3　C_2H_6　H_2S

11. 指出下列哪种物质不含有氢键。

$B(OH)_3$　HI　CH_3OH　$H_2NCH_2CH_2NH_2$

12. 对下列各物质的沸点的差异给出合理的解释。

(1)HF(20 ℃)与 HCl(−85 ℃)

(2)NaCl(1465 ℃)与 CsCl(1290 ℃)

(3)$TiCl_4$(136 ℃)与 LiCl(1360 ℃)

(4)CH_3OCH_3(−25 ℃)与 CH_3CH_2OH(79 ℃)

13. 对下列物质的熔点规律给以解释。

化学式	NaCl	$MgCl_2$	$AlCl_3$	$SiCl_4$	PCl_3	SCl_2	Cl_2
熔点/℃	801	708	190	−70	−91	−78	−101
化学式	NaF	MgF_2	AlF_3	SiF_4	PF_5	SF_6	F_2
熔点/℃	991	1396	1040	−90	−94	−56	−220

14. 试解释：

(1)HBr 的沸点比 HCl 的高，但比 HF 的低；

(2)CS_2 的熔点比 CO_2 的高，但比 SO_2 的低得多；

(3)BeO 的熔点比 NaF 的高；

(4)$SbCl_3$ 的熔点比 $SbCl_5$ 的高；

(5)同属碳单质，石墨比金刚石要软得多。

*15. 试说明根据晶体物质的晶格结点上占据的质点种类(分子、原子或离子)不同于质点的排列方式不同，把晶体和空间构型各分为几种类型？

*16. 试讨论下列各组概念的区别和联系。

(1)晶胞、晶格

(2)分子间力和共价键

*17. 试判断下列晶体的熔点哪个高？哪个低？从质点间的作用力考虑各属于何种

类型？

(1)CsCl　Au　CO_2　HCl

(2)NaCl　N_2　NH_3　Si(原子晶体)

*18. 试指出下列物质固化时可以结晶成何种类型的晶体。

O_2　H_2S　Pt　KCl　Ge

*19. 卫生球(萘 $C_{10}H_8$ 的晶体)的气味很大，这与它的结构有什么关系？

*20. 叙述几种简单的实验，以判断某种物质是金属型的晶体，还是离子型的晶体。

*21. 在组成分子晶体的分子中，原子间是共价结合，在组成原子晶体的原子间也是共价结合，为什么分子晶体与原子晶体的性质有很大的区别？

*22. MgSe 和 MnSe 的离子间距离均为 0.273 pm，但 Mg^{2+}、Mn^{2+} 的离子半径又不相同，如何解释此事实？

*23. 离子的极化力、变形性与离子电荷、半径、电子层结构有何关系？离子极化对晶体结构和性质有何影响？举例说明。

*24. 氢键形成必须具备哪些基本条件？举例说明氢键的存在对物性的影响。

*25. 试说明石墨的结构是一种混合型的晶体结构。利用石墨作电极或作润滑剂各与它的晶体中的哪一部分结构有关？金刚石为什么没有这种性能？

第七章　酸碱反应

本章提要

知识要点	掌握程度	相关知识
酸碱理论	掌握	阿伦尼乌斯电离理论,质子理论,路易斯电子理论
pH 相关计算	重点掌握	一元弱酸、弱碱及盐的 pH 计算
缓冲溶液	重点掌握	缓冲原理,缓冲溶液 pH 计算

【历史回顾】

石蕊试纸的起源

英国著名物理学家、化学家波义耳平素非常喜爱鲜花。一天,园丁送来几束紫罗兰。正准备去实验室的波义耳随手拿起一束,边欣赏边向实验室走去。进了实验室后,他把紫罗兰往桌上一放,就开始了他的化学实验。就在他向烧瓶中倾倒盐酸时,一不小心将酸液滴到了紫罗兰的花瓣上,波义耳立即将紫罗兰拿到水中去冲洗,谁知紫罗兰转眼间变成了“红罗兰”,这惊奇的发现立即触动了科学家那根敏锐的神经:“盐酸能使紫罗兰变红,其他的酸能不能使它变红呢?”当即,波义耳就和他的助手分别用不同的酸液实验起来。实验结果表明,酸的溶液都可使紫罗兰变成红色。酸能使紫罗兰变红,那么碱能否使它变色呢?变成什么颜色呢?紫罗兰能变色,别的花能不能变色呢?由鲜花制取的浸出液,其变色效果是不是更好呢?经过波义耳一连串的思考与实验,很快证明了许多种植物花瓣的浸出液都有遇到酸、碱变色性质。波义耳和助手们搜集并制取了多种植物、地衣、树皮的浸出液。实验表明,变色效果最明显的要数衣类植物——石蕊的浸出液,它遇酸变红色,遇碱变蓝色。自那时起,石蕊试液就被作为酸碱指示剂正式确定下来了。此后,波义耳又用石蕊试液把滤纸浸、晾干,切成条状,制成了石蕊试纸。

酸和碱是两类重要的化学物质,酸碱反应是基本化学反应之一。

酸碱反应(acid-base reaction)是一类在反应过程中没有电子转移的反应,也就是说在酸碱反应的过程当中各个元素的化合价并不发生改变。这类反应存在很普遍,很多的化学反应和生物化学反应都是酸碱反应,还有很多反应必须在一定的酸性或者碱性的条件下才能够顺利进行，因此，研究酸碱反应、掌握酸碱反应的一般规律对于我们学习化学知识是很重要的。

第一节　酸碱理论概述

在讲酸碱反应之前，我们首先应该了解酸碱的概念及其发展。

人们对酸碱的认识是一个循序渐进的过程，并且随着化学科学技术的不断发展以及人们对酸和碱研究的不断深入，提出了很多种不同的酸碱理论（acid-base theory）：例如，最初人们靠从物质所表现出来的性质来定义酸碱，认为有酸味、能使紫色石蕊变为红色的物质是酸，而有涩味、能使红色石蕊变蓝的物质就是碱。后来人们又从组成上来定义酸和碱，如 1787 年，A. L. Lavoisier 提出了氧是酸的组成成分的理论等等。其中为人们所接受的有阿伦尼乌斯（S. A. Arrhenius）的酸碱电离理论，富兰克林（E. C. Franklin）的溶剂理论，布朗斯泰德和劳莱的质子理论，路易斯（G. N. Lewis）的电子理论，以及皮尔逊（Pearson）的软硬酸碱理论。

一、酸碱的电离理论

1887 年瑞典化学家阿伦尼乌斯总结了前人对酸碱的认识，提出了电离理论（theory of electrolytic dissociation），指出：电解质在水溶液中电离生成正、负离子。酸是在水溶液中电离产生的阳离子全部都是氢离子 H^+ 的物质；碱是在水溶液中电离产生的阴离子全部都是氢氧根离子 OH^- 的物质。根据这个理论，HCl、HNO_3、HAc、HF 等都属于酸，而 NaOH、KOH、$Ca(OH)_2$ 等都属于碱。这个理论认为，酸碱中和反应的实质是 H^+ 和 OH^- 离子相互作用生成 H_2O 的过程。

阿仑尼乌斯的电离理论认为，电解质分子在水溶液中只能部分地电离成为离子，在未电离的分子和已电离出的离子之间存在平衡关系。并用电离度（已电离的电解质分子占总电解质分子的百分数）表示电离程度。同时，应用测定溶液电导率和溶液凝固点下降的方法，首次确定了不同电解质在各种浓度下的电离度。根据电离度的大小，把电解质分为强电解质和弱电解质。电离度比较大（60%以上）的酸和碱称为强酸和强碱，电离度很小（1%以下）的酸和碱称为弱酸和弱碱。

阿仑尼乌斯首次赋予了酸碱以科学的定义，使人们对酸碱的认识大大加深了，这个理论对化学的发展起了很大的作用。但是这种理论具有局限性：例如，它把酸碱只限于水溶液系统，对于非水溶剂系统和无溶剂体系的酸碱反应无法解释；又如，该理论把碱限制在只含 OH^- 的物质，因而对氨水的碱性并不是由于 NH_4OH 的存在而产生的事实无法说明；此外，氢离子（质子）在水中无法独立存在；等等。这些现象是电离理论所解释不了的。

由于水是最普遍的溶剂，许多化学反应（尤其是在无机化学中）都是在水溶液中进行，所以一百多年来，电离理论至今仍为许多人采用。

【知识要点提醒】 酸碱的电离理论把酸碱只局限在水溶液系统。

二、酸碱的溶剂理论

为了克服上述缺点，1905 年富兰克林提出了溶剂理论（solvent theory）：在特定溶剂的溶液中，凡是能够离解产生溶剂阳离子的物质为酸；凡是能够离解产生溶剂阴离子的物质为碱。

$$2NH_3 \rightleftharpoons NH_4^+ + NH_2^-$$

（氨分子）　（铵离子）　（氨基离子）

酸碱反应就是溶剂阳离子与溶剂阴离子化合而形成溶剂分子的过程。该理论不仅概括了水溶液中的酸碱概念，而且把酸碱概念引入到非水溶剂中去。如在以液态 NH_3 为溶剂的体系中：

NH_4Cl 等铵盐表现为酸，如 NH_4Cl 在液氨中表现为酸，其离解反应为：

$$NH_4Cl = NH_4^+ + Cl^-$$

$NaNH_2$ 等氨基化物表现为碱，如 $NaNH_2$ 在液氨中表现为碱，其离解反应为：

$$NaNH_2 = Na^+ + NH_2^-$$

按照溶剂理论，酸碱反应是 NH_4^+ 和 NH_2^- 结合生成 NH_3 的过程：

$$NaNH_2 + NH_4Cl = NaCl + 2NH_3$$

因为许多种物质可以作为溶剂，并且各种溶剂离解的正、负离子也不相同，所以可以有许多不同的酸和碱。溶剂理论把酸碱的概念拓展到许多非水溶剂系统，因而它把酸碱的概念大大扩展了。但是这个理论仍然存在局限性，因为它只限于溶剂能离解出正、负离子的系统，对于不能离解的溶剂以及无溶剂的酸碱系统就不能应用了。

【知识要点提醒】 酸碱的溶剂理论将酸碱的概念扩展到非水溶剂中。

三、酸碱的质子理论

氯化氢 HCl 和氨 NH_3 在苯中并不离解，但是它们之间能相互反应生成氯化铵 NH_4Cl，这种方法所得到的 NH_4Cl 和由水溶液中反应所得到的 NH_4Cl 完全相同。这个实验结果是电离理论和溶剂理论所不能解释的。1923 年，布朗斯泰德和劳莱同时独立地提出了酸碱的质子理论（proton theory）。

1. 酸碱质子理论的基本原理

该理论认为：凡是能够释放出质子的任何含有氢原子的分子或者离子都是酸；凡是能够与质子结合的分子或者离子都是碱。也就是说，酸是质子的给予体，碱是质子的接受体。

例如，HCl 能够离解为 H^+ 和 Cl^-：

$$HCl \longrightarrow H^+ + Cl^-$$

CH_3COOH 可以离解为 H^+ 和 CH_3COO^-：

$$CH_3COOH \rightleftharpoons H^+ + CH_3COO^-$$

$H_2PO_4^-$ 可以离解出 H^+ 和 HPO_4^{2-}：

$$H_2PO_4^- \rightleftharpoons H^+ + HPO_4^{2-}$$

NH_4^+ 可以离解出 H^+ 和 NH_3：

$$NH_4^+ \rightleftharpoons H^+ + NH_3$$

$[Fe(H_2O)_6]^{3+}$ 离解出 H^+ 和 $[Fe(OH)(H_2O)_5]^{2+}$：

$$[Fe(H_2O)_6]^{3+} \rightleftharpoons H^+ + [Fe(OH)(H_2O)_5]^{2+}$$

HCl、CH_3COOH、$H_2PO_4^-$、NH_4^+、$[Fe(H_2O)_6]^{3+}$ 都可以给出质子，依据酸碱质子理论，它们都是酸。酸可以是有机分子、无机分子、负离子、正离子和络合离子。酸给出质子的过程是可逆的。酸失去质子后，剩余部分就成为碱。同样，碱也可以是分子、正离子和负离子。在上面所举的例子中，Cl^-、CH_3COO^-、HPO_4^{2-}、NH_3、$[Fe(OH)(H_2O)_5]^{2+}$ 都是相应酸的碱。

质子理论强调酸与碱之间的相互依赖关系。酸给出质子后生成相应的碱，而碱与质子结合后又生成相应的酸；酸与碱之间的这种依赖关系称为共轭关系（conjugation relationship），相应的一对酸碱称为共轭酸碱对（conjugate acid-base pair）。

因此酸碱反应可以用一个通式来表示：

$$酸 \rightleftharpoons 碱 + H^+$$

也就是说，酸给出质子后所生成的碱是它的共轭碱；碱接受质子后所生成的酸为它的共轭酸。常见的共轭酸碱对可参见表 7-1。

表 7-1　常见的共轭酸碱对

酸			碱		
	名称	分子式或离子式	分子式或离子式	名称	
从上到下酸性依次减弱	高氯酸	$HClO_4$	ClO_4^-	高氯酸根离子	从上到下碱性依次增强
	硫酸	H_2SO_4	HSO_4^-	硫酸氢根离子	
	氢碘酸	HI	I^-	碘离子	
	氢溴酸	HBr	Br^-	溴离子	
	盐酸	HCl	Cl^-	氯离子	
	硝酸	HNO_3	NO_3^-	硝酸根离子	
	水合氢离子	H_3O^+	H_2O	水	
	硫酸氢根离子	HSO_4^-	SO_4^{2-}	硫酸根离子	

续表

酸		碱	
名称	分子式或离子式	分子式或离子式	名称
磷酸	H_3PO_4	$H_2PO_4^-$	磷酸二氢根离子
亚硝酸	HNO_2	NO_2^-	亚硝酸根离子
醋酸	CH_3COOH	CH_3COO^-	醋酸根离子
碳酸	H_2CO_3	HCO_3^-	碳酸氢根离子
氢硫酸	H_2S	HS^-	硫氢根离子
铵离子	NH_4^+	NH_3	氨
氢氰酸	HCN	CN^-	氰根离子
水	H_2O	OH^-	氢氧根离子
氨	NH_3	NH_2^-	氨基离子

酸碱质子理论认为：酸碱反应的实质是质子转移的反应。在水溶液中酸碱的电离是质子转移的反应。如 HCl 在水溶液中的离解，HCl 给出质子（H^+）后，得到其共轭碱 Cl^-；而 H_2O 接受 H^+ 生成其共轭酸 H_3O^+。该反应是由两个酸碱半反应组成的，每一个酸碱半反应中就有一对共轭酸碱对，可以分别用(1)、(2)来表示：

$$\underset{\text{酸(1)}}{HCl(aq)} = H^+(aq) + \underset{\text{碱(1)}}{Cl^-(aq)}$$

$$H^+(aq) + \underset{\text{碱(2)}}{H_2O(l)} = \underset{\text{酸(2)}}{H_3O^+(aq)}$$

+）

$$\underset{\text{酸(1)}}{HCl(aq)} + \underset{\text{碱(2)}}{H_2O(l)} = \underset{\text{酸(2)}}{H_3O^+(aq)} + \underset{\text{碱(1)}}{Cl^-(aq)}$$

同样，NH_3 在水溶液中的离解反应是由下列两个酸碱半反应组成的：

$$H_2O(l) \rightleftharpoons H^+(aq) + OH^-(aq)$$

$$NH_3(aq) + H^+(aq) = NH_4^+(aq)$$

在这里，H_2O 给出质子而产生 OH^-，H_2O 是酸，H_2O 与 OH^- 是一对共轭酸碱；而 NH_3 接受了 H_2O 给出的质子，NH_3 是碱，NH_4^+ 是 NH_3 的共轭酸；NH_4^+ 与 NH_3 是另一对共轭酸碱。在水溶液中，NH_3 与 H_2O 间发生的质子转移反应可表示为：

$$\underset{\text{酸(1)}}{H_2O(l)} + \underset{\text{碱(2)}}{NH_3(aq)} \rightleftharpoons \underset{\text{碱(1)}}{OH^-(aq)} + \underset{\text{酸(2)}}{NH_4^+(aq)}$$

习惯上，把这类反应称为弱碱的离解反应(dissociation reaction)。

由上可见，在酸的离解反应中，H_2O 是质子的接受体，H_2O 是碱；在氨与水的反应

(弱碱的离解反应)中，H_2O 是质子的给予体，H_2O 又是酸。在一定条件下水是碱，在另外条件下水又可以是酸，水被称为两性物质，这一点在水的自身离解反应中也可以看出：

$$\underset{酸(1)}{H_2O(l)} + \underset{碱(2)}{H_2O(l)} \rightleftharpoons \underset{碱(1)}{OH^-(aq)} + \underset{酸(2)}{H_3O^+(aq)}$$

溶剂水的自身离解反应也是质子转移的酸碱反应。盐的水解反应同样是质子转移的酸碱反应。如 NaAc 的水解反应：

$$\underset{碱(1)}{Ac^-} + \underset{酸(2)}{H_2O} \rightleftharpoons \underset{酸(1)}{HAc} + \underset{碱(2)}{OH^-}$$

H_2O 与 Ac^- 间发生了质子转移，生成了 HAc 和 OH^-，Na^+ 没有参与反应。又如，NH_4Cl 的水解：

$$\underset{酸(1)}{NH_4^+} + \underset{碱(2)}{H_2O} \rightleftharpoons \underset{酸(2)}{H_3O^+(aq)} + \underset{碱(1)}{NH_3}$$

NH_4^+ 与 H_2O 间发生了质子转移反应。Cl^- 接受质子的能力很差，在稀的水溶液中，它实际上不参与酸碱反应。

质子理论不仅适用于水溶液，还适用于气相和非水溶液中的酸碱反应。如 HCl 与 NH_3 的反应，无论在水溶液中，还是在气相或在苯溶液中，其实质都是一样的，可表示为：

$$\underset{酸(1)}{HCl} + \underset{碱(2)}{NH_3} \rightleftharpoons \underset{碱(1)}{Cl^-} + \underset{酸(2)}{NH_4^+}$$

在液氨这类非水溶剂中，可以发生同样的质子转移反应。液氨的自身离解反应为：

$$\underset{酸(1)}{NH_3(l)} + \underset{碱(2)}{NH_3(l)} \rightleftharpoons \underset{碱(1)}{NH_2^-} + \underset{酸(2)}{NH_4^+}$$

【知识要点提醒】 酸碱的质子理论：酸是质子的给予体，碱是质子的接受体。酸给出质子生成相应的碱，碱接受质子生成相应的酸，相应的一对酸碱为共轭酸碱对。该理论扩大了酸和碱的范畴，它只限于质子的给予和接受。

2. 酸碱的相对强弱

酸碱的相对强弱首先取决于物质的本性，其次与溶剂的性质等因素有关。按照质子理论，给出质子能力强的物质是强酸，接受质子能力强的物质是强碱。反之，便是弱酸或弱碱。强弱本来是相对的，是相互比较而言的。要比较就要有一个标准。在水溶液中，比较酸的强弱，通常以水作标准，如 HAc 水溶液中，HAc 与 H_2O 作用，HAc 给出 H^+（或者水夺取了醋酸中的氢），生成了 H_3O^+ 和 Ac^-：

$$HAc + H_2O \rightleftharpoons H_3O^+ + Ac^-$$

同样，在 HCN 水溶液中有下列反应：

$$HCN + H_2O \rightleftharpoons H_3O^+ + CN^-$$

在这些反应中，HAc、HCN 给出质子是酸，H_2O 接受质子是碱。通过比较 HAc 和

HCN 在水溶液中的离解常数(见第三节),可以确定 HAc 是比 HCN 较强的酸。以 H_2O 这个碱作为比较的标准,可以区分 HAc 和 HCN 给出质子能力的差别,这就是溶剂水的"区分效应"(differentiating effect)。然而,强酸与水之间的酸碱反应几乎是不可逆的,强酸在水中完全离解。如:

$$HCl + H_2O = H_3O^+ + Cl^-$$

$$HNO_3 + H_2O = H_3O^+ + NO_3^-$$

$$HClO_4 + H_2O = H_3O^+ + ClO_4^-$$

HCl、HNO_3、$HClO_4$ 中的 H^+ 全部被水夺去了,水中并不存在这些酸的分子。因此,水中能够稳定存在的最强酸是 H_3O^+,比 H_3O^+ 强的酸(如 HCl、$HClO_4$ 等)不能以分子形式存在,只有比 H_3O 弱的酸(如 HAc、HCN 等)才能以分子形式存在。水能够同等程度地将 HCl、HNO_3、$HClO_4$ 等这些强酸的质子夺取过来。所以,以 H_2O 这种碱来区分它们之间的强弱差别就不可能了;或者说,水对这些强酸起不到区分作用,水把它们间的强弱差别拉平了。这种作用被称为溶剂水的"拉平效应"(leveling effect)。为了便于理解,我们做一个比喻:有一台天平,它的最大读数是 100 g,用这台天平只能区分质量小于 100 g 的物体间的差别;而不能用它来区分质量大于 100 g 的物体。在这台天平上质量大于 100 g 的物体质量差异不能被区分,好像是"等重"的,该天平把它们之间的质量拉平了。如要区分强酸 HCl、HNO_3、$HClO_4$ 等的强弱,必须选取比水的碱性更弱的碱作为溶剂。如在 100%的 HAc 中,$HClO_4$ 与 HAc 发生如下反应:

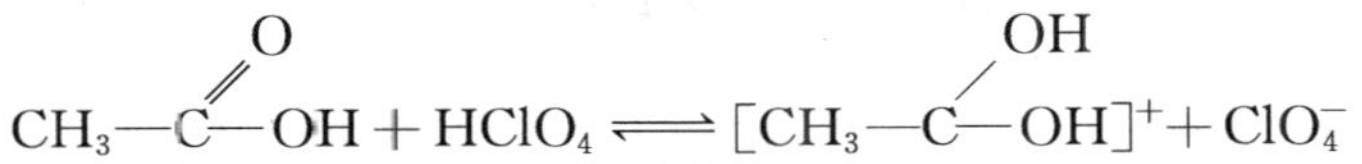

其他强酸也能发生类似的反应。研究结果区分了通常所说的各种强酸的强弱顺序为:

$$HClO_4 > H_2SO_4 > HI > HBr > HCl > HNO_3$$

冰醋酸能区分 HCl、$HClO_4$ 等的强弱,也体现了溶剂的"区分效应"。

在水中 $HClO_4$ 完全离解,是"强酸";在冰醋酸中它只能部分离解,是"弱酸"。水的碱性比醋酸强,前者接受质子的能力强于后者。不难看出,溶剂的碱性越强时溶质表现出的酸性就越强。所以,区分强酸要选用弱碱作溶剂,弱碱对强酸有区分效应;同样,强碱对弱酸也有区分效应。如乙炔是极弱的酸,由于酸性太弱,它不能同 OH^- 发生反应,而能同比 OH^- 更强的碱 NH_2^- 在液氨中反应:

$$H-C\equiv C-H + NH_2^- \rightleftharpoons H-C\equiv C^- + NH_3$$

如果用乙烯来重复这一实验,并无反应发生,说明乙烯比乙炔的酸性更弱。

同样,对碱来说,也存在着溶剂的"区分效应"和"拉平效应"。如氨基离子 NH_2^-、氢负离子 H^-、甲基负离子 CH_3^- 都是比 OH^- 更强的碱,它们与水完全反应,生成相应的共轭酸和 OH^-:

$$NH_2^- + H_2O \rightleftharpoons NH_3 + OH^-$$

$$H^- + H_2O \rightleftharpoons H_2 + OH^-$$

$$CH_3^- + H_2O \rightleftharpoons CH_4 + OH^-$$

碱(1)　酸(2)　酸(1)　碱(2)

在水中 NH_2^-、H^-、CH_3^- 的碱性强弱都被水“拉平”了。OH^- 是水中能够存在的最强碱。要区分 NH_2^-、H^-、CH_3^- 的碱性强弱，应选取比 H_2O 的酸性更弱的酸作为溶剂。

极弱的碱也有类似情形。很多化合物在水中并不显碱性，可以说其碱性是很弱的。但是，在与比水的酸性更强的溶剂作用时，就显现出碱性来了。这种溶剂常常是 100% 的 H_2SO_4。在 H_2SO_4 作为溶剂的溶液中，乙醚和乙醇都表现为碱：

$$C_2H_5\ddot{\underset{\cdot\cdot}{O}}C_2H_5 + HOSO_2OH \longrightarrow [C_2H_5—\overset{\overset{\displaystyle H}{|}}{O}—C_2H_5]^+ + OSO_2OH^-$$

碱(1)　酸(2)　酸(1)　碱(2)

综上所述，酸碱的质子理论告诉我们，酸与碱是相互对立的，又是统一的。它们间的强弱有一定的依赖关系，强酸的共轭碱是弱的，强碱的共轭酸是弱的；反之，弱酸的共轭碱是强碱，弱碱的共轭酸是强酸。因此，通常可以比较酸的强弱，再由此确定其共轭碱的相对强弱。

在一定条件下，酸碱又可以相互转化。一个典型的例子是硝酸。人们多数都认为它是一种强酸，然而在不同的条件下，它可以表现为碱。如在纯硫酸中，硝酸发生如下反应：

$$HONO_2 + H_2SO_4 \rightleftharpoons [H_2O \cdot NO_2]^+ + HSO_4^-$$

碱(1)　酸(2)　酸(1)　碱(2)

在这里 HNO_3 是碱，它的共轭酸是 $H_2NO_3{}^+$，再进一步反应，生成硝基正离子 NO_2^+。总反应是：

$$HONO_2 + 2H_2SO_4 \rightleftharpoons H_3O^+ + NO_2^+ + 2HSO_4^-$$

拉曼(Raman)光谱已经证实了 NO_2^+ 的存在。

确定了酸碱的相对强弱之后，可以判断酸碱反应的方向。酸碱反应是争夺质子的过程，争夺质子的结果总是强碱夺取了强酸给出的质子而转化为它的共轭酸——弱酸；强酸则给出质子转化为它的共轭碱——弱碱。总之，酸碱反应主要是由强酸与强碱向生成相应的弱碱和弱酸的方向进行。如：

$$H_3PO_4 \quad + \quad NH_3 \quad \rightleftharpoons \quad H_2PO_4^- \quad + \quad NH_4^+$$

较强的酸　较强的碱　较弱的碱　较弱的酸

酸碱质子理论扩大了酸和碱的范畴，使人们加深了对酸碱的认识。但是，质子理论也有局限性，它只限于质子的给予和接受，对于无质子参与的酸碱反应就无能为力了。

【知识要点提醒】 强酸的共轭碱是弱碱，强碱的共轭酸是弱酸；弱酸的共轭碱是强碱，弱碱的共轭酸是强酸。强酸与强碱反应生成相应的弱碱与弱酸。

四、酸碱的电子理论

在酸碱质子理论提出来的同时，路易斯在研究化学反应的过程中，从电子对的给予和接受提出了新的酸碱概念，后来发展为路易斯酸碱理论，也称为酸碱电子理论。这个理论将酸碱定义为：酸是任何可以接受外来电子对的分子或离子；酸是电子对的接受体。碱则是可以给出电子对的分子或离子；碱是电子对的给予体。酸碱之间以共价配键相结合，并不发生电子转移。

例如，①H^+与OH^-反应生成H_2O。这是典型的电离理论的酸碱中和。反应根据酸碱的电子理论，H^+是酸，OH^-是碱，二者反应时，OH^-给出电子对，H^+接受电子对，形成配位键$OH \rightarrow H$，H_2O是酸碱加合物。

②氯化氢和氨在气相中反应，生成氯化铵。氯化铵是由铵离子和氯离子组成的离子型化合物。在这一反应中，氯化氢中的氢转移给氨，生成了铵离子和氯离子，显然这是一个质子转移反应。但是，按照电子理论，氯化氢是酸，可以接受电子对。氨是碱，可以给出电子对，氨与氯化氢结合生成铵离子和氯离子。

③在Ag^+与NH_3的反应中，Ag^+有空的轨道，可以接受电子对；NH_3中的氮原子上有孤对电子，可以作为电子对的给予体。Ag^+与NH_3以配位键相结合，生成二氨合银配离子$[H_3N \rightarrow Ag \leftarrow NH_3]^+$。按照配合物的价键理论，配合物的形成体（中心离子）有空轨道，配位体的配位原子有孤对电子，二者以配位键相结合。形成体是路易斯酸，配位体是路易斯碱。配合物是路易斯酸碱的加合物。

通过上述几例的简单讨论，说明了电子理论更加扩大了酸碱的范围。由于在化合物中配位键普遍存在，因此，路易斯酸碱的范围极为广泛。无论在固态、液态、气态或在溶液中，大多数无机化合物都可看作是路易斯酸碱的加合物。特别是对研究配合物，酸碱的电子理论就更为重要。路易斯的酸碱电子理论在有机化学中应用得更为普遍，常用亲电子试剂和亲核试剂来代替酸和碱的概念。

在电子理论的基础上，20世纪60年代，人们又提出了软硬酸碱的概念，可用以讨论配合物的稳定性。（详见配合物部分）

从酸碱理论的发展过程中，可以看出，人们对酸碱的认识是逐步深化的。随着生产和科学技术的发展，人类的认识将进一步深化。

【知识要点提醒】 酸碱电子理论：酸是电子对的接受体，碱是电子对的给予体。酸碱电子理论更加扩大了酸碱的范围。

第二节　水的离解反应

一、纯水的结构和性质

水分子中两个 H—O 键间夹角一般认为是 104°40′，H—O 键键长为 99 pm。水分子间存在着较强的氢键，在水分子缔合成$(H_2O)_n$时，氢、氧原子呈锯齿形排列。有必要指出，在水分子上述模型中，氢、氧原子仍是在不断地运动着，其键长、键角和缔合度 n 只是宏观统计值。水的密度在 4 ℃时为最大，有所谓的"冷胀热缩"现象。

水分子间的氢键在一定能量条件，比如加热、磁化下，将被破坏，从而使其缔合度降低。热水洗涤效率高；在热水中物质的溶解度大；热茶在暑天解渴，都与水的缔合度降低，恢复了水分子中氧原子端（多电子）和氢原子端（少电子）的不同作用有关。20 世纪 70 年代，"磁化水"曾在我国风行一时，磁化水在医疗、农业灌溉、工业洗涤上的功效，我们认为是应该肯定的，但磁化后放置一定时间，水分子间仍会缔合，从而失去了磁化效果。

二、水的离解平衡

根据酸碱质子理论，水的离解反应可表示为：

$$H_2O(l)+H_2O(l) \rightleftharpoons H_3O^+(aq)+OH^-(aq)$$

在一定温度下，该质子转移反应达到平衡时，$c(H_3O^+)$和 $c(OH^-)$的乘积是一定值。根据热力学中对溶剂和溶质标准状态的规定，水自身离解反应的标准平衡常数为：

$$K_W^\ominus=\frac{c(H_3O^+,aq)}{c^\ominus}\times\frac{c(OH^-,aq)}{c^\ominus} \tag{7-1,a}$$

通常简写为：

$$K_w^\ominus=c(H_3O^+)\cdot c(OH^-) \tag{7-1,b}$$

或

$$K_w^\ominus=c(H^+)\cdot c(OH^-) \tag{7-1,c}$$

$K_w^\ominus$ 被称为水的离子积常数(ion-product constant)。25 ℃时，$K_w^\ominus=1.009\times10^{-14}$。

强酸强碱的中和反应是水的自身离解反应的逆反应，它也是质子转移反应。中和反应的热效应可由实验确定。在研究水溶液中离子反应的热力学问题时，人们习惯用阿伦尼乌斯的电离理论，将中和反应表示为：

$$H^+(aq)+OH^-(aq)=H_2O(l)$$

$$\Delta H_{298\,K}^\ominus=-55.84\ kJ\cdot mol^{-1}$$

中和反应是比较强烈的放热反应，水的离解反应是比较强烈的吸热反应。根据平衡移动原理，不难理解，温度升高，水的离子积常数 $K_w^\ominus$ 有较明显增大（见表 7-2）。

表 7-2 不同温度下水的离子积常数 $K_w^\ominus$

t/℃	$K_w^\ominus$	t/℃	$K_w^\ominus$
0	1.138×10^{-15}	40	2.917×10^{-14}
10	2.917×10^{-15}	50	5.470×10^{-14}
20	6.808×10^{-15}	90	3.802×10^{-13}
25	1.009×10^{-14}	100	5.495×10^{-13}

纯水几乎是非电解质，这是因为水的离解平衡常数 $K_w^\ominus$ 很小。水的离解平衡随水中 $c(H_3O^+)$ 和 $c(OH^-)$ 的变化而发生移动。在纯水中，$c(H_3O^+)=c(OH^-)$。如果在纯水中加入某种电解质，如少量的 HCl 或 NaOH，形成稀溶液，$c(H_3O^+)$ 或 $c(OH^-)$ 改变，水的离解平衡发生移动。达到新的平衡时，$c(H_3O^+)\neq c(OH^-)$；但是，$c(H_3O^+)\cdot c(OH^-)=K_w^\ominus$ 这一关系式仍然成立。若已知 $c(H_3O^+)$，可求 $c(OH^-)$；反之，亦然。

【知识要点提醒】 水的离子积常数 $K_w^\ominus=c(H_3O^+)\cdot c(OH^-)$ 在纯水和水溶液中都成立。25 ℃时，$K_w^\ominus=1.009\times10^{-14}$。

三、物质在水中的溶解

水是自然界最易得、最廉价的溶剂。特别是对极性化合物、离子型化合物，其溶解度更大些。物质在水中溶解后马上变成水合离子，例如，NaCl 溶于水后便形成 $Na^+(aq)$、$Cl^-(aq)$；NH_3 溶于水后变成 $NH_3(aq)$，进而与水分子作用离解成 $NH_4^+(aq)$ 和 $OH^-(aq)$。一般来说，任何物质在水中都或多或少地溶解一些，即使对于诸如细菌、病毒这样的微生物，水也能溶解它们或它们的依附物。水作为洗涤剂，特别在加有表面活性剂后，在工业上应用很广。

气态物质在水中的溶解度，随着压力的增加（或降低）而增加（或减小），稀溶液时，能定量地服从亨利定律

$$p=kx$$

其中 p 是溶解气体达到平衡时在液面上的压力；k 是与 T、p 及溶质和溶剂性质有关的量；x 为溶解气体用物质的量分数表示的溶解度。在气浮法处理废水时，鼓入加压空气的目的，就是为了多溶解一些空气。这样，能在恢复到常压时放出更多、更大的气泡，提高处理废水的效果。

四、溶液的 pH

就水溶液而言，溶液中 H_3O^+ 浓度或 OH^- 浓度的大小反映了溶液的酸碱性强弱。$c(H_3O^+)$和 $c(OH^-)$是相互联系的。水的离子积常数正表明了二者的关系。根据它们的相互联系可用一个统一的标准来表明溶液的酸碱性。通常规定：

$$pH=-\lg \frac{c(H_3O^+)}{c^\ominus} \tag{7-2,a}$$

又可简单表示为：

$$pH=-\lg c(H_3O^+) \tag{7-2,b}$$

$$pH=-\lg c(H^+) \tag{7-2,c}$$

与 pH 对应的还有 pOH，即

$$pOH=-\lg c(OH^-) \tag{7-3}$$

常温下，在水溶液中：

$$c(H_3O^+)\cdot c(OH^-)=K_w^\ominus=1.00\times10^{-14}$$

将等式两边各项分别取负对数，得

$$-\lg c(H_3O^+)\cdot[-\lg c(OH^-)]=-\lg K_w^\ominus$$

令 $pK_w^\ominus=-\lg K_w^\ominus, pK_w^\ominus=14.00(25\ ℃)$

$$pH+pOH=pK_w^\ominus=14.00 \tag{7-4}$$

pH 是用来表示水溶液酸碱性的一种标度。pH 越小，溶液的酸性越强，碱性越弱；pH 越大，溶液的碱性越强，酸性越弱。溶液的酸碱性与 pH 的关系：

酸性溶液　$c(H_3O^+)>c(OH^-)$　　$pH<7<pOH$

中性溶液　$c(H_3O^+)=c(OH^-)$　　$pH=pOH=7$

碱性溶液　$c(H_3O^+)<c(OH^-)$　　$pH>7>pOH$

pH 一般仅适用于 $c(H_3O^+)$或 $c(OH^-)$为 1 $mol\cdot L^{-1}$ 以下的溶液；如果$c(H_3O^+)>1\ mol\cdot L^{-1}$，则 $pH<0$，如果 $c(OH^-)>1\ mol\cdot L^{-1}$，则 $pH>14$。在这种情况下，就直接写出 $c(H_3O^+)$或 $c(OH^-)$，通常不用 pH 来表示这种溶液的酸碱性。

只要确定了溶液的 H_3O^+ 浓度，就能很容易地计算 pH。

【知识要点提醒】 注意 pH、pOH 和 $pK_w^\ominus$ 定义式中的负号，如 $pH=-\lg c(H^+)$。25 ℃时，水溶液 $pH+pOH=pK_w^\ominus=14.00$。pH 越小，溶液的酸性越强，碱性越弱；pH 越大，溶液的碱性越强，酸性越弱。

第三节　水溶液中的质子转移反应

通常所说的弱酸、弱碱是指酸、碱的基本形式为中性分子，它们在水溶液中能部分离解成正、负离子，大部分以分子形式存在。如果弱酸的分子只能离解出一个 H^+ 与 H_2O 反应生成 H_3O^+，则这类酸被称为单质子酸(monoproton acid)或一元酸，如 HF、HCN、CH_3COOH 等；如果弱酸分子能离解出两个或两个以上 H^+，与 H_2O 反应生成 H_3O^+ 则这类酸被称为多质子酸(polyproton acid)或多元酸，如 H_2S、H_3PO_4 等。弱碱的分子只能直接接受一个质子或离解出一个 OH^- 与质子反应，这类碱为单质子碱(monoproton base)或一元碱，如 NH_3、CH_3NH_2、NaOH 等；弱碱分子能接受两个或两个以上质子或能离解出多个 OH^-，这类碱为多质子碱(poly proton base)或多元碱，如 NH_2-NH_2(联氨)、$Al(OH)_3$ 等。通常所说的盐，大多数为强电解质，在水中完全离解为正、负离子。其中有些正、负离子与水反应，或者给出质子或者接受质子，可以称它们为离子酸或离子碱，习惯上都叫作盐类的水解反应(hydrolysis reaction of salts)。水解反应也是质子转移反应。

一、弱酸、弱碱溶液的离解平衡

1. 一元弱酸溶液的离解平衡

醋酸 CH_3COOH(常简写为 HAc)是典型的一元弱酸。在 HAc 水溶液中存在着下列质子转移反应：

$$HAc(aq)+H_2O(l)\rightleftharpoons H_3O^+(aq)+Ac^-(aq)$$

又称为 HAc 的离解平衡或电离平衡(ionization equilibrium)。若以 $c(HAc)$、$c(H_3O^+)$ 和 $c(Ac^-)$分别表示平衡时水溶液中 HAc、H_3O^+ 和 Ac^- 的浓度，这些浓度保持着下列关系：

$$K^\ominus(HAc)=\frac{[c(H_3O^+)/c^\ominus]\cdot[c(Ac^-)/c^\ominus]}{c(HAc)/c^\ominus} \tag{7-5,a}$$

式中，$K^\ominus(HAc)$被称为 HAc 的离解常数或电离常数(ionization constant)。为简化起见，本书后面讨论各种离解平衡常数时，在其表达式中各物种的平衡浓度不再除以各自的标准态 $c^\ominus$。如 HAc 的离解常数可简化为：

$$K^\ominus(HAc)=\frac{c(H_3O^+)\cdot c(Ac^-)}{c(HAc)} \tag{7-5,b}$$

或

$$K^\ominus(HAc)=\frac{c(H^+)\cdot c(Ac^-)}{c(HAc)} \tag{7-5,c}$$

任何一元弱酸的离解反应可表示为：

$$HA(aq)+H_2O(l)\rightleftharpoons H_3O^+(aq)+A^-(aq)$$

或
$$HA(aq)\rightleftharpoons H^+(aq)+A^-(aq)$$

其离解常数的通式为：

$$K^\ominus_{HA}=\frac{c(H_3O^+)\cdot c(A^-)}{c(HA)} \tag{7-6,a}$$

或
$$K^\ominus_{HA}=\frac{c(H^+)\cdot c(A^-)}{c(HA)} \tag{7-6,b}$$

弱酸的离解常数表明，达到离解平衡时，已经离解的各离子浓度的乘积与未离解的分子浓度的比值是一常数。由离解常数的大小可以比较酸的相对强弱。在相同温度时，离解常数大的酸是较强的酸。例如，25 ℃时，甲酸 HCOOH 的离解常数为 1.77×10^{-4}；HAc 的离解常数为 1.75×10^{-5}。当浓度相同时，HCOOH 溶液的酸性较强，HCOOH 是比 HAc 强的酸。

确定了弱酸离解常数，就可以计算已知浓度的弱酸溶液的平衡组成。实际上，在弱酸溶液中，同时存在着弱酸和水的两种离解平衡。如在 HAc 水溶液中，有下列两个离解平衡：

$$H_2O(l)+H_2O(l)\rightleftharpoons H_3O^+(aq)+OH^-(aq)$$

$$HAc(aq)+H_2O(l)\rightleftharpoons H_3O^+(aq)+Ac^-(aq)$$

二者之间相互联系，相互影响，它们都能离解生成 H_3O^+。由于 HAc 是比 H_2O 强的酸，在通常情况下，HAc 浓度并不很稀[如 $c(HAc)>1.0\times10^{-5}$ mol·L^{-1}，H_3O^+ 主要是由 HAc 离解而产生的，水离解产生的 H_3O^+ 浓度小于 10^{-7}mol·L^{-1}，HAc 离解产生的 $H_3O^+\gg10^{-7}$ mol·L^{-1}]。这样，计算 HAc 溶液中 $c(H_3O^+)$时，就可些不考虑水的离解平衡。

【例 7-1】 计算 25 ℃时，0.10 mol·L^{-1}HAc 溶液中的 H_3O^+、Ac^- 和 HAc 的浓度及溶液 pH。并计算已离解 HAc 的百分数。

解：查附表，$K^\ominus(HAc)=1.75\times10^{-5}$；并设 H_3O^+ 和 Ac^- 的开始浓度为 0，已离解的 HAc 浓度为 x mol·L^{-1}。

$$HAc(aq)+H_2O(l)\rightleftharpoons H_3O^+(aq)+Ac^-(aq)$$

	HAc(aq)	H_3O^+(aq)	Ac^-(aq)
开始浓度/(mol·L^{-1})	0.10	0	0
平衡浓度/(mol·L^{-1})	$0.10-x$	x	x

$$K^\ominus(HAc)=\frac{c(H_3O^+)\cdot c(Ac^-)}{c(HAc)}$$

$$1.75\times10^{-5}=\frac{x^2}{0.10-x}$$

解得 $x=1.3\times10^{-3}\ \text{mol}\cdot\text{L}^{-1}$

由 H_2O 离解产生的 $c(H_3O^+)=c(OH^-)=\dfrac{1.0\times10^{-14}}{1.3\times10^{-3}}\ \text{mol}\cdot\text{L}^{-1}=7.7\times10^{-12}\ \text{mol}\cdot\text{L}^{-1}$。由此可见，忽略水离解所产生的 H_3O^+ 是可行的。

$$pH=-\lg c(H_3O^+)=-\lg 1.3\times10^{-3}=2.89$$

已离解的 HAc 百分数，常以 α 表示。若以 $c_0(\text{HAc})$ 表示 HAc 的原始浓度，$c(\text{HAc})$ 表示已离解的 HAc 浓度，则：

$$\alpha=\frac{c(\text{HAc})}{c_0(\text{HAc})}\times100\%=\frac{1.3\times10^{-3}\text{mol}\cdot\text{L}^{-1}}{0.10\times\text{mol}\cdot\text{L}^{-1}}\times100\%=1.3\%$$

α 被称为弱酸（或弱碱）的离解度。因为这一概念最先是由阿伦尼乌斯在他的电解质电离理论中提出来的，所以，通常 α 被称为电离度（degree of ionization）。

弱酸（或弱碱）电离度的大小也可以表示酸（或碱）的相对强弱。在温度、浓度相同的条件下，电离度大的酸为较强的酸，属较强的电解质；电离度小的酸为较弱的酸，属较弱的电解质。如表 7-3 所示。

表 7-3　25 ℃，某些弱酸溶液（$0.10\ \text{mol}\cdot\text{L}^{-1}$）的离解度

名称	分子式	离解常数 $K^\ominus(\text{HA})$	离解度 $\alpha/\%$
氯乙酸	$ClCH_2COOH$	1.40×10^{-3}	11.2000
亚硝酸	HNO_2	7.20×10^{-4}	8.1000
甲酸	HCOOH	1.77×10^{-4}	4.1000
醋酸	CH_3COOH	1.75×10^{-5}	1.3000
氢氰酸	HCN	6.20×10^{-10}	0.0079
苯酚	C_6H_5OH	1.30×10^{-10}	0.0036

弱酸电离度的大小除与弱酸的本性有关外，还与溶液的浓度、温度等因素有关。在一定温度下，某弱酸的浓度越小，其电离度越大。从表 7-4 中可以看出，HAc 浓度降低，电离度则增大；但是，H_3O^+ 浓度随 HAc 浓度降低而减小，即 pH 随 HAc 浓度降低而增大，溶液的酸性减弱。

表 7-4　25 ℃，不同浓度 HAc 的 α 与 $c(H_3O^+)$

$c(\text{HAc})/(\text{mol}\cdot\text{L}^{-1})$	0.200	0.100	0.010	0.005	0.001
$\alpha/\%$	0.93	1.30	4.10	5.80	12.00
$c(H_3O^+)/(\text{mol}\cdot\text{L}^{-1})$	1.86×10^{-3}	1.30×10^{-3}	4.10×10^{-4}	2.90×10^{-4}	1.20×10^{-4}

通常由实验测定电离度，再由电离度计算出平衡时各离子的浓度，进而得到弱酸或

弱碱的离解常数。

离解常数和离解度都可以用来表示弱酸或弱碱的相对强弱，它们之间是相互联系的。以弱酸 HA 的离解反应为例：

$$HA(aq)+H_2O(l) \rightleftharpoons H_3O^+(aq)+A^-(aq)$$

开始浓度/($mol \cdot L^{-1}$)　c　　0　　0

平衡浓度/($mol \cdot L^{-1}$)　$c(1-\alpha)$　　$c\alpha$　　$c\alpha$

$$K^\ominus(HA)=\frac{(c\alpha)^2}{c(1-\alpha)}=\frac{c\alpha^2}{1-\alpha} \tag{7-7,a}$$

当 $K^\ominus(HA)/c<10^{-4}$ 时，$\alpha<10^{-2}$，$1-\alpha\approx1$，则：

$$K^\ominus(HA)\approx c\alpha^2, \alpha=\sqrt{\frac{K^\ominus(HA)}{c}} \tag{7-7,b}$$

(7-7)式表示了 AB 型弱电解质溶液的浓度、离解度和离解常数间的关系，叫作稀释定律。它表明了，在一定温度下，离解常数 $K^\ominus$ 保持不变，溶液被稀释时，离解度 α 值将增大。

【知识要点提醒】 掌握离解平衡常数的定义式。相同温度时，酸(碱)的离解平衡常数越大，酸(碱)性越强。

2. 一元弱碱溶液的离解平衡

以氨的水溶液为例讨论一元弱碱水溶液中的质子转移反应。氨的水溶液所以显碱性，是由于 NH_3 与 H_2O 之间发生了质子转移反应：

$$NH_3(aq)+H_2O(l) \rightleftharpoons NH_4^+(aq)+OH^-(aq)$$

NH_3 接受了一个质子转变为 NH_4^+，NH_3 是一元弱碱。上述反应的平衡常数可表示为：

$$K^\ominus(NH_3)=\frac{c(NH_4^+)\cdot c(OH^-)}{c(NH_3)}$$

按照习惯，仍把碱的质子转移反应的平衡常数称为碱的离解常数或电离常数。弱碱溶液平衡组成的计算与弱酸一样；二者之间并无本质的差别。

3. 多元酸溶液的离解平衡

一元酸碱的离解平衡是一步完成的，多元酸碱的离解平衡是分步进行的。前面所讨论的一元酸碱的离解平衡原理，也适用于多元酸碱的离解平衡。现以二元弱酸——氢硫酸 H_2S 为例来讨论多元酸的离解平衡。

氢硫酸 H_2S 的离解反应是分两步进行的，并有各自的离解平衡常数和相应的离解常数。

第一步离解：

$$H_2S(aq)+H_2O(l) \rightleftharpoons H_3O^+(aq)+HS^-(aq)$$

$$K_1^\ominus=\frac{c(H_3O^+)\cdot c(HS^-)}{c(H_2S)}$$

第二步离解：

$$HS^-(aq)+H_2O(l) \rightleftharpoons H_3O^+(aq)+S^{2-}(aq)$$

$$K_2^\ominus=\frac{c(H_3O^+)\cdot c(S^{2-})}{c(HS^-)}$$

$K_1^\ominus$、$K_2^\ominus$ 分别为 H_2S 的一级和二级离解常数。25 ℃时，$K_1^\ominus=1.32\times10^{-7}$；$K_2^\ominus=7.1\times10^{-15}$。从它们的相对大小可以看出：$K_1^\ominus \gg K_2^\ominus$，第二步离解比第一步弱得多。在 H_2S 溶液中还有水的自身离解反应。因此，溶液中同时存在三个离解平衡，H_3O^+ 共有三个来源。计算 H_2S 溶液中 $c(H_3O^+)$ 时，要善于抓住主要矛盾，根据离解常数的大小，确定 H_3O^+ 的主要来源。

在含有强酸的 H_2S 溶液中，$c(S^{2-})$ 在数值上远小于 $K_2^\ominus$，这是由于在溶液中加入强酸 HCl，$c(H_3O^+)$ 增大，抑制了 H_2S 离解的结果。

通过分析，可得出如下结论：

①多元弱酸的离解是分步进行的，一般 $K_1^\ominus \gg K_2^\ominus \gg K_3^\ominus \gg \cdots$ 溶液中的 H_3O^+ 主要来自酸的第一步离解反应，计算其 $c(H_3O^+)$ 时，可只考虑第一步离解。按一元弱酸的离解平衡来处理。

②在二元弱酸溶液中，通常情况下，$K_1^\ominus \gg K_2^\ominus$ 时，酸根离子浓度近似等于 $K_2^\ominus$，与酸的原始浓度无关。在 H_2S 溶液中，$c(H_3O^+)\neq 2c(S^{2-})$，这是因为 HS^- 并不是全部离解的。

③二元弱酸酸根离子浓度与溶液中 H_3O^+ 浓度的平方成反比。在实际应用中，可利用调节 pH 的方法来控制 S^{2-} 浓度，使一些金属硫化物沉淀生成或溶解，以达到分离与鉴定金属离子的目的。

【知识要点提醒】 一元酸碱的离解平衡一步完成，多元酸碱的离解平衡分多步进行。

二、盐的水解平衡

强酸强碱在水中完全离解所产生的正、负离子不与水发生质子转移反应，即强酸强碱盐不水解。除此之外，其他各类盐在水中离解所产生的正、负离子则不然，它们中的一种或两种能水解，即能与水发生质子转移反应。盐类的水解反应也可称为离子酸或离子碱的酸碱反应。

1. 强酸弱碱盐

通常，强酸弱碱盐(strong acid and weak base salt)在水中完全离解生成的正离子，如 NH_4^+、$[Fe(H_2O)_6]^{3+}$ 等在水溶液中发生质子转移反应，它们的水溶液显酸性。例如，NH_4Cl 在水中离解：

$$NH_4Cl(s)\xrightarrow{H_2O(l)}NH_4^+(aq)+Cl^-(aq)$$

$Cl^-(aq)$ 与 H_2O 不反应，而 $NH_4^+(aq)$ 与 H_2O 反应：

$$NH_4^+(aq)+H_2O(l) \rightleftharpoons NH_3(aq)+H_3O^+(aq)$$

该质子转移反应的平衡常数为：

$$K^\ominus(NH_4^+)=\frac{K^\ominus(HAc)\cdot c(HAc)}{c(Ac^-)}$$

$K^\ominus(NH_4^+)$被称为质子酸 NH_4^+ 的离解常数，也叫作 NH_4^+ 的水解常数。NH_4^+ 是质子碱 NH_3 的共轭酸，$K^\ominus(NH_4^+)$与 $K^\ominus(NH_3)$之间有一定的联系：

$$K^\ominus(NH_4^+)=\frac{K^\ominus(HAc)\cdot c(HAc)}{c(Ac^-)}$$

得

$$K^\ominus(NH_4^+)\cdot K^\ominus(NH_3)=K_w^\ominus \qquad (7\text{-}8,a)$$

任何一对共轭酸碱的离解常数都符合这一关系式。将(7-8,a)式两边分别取负对数，并令：

$$-\lg K^\ominus(NH_4^+)=pK^\ominus(NH_4^+),-\lg K^\ominus(NH_3)=pK^\ominus(NH_3)$$

则有

$$pK^\ominus(NH_4^+)+pK^\ominus(NH_3)=pK_w^\ominus \qquad (7\text{-}8,b)$$

常温下

$$pK^\ominus(NH_4^+)+pK^\ominus(NH_3)=14.00 \qquad (7\text{-}8,c)$$

用计算弱酸、弱碱平衡组成的同样方法，可以确定盐类水解平衡的组成。

2. 弱酸强碱盐

已知 NaAc、NaCN、……这类弱酸强碱盐(weak acid and base salt)的水溶液显碱性，它们在水中完全离解产生的正离子(如 Na^+)往往并不发生水解，而负离子在水中发生水解反应。如在 NaAc 水溶液中：

$$Ac^-(aq)+H_2O(l)\rightleftharpoons HAc(aq)+OH^-(aq)$$

该反应也是质子转移反应，其平衡常数为：

$$K^\ominus(Ac^-)=\frac{c(HAc)\cdot c(OH^-)}{c(Ac^-)}$$

$K^\ominus(Ac^-)$是质子碱 Ac^- 的离解常数，也就是 Ac^- 的水解常数。Ac^- 是 HAc 的共轭碱，根据共轭酸碱离解常数的关系式(7-8)，由附表中查到 $K^\ominus(HAc)$，可以求得 $K^\ominus(Ac^-)$。

多元弱酸强碱盐的水解，与一元弱酸强碱盐水解相似，其水溶液皆为碱性，它们在水中电离产生的负离子，如 CO_3^{2-}、PO_4^{3-} 等能够分步接受两个或三个质子，即多元弱酸根离子的水解是分步进行的。平衡时，有相应的平衡常数。例如，$NaCO_3$ 水溶液中 CO_3^{2-} 与 H_2O 间的质子转移反应为：

$$CO_3^{2-}(aq)+H_2O(l)\rightleftharpoons HCO_3^-(aq)+OH^-(aq) \qquad (\text{I})$$

$$HCO_3^-(aq)+H_2O(l)\rightleftharpoons H_2CO_3(aq)+OH^-(aq) \qquad (\text{II})$$

相应的平衡常数为：

$$K_1^\ominus=\frac{c(HCO_3^-)\cdot c(OH^-)}{c(CO_3^{2-})}$$

$$K_2^\circ=\frac{c(H_2CO_3)\cdot c(OH^-)}{c(HCO_3^-)}$$

这里的 K_1°、K_2° 分别为质子碱 CO_3^{2-} 的一级离解常数和二级离解常数，又称为 CO_3^{2-} 的一级和二级水解常数。

根据酸碱的共轭关系，CO_3^{2-} 的 K_1° 和 K_2° 分别与 H_2CO_3 的 K_2°、K_1° 相关。

$$K_1^\circ(CO_3^{2-})=\frac{K_w^\circ}{K_2^\circ(H_2CO_3)} \tag{7-9,a}$$

$$K_2^\circ(CO_3^{2-})=\frac{K_w^\circ}{K_1^\circ(H_2CO_3)} \tag{7-9,b}$$

由 $K_1^\circ(H_2CO_3)\gg K_2^\circ(H_2CO_3)$

得 $K_1^\circ(CO_3^{2-})\gg K_2^\circ(CO_3^{2-})$

这说明 CO_3^{2-} 的第一级水解反应是主要的。计算 $NaCO_3$ 溶液的 pH 时，可只考虑第一步水解反应。

影响盐类水解平衡的因素有温度和浓度。盐的水解反应是中和反应的逆反应，中和反应的热效应(放热)往往比较大。如氨水与盐酸的中和反应为：

$$NH_3(aq)+H_3O^+(aq)=\!=\!=NH_4^+(aq)+H_2O(l)$$

$$\Delta H_{298\,K}^\circ=-52.21\ kJ\cdot mol^{-1}$$

NH_4^+ 水解反应的热效应(吸热)，$\Delta H_{298\,K}^\circ=52.21\ kJ\cdot mol^{-1}$。其他的水解反应也都是吸热反应($\Delta H^\circ>0$)。随着温度升高，水解常数增大，水解度也增大，水解加剧。当温度一定时，浓度 c 越小，水解度越大。总之，稀释或加热都有利于盐的水解。

在化工生产和科学实验中，水解现象是经常遇到的。如在实验室中，配制某些盐的溶液时，常由于这些盐的水解而不能得到澄清的溶液。如：

$$Bi(NO_3)_3+H_2O\rightleftharpoons BiNO_3(s)+2HNO_3$$

$$SbCl_3+H_2O\rightleftharpoons SbOCl(s)+2HCl$$

$$SnCl_2+H_2O\rightleftharpoons Sn(OH)Cl(s)+HCl$$

为了防止水解的发生，通常先将盐溶于较浓的相应的酸中，然后再加水稀释到一定浓度。然而，有时人们利用盐类水解反应生成沉淀，来达到提纯和鉴定离子的目的。

3. 酸式盐

多元酸的酸式盐(acid salt)，如碳酸氢钠 $NaHCO_3$、磷酸二氢钠 NaH_2PO_4、磷酸氢二钠 Na_2HPO_4，邻苯二甲酸氢钾 $KHC_8H_4O_4$ 等，溶于水后完全离解，生成酸式酸根离子 HCO_3^-、$H_2PO_4^-$、HPO_4^{2-}、$HC_8H_4O_4^-$ 等，这些离子既能给出质子又能接受质子，是两性的。现以 $NaHCO_3$ 溶液为例来讨论酸式盐溶液中的水解平衡。

$NaHCO_3$ 在水溶液中完全离解：

$$NaHCO_3(s)\xrightarrow{H_2O(l)}Na^+(aq)+HCO_3^-(aq)$$

HCO_3^- 能发生如下的酸碱反应：

$$HCO_3^-(aq)+H_2O(l)\rightleftharpoons H_3O^+(aq)+CO_3^{2-}(aq)$$

$$K_2^\ominus(H_2CO_3)=\frac{c(H_3O^+)\cdot c(CO_3^{2-})}{c(HCO_3^-)} \tag{Ⅰ}$$

$$HCO_3^-(aq)+H_2O(l)\rightleftharpoons H_2CO_3(aq)+OH^-(aq)$$

$$K_2^\ominus(CO_3^{2-})=\frac{c(H_2CO_3)\cdot c(OH^-)}{c(HCO_3^-)}=\frac{K_w^\ominus}{K_1^\ominus(H_2CO_3)} \tag{Ⅱ}$$

反应达到平衡时，$c(H_3O^+)$、$c(CO_3^{2-})$、$c(HCO_3^-)$、$c(H_2CO_3)$和 $c(OH^-)$等五个量都是未知数。为了求解，需要有联立的五个方程式。已有了（Ⅰ）、（Ⅱ）两个方程式，再根据：

①水的自身离解反应：

$$H_2O(l)+H_2O(l)\rightleftharpoons H_3O^+(aq)+OH^-(aq)$$

$$c(H_3O^+)\cdot c(OH^-)=K_w^\ominus \tag{Ⅲ}$$

②质量平衡：

根据质量守恒定律，设 HCO_3^- 的原始浓度为 c_0，则有：

$$c_0=c(H_2CO_3)+c(HCO_3^-)+c(CO_3^{2-}) \tag{Ⅳ}$$

③电荷平衡：

任何电解质溶液必定保持电中性，溶液中正电荷数等于负电荷数。

$$c(Na^+)+c(H_3O^+)=c(HCO_3^-)+2c(CO_3^{2-})+c(OH^-) \tag{Ⅴ}$$

每个 CO_3^{2-} 所带电荷数为 2，在电荷平衡算式中电荷数为+2 或−2 的离子，其浓度的系数为 2；同理，电荷数为+3 或−3 的离子，其浓度系数为 3；依此类推。

将式（Ⅴ）−（Ⅳ）得：

$$c(H_3O^+)+c(H_2CO_3)=c(CO_3^{2-})+c(OH^-) \tag{Ⅵ}$$

由式（Ⅰ）得：

$$c(CO_3^{2-})=\frac{K_2^\ominus(H_2CO_3)\cdot c(HCO_3^-)}{c(H_3O^+)} \tag{Ⅶ}$$

由式（Ⅱ）得：

$$c(H_2CO_3)=\frac{K_w^\ominus\cdot c(HCO_3^-)}{K_1^\ominus(H_2CO_3)\cdot c(OH^-)}=\frac{c(H_3O^+)\cdot c(HCO_3^-)}{K_1^\ominus(H_2CO_3)} \tag{Ⅷ}$$

将式（Ⅲ）、（Ⅶ）、（Ⅷ）代入式（Ⅵ）得：

$$c(H_3O^+)=\sqrt{\frac{K_2^\ominus(H_2CO_3)\cdot c(HCO_3^-)+K_w^\ominus}{1+\dfrac{c(HCO_3^-)}{K_1^\ominus(H_2CO_3)}}} \tag{7-10}$$

由于 $K_2^\ominus(H_2CO_3)$、$K_2^\ominus(CO_3^{2-})$都很小，当溶液浓度不太稀时，可认为，$c(HCO_3^-)\approx c_0$，则：

$$c(H_3O^+)=\sqrt{\frac{K_1^\ominus(H_2CO_3)[K_2^\ominus(H_2CO_3)\cdot c_0+K_w^\ominus]}{K_1^\ominus(H_2CO_3)+c_0}} \tag{7-11}$$

如果 $c_0 \gg K_1^\ominus(H_2CO_3)$，上式中，$K_1^\ominus(H_2CO_3)+c_0 \approx c_0$，得：

$$c(H_3O^+)=\sqrt{\frac{K_1^\ominus(H_2CO_3)[K_2^\ominus(H_2CO_3)\cdot c_0+K_w^\ominus]}{c_0}} \tag{7-12}$$

同时，若 $K_2^\ominus(H_2CO_3)\cdot c_0 \gg K_w^\ominus$，则 $K_2^\ominus(H_2CO_3)\cdot c_0+K_w^\ominus \approx K_2^\ominus(H_2CO_3)\cdot c_0$

得
$$c(H_3O^+)=\sqrt{K_1^\ominus(H_2CO_3)\cdot K_2^\ominus(H_2CO_3)} \tag{7-13}$$

只要溶液浓度不太稀时，通常可用(7-13)式来近似计算酸式盐溶液的 $c(H_3O^+)$。

4. 弱酸弱碱盐

弱酸弱碱盐(weak acid and weak base salt)在水中完全离解而产生的正、负离子，它们同时与溶剂水作用发生各自的酸碱反应。溶液的 pH 是由两个酸碱平衡共同决定的。

以 NH_4CN 为例，设 NH_4CN 溶液浓度为 c_0。

$$NH_4CN(s)=NH_4^+(aq)+CN^-(aq)$$

$$NH_4^+(aq)+H_2O(l)\rightleftharpoons H_3O^+(aq)+NH_3(aq) \tag{a}$$

$$K^\ominus(NH_4^+)=\frac{c(H_3O^+)\cdot c(NH_3)}{c(NH_4^+)}=\frac{K_w^\ominus}{K^\ominus(NH_3)} \tag{Ⅰ}$$

$$CN^-(aq)+H_2O(l)\rightleftharpoons HCN(aq)+OH^-(aq) \tag{b}$$

$$K^\ominus(CN^-)=\frac{c(HCN)\cdot c(OH^-)}{c(CN^-)}=\frac{K_w^\ominus}{K^\ominus(HCN)} \tag{Ⅱ}$$

溶液中还有水的离解反应：

$$H_2O(l)+H_2O(l)\rightleftharpoons H_3O^+(aq)+OH^-(aq) \tag{c}$$

$$K_w^\ominus=c(H_3O^+)\cdot c(OH^-) \tag{Ⅲ}$$

将反应方程式(a)+(b)−(c)，得 NH_4^+ 和 CN^- 与 H_2O 作用的总反应方程式：

$$NH_4^+(aq)+CN^-(aq)\rightleftharpoons NH_3(aq)+HCN(aq)$$

相应的平衡常数 $K^\ominus$ 为：

$$K^\ominus=\frac{c(NH_3)\cdot c(HCN)}{c(NH_4^+)\cdot c(CN^-)}=\frac{K_w^\ominus}{K^\ominus(NH_3)\cdot K^\ominus(HCN)} \tag{7-14}$$

再根据质量平衡写出：

$$c_0=c(NH_3)+c(NH_4^+) \tag{Ⅳ}$$

$$c_0=c(HCN)+c(CN^-) \tag{Ⅴ}$$

电荷平衡：

$$c(H_3O^+)+c(NH_4^+)=c(OH^-)+c(CN^-) \tag{Ⅵ}$$

将式(Ⅳ)、(Ⅴ)代入式(Ⅵ)：

$$c(H_3O^+)-c(OH^-)=c(NH_3)-c(HCN) \tag{Ⅶ}$$

由于 $K^\ominus(HCN) \neq K^\ominus(NH_3)$，溶液中 $c(H_3O^+) \neq c(OH^-)$，$c(NH_3) \neq c(HCN)$。但是，式(Ⅶ)表明：$c(H_3O^+)$ 与 $c(OH^-)$ 之差等于水解生成的弱碱和弱酸浓度之差。

在溶液并不很稀的情况下(即 c_0 值较大)，水解所生成的弱碱或弱酸的浓度在数值上要比相应的 $c(H_3O^+)$ 或 $c(OH^-)$ 大。可假设 $c(NH_3) \approx c(HCN)$，但是不能认为 $c(H_3O^+) = c(OH^-)$。

将 $c(NH_3) = c(HCN)$ 代入式(Ⅳ)、(Ⅴ)，得

$$c(CN^-) = c(NH_4^+) = c_0 - c(NH_3) = c_0 - c(HCN)$$

再代入(7-14)式得，

$$\frac{c^2(NH_3)}{[c_0 - c(NH)_3]^2} = \frac{K_w^\ominus}{K^\ominus(HCN) \cdot K^\ominus(NH_3)} \qquad (Ⅷ)$$

由式(Ⅰ)可得，

$$\frac{K_w^\ominus}{K^\ominus(NH_3)} = \frac{c(H_3O^+) \cdot c(NH_3)}{c_0 - c(NH_3)}$$

$$c(H_3O^+) = \frac{[c_0 - c(NH_3)] \cdot K_w^\ominus}{c(NH_3) \cdot K^\ominus(NH_3)} \qquad (Ⅸ)$$

将式(Ⅷ)代入式(Ⅸ)

$$c(H_3O^+) = \sqrt{\frac{K_w^\ominus \cdot K^\ominus(HCN)}{K^\ominus(NH_3)}} \qquad (7\text{-}15)$$

由(7-15)式可以看出：

当 $K^\ominus(HA) = K^\ominus(B)$ 时，弱酸弱碱盐溶液呈中性。$c(H_3O^+) = 1.0 \times 10^{-7}\ mol \cdot L^{-1}$。如 NH_4Ac 溶液就近似为中性。

当 $K^\ominus(HA) > K^\ominus(B)$ 时，弱酸弱碱盐溶液呈酸性，$c(H_3O^+) > 1.0 \times 10^{-7}\ mol \cdot L^{-1}$。如 $HCOONH_4$ 溶液。

当 $K^\ominus(HA) < K^\ominus(B)$ 时，弱酸弱碱盐溶液呈碱性，$c(H_3O^+) < 1.0 \times 10^{-7}\ mol \cdot L^{-1}$。如 NH_4CN 溶液。

【知识要点提醒】 强酸强碱盐在水中不水解，强酸弱碱盐、弱酸强碱盐以及弱酸弱碱盐在水中发生水解。

第四节 缓冲溶液

本节重点讨论弱酸与它的共轭碱共存于同一溶液中时，弱酸(或弱碱)的离解平衡就发生移动，产生同离子效应(common ion effect)。这一概念有助于我们理解缓冲溶液的性能和缓冲原理。

一、同离子效应

如用 pH 试纸测定 0.10 mol·L^{-1} 的 HAc 溶液的 pH，约为 3。可是，在 0.10 mol·L^{-1}HAc 溶液中加入少量醋酸铵 $NH_4Ac(s)$之后，其 pH 就可变为 6 左右。这说明 HAc 溶液中加入 NH_4Ac 后，溶液的酸性减弱，$c(H_3O^+)$减小。

在 HAc 溶液中存在下列质子转移反应：

$$HAc(aq)+H_2O(l) \rightleftharpoons H_3O^+(aq)+Ac^-(aq)$$

加入 NH_4Ac 后，溶液中的 $c(Ac^-)$增大，上述平衡向左移动，HAc 的离解度降低，酸性减弱。

【例 7-2】 在 0.10 mol·L^{-1} 的 HAc 溶液中，加入 NH_4Ac 晶体，使 NH_4Ac 浓度为 0.10 mol·L^{-1}。计算该溶液的 pH 和 HAc 的离解度 α。

解：设溶液中 $c(H_3O^+)$为 x mol·L^{-1}

$$NH_4Ac(aq) = NH_4^+(aq)+Ac^-(aq)$$

浓度/(mol·L^{-1})　　0.10　　0.10　　0.10

$$HAc(aq)+H_2O(l) \rightleftharpoons H_3O^+(aq)+Ac^-(aq)$$

平衡浓度/(mol·L^{-1})　$0.10-x$　　x　　$0.10+x$

$$K^\ominus(HAc)=\frac{c(H_3O^+)\cdot c(Ac^-)}{c(HAc)}$$

$$1.75\times10^{-5}=\frac{x(0.10+x)}{0.10-x}$$

$$x=1.75\times10^{-5}$$

$$c(H_3O^+)=1.75\times10^{-5}\ \text{mol}\cdot\text{L}^{-1}$$

$$pH=-\lg 1.75\times10^{-5}=4.76$$

$$\alpha=\frac{1.75\times10^{-5}}{0.10}\times100\%=0.018\%$$

在例 7-1 的计算中，已知 0.10 mol·L^{-1}HAc 溶液的 pH 为 2.89，HAc 的离解度 α 为 1.3%。比较两例的计算结果可知，在弱酸(HAc)溶液中加入该弱酸的共轭碱(Ac^-)，则弱酸的离解度降低。

如果在 HAc 溶液中，加入的不是醋酸盐，而是加入盐酸，HCl(aq)与 HAc(aq)离解生成相同离子——H_3O^+，同样会使 HAc 的离解平衡向左移动，$c(Ac^-)$减少，HAc 的离解度降低。

同样，在弱碱溶液中，加入与弱碱溶液含有相同离子的强电解质(弱碱盐或强碱)，弱碱的离解平衡向生成弱碱分子的方向移动，弱碱的离解度降低。

从上述讨论，可得出如下结论：在弱酸或弱碱溶液中，加入与这种酸或碱含有相同离子的强电解质，使弱酸或弱碱的离解度降低，这种作用被称为同离子效应。

【知识要点提醒】 同离子效应使弱酸或弱碱的离解度降低。

二、缓冲溶液的概念

在水溶液中进行的许多反应都与溶液的 pH 有关，其中有些反应要求在一定的 pH 范围内进行，这就需要使用缓冲溶液(buffer solution)。

为了解缓冲溶液的概念，先分析几个实验现象。

纯水的 pH 为 7.00，如果在 50 mL 纯水中加入 0.050 mL 浓度 1.0 mol·L^{-1} 的 HCl 溶液，则溶液中 $c(H_3O^+)$为：

$$c(H_3O^+)=\frac{1.0\times0.050}{50.05}=0.0010\ \mathrm{mol\cdot L^{-1}}$$

$$\mathrm{pH}=3.00$$

pH 改变了四个单位。

如果在 50 mL 纯水中加入 0.050 mL 浓度 1.0 mol·L^{-1} 的 NaOH 溶液，则所得溶液中 $c(OH^-)=0.0010$ mol·L^{-1}，pH=11.00。pH 改变了四个单位。

可见，纯水中加入微量的强酸或强碱，就可以引起 pH 的明显变化，说明纯水不具有保持 pH 相对稳定的性能。

但是，如果在含有 0.10 mol·L^{-1}HAc 和 0.10 mol·L^{-1}NaAc 的 50 mL 混合溶液中，加入 0.050 mL 浓度 1.0 mol·L^{-1} 的 HCl(aq)，溶液的 pH 由 4.76 降低到 4.75；如果用 1.0 mol·L^{-1}NaOH(aq)代替 1.0 mol·L^{-1}HCl(aq)，混合溶液的 pH 则由 4.76 升高到 4.77。两种情况下溶液的 pH 都只改变了 0.01 个单位。

实验结果表明，在像 HAc-NaAc 这样的弱酸-弱酸盐溶液中，加入少量的强酸或强碱时，溶液的 pH 改变很小。这样的溶液具有保持 pH 相对稳定的性能。同样，像 NH_3-NH_4Cl 的弱碱和弱碱盐组成的混合溶液也具有保持 pH 相对稳定的性能。这种具有保持 pH 相对稳定性能的溶液(也就是不因加入少量强酸或强碱而显著改变 pH 的溶液)叫作缓冲溶液。从组成上来看，通常，缓冲溶液是由弱酸和它的共轭碱组成的。

为什么缓冲溶液的 pH 能够保持相对稳定呢？现以 NaAc 缓冲溶液为例，来分析缓冲作用的基本原理。

在 HAc-NaAc 缓冲溶液中，由 NaAc 完全离解而产生的 Ac^-，其浓度与纯 HAc 溶液中的 Ac^-浓度相比大很多。同离子效应使 HAc 的离解平衡向生成 HAc 分子一方移动，降低了 HAc 的离解度，使 HAc 分子浓度接近未离解时的浓度。因此，系统中弱酸和它的共轭碱浓度都较大，这是缓冲溶液在组成上的特点。根据 HAc 的离解平衡，溶液中：

$$c(H_3O^+)=\frac{K^{\ominus}(HAc)\cdot c(HAc)}{c(Ac^-)}$$

当往该溶液中加入少量强酸时，强酸离解产生的 H_3O^+ 就与 Ac^- 反应生成 HAc，使 HAc 的离解平衡向左移动。由于溶液中 $c(Ac^-)$ 较大，加入强酸量又相对的较少；这样，大量的 Ac^- 只有少量用来同 H_3O^+ 反应。当建立起新的平衡时，$c(HAc)$ 仅略有增加，$c(Ac^-)$ 略有减少，$\frac{c(HAc)}{c(Ac^-)}$ 这一比值几乎保持不变，溶液中 $c(H_3O^+)$ 很少改变，pH 保持了相对稳定。

如果在缓冲溶液中加入少量的强碱，强碱离解产生的 OH^- 就与 HAc 反应生成 H_2O 和 Ac^-，HAc 的离解平衡向左移动。由于溶液中 HAc 浓度较大，大量 HAc 的存在足以把加入的少量 OH^- 中和掉，当建立起新的平衡时，$c(HAc)$ 仅略有减少，$c(Ac^-)$ 略有增加，$\frac{c(HAc)}{c(Ac^-)}$ 几乎保持不变，因而可以维持 pH 相对稳定。

总之，在弱酸和它的共轭碱（HA—A^-）组成的缓冲溶液中，$c(HA)$ 与 $c(A^-)$ 都较大，加入少量酸或碱时，$c(HA)$、$c(A^-)$ 相对改变很小，使得 $\frac{c(HA)}{c(A^-)}$ 改变不大，因而 $c(H_3O^+)$ 的变化也很小。所以，在一定条件下，缓冲溶液具有保持 pH 相对稳定的性能，即具有一定的缓冲能力。

【知识要点提醒】 缓冲溶液具有保持 pH 相对稳定的能力，通常由弱酸与其共轭碱组成。

三、缓冲溶液 pH 的计算

使用缓冲溶液时，需要计算缓冲溶液的 pH，以便于控制酸碱反应。根据弱酸与其共轭碱之间的平衡，可以确定缓冲溶液的 pH。如果以 c(HA) 表示弱酸的浓度，$c(A^-)$ 表示它的共轭碱的浓度。则，

$$HA(aq)+H_2O(l)\rightleftharpoons H_3O^+(aq)+A^-(aq)$$

平衡浓度/($mol\cdot L^{-1}$) $c(HA)-x$ x $c(A^-)+x$

在一定条件下，$K^\ominus(HA)$ 不太大（如 $<10^{-4}$），$c(HA)$ 或 $c(A^-)$ 不太小，又由于同离子效应，这时，x 很小，可认为：

$$c(HA)-x\approx c(HA)$$

$$c(A^-)+x\approx c(A^-)$$

$$K^\ominus(HA)=\frac{c(H_3O^+)\cdot c(A^-)}{c(HA)}$$

$$c(H_3O^+)=\frac{K^\ominus(HA)\cdot c(HA)}{c(A^-)}$$

$$pH=pK^\ominus(HA)-\lg\frac{c(HA)}{c(A^-)} \tag{7-16}$$

(7-16)式可用来计算酸性缓冲溶液的 pH[计算酸性较强的缓冲溶液(如 H_3PO_4-$H_2PO_4^-$)的 pH 时,不能用这一近似公式。因为 $K^\ominus(HA)$ 较大,$c(HA)-x\approx c(HA)$,$c(A^-)+x\approx c(A^-)$ 两式不能成立],也可用来计算碱性不太强(如 pH≤10)的缓冲溶液的 pH。实际上,这种计算就是同离子效应的平衡组成的计算。

实际应用中,也常用到碱性缓冲溶液,其 pH 的计算与上面的讨论相似。若以 B(aq) 表示弱碱,$BH^+(aq)$ 表示其共轭酸,则有:

$$B(aq)+H_2O(l)\rightleftharpoons BH^+(aq)+OH^-(aq)$$

平衡浓度/($mol\cdot L^{-1}$)　$c(B)-x$　　$c(BH^+)+x$　x

$$K^\ominus(B)=\frac{c(BH^+)\cdot c(OH^-)}{c(B)}$$

由于 $K^\ominus(B)$ 较小和同离子效应的影响,x 很小,则

$$c(OH^-)=\frac{K^\ominus(B)\cdot[c(B)-x]}{c(BH^+)+x}=\frac{K^\ominus(B)\cdot c(B)}{c(BH^+)}$$

令　$pK^\ominus(B)=-\lg K^\ominus(B)$

得
$$p(OH)=pK^\ominus(B)-\lg\frac{c(B)}{c(BH^+)} \tag{7-17,a}$$

又由 $pH=14-p(OH)$

得
$$pH=14-pK^\ominus(B)+\lg\frac{c(B)}{c(BH^+)} \tag{7-17,b}$$

(7-17)式可用来计算碱性溶液的 pH。如果是强碱性缓冲溶液(如 HPO_4^{2-}-PO_4^{3-})的 pH,必须按碱的离解平衡组成来计算,不能用近似公式。

通过以上讨论,可以总结出:

①缓冲溶液的 pH 首先取决于 $pK^\ominus(HA)$ 或 $pK^\ominus(B)$,即决定于弱酸或弱碱的离解常数的大小;其次,与 $\frac{c(HA)}{c(A^-)}$ 或 $\frac{c(B)}{c(BH^+)}$ 有关。对于某一缓冲溶液,由于 $pK^\ominus(HA)$ 或 $pK^\ominus(B)$ 是一常数,在一定范围内改变 $\frac{c(HA)}{c(A^-)}$ 或 $\frac{c(B)}{c(BH^+)}$ 就可以在 $pK^\ominus(HA)$ 或 $pK^\ominus(B)$ 附近的范围内,得到不同 pH 的缓冲溶液。

②将缓冲溶液适当稀释时,因为稀释对 $\frac{c(HA)}{c(A^-)}$ 或 $\frac{c(B)}{c(BH^+)}$ 无多大影响,缓冲溶液的 pH 基本保持不变。

③缓冲溶液的缓冲能力是有限的。加入少量的强酸或强碱时,溶液的 pH 改变很小;如果加入大量的强酸或强碱,使得溶液中 $c(HA)$、$c(A^-)$ 或 $c(B)$、$c(BH^+)$ 有明显变化,以致使 $c(H_3O^+)$ 也发生较大变化,溶液就不再表现出缓冲作用了。

缓冲溶液的缓冲能力与组成缓冲溶液的弱酸及其共轭碱的浓度有关。当弱酸与它

的共轭碱浓度较大时，缓冲能力也较大。此外，缓冲能力还与$\frac{c(HA)}{c(A^-)}$或$\frac{c(B)}{c(BH^+)}$有关，当$\frac{c(HA)}{c(A^-)}$或$\frac{c(B)}{c(BH^+)}$接近于1时，缓冲能力强。所以，通常缓冲溶液中$\frac{c(HA)}{c(A^-)}$或$\frac{c(B)}{c(BH^+)}$在0.1～10范围之内。

【知识要点提醒】 缓冲溶液的pH主要取决于弱酸或弱碱的离解平衡常数，并与弱酸及其共轭碱的浓度有关。适当稀释时pH基本保持不变，但是缓冲溶液的缓冲能力是有限的。

四、缓冲溶液的选择和配制

不同的缓冲溶液只有在不同的pH范围内才有缓冲作用。因此，常常根据实际需要选择不同的缓冲溶液。

在使用缓冲溶液时，通常H_3O^+或OH^-是参与反应的。所以，在选择缓冲溶液的过程中，首先应注意，所用的缓冲溶液除可发生H_3O^+或OH^-参与的反应外，不与反应物或生成物发生其他的副反应。同时，缓冲溶液的pH应在要求的范围之内。为使缓冲溶液有较强的缓冲能力，所选择的弱酸的$pK^\ominus(HA)$应尽可能接近于所要求的pH。例如，如果需要pH大约等于7的缓冲溶液，可选用NaH_2PO_4-Na_2HPO_4缓冲溶液。因为$pK^\ominus(H_3PO_4)$为7.20，与所需要的pH接近。

在选定具有适当pH的缓冲溶液之后，首先要根据溶液的pH计算出所需酸与它的共轭碱的用量。

有一些广泛应用的缓冲溶液的配制方法，可查阅有关化学手册。

【知识要点提醒】 缓冲溶液的配制首先要根据所需pH选择与之接近的缓冲溶液，然后计算所需弱酸与其共轭碱的用量。

五、缓冲溶液的应用

缓冲溶液的重要作用是控制溶液的pH。许多化学反应和生物化学过程都与系统中的$c(H_3O^+)$有关。如人的血液就是H_2CO_3-HCO_3^-，$H_2PO_4^-$-HPO_4^{2-}和蛋白质等组成的缓冲系统。正常人血液的pH为7.4。为维持这一恒定的pH，起重要作用的是$\frac{c(H_2CO_3)}{c(HCO_3^-)}$。就$H_2CO_3$-$HCO_3^-$系统的缓冲作用而言：

$$pH = pK_1^\ominus(H_2CO_3) - \lg\frac{c(H_2CO_3)}{c(HCO_3^-)}$$

考虑到$H_2PO_4^-$-HPO_4^{2-}[$pK_2^\ominus(H_3PO_4) = 7.20$]及其他因素的影响，$\frac{c(H_2CO_3)}{c(HCO_3^-)}$一般为1/20，这样才能维持血液的正常pH。当pH<7.3时，新陈代谢所产生的CO_2就不能有

效地从细胞中进入血液(进入血液中的 CO_2 在肺中与 O_2 交换);pH＞7.7 时,在肺中 CO_2 就不能有效地同 O_2 交换而排出体外。血液的 pH 若超过 7.00～7.80 这一范围,生命就不能继续维持。

又如,甲酸 HCOOH 分解生成 CO 和 H_2O 的反应中,H_3O^+ 可作为催化剂加快反应,这是一个酸催化反应(acid catalyzed reaction)。为了控制反应速率就必须控制系统的 pH。

对许多难溶氢氧化物、硫化物和碳酸盐等,它们的溶解度也与溶液的 pH 有关。缓冲溶液能控制溶液的 pH,从而起到控制难溶化合物溶解度的作用,达到分离鉴定的目的。

第五节　酸碱 pH 的测定

我们已经讨论了多种质子酸碱溶液 pH 的计算和如何控制溶液的 pH。那么,如何测定溶液的 pH 呢? 测定含有弱酸或弱碱溶液的 pH 不能用酸碱中和滴定的方法。因为中和滴定的方法只能测定酸或碱的总浓度,而不能测定离解出来的 H^+ 或 OH^- 的浓度。测定 pH 的方法很多,通常采用的是酸碱指示剂、pH 试纸和 pH 计等方法。

酸碱指示剂一般是弱的有机酸或弱的有机碱,或既呈弱酸性又呈弱碱性的两性物质。它们能够给出质子或接受质子,或者其本身就是共轭酸碱系统。溶液的 pH 改变时,指示剂的分子或离子的结构发生变化,因而呈现不同的颜色。

测定 pH 最简单、最方便的方法是使用 pH 试纸。pH 试纸是用滤纸浸渍多种指示剂的混合溶液而成的。在具体测量时,可将一小块试纸放在点滴板上或用手捏住,再用沾有待测溶液的玻璃棒点湿试纸的中部,则试纸因被待测溶液润湿而变色。将其与标准比色卡比较,即得出 pH。一般待测液湿润试纸后半秒钟内就能与指示剂发生反应,故应及时观察试纸颜色,如果观察时间过迟,试纸可能因吸收空气中的 CO_2 等而使颜色变化,造成测定误差。市售的国产 pH 试纸有“广泛 pH 试纸”和“精密 pH 试纸”两类。“广泛 pH 试纸”可用来粗略检验溶液的 pH;“精密 pH 试纸”在 pH 变化较小时就有颜色的变化,它可用来较精细地检验溶液的 pH。每类 pH 试纸,按测量范围和变色间隔,又分为很多种,可视具体需要任意选用。

用酸碱指示剂测定溶液的 pH 是很粗略的,只能知道溶液 pH 是在某一个范围内。用 pH 试纸测定 pH 就比较准确了。然而更精确些的测定溶液 pH 的方法是用 pH 计,目前一般 pH 计测到的 pH 精度可达小数点后两位,即十分位是可靠的,百分位是估计的;精密的 pH 计测到的 pH 精度达小数点后三位,即百分位是可靠的,千分位是估计的。用 pH 计测定溶液的 pH 时,必须首先使用已知 pH 的标准缓冲溶液作基准来定位。一般采用邻苯二甲酸氢钾、磷酸二氢钾和磷酸氢二钠、硼砂三种标准溶液来分别定位。它们的浓度和 0～45 ℃时的 pH 如表 7-5 所示。

表 7-5　三种标准溶液的 pH(0～45 ℃)

温度/℃	邻苯二甲酸氢钾 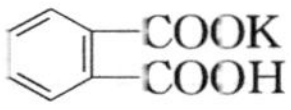 0.05 mol·L^{-1} 溶液 pH	磷酸二氢钾(KH_2PO_4) 0.025 mol·L^{-1} 磷酸氢二钠(Na_2HPO_4) 0.025 mol·L^{-1} 溶液 pH	硼砂 $Na_2B_4O_7 \cdot 10H_2O$ 0.01 mol·L^{-1} 溶液 pH
0	4.01	6.98	9.46
5	4.01	6.95	9.39
10	4.00	6.92	9.33
15	4.00	6.90	9.27
20	4.00	6.88	9.22
25	4.01	6.86	9.18
30	4.01	6.85	9.14
35	4.02	6.84	9.10
40	4.03	6.84	9.07
45	4.04	6.83	9.04

【知识要点提醒】 pH 可以通过 pH 试纸测定,更精确的方法是使用 pH 计。

第六节　强电解质溶液

一般强电解质是离子型化合物(如 KCl、NaCl)或是具有强极性键的共价化合物(如 HCl、H_2SO_4)。按照强电解质能在水中全部电离的观点,似乎它们的电离度都应该为 100%。但是,根据溶液导电性的实验所测得的强电解质在溶液中的电离度(表观电离度)都小于 100%。如表 7-6 所示。

表 7-6　强电解质的表观电离度(25 ℃,0.10 mol·L^{-1})

电解质	电离式	表观电离度
氯化钾	$KCl \longrightarrow K^+ + Cl^-$	86%
硫酸锌	$ZnSO_4 \longrightarrow Zn^{2+} + SO_4^{2-}$	40%
盐酸	$HCl \longrightarrow H^+ + Cl^-$	92%
硝酸	$HNO_3 \longrightarrow H^+ + NO_3^-$	92%

续表

电解质	电离式	表观电离度
硫酸	$H_2SO_4 \longrightarrow H^+ + HSO_4^-$	61%
氢氧化钠	$NaOH \longrightarrow Na^+ + OH^-$	91%
氢氧化钡	$Ba(OH)_2 \longrightarrow Ba^{2+} + 2OH^-$	81%

为什么会出现这种矛盾现象呢？因为离子是带有电荷的粒子，它们之间存在着静电作用。在弱电解质溶液中，离子浓度很小，离子间的相互作用可以忽略。但在强电解质溶液中，离子浓度较大，离子间的静电作用比较显著，离子的分布有一定规律。如在 KCl 溶液中，K^+ 的周围总是 Cl^- 多些，而 Cl^- 的周围总是 K^+ 多些。总之，由于正、负离子间的静电作用，在每个离子的周围吸引着较多的带有相反电荷的离子。这种情形可以被形象地描述为：正离子周围形成了负离子组成的"离子氛"，负离子周围也有由正离子组成的"离子氛"。由于离子不断运动，"离子氛"时而拆散，时而形成。同一个离子既是某一"离子氛"的中心离子，同时又是另一中心离子的"离子氛"中的一分子。离子之间的这种相互牵制作用，使得离子不能完全自由运动。这样，根据溶液导电性所测定的结果，比按照电解质完全电离所应得的结果要小，即由实验测得的强电解质的电离度小于 100%。这种由实验测得的电离度并不代表强电解质在溶液中实际的电离百分数，被称为表观电离度。它反映了溶液中离子间的相互作用的强弱。

溶液中的离子浓度越大，则离子间的相互牵制作用越强，溶液中"自由运动"的离子浓度越小。通俗地说，把溶液中这种有效地自由运动的离子浓度称为活度或有效浓度。以符号 α 表示活度。活度是一个重要概念，在物理化学的热力学中将做详细讨论，这里只引用某些结论和规定。为此，先说明质量摩尔浓度的概念：溶质 B 的质量摩尔浓度就是每 1000 g(1 kg)水(溶剂)中所含溶质 B 的物质的量(amount of substance, n_B)。以符号 m 表示之，其单位为 $mol \cdot kg^{-1}$ 或 mol/1000 g。标准质量摩尔浓度 $m^\ominus = 1\ mol \cdot kg^{-1}$。在稀的水溶液中，物质的量浓度(molar concentration, c)($mol \cdot L^{-1}$)与质量摩尔浓度 m($mol \cdot kg^{-1}$)几乎相等。无机化学中对二者不加区分。在热力学中，溶质的活度 α 定义为：

$$\alpha_{m,i} = \gamma_{m,i} \cdot m_i / m^\ominus \tag{7-18,a}$$

或

$$\alpha_{c,i} = \gamma_{c,i} \cdot c_i / c^\ominus \tag{7-18,b}$$

γ 为活度系数。在电解质溶液中，一般来说，$\gamma < 1$。γ 偏离 1 的程度反映了离子之间的相互作用的程度。活度系数 γ 越小，则离子间的相互作用越强，离子活度就越小。以活度表示的平衡常数叫作活度平衡常数(activity equilibrium constant)。

在电解质溶液中，离子的活度系数与离子浓度有关，也与离子所带电荷数有关，溶液中离子的活度系数不仅受它本身浓度和电荷数的影响，还受溶液中其他各种离子的浓度与电荷数的影响，这些影响以“离子强度”来表示，其符号为 I。离子强度 I 与离子浓度（m_i 或 c_i）和电荷数 z_i 之间的关系为：

$$I=\frac{1}{2}(m_1z_1^2+m_2z_2^2+\cdots+m_iz_i^2)=\frac{1}{2}\sum m_iz_i^2 \qquad (7\text{-}19,\text{a})$$

或

$$I=\frac{1}{2}\sum c_i{z_i}^2 \qquad (7\text{-}19,\text{b})$$

一般来说，在离子强度不大的范围内，活度系数随着离子强度的增大而减小。离子强度增大，则离子活度减小。不同电荷的离子的活度系数与离子强度的关系如表 7-7 所示。

从表 7-7 可以看出，在一定的浓度范围内溶液的离子强度越大或离子所带电荷越多，则因离子间的牵制作用越强而使活度系数越小。换句话说，在通常条件下，如果溶液的离子强度越大，则活度与浓度之间的数值差越大。相反，溶液的离子强度很小时，离子间的牵制作用就降低到极微弱的程度。如当 $I<10^{-4}$ 时，$\gamma\rightarrow1$，这时活度与浓度在数值上趋于相等。一般做准确计算时，都要用到活度。对于稀溶液或做近似计算时，取 $\gamma=1$，就直接用浓度代替活度，不会引起很大误差。

表 7-7　活度系数、电荷数与离子强度

离子强度/($\text{mol}\cdot\text{L}^{-1}$)	活度系数			
	电荷数 1	电荷数 2	电荷数 3	电荷数 4
1×10^{-4}	0.99	0.95	0.90	0.83
5×10^{-4}	0.97	0.90	0.80	0.67
1×10^{-3}	0.96	0.86	0.73	0.56
5×10^{-3}	0.92	0.72	0.51	0.30
1×10^{-2}	0.89	0.63	0.39	0.19
5×10^{-2}	0.81	0.44	0.15	0.04
0.1	0.73	0.33	0.08	0.01
0.5	0.62	—	—	—

在讨论标准状态时，规定浓度 $c^\ominus=1.0\ \text{mol}\cdot\text{L}^{-1}$。对于溶液来说，标准态的确定，除了规定 $c^\ominus=1.0\ \text{mol}\cdot\text{L}^{-1}$（或 $m^\ominus=1.0\ \text{mol}\cdot\text{kg}^{-1}$）以外，还规定溶液为无限稀释，此时 $\gamma=1$，当然，这是一种假想的标准状态。

【知识要点提醒】 理解离子氛、活度和离子强度的含义。

本 章 小 结

本章首先在酸碱电离理论的基础上，介绍质子酸碱的概念及相关理论，研究酸碱反应的一般规律。重点掌握一元弱酸、一元弱碱、一元强碱弱酸盐、一元强酸弱碱盐及缓冲溶液的 pH 计算。讨论弱酸与它的共轭碱共存于同一溶液中时，弱酸(或弱碱)的离解平衡就发生移动，产生同离子效应。这一概念有助于理解缓冲溶液的性能和缓冲原理。

习　　题

一、选择题

1. 中和 25 mL 浓度 3 mol·$L^{-1}Ca(OH)_2$ 溶液需要 0.25 mol·L^{-1} 的 H_3PO_4(　　)。

A. 20 mL　　B. 40 mL　　C. 50 mL　　D. 75 mL

2. 0.1 mol·$L^{-1}NaHCO_3$ 的 pH 约为(　　)。

A. 5.6　　B. 7.0　　C. 8.4　　D. 13.0

3. 0.2 mol·L^{-1} 的甲酸溶液中 3.2%的甲酸电离，它的电离常数是(　　)。

A. 9.6×10^{3}　　B. 2.1×10^{4}　　C. 1.25×10^{6}　　D. 4.8×10^{5}

4. 在 0.06 mol·L^{-1} 的 HAc 溶液中，加入足够量的 NaAc 晶体使其浓度达 0.2 mol·L^{-1}，HAc 的 $K_{\alpha}=1.8\times10^{-5}$，溶液中的 $c(H^+)$近似为(　　)。

A. 5.4×10^{6}　　B. 3.6×10^{6}　　C. 1.08×10^{6}　　D. 5×10^{8}

5. 下列各种物质中，既是路易斯酸又是路易斯酸碱的是(　　)。

A. B_2H_6　　B. CCl_4　　C. H_2O　　D. SO_2Cl_2

6. 不是共轭酸碱对的一组物质是(　　)。

A. NH_3、NH^{2-}　　B. NaOH、Na^+　　C. HS^-、S^{2-}　　D. H_2O、OH^-

二、填空题

1. 将下列物质 H_2SO_4、$HClO_4$、C_2H_5OH、NH_3、NH_4^+、HSO_4^-，按其水溶液中的酸性由强到弱排列，为：____。

2. 已知 18 ℃时水的 $K_w^\circ=6.4\times10^{-15}$，此时中性溶液中 $c(H^+)$为________，pH 为________。

3. 现有浓度相同的四种溶液 HCl、HAc($K_a^\circ=1.8\times10^{-5}$)、NaOH 和 NaAc，欲配制 pH=4.44 的缓冲溶液，可有三种配法，每种配法所用的两种溶液及其体积比分别为：____________，____________，____________。

4. $S^{2-}+H_2O \longrightarrow HS^-+OH^-$，已知，$H_2S$ 的 $K_{a1}^\circ=6.3\times10^{-8}$，$K_{a2}^\circ=7.1\times10^{-15}$，则其

平衡常数 $K^\ominus$=________，共轭酸碱对为________________。

三、问答题和思考题

1. 阐述下列化学名词的概念和含义。

水的离子积常数　离解常数　离解度　分步离解　水解常数　水解度　分步水解　同离子效应　缓冲溶液

2. 在氨水中加入下列物质时，$NH_3 \cdot H_2O$ 的离解度和溶液的 pH 将如何变化？

(1)加 NH_4Cl；

(2)加 NaOH；

(3)加 HCl；

(4)加水稀释。

3. 下列说法是否正确？为什么？

(1)将氨水和 NaOH 溶液的浓度各稀释为原来的 1/2，则两种溶液中 OH^- 浓度均减少为原来的 1/2；

(2)若 HCl 溶液的浓度为 HAc 溶液的 2 倍，则 HCl 溶液中 H^+ 浓度也为 HAc 溶液中 H^+ 浓度的 2 倍；

(3)中和同浓度、等体积的一元酸所需的碱量基本上是相等的，所以同浓度的一元酸溶液中 H^+ 浓度基本上也是相等的；

(4)氨水的浓度越小，离解度越大，溶液中 OH^- 浓度也必越大。

4. 根据弱电解质的离解常数，确定下列各溶液在相同浓度下，pH 由大到小的顺序。

NaAc　NaCN　Na_3PO_4　H_3PO_4　$(NH_4)_2SO_4$　$HCOONH_4$　NH_4Ac　H_2SO_4　HCl　NaOH

5. 试回答下列问题：

(1)如何配制 $SnCl_2$、$Bi(NO_3)_3$、Na_2S 溶液？

(2)将 Na_2CO_3 和 $FeCl_3$ 溶液混合，其产物是什么？

6. 相同浓度的 HCl 和 HAc 溶液的 pH 是否相同？pH 相同的 HCl 和 HAc 溶液其浓度是否相同？若用 NaOH 中和 pH 相同的 HCl 和 HAc，用量是否相同？若用 NaOH 中和浓度相同的 HCl 和 HAc 溶液，用量是否相同，为什么？

7. 写出下列酸在水中的电离方程式：

(1)亚硫酸

(2)草酸($H_2C_2O_4$)

(3)氢硫酸

(4)次氯酸

(5)氢氰酸

8. 描述下列过程中溶液 pH 的变化，并解释之。

(1)将 $NaNO_2$ 溶液加到 HNO_2 中；

(2)将 $NaNO_3$ 溶液加到 HNO_3 中；

(3)将 NH_4NO_3 溶液加到氨水中。

9. 根据质子理论判断，下列分子或离子哪些是酸，哪些是碱，哪些是两性物质。

HF　HCO_3^-　NH_4^+　NH_3　ClO^-　H_2O　H_2S　NH_2^-　H_3PO_4　HPO_4^{2-}

10. (1)写出下列各酸的共轭碱：H_2CO_3　$H_2PO_4^-$　NH_4^+　HCN　HSO_4^-

(2)写出下列各碱的共轭酸：Ac^-　PO_4^{3-}　S^{2-}　OH^-　Cl^-

*11. 农村用草木灰作为钾肥(含碳酸钾)。试解释为什么草木灰不宜与氮肥(如 NH_4Cl)混合使用。

四、计算题

1. 计算下列溶液的 $c(H^+)$、$c(OH^-)$及 pH。

(1)0.010 $mol \cdot L^{-1}$ NaOH

(2)0.050 $mol \cdot L^{-1}$ HAc

2. 试计算：

(1)pH＝1.00 与 pH＝2.00 的 HCl 溶液等体积混合后溶液的 pH；

(2)pH＝2.00 的 HCl 溶液与 pH＝13.00 的 NaOH 溶液等体积混合后溶液的 pH。

3. 健康人血液的 pH 为 7.35～7.45。患某种疾病的人的血液 pH 可暂时降到 5.90，试求此时血液中 $c(H^-)$为正常状态的多少倍。

4. 某浓度为 0.10 $mol \cdot L^{-1}$ 的一元弱酸溶液，其 pH 为 2.77，求这一弱酸的离解常数及该条件下的离解度。

5. 在 1.0 L 浓度 0.10 $mol \cdot L^{-1}$ 氨水溶液中，应加入多少克 NH_4Cl 固体，才能使溶液的 pH 等于 9.00？(忽略固体的加入对溶液体积的影响)

6. 取 100 g $NaAc \cdot 3H_2O$，加入 13 mL 浓度 6.0 $mol \cdot L^{-1}$ 的 HAc 溶液，然后用水稀释至 1.0 L，此缓冲溶液的 pH 是多少？若向此溶液中通入 0.10 mol HCl 气体(忽略溶液体积的变化)，溶液的 pH 变化多少？

7. 已知

$$HAc(aq) + H_2O(l) \rightleftharpoons H_3O^+(aq) + Ac^-(aq)$$

$\Delta G_f^\ominus(kJ \cdot mol^{-1})$　−396.6　−237.20　−237.20　−369.4

试求 HAc 的电离常数。

8. 试计算 0.1 $mol \cdot L^{-3}$ 的 H_3AsO_4 溶液中的$[H_3AsO_4]$、$[H_3O^+]$、$[H_2AsO_4^-]$、$[HAsO_4^{2-}]$和$[AsO_4^{3-}]$离子浓度和溶液的 pH。(已知：$K_{a1}=5.62\times10^{-3}$，$K_{a2}=1.70\times10^{-7}$，$K_{a3}=2.95\times10^{-12}$)

9. 配制 500 mL，pH＝9.00，且含$[NH_4^+]=1\ mol \cdot L^{-1}$ 的缓冲溶液，需比重 0.904 $g \cdot mL^{-1}$ 含 NH_3 26％的浓氨水多少 mL 和 NH_4Cl 多少克？

10. 试计算 0.1 mol·L^{-1} 的 $NaHC_2O_4$ 溶液的 pH 为多少？从计算结果来看，溶液呈酸性还是呈碱性？（已知 $K_{a1}=5.9\times10^{-2}$，$K_{a2}=6.4\times10^{-5}$）

11. 已知 CrO_4^{2} 在水溶液中存在下述平衡：

$2CrO_4^{2-}+2H^+ \rightleftharpoons Cr_2O_7^{2-}+H_2O$ （$K=4.2\times10^{14}$）

为了使 1.0 mol·L^{-1} K_2CrO_4 溶液中 CrO_4^{2-} 浓度为 2.4×10^{-5} mol·L^{-1}，求[H^+]浓度应为多少？为了保持这个[H^+]浓度，当溶液中的 HAc 为 1.0 mol·L^{-1} 时，NaAc 的浓度应为多少？

12. 分别求下列溶液的 pH。

(1)0.010 mol·L^{-1} NH_4Cl 溶液

(2)0.10 mol·L^{-1} NaCN 溶液

13. 已知 25 ℃时某一元弱酸 0.010 mol·L^{-1} 溶液的 pH 为 4.0，求：

(1)该酸的 K_a；

(2)该浓度下酸的电离度 α；

(3)稀释一半后 K_a 及 α；

(4)与等体积 0.010 mol·L^{-1} NaOH 溶液混合后的 pH。

14. 求下列盐溶液的 pH。

(1)0.5 mol·L^{-1} NH_4NO_3

(2)0.04 mol·L^{-1} NaCN

15. 欲配制 pH=5.00 的缓冲溶液，在 300 mL 浓度 0.50 mol·L^{-1} 的 HAc 溶液中需加入多少克固体 $NaAc\cdot3H_2O$？

16. 0.01 mol·L^{-1} $NaNO_2$ 溶液的[H^+]$=2.1\times10^{-8}$ mol·L^{-1}，试求：

(1)$NaNO_2$ 的水解常数；

(2)HNO_2 的电离常数。

第八章　沉淀反应

本 章 提 要

知识要点	掌握程度	相关知识
沉淀溶解平衡	掌握	溶度积常数 $K_{sp}^{\ominus}$ 及其与溶解度 S 之间的换算
沉淀生成与溶解	重点掌握	溶度积规则，沉淀的酸溶解
两种沉淀之间的平衡	掌握	分步沉淀，共同沉淀，沉淀转化

【历史回顾】

含氟牙膏预防龋齿

龋病是牙体硬组织脱矿与再矿化动态平衡被打破的结果。脱矿，就是牙齿中的矿物质溶解、流失；而再矿化，就是溶解的矿物盐重新在牙齿上沉积。氟化物可使再矿化作用大于脱矿作用，阻止龋病的发展。1955 年，保洁公司推出第一支添加氟化亚锡的牙膏。1967 年，高露洁公司在牙膏中添加了单氟磷酸钠。自此，含氟牙膏成为防龋主力军。

刷牙时，含氟牙膏中的氟释放出来，与牙体中的钙、磷等矿物盐形成含氟矿化系统，一方面氟离子可以替换牙齿组织矿物盐中的羟基，形成含氟矿物盐，增强牙齿抗龋能力；一方面氟化物可以促进牙齿表面矿物质的沉积，使早期龋齿再矿化，修复牙釉质。

酸、碱、盐都是电解质，按其溶解度大小可分为易溶和难溶两类。难溶电解质在水溶液中以固体沉淀的形式存在。在化学清洗中常常要使沉淀溶解，而在化学沉淀法处理污水时又要把可溶性有害物质以沉淀形式除去。那么，沉淀的溶解和生成有否定量规律可循？在含有固体难溶电解质的饱和溶液中，存在着难溶电解质与由它离解产生的离子之间的平衡，常叫作沉淀-溶解平衡（the equilibrium of precipitation and dissolution）；这是一种多相离子平衡。沉淀的生成与溶解常常与酸碱反应伴随发生。溶液 pH 的改变或配离子（详见第九章）的生成等都会引起难溶物质溶解度的变化。因此，可利用沉淀反应来分离提纯与鉴定某些物质或离子。

第一节　沉淀-溶解平衡

一、溶度积

电解质溶解度的大小往往有很大的差异。易溶电解质与难溶电解质之间并没有严格的界限，习惯上把溶解度小于0.01 g/100 g(H_2O)的电解质称为难溶电解质。

在一定温度下，将难溶电解质晶体放入水中时，就发生溶解与沉淀的过程。如硫酸钡 $BaSO_4$，是由 Ba^{2+} 和 SO_4^{2-} 组成的晶体。当将 $BaSO_4$ 晶体放入水中时，晶体中 Ba^{2+} 和 SO_4^{2-} 在水分子的作用下，不断由晶体表面进入溶液中，成为无规则运动着的离子，这是 $BaSO_4$(s)的溶解过程。与此同时，已经溶解在溶液中的 Ba^{2+} 和 SO_4^{2-} 在不断运动中相互碰撞，又有可能回到晶体的表面，以固体(沉淀)的形式析出，这是 $BaSO_4$(s)的沉淀过程。任何难溶电解质的溶解和沉淀过程都是可逆的。在一定的条件下，当溶解和沉淀的速率相等时，便建立了一种多相离子平衡。如：

$$BaSO_4 \underset{结晶}{\overset{溶解}{\rightleftharpoons}} Ba^{2+} + SO_4^{2-}$$

（未溶解的固体）　　　（溶液中的离子）

或写为：

$$BaSO_4(s) \rightleftharpoons Ba^{2+}(aq) + SO_4^{2-}(aq)$$

该反应的平衡常数为：

$$K_{sp}^{\ominus} = a(Ba^{2+}) \cdot a(SO_4^{2-}) \tag{8-1}$$

$BaSO_4$(s)的活度为1，在平衡常数表达式中没有表示出 $a(BaSO_4, s)$。$K_{sp}^{\ominus}$ 是沉淀-溶解平衡常数，叫作溶度积常数，简称溶度积(solubility product)。对于离子浓度小的难溶电解质饱和溶液来说，其离子强度小，活度系数趋近于1，离子活度与浓度在数值上相差很小。这样，在溶度积表达式中，可用浓度的数值代替活度。因此，可将 $BaSO_4$ 的溶度积常数写作：

$$K_{sp}^{\ominus}(BaSO_4) = c(Ba^{2+}) \cdot c(SO_4^{2-})$$

若沉淀反应方程式为：

$$A_nB_m(s) \rightleftharpoons nA^{m+}(aq) + mB^{n-}(aq)$$

则溶度积的通式为：

$$K_{sp}^{\ominus}(A_nB_m) = c^n(A^{m+}) \cdot c^m(B^{n-}) \tag{8-2}$$

溶度积是多相离子平衡的平衡常数。可由实验测定，也可由反应的标准 Gibbs 函数变来确定。

难溶电解质的溶度积大小，主要取决于物质的本性。物质的内部结构不同，其溶度积不同。难溶电解质溶解反应的标准焓变往往大于零（$\Delta H^{\ominus}>0$），温度升高，多数难溶化合物的溶度积增大。

【知识要点提醒】 电解质的沉淀-溶解平衡常数叫作溶度积常数，简称溶度积。

二、溶度积和溶解度的相互换算

前面介绍的溶度积概念和中学时介绍的溶解度（用 S 表示）概念之间的关系是怎样的呢？溶度积 K_{sp} 和溶解度 S 的数值都反映了物质的溶解能力，但溶度积仅仅是对难溶电解质而言的，而溶解度可以指任何物质。这两个概念是不同的，要注意它们的区别。它们之间可以相互换算，即可以从溶解度求溶度积，也可以从溶度积求溶解度。在换算时要注意所用的浓度单位。

表 8-1　$AgCl$、$AgBr$、Ag_2CrO_4、$Mn(OH)_2$ 的溶度积和溶解度对比表

电解质类型	分子式	溶度积	溶解度/($mol\cdot L^{-1}$)	$K_{sp}^{\ominus}$ 表示式
AB	$AgCl$	1.8×10^{-10}	1.3×10^{-5}	$K_{sp}^{\ominus}=c(Ag^+)\cdot c(Cl^-)$
	$AgBr$	5.0×10^{-13}	7.1×10^{-7}	$K_{sp}^{\ominus}=c(Ag^+)\cdot c(Br^-)$
A_2B	Ag_2CrO_4	1.1×10^{-12}	6.5×10^{-5}	$K_{sp}^{\ominus}=c^2(Ag^+)\cdot c(CrO_4^{2-})$
AB_2	$Mn(OH)_2$	1.9×10^{-13}	3.6×10^{-5}	$K_{sp}^{\ominus}=c(Mn^{2+})\cdot c^2(OH^-)$

由表 8-1 可以看出，$AgCl$ 的溶度积比 $AgBr$ 的大，$AgCl$ 的溶解度也较 $AgBr$ 大；然而，$AgCl$ 的溶度积比 Ag_2CrO_4 的大，$AgCl$ 的溶解度反而比 Ag_2CrO_4 的小。这是由于 $AgCl$ 的溶度积表示式与 Ag_2CrO_4 的不同，后者与 Ag^+ 浓度平方成正比。

对于同类型的电解质，如 $AgCl$ 与 $AgBr$、$CaSO_4$ 和 $CaCO_3$ 等，它们都是 AB 型的难溶电解质，就是说，在这类化合物中正、负离子个数之比为 1∶1。在相同温度下溶度积 K_{sp} 值越大，溶解度 S 值也越大；K_{sp} 值越小，S 也越小。

但对于不同类型的电解质，如 Ag_2CrO_4（或 CaF_2）是 A_2B（或 AB_2）型的难溶电解质，正、负离子个数之比为 2∶1（或 1∶2），则不能直接由它们的溶度积来比较溶解度的大小，必须通过具体计算才能比较。例如，对 $AgCl$ 和 Ag_2CrO_4 而言，在 25 ℃时，

$$K_{sp}^{\ominus}(AgCl)=1.8\times10^{-10}>K_{sp}^{\ominus}(Ag_2CrO_4)=1.1\times10^{-12}$$

而它们的溶解度 S（以 $mol\cdot L^{-1}$ 表示，即平衡浓度）大小却刚好相反。对 $AgCl(s)$，因为：

$$AgCl(s)\rightleftharpoons Ag^+ + Cl^-$$

平衡时浓度/($mol\cdot L^{-1}$)　　　S　　　S

则 $S(AgCl)=\sqrt{K_{sp}^{\ominus}(AgCl)}=\sqrt{1.8\times10^{-10}}$ moL·L^{-1}=1.3×10^{-5} mol·L^{-1}

$$Ag_2CrO_4(s) \rightleftharpoons 2Ag^+ + CrO_4^{2-}$$

平衡时浓度/(mol·L^{-1})　　　$2S$　　　S

$$得\ S(Ag_2CrO_4)=\sqrt[3]{\frac{K_{sp}^{\ominus}(Ag_2CrO_4)}{4}}=\sqrt[3]{\frac{1.1\times10^{-12}}{4}}\ mol\cdot L^{-1}$$

$$=6.5\times10^{-5}\ mol\cdot L^{-1}$$

即结果是 Ag_2CrO_4 的溶解度大于 AgCl 的溶解度。

【知识要点提醒】 溶度积和溶解度的数值都反映了物质的溶解能力，但溶度积仅仅是对难溶电解质而言的，而溶解度可以指任何物质。对于同类电解质，溶度积越大，溶解度越大；对于不同类电解质，不能直接通过溶度积比较溶解度大小。

第二节　沉淀的生成与溶解

难溶电解质的沉淀-溶解平衡同样也是一种动态平衡。如果条件改变，可以使溶液中的离子转化为固态——沉淀生成；或者使固态转化为溶液中离子——沉淀溶解。

一、溶度积规则

在盛有少量 0.1 mol·L^{-1} Na_2CO_3 溶液的试管中，逐滴加入 0.1 mol·L^{-1} $BaCl_2$ 溶液，则有白色 $BaCO_3$ 沉淀生成，并且 $BaCO_3$ 的量也逐渐由少变多。该反应的离子方程式如下：

$$Ba^{2+}(aq)+CO_3^{2-}(aq) \rightleftharpoons BaCO_3(s)$$

这就是说，在一定条件下，Ba^{2+} 与 CO_3^{2-} 反应可以生成 $BaCO_3$ 沉淀，当 $BaCO_3(s)$ 与溶液中的 Ba^{2+} 和 CO_3^{2-} 之间建立起平衡时，该溶液即为 $BaCO_3$ 的饱和溶液。此时，$c(Ba^{2+})\cdot c(CO_3^{2-})=K_{sp}^{\ominus}(BaCO_3)$，溶液中的 Ba^{2+} 和 CO_3^{2-} 浓度不再改变（但二者的数值不一定相等）。如果继续滴加 $BaCl_2$ 溶液，$c(Ba^{2+})$ 增大，$c(Ba^{2+})\cdot c(CO_3^{2-}) > K_{sp}^{\ominus}(BaCO_3)$，致使平衡向生成 $BaCO_3$ 沉淀的方向移动，又有新的沉淀生成，此时 $c(CO_3^{2-})$ 不断减小，直到再一次呈现 $c(Ba^{2+})\cdot c(CO_3^{2-})=K_{sp}^{\ominus}(BaCO_3)$，达到新的平衡。

如果在上述含有 $BaCO_3(s)$ 的饱和溶液中，逐滴加入 HCl，就发现有气泡不断放出，并且 $BaCO_3$ 沉淀逐渐消失。该反应过程可用下式表示：

$$BaCO_3(s) \rightleftharpoons Ba^{2+}(aq)+CO_3^{2-}(aq)$$

$$2HCl = 2Cl^-(aq)+2H^+(aq)$$

$$CO_3^{2-}(aq)-2H^+(aq) = CO_2(g)\uparrow + H_2O(l)$$

这说明加入 HCl 后，HCl 离解产生的 H^+(aq)与溶液中 CO_3^{2-} 结合为弱酸 H_2CO_3。H_2CO_3 不稳定，再分解为 H_2O 和 CO_2 气体，因而溶液中的 CO_3^{2-} 浓度降低，则 $c(Ba^{2+}) \cdot c(CO_3^{2-}) < K_{sp}^{\ominus}(BaCO_3)$，溶液中的 Ba^{2+}、CO_3^{2-} 与 $BaCO_3$(s)间的平衡发生了移动，$BaCO_3$(s)溶解。若加入足量的 HCl(aq)，可使原有 $BaCO_3$ 沉淀全部溶解。

任一难溶电解质的多相离子反应：

$$A_nB_m(s) \rightleftharpoons nA^{m+}(aq) + mB^{n-}(aq)$$

其反应商为：

$$Q = c_0^n(A^{m+}) \cdot c_0^m(B^{n-}) \tag{8-3}$$

根据 Gibbs 自由能变判据：

反应正向进行

$$\Delta_r G_m \begin{Bmatrix} < \\ = \\ > \end{Bmatrix} 0 \begin{cases} 反应正向进行 \\ 反应处于平衡状态 \\ 反应逆向进行 \end{cases}$$

根据热力学推导，反应摩尔 Gibbs 自由能变有如下关系式：

$$\Delta_r G_m = \Delta_r G_m^{\ominus} + RT\ln Q \quad (Q\ 为反应商) \tag{8-4}$$

由

$$\Delta_r G_m^{\ominus} = -RT\ln K^{\ominus} \tag{8-5}$$

把式(8-5)代入式(8-4)得：

$$\Delta_r G_m = \Delta_r G_m^{\ominus} + RT\ln Q = RT(\ln Q - \ln K^{\ominus}) \tag{8-6}$$

把式(8-6)用于沉淀-溶解平衡：

$$\Delta_r G_m = RT(\ln Q - \ln K_{sp}^{\ominus}) \tag{8-7}$$

依据平衡移动原理，将 Q 与 $K_{sp}^{\ominus}$ 比较，可以得出：

①$Q > K_{sp}^{\ominus}$，溶液呈过饱和状态，有沉淀从溶液中析出，直到溶液呈饱和状态。

②$Q = K_{sp}^{\ominus}$，溶液为饱和溶液，沉淀和溶解处于动态平衡。

③$Q < K_{sp}^{\ominus}$，溶液是不饱和状态，无沉淀析出；若系统中原来有沉淀存在，则沉淀开始溶解，直到溶液饱和。

以上三点就是溶度积规则(the solubility product rule)。溶度积规则就是沉淀-溶解平衡的反应商判据。常用来判断沉淀的生成与溶解能否发生。

【知识要点提醒】 溶度积规则本质是沉淀-溶解平衡的反应商判据。

二、同离子效应与盐效应

如果在溶液中加入易溶强电解质，则难溶电解质的溶解度与其在纯水中的溶解度不同。易溶电解质的存在对难溶电解质溶解度的影响是多方面的。这里先讨论影响溶解度的两种不同效应——同离子效应和盐效应。

1. 同离子效应

在难溶电解质的溶液中加入含有相同离子的强电解质时，难溶电解质的多相离子平衡将发生移动。例如，在 Ag_2CrO_4 饱和溶液中，加入 K_2CrO_4，两者都含有相同离子 CrO_4^{2-}。根据勒沙特列原理，CrO_4^{2-} 浓度的增加，将使 Ag_2CrO_4 的多相离子平衡向生成 Ag_2CrO_4 沉淀的方向移动，降低了 Ag_2CrO_4 的溶解度。这种因加入含有共同离子的强电解质而使难溶电解质溶解度降低的效应，也是一种同离子效应(common ion effect)。

在纯水中 Ag_2CrO_4 的溶解度为 6.5×10^{-5} mol・L^{-1}，而在 0.010 mol・L^{-1} K_2CrO_4 溶液中，溶解度只有 6.2×10^{-6} mol・L^{-1}。这说明由于同离子效应使 Ag_2CrO_4 溶解度降低了许多，即 Ag^+ 在过量沉淀试剂 K_2CrO_4(aq)作用下，K_2CrO_4 的用量逐渐增加，Ag_2CrO_4 沉淀不断生成，溶液中的 Ag^+ 浓度不断降低，沉淀反应就越来越完全。因此，利用沉淀反应来分离某些离子时，常常依据同离子效应，加入过量的沉淀试剂，使沉淀反应趋于完全。所谓完全，并不是使溶液中的某种离子浓度真正等于零。实际上这也是做不到的。一般在分析化学中，只要溶液中被沉淀离子浓度不超过某一限度，例如 10^{-5} mol・L^{-1}，即认为该离子沉淀完全了。

从溶液中析出的沉淀常含有杂质，要得到纯净的沉淀，就必须洗涤。为了减少洗涤过程中沉淀的损失，依据同离子效应，用与沉淀含有相同离子的溶液洗涤，而不是用纯水洗涤。例如，在洗涤 AgCl 沉淀时，可使用 NH_4Cl 溶液。

同离子效应在分析鉴定和分离提纯中应用很广泛。但是，任何事物都具有两重性。在实际应用中。如果认为沉淀试剂过量越多沉淀越完全，因而大量使用沉淀剂，这是片面的。实际上，加入沉淀试剂太多时，往往由于其他效应的产生，反而会使沉淀的溶解度增大。如 AgCl 沉淀中加入过量浓盐酸 HCl，可以生成 $AgCl_2^-$ 配离子而使 AgCl 沉淀溶解。另外，由于盐效应也会使沉淀的溶解度增大。

2. 盐效应

实验证明，将易溶强电解质加入难溶电解质的溶液中，在有些情况下，难溶电解质的溶解度将比在纯水中的溶解度大。例如，$PbSO_4$ 和 AgCl 在 KNO_3 溶液中的溶解度比其在纯水中的溶解度大，并且 KNO_3 的浓度越高，溶解度也越大(见表 8-2)。这种现象是不能用 KNO_3 与沉淀发生化学反应改变了某种离子的浓度的观点来解释的。因为 K^+、NO_3^- 与沉淀中所含的离子不能生成弱电解质，也不能生成配离子，因而不能解释沉淀反应向溶解的方向进行的事实。那么，为什么难溶电解质的溶解度会增大呢？这是由于加入易溶强电解质后，溶液中的离子浓度增大了，增强了离子间的静电作用，使离子受到牵制从而活动性有所降低，因而在单位时间内离子与沉淀表面碰撞次数减少，使沉淀过程变慢，于是难溶电解质的溶解过程暂时超过了沉淀过程，平衡向溶解的方向移动；当建立起新的平衡时，难溶电解质的溶解度就增大了。

表 8-2 AgCl 在 KNO_3 溶液中的溶解度(25 ℃)

$c(KNO_3)/(mol \cdot L^{-1})$	0	0.001	0.005	0.010
AgCl 溶解度 $S/(10^{-5}\ mol \cdot L^{-1})$	1.278	1.325	1.385	1.427

这一现象也可以通过溶度积常数得到解释。严格来说，在一定温度下，难溶电解质的溶度积是离子活度的乘积。对某一难溶电解质的多相离子平衡：

$$AB(s) \rightleftharpoons A^+(aq) + B^-(aq)$$

$$K_{sp}^{\ominus} = a(A^+) \cdot a(B^-) = \gamma(A^+)c(A^+) \cdot \gamma(B^-)c(B^-) \quad (8\text{-}8)$$

当溶液中加入强电解质时，离子浓度增加，增大了离子强度，活度系数减小；在一定温度下，$K_{sp}^{\ominus}$ 不变，为了使上式右边各项之积仍等于 $K_{sp}^{\ominus}$，离子浓度 $c(A^+) \cdot c(B^-)$ 就必须增大，即难溶电解质的溶解度增大。

这种因加入易溶强电解质而使难溶电解质溶解度增大的效应，叫作盐效应(salt effect)。产生盐效应的并不只限于加入盐类，如果加入的强电解质是强酸或强碱，在不发生其他化学反应的前提下，所加入的强酸或强碱使离子活度系数减小，也能使难溶电解质的溶解度增大，这也叫作盐效应。

不但加入不具有共同离子的电解质能产生盐效应，加入具有相同离子的电解质，在产生同离子效应的同时，也能产生盐效应。所以在利用同离子效应降低沉淀溶解度时，沉淀试剂不能过量太多，否则将会使沉淀的溶解度增大。

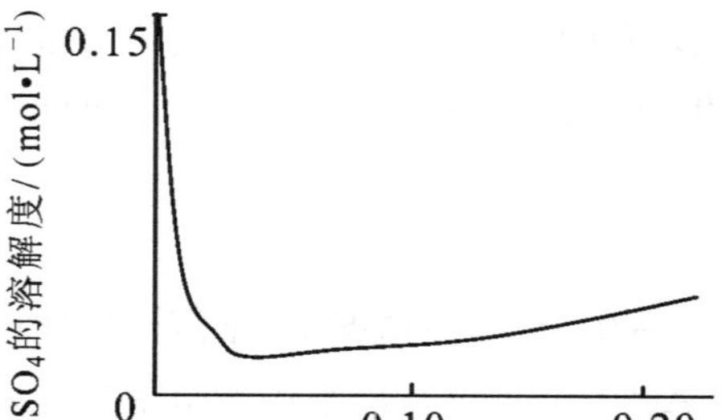

图 8-1 $PbSO_4$ 在 $NaSO_4$(aq)中的溶解度

图 8-1 中给出 $PbSO_4$ 在 Na_2SO_4 溶液中溶解度的变化情况。当 Na_2SO_4 的浓度从 0 增加到 0.04 $mol \cdot L^{-1}$ 时，$PbSO_4$ 溶解度逐渐变小，同离子效应起主导作用；Na_2SO_4 浓度为 0.04 $mol \cdot L^{-1}$ 时，$PbSO_4$ 溶解度最小；当 Na_2SO_4 浓度大于 0.04 $mol \cdot L^{-1}$ 时，$PbSO_4$ 溶解度增大，盐效应起了主导作用。

一般来说，若难溶电解质的溶度积很小时，盐效应的影响很小，可忽略不计；若难溶电解质的溶度积较大，溶液的离子强度较大时，就应考虑盐效应的影响。

【知识要点提醒】 在溶液中加入易溶强电解质，难溶电解质的溶解度将发生变化，如何变化要同时考虑同离子效应和盐效应。

三、沉淀的酸溶解

控制溶液的 pH，可以促成某些沉淀的生成和溶解。对于难溶的弱酸盐和金属氢氧化物来说，采用加酸改变溶液 pH 的方法，由于分别生成难以离解的弱酸和水，促使多相离子平衡向溶解的方向移动，从而使沉淀的溶解度增大。因此，加酸是溶解沉淀的一种重要方法。

1. 难溶金属硫化物的生成和溶解

很多金属硫化物的溶解度都很小，但它们的溶度积有一定的差别，并各有特定的颜色。因此，常利用硫化物的这些性质来分离和鉴定某些离子。难溶金属硫化物是典型的难溶弱酸盐，可以通过改变溶液 pH 以促成金属硫化物沉淀的生成和溶解。

金属硫化物是弱酸 H_2S 的盐。溶液中能否生成金属硫化物的沉淀，与 S^{2-} 浓度有关；而溶液中的 S^{2-} 浓度又与溶液的 pH 密切相关。在硫化物(MS)沉淀的生成和溶解过程中同时存在着两个平衡：

$$MS(s) \rightleftharpoons M^{2+}(aq) + S^{2-}(aq)$$

$$H_2S(aq) \rightleftharpoons 2H^+(aq) + S^{2-}(aq)$$

将两个反应方程式相减，得到下列平衡的方程式：

$$MS(s) + 2H^+(aq) \rightleftharpoons M^{2+}(aq) + H_2S(aq)$$

对应的平衡常数是：

$$K^\ominus = \frac{c(M^{2+}) \cdot c(H_2S)}{c^2(H^+)} = \frac{K_{sp}^\ominus(MS)}{K_1^\ominus(H_2S) \cdot K_2^\ominus(H_2S)} \tag{8-9}$$

在通常条件下，H_2S 饱和溶液的浓度为 0.10 $mol \cdot L^{-1}$，如果已知溶液中某金属离子的浓度，就可以根据金属硫化物的溶度积和 H_2S 的离解常数，计算出硫化物沉淀生成或溶解时的 H^+ 浓度：

$$c(H^+) = \sqrt{\frac{c(M^{2+}) \cdot c(H_2S) \cdot K_1^\ominus(H_2S) \cdot K_2^\ominus(H_2S)}{K_{sp}^\ominus(MS)}} \tag{8-10}$$

由(8-10)可以看出，对于不同的难溶金属硫化物(MS)来说，如果金属离子浓度相同，则溶度积越小的金属硫化物，沉淀析出时的 $c(H^+)$ 越大，沉淀完全时的 $c(H^+)$ 也越大(见表 8-3)。

表 8-3　某些金属硫化物沉淀时的 $c(H^+)$ 和 pH

硫化物	溶度积	开始沉淀 $c(M^{2+})=0.10\ mol \cdot L^{-1}$		沉淀完全 $c(M^{2+}) \leqslant 1.0\times10^{-5}\ mol \cdot L^{-1}$	
		$\leqslant c(H^+)$	$\geqslant$pH	$\leqslant c(H^+)$	$\geqslant$pH
MnS(肉色)	2.5×10^{-10}	1.9×10^{-7}	6.72	1.9×10^{-9}	8.72
FeS(黑色)	6.3×10^{-18}	1.2×10^{-3}	2.92	1.2×10^{-5}	4.29

续表

硫化物	溶变积	开始沉淀 $c(M^{2+})=0.10\ mol\cdot L^{-1}$		沉淀完全 $c(M^{2+})\leqslant 1.0\times 10^{-5}\ mol\cdot L^{-1}$	
		$\leqslant c(H^+)$	$\geqslant pH$	$\leqslant c(H^+)$	$\geqslant pH$
NiS(黑色)	3.2×10^{-19}	5.4×10^{-3}	2.27	5.4×10^{-5}	4.27
ZnS(白色)	2.5×10^{-22}	0.19	0.72	1.9×10^{-3}	2.70
CdS(黄色)	8.0×10^{-27}	34	—	0.34	0.47
PbS(黑色)	8.0×10^{-28}	108	—	1.08	—
CuS(黑色)	6.3×10^{-36}	1.2×10^{6}	—	1.2×10^{4}	—

表中数据计算时没有考虑配位平衡的影响。

在一定 pH 条件下，金属离子的浓度就是其金属硫化物的溶解度。把(8-10)式转化为下列形式：

$$S=c(M^{2+})=\frac{c^2(H^+)\cdot K_{sp}^{\ominus}(MS)}{c(H_2S)\cdot K_1^{\ominus}(H_2S)\cdot K_2^{\ominus}(H_2S)} \tag{8-11}$$

由(8-11)式可以作出硫化物溶解度 S-pH 图。见图 8-2。分析表(8-3)中的数据和图 8-2 中金属硫化物溶解度随 pH 的变化规律，可以得出如下结论：

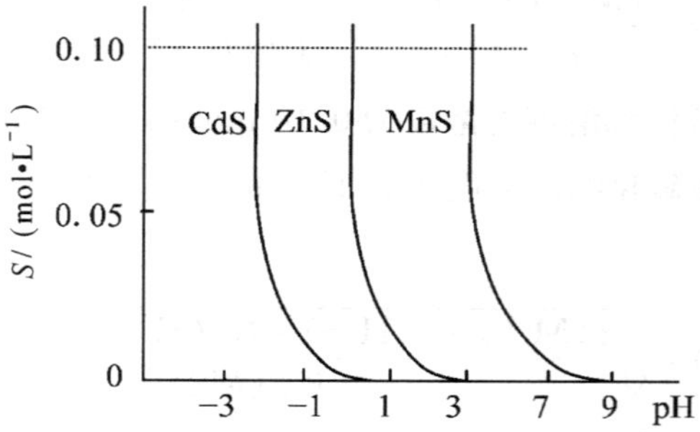

图 8-2　金属硫化物(MS)的 S-pH 图

①对于溶度积较大的金属硫化物，如 MnS 只有在碱性溶液中才能沉淀完全。在 $MnSO_4$ 溶液中加入 H_2S 饱和溶液不会有 MnS(s)析出，只有在氨碱性溶液中加入 H_2S 饱和溶液[或加$(NH_4)_2S$、Na_2S 溶液]才能有 MnS 沉淀产生。

②控制溶液的 pH，可以使某些金属离子以硫化物沉淀的形式析出，而使另一些金属离子保留在溶液之中，从而达到分离的目的。所谓分离的含义是指一种离子沉淀完全，$c_1(M^{2+})\leqslant 1.0\times 10^{-5}\ mol\cdot L^{-1}$，另一种离子仍保留在溶液中，$c_2(M^{2+})\geqslant 0.10\ mol\cdot L^{-1}$。

为此，两种金属硫化物的溶度积要相差 105 倍左右。如在 Cd^{2-} 和 Zn^{2+} 混合溶液中通入 H_2S 气体时，通常溶液中 $c(H^+)$ 为 0. 3 mol · L^{-1} 左右，就可以使 Cd^{2+} 以 CdS 的形式沉淀完全，而 Zn^{2+} 被保留在溶液中。图 8-2 中，CdS 沉淀完全时的 pH 与 Zn^{2} 开始沉淀时的 pH 不交错。

③对于溶度积很小的金属硫化物(如 CuS)，即使在 H^+ 浓度较大的情况下也能沉淀完全。

④难溶金属硫化物的溶解是其生成沉淀的逆过程。当 $c(M^{2+})=0.10$ mol · L^{-1}，硫化物开始析出沉淀的最高 H^+ 浓度，就是在 1 L 溶液中溶解 0. 1 mol MS 硫化物的最低 H^+ 浓度。如溶度积较大的 MnS 不仅溶于稀 HCl，甚至可溶于醋酸[0. 1 mol · L^{-1} HAc 溶液中，$c(H^+)$ 为 1.3×10^{-3} mol · L^{-1}]；溶度积小的 ZnS 只溶于稀盐酸，而不溶于醋酸。溶度积更小的 CuS，若溶于盐酸，则所需 $c(H^+)$ 高达 10^6 mol · L^{-1}。这是一个实际上不能达到的浓度；因此，单独用盐酸来溶解 CuS 是不可能的。

像 MnS、ZnS 能溶于稀盐酸一样，这种由于加酸生成弱电解质(弱酸和水)而使沉淀溶解的方法，通常叫作沉淀的酸溶解。

2. 难溶金属氢氧化物沉淀的生成和溶解

除碱金属和部分碱土金属外，许多金属氢氧化物的溶解度都比较小。在沉淀分离中，常根据金属氢氧化物溶解度间的差别，控制溶液的 pH，使某些金属氢氧化物沉淀出来，另一些金属离子仍保留在溶液中，从而达到分离的目的。

首先确定金属氢氧化物的溶解度与溶液 pH 或 $c(H^+)$ 的关系，作出 S-pH 图。

$$M(OH)_n(s) \rightleftharpoons M^{n+}(aq) + nOH^-(aq)$$

$$K^{\ominus}_{sp}[M(OH)_n] = c(M^{n+}) \cdot c^n(OH^-)$$

金属氢氧化物的溶解度就是溶液中金属离子的浓度。

$$S = c(M^{n+}) = \frac{K^{\ominus}_{sp}[M(OH)_n]}{c^n(OH^-)}$$

$$S = \frac{K^{\ominus}_{sp}[M(OH)_n] \cdot c^n(H^+)}{(K^{\ominus}_w)^n}$$

根据此式可以作出难溶金属氢氧化物的 S-pH 图(见图 8-3)。

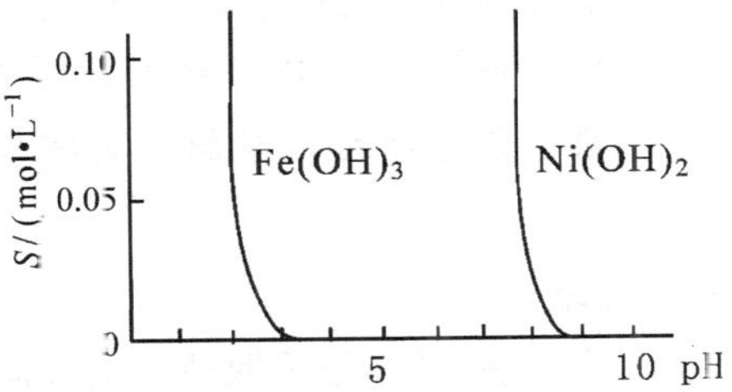

图 8-3　$Fe(OH)_3$、$Ni(OH)_2$ 的 S-pH 图

例如，从电解 $CuSO_4$ 废液中回收 $NiSO_4$，需要除去其中 Fe^{3+} 杂质。应如何控制 pH，使 Fe^{3+} 沉淀完全($c<10^{-5}\ mol \cdot L^{-1}$)，而 Ni^{2+} 留在溶液中？由(8-6)式作出 $Fe(OH)_3$、$Ni(OH)_2$ 的 S-pH 图，见图 8-3。由图中可见，Fe^{3+} 沉淀完全时 pH=3.2，Ni^{2+}(0.10 mol·L^{-1})开始沉淀的 pH 为 7.15。二者不交错，且相差很大。在实际应用中，为了除掉 Fe^{3+}，一般要控制 pH 在 4 左右，就能把 Fe^{3+} 杂质除去。

在利用难溶金属氢氧化物分离金属离子时，常使用缓冲溶液控制 pH。

对两性金属氢氧化物来说，它们既能溶解于酸性较强的溶液中，又能溶解于碱性较强的溶液中。

四、沉淀的配位溶解

$Al(OH)_3$ 在强碱性溶液中因生成$[Al(OH)_4]^-$配离子而溶解，这种以生成配合物而使沉淀溶解的过程，叫作沉淀的配位溶解。除了两性金属氢氧化物能生成羟合配离子溶解以外，许多难溶的卤化物(如 AgCl、AgBr、AgI、PbI、HgI……)也都能生成配离子而溶解。(配合物等相关知识详见下一章)例如：

$$AgI(s)+I^-(aq) \rightleftharpoons [AgI_2]^-(aq)$$

$$PbI_2(s)+2I^-(aq) \rightleftharpoons [PbI_4]^{2-}(aq)$$

$$HgI_2(s)+2I^-(aq) \rightleftharpoons [HgI_4]^{2-}(aq)$$

$$CuCl(s)+Cl^-(aq) \rightleftharpoons [CuCl_2]^-(aq)$$

$$AgCl(s)+Cl^-(aq) \rightleftharpoons [AgCl_2]^-(aq)$$

这类配位溶解是难溶化合物溶于具有相同负离子的溶液中，发生了加合反应(addition reaction)。另一类配位溶解是难溶化合物溶于含有不相同负离子(或分子)的溶液中，发生了取代反应(substitution reaction)。如 AgCl 能溶于氨水中，AgBr 能溶于 $Na_2S_2O_3$ 中，在溶解过程中，它们分别形成了配离子$[Ag(NH_3)_2]^+$和$[Ag(S_2O_3)_2]^{3-}$。反应为：

$$AgCl(s)+2NH_3(aq) \rightleftharpoons [Ag(NH_3)_2]^+(aq)+Cl^-(aq)$$

$$AgBr(s)+2S_2O_3^{2-}(aq) \rightleftharpoons [Ag(S_2O_3)_2]^{3-}(aq)+Br^-(aq)$$

一般情况下，当难溶化合物的溶度积不很小，且配合物的稳定常数比较大时，就有利于配位溶解反应的发生。此外，配合剂的浓度也是影响难溶化合物能否溶解的因素。

生成配合物可能使难溶化合物溶解。这是配合物形成时的又一特征。但是，还要指出，在溶液中生成配合物时并不都伴随着沉淀的溶解。有些螯合物生成时，也往往会从溶液中析出沉淀。

现将沉淀的溶解做一简单总结。

根据溶度积规则，为了使沉淀溶解，就必须采取适当措施降低离子浓度，使 $Q<K_{sp}^{\circ}$，平衡向溶解方向移动，即沉淀溶解。常用的方法是：

①酸溶解，生成弱电解质，离子浓度变小，沉淀溶解。

②配位溶解，生成配离子(实际上也是弱电解质)而使沉淀溶解。

③氧化还原溶解，由于发生氧化还原反应而使沉淀溶解。如 CuS 不溶于浓盐酸而溶于硝酸中，发生了如下的氧化还原反应：

$$3CuS(s)+2NO_3^-(aq)+8H^+(aq)=\!=\!=3Cu^{2+}(aq)+2NO(g)+3S(s)+4H_2O(l)$$

S^{2-} 被氧化为单质硫，溶液中的 S^{2-} 浓度变得非常小，$Q<K_{sp}^{\ominus}$，沉淀溶解了。

对于溶度积很小的难溶化合物来说，有时需要采用两种(或多种)方法才能使其溶解。如 HgS 溶在王水中，其溶解反应为：

$$3HgS(s)+2NO_3^-(aq)+12Cl^-(aq)+8H^+(aq)=\!=\!=$$
$$3[HgCl_4]^{2-}(aq)+3S(s)+2NO(g)+4H_2O(l)$$

HgS 的溶度积仅为 1.6×10^{-52}，它比 CuS 更难溶。王水的氧化作用使 S^{2-} 转化为单质硫，王水中大量的 Cl^- 与 Hg^{2+} 生成 $[HgCl_4]^{2-}$ 配离子，于是 S^{2-} 浓度和 Hg^{2+} 浓度同时降低，使得它们的乘积小于 HgS 的溶度积，HgS 才能溶解。HgS 溶在王水中，是氧化与配位溶解共同作用的结果。

【知识要点提醒】 促进沉淀溶解的方法包括酸溶解、配位溶解以及氧化还原溶解，其本质都是依据溶度积规则，降低离子浓度，使 $Q<K_{sp}^{\ominus}$。

第三节 两种沉淀之间的平衡

一、分步沉淀和共同沉淀

前面所讨论的沉淀反应都是加一种试剂只能使一种离子生成沉淀的情况。实际上，溶液中往往同时含有多种离子，当加入某种试剂时，可能分别与溶液中的多种离子发生反应而产生沉淀。在这种情况下，沉淀反应将按照怎样的次序进行，哪种先沉淀，哪种后沉淀？可以根据溶度积规则来确定，即阳离子浓度与阴离子浓度的乘积先达到某种难溶电解质溶度积的先沉淀出来。

例如，在不断振荡的条件下，向含有 Cl^- 和 CrO_4^{2-} 离子的混合溶液中逐滴加入 $AgNO_3$ 溶液，Ag^+ 首先与 Cl^- 浓度的乘积达到 $K_{sp}^{\ominus}(AgCl)$ 值后，析出白色 AgCl 沉淀。由于沉淀析出，需要继续滴加 Ag^+。当 Ag^+ 浓度与 Cl^- 浓度的乘积小于 $K_{sp}^{\ominus}(AgCl)$ 后，AgCl 不再沉淀。但当 Ag^+ 浓度的平方与 CrO_4^{2-} 浓度的乘积达到 $K_{sp}^{\ominus}(Ag_2CrO_4)$ 值时，砖红色的 Ag_2CrO_4 又会沉淀出来，这种现象称为分步(分级)沉淀(fractional precipitation)。如果在静置的条件下逐滴加入 $AgNO_3$ 溶液，由于 Ag^+ 局部过浓，可能白色的 AgCl 和砖红色的 Ag_2CrO_4 同时沉淀出来(砖红色可掩盖白色)。这种现象称为共同沉淀

（co-precipitation）。

根据溶度积规则，可以说明上述实验事实。

$$Ag_2CrO_4(s) \rightleftharpoons 2Ag^+(aq) + CrO_4^{2-}(aq)$$

$$c^2(Ag^+) \cdot c(CrO_4^{2-}) = K_{sp}^{\ominus}(Ag_2CrO_4)$$

当 $c(CrO_4^{2-}) = 0.0010\ mol \cdot L^{-1}$ 时，析出 $AgCrO_4(s)$ 的最低 Ag^+ 浓度为：

$$c_1(Ag^+) = \sqrt{\frac{K_{sp}^{\ominus}(Ag_2CrO_4)}{c(CrO_4^{2-})}} = \sqrt{\frac{1.1 \times 10^{-12}}{0.0010}}\ mol \cdot L^{-1} = 3.3 \times 10^{-5}\ mol \cdot L^{-1}$$

$$AgCl(s) \rightleftharpoons Ag^+(aq) + Cl^-(aq)$$

$$c(Ag^+) \cdot c(Cl^-) = K_{sp}^{\ominus}(AgCl)$$

当 $c(Cl^-) = 0.0010\ mol \cdot L^{-1}$ 时，析出 AgCl(s) 的最低浓度为：

$$c_2(Ag^+) = \frac{K_{sp}^{\ominus}(AgCl)}{c(Cl^-)} = \frac{1.8 \times 10^{-10}}{0.0010}\ mol \cdot L^{-1} = 1.8 \times 10^{-7}\ mol \cdot L^{-1}$$

由计算结果可知，开始沉淀 Cl^- 时所需要的 Ag^+ 浓度比开始沉淀 CrO_4^{2-} 所需要的 Ag^+ 浓度小得多。当在含有 CrO_4^{2-} 和 Cl^- 的混合溶液中，逐滴加入 $AgNO_3$ 试剂，Ag^+ 浓度会渐渐增加，当 $c(Ag^+) \cdot c(Cl^-) \geqslant K_{sp}^{\ominus}(AgCl)$ 时，AgCl 沉淀开始不断析出。只有当 $c(Ag^+)$ 大到一定程度，使 $c^2(Ag^+) \cdot c(CrO_4^{2-}) \geqslant K_{sp}^{\ominus}(Ag_2CrO_4)$，才能有 Ag_2CrO_4 沉淀析出。

总之，在溶液中其种沉淀的溶度积首先得到满足者，就先析出。必须指出：只有对同一类型的难溶电解质，且被沉淀离子浓度相同或相近的情况下，逐滴加入沉淀试剂时，才使溶度积小的先析出沉淀，溶度积大的后析出沉淀。

在一般分离过程中，当一种离子在溶液中的残留量小于 $10^{-5}\ mol \cdot L^{-1}$ 时，可以认为该离子已经沉淀完全。若一种离子已沉淀完全，另一种离子还没有开始沉淀，则称这两种离子可以完全分离。

【知识要点提醒】 在溶液中加入沉淀试剂，先达到溶度积的难溶电解质优先沉淀。

二、沉淀的转化

有些沉淀既不溶于水也不溶于酸，也不能用配位溶解和氧化还原溶解的方法把它直接溶解。这时，可以把一种难溶电解质转化为另一种难溶电解质，然后再使其溶解。把一种沉淀转化为另一种沉淀的过程，叫作沉淀的转化。一般来说，由难溶电解质转化成为更难溶的电解质的过程是容易发生的；而相反的过程要看有关离子的浓度是否差距很大。如果差距不大，调节离子浓度的比值能够实现转化，如果差距过大，转化就非常困难。例如：

$$AgCl + I^- \rightleftharpoons AgI + Cl^-$$

AgCl 转化为 AgI 沉淀是十分容易的，而 AgI 转化为 AgCl 沉淀在实际上是不可能的。因

为欲使溶液中的 Ag^+ 浓度同时满足两个多相离子平衡。即：

$$Ag^+ + Cl^- \rightleftharpoons AgCl$$

$$c(Ag^+) \cdot c(Cl^-) = K^{\ominus}_{sp}(AgCl)$$

$$Ag^+ + I^- \rightleftharpoons AgI$$

$$c(Ag^+) \cdot c(I^-) = K^{\ominus}_{sp}(AgI)$$

Ag^+ 的浓度必须为：

$$c(Ag^+) = \frac{K^{\ominus}_{sp}(AgI)}{c(I^-)} = \frac{K^{\ominus}_{sp}(AgCl)}{c(Cl^-)}$$

也就是说 Cl^- 和 I^- 的浓度比值应该为：

$$\frac{c(Cl^-)}{c(I^-)} = \frac{K^{\ominus}_{sp}(AgCl)}{K^{\ominus}_{sp}(AgI)} = \frac{1.8\times10^{-10}}{8.3\times10^{-17}} = 2.2\times10^{6}$$

但是要使 $c(Cl^-) \geqslant 2.2\times10^{6} c(I^-)$ 是十分困难的。由上可知：溶解度较大的沉淀可转化为溶解度较小的沉淀。沉淀转化的平衡常数较大，转化比较容易实现。对于难溶的沉淀转化为较易溶的沉淀，二者的溶解度相差越大，转化也越困难，但在一定条件下也是能够实现的。

显然，分步沉淀的次序不仅与溶度积的数值有关，还与溶液中对应各离子的浓度有关。如果溶液中的 $c(Cl^-) > 2.2\times10^{6} c(I^-)$（海水中的情况就与此类似），这样，开始析出 AgCl 沉淀所需要的 Ag^+ 浓度比开始析出 AgI 沉淀所需要的 Ag^+ 浓度小，当加入 $AgNO_3$ 试剂时，首先达到 AgCl 的溶度积而析出 AgCl 沉淀。因此，适当地改变被沉淀离子的浓度，可以使分步沉淀的顺序发生变化。

当溶液中存在多种被沉淀离子，加入沉淀试剂生成不同类型的难溶电解质时，也是离子浓度的乘积首先达到溶度积的难溶电解质先析出沉淀。

【知识要点提醒】 *溶解度大的沉淀易转化为溶解度小的沉淀，反之则较为困难。*

三、溶度积规则应用举例

有些沉淀既不溶于水也不溶于酸，也不能用配位溶解和氧化还原溶解的方法把它直接溶解。这时，可以利用沉淀的转化把一种难溶电解质转化为另一种难溶电解质，然后再使其溶解。

例如，锅炉或蒸气管内的锅垢存在，不仅阻碍传热、浪费燃料，而且还能引起爆裂，造成事故。锅垢的主要成分是 $CaSO_4$，这种沉淀不溶于酸，难以除去，但可以用 Na_2CO_3 溶液处理，使 $CaSO_4$ 转化为更难溶的 $CaCO_3$ 沉淀。由于 $CaCO_3$ 沉淀是疏松的且易溶于稀酸的，这样，就容易把锅垢清除掉了。

用盐酸清洗锅炉内或其他器械上的附着物（难溶电解质），就是利用 H^+ 和难溶物离解出来的 CO_3^{2-}、OH^- 等生成 H_2CO_3（进一步分解成 CO_2 和 H_2O）或 H_2O 等弱酸弱碱，

使溶液中的 $c(CO_3^{2-})$ 或 $c(OH^-)$ 与金属离子浓度的乘积小于该难溶物的溶度积而使其溶解。

对于某些要求较高的锅炉给水，往往在给水进入高炉前用 Na_2CO_3 处理后，再用 Na_3PO_4 补充处理。因为 $Ca_3(PO_4)_2$ 的 K_{sp} 值为 2.0×10^{-29}，其溶解度为 7.1×10^{-9} mol·L^{-1}，比 $CaCO_3$ 更难溶，更易生成 $Ca_3(PO_4)_2$ 沉淀而除去离子。

环境保护中常用可溶性氢氧化物或其他沉淀剂来除去工业废水中的 Cr^{3+}、Zn^{2+}、Pb^{2+}、Cd^{2+} 等有害物质，因为当沉淀剂的有关离子和各有害的金属离子浓度乘积大于其溶度积，进而能够生成难溶的金属氢氧化物或其他难溶沉淀物。

本 章 小 结

本章介绍了难溶电解质在水溶液中溶解-平衡规律、溶度积规则、分步沉淀和共沉淀原理及应用。重点掌握在离子的鉴定和分离时如何控制溶液的 pH 从而使得刚好产生沉淀或沉淀完全。沉淀的配位溶解和酸溶解较难把握，应多做习题加深理解和掌握。

习　　题

一、选择题

1. AgCl 与 AgI 的溶度积之比为 2×10^6，若将同一浓度的 Ag^+（10^{-5} mol·L^{-1}）加入到具有相同氯离子和碘离子（浓度为 10^{-5} mol·L^{-1}）的溶液中，可能发生的现象是（　　）。

   A. Cl^- 及 I^- 以相同量沉淀　　B. I^- 沉淀更多

   C. Cl^- 沉淀更多　　D. I^- 比 Cl^- 沉淀略多一些

2. 在 0.3 mol·L^{-1} 的 HCl 溶液中，含有 0.1 mol·L^{-1} 的 Hg^{2+}、Cd^{2+}、Fe^{2+} 及 Cu^{2+}、Zn^{2+} 等离子，向该溶液通入 H_2S 至饱和，同时产生沉淀的一组是（　　）。

   A. Hg^{2+}、Fe^{2+}、Cd^{2+}　　B. Cu^{2+}、Cd^{2+}、Zn^{2+}

   C. Hg^{2+}、Cd^{2+}、Cu^{2+}　　D. Hg^{2+}、Cu^{2+}、Fe^{2+}

3. 下列有关分步沉淀的叙述中正确的是（　　）。

   A. 溶度积小者一定先沉淀出来

   B. 沉淀时所需沉淀试剂浓度小者先沉淀出来

   C. 溶解度小的物质先沉淀出来

   D. 被沉淀离子浓度大的先沉淀

4. $SrCO_3$ 在下列试剂中溶解度最大的是(　　)。

A. 0.10 mol·L^{-1}HAc　　B. 0.10 mol·$L^{-1}$$Sr(NO_3)_2$

C. 纯水　　D. 0.10 mol·$L^{-1}$$Na_2CO_3$

5. 欲使 $CaCO_3$ 在水溶液中溶解度增大,可以采用的方法是(　　)。

A. 1.0 mol·$L^{-1}$$Na_2CO_3$　　B. 加入 2.0 mol·L^{-1}NaOH

C. 0.10 mol·$L^{-1}$$CaCl_2$　　D. 降低溶液的 pH

6. 向饱和 AgCl 溶液中加水,下列叙述中正确的是(　　)。

A. AgCl 的溶解度增大　　B. AgCl 的溶解度、$K_{sp}^{\ominus}$ 均不变

C. AgCl 的 $K_{sp}^{\ominus}$ 增大　　D. AgCl 溶解度减小

二、填空题

1. 已知 $K_{sp}^{\ominus}(ZnS)=2.5\times10^{-22}$。在某溶液中 Zn^{2+} 的浓度为 0.10 mol·L^{-1},通入 H_2S 气体,达到饱和 $c(H_2S)=0.10$ mol·L^{-1},则 ZnS 开始析出时,溶液的 pH 为________ $K_{sp}^{\ominus}(ZnS)=2.5\times10^{-22}$。

2. 将等体积的 0.20 mol·L^{-1} 的 $MgCl_2$ 溶液与浓度为 4.0 mol·L^{-1} 的氨水混合,混合后溶液中 $c(Mg^{2+})$为混合前浓度的______倍。(已知 $K[Mg(OH)_2]=5.1\times10^{-12}$)

3. $BaSO_4$ 的分子量为 233,$K_{sp}^{\ominus}=1\times10^{-10}$,把 1 mmol 的 $BaSO_4$ 溶于 10 L 的水中,有______克的 $BaSO_4$ 尚未溶解。

4. 在含有 $SrCO_3$ 沉淀的体系中,加入____________试剂可将 $SrCO_3$ 沉淀转为 $SrSO_4$。(Na_2SO_4、H_2SO_4 之一填入横线处)

5. $La_2(C_2O_4)_3$ 的饱和溶液中,$La_2(C_2O_4)_3$ 的浓度为 1.1×10^{-6} mol·L^{-1},该化合物的溶度积常数是________。

6. 难溶盐 M_2B 的 $K_{sp}^{\ominus}=1.12\times10^{-12}$,从 B^{2-} 浓度为 6×10^{-3} mol·L^{-1} 的溶液中,开始生成 M_2B 沉淀需 M^+ 最低浓度约为________________。

7. 已知 Ag_2S 的分子量为 248,$K_{sp}^{\ominus}=1.3\times10^{-49}$,溶液中溶解的 Ag_2S 约为每升________克。

三、问答题和思考题

1. 阐述下列化学名词的含义。

溶度积　溶度积规则　分步沉淀　沉淀完全　沉淀转化

2. 试回答下列问题:

(1)$CaCO_3$ 在下列哪种试剂中的溶解度最大?

纯水　0.1 mol·$L^{-1}$$NaHCO_3$ 溶液　0.1 mol·$L^{-1}$$Na_2CO_3$ 溶液

0.1 mol·$L^{-1}$$CaCl_2$ 溶液　0.5 mol·$L^{-1}$$KNO_3$ 溶液

(2)为何洗涤 $BaSO_4$ 沉淀时,往往使用稀 H_2SO_4,而不用蒸馏水?

(3)为何 Ag_2CrO_4 在 0.01 mol·L^{-1} $AgNO_3$ 溶液中的溶解度小于在 0.01 mol·L^{-1} K_2CrO_4 溶液中的溶解度?

3. 回答下列问题,简述理由:

(1)如何配制 $SnCl_2$、$Bi(NO_3)_3$、Na_2S 溶液?

(2)为何不能在水溶液中制备 Al_2S_3?

4. 写出下列难溶电解质溶度积的表达式。(假设完全电离)

$PbCl_2$　Ag_2S　AgBr　$Ba_3(PO_4)_2$

*5. 解释下列原理:

(1)在洗涤 $BaSO_4$ 沉淀时,不用去离子水而用稀 H_2SO_4;

(2)CuS 不溶于 HCl 但是可以溶解于 HNO_3;

(3)AgCl 可溶于弱碱氨水,却不溶于强碱氢氧化钠。

*6. 试推导下列各类难溶电解质 AgCl、$Mg(OH)_2$、$Fe(OH)_3$ 的溶解度 S 与其溶度积 $K_{sp}^{\ominus}$ 之间的关系。

*7. $CaCO_3$ 在下列哪种试剂中的溶解度最大?

0.1 mol·L^{-1} Na_2CO_3　0.1 mol·L^{-1} $CaCl_2$　0.5 mol·L^{-1} KNO_3　纯水

四、计算题

1. 已知 CaF_2 的溶度积为 5.3×10^{-9},求 CaF_2 在下列情况时的溶解度(以 mol·L^{-1} 表示)。

(1)在纯水中;

(2)在 1.0×10 mol·L^{-1} NaF 溶液中;

(3)在 1.0×10^{-2} mol·L^{-1} $CaCl_2$ 溶液中。

2. 海水中几种离子的浓度如下:

离子	Na^+	Mg^{2+}	Ca^{2+}	Al^{3+}	Fe^{3+}
离子浓度/(mol·L^{-1})	0.46	0.050	0.010	4.0×10^{-7}	2.0×10^{-7}

(1)OH^- 浓度多大时,$Mg(OH)_2$ 开始沉淀?

(2)在该 OH^- 浓度下,是否还有别的离子沉淀析出?

3. (1)在 10 mL 浓度 1.5×10^{-3} mol·L^{-1} $MnSO_4$ 溶液中,加入 5.0 mL 浓度 0.15 mol·L^{-1} $NH_3\cdot H_2O$,能否生成 $Mn(OH)_2$ 沉淀?

(2)若在原 $MnSO_4$ 溶液中,先加入 0.495 g $(NH_4)_2SO_4$ 固体(忽略体积变化),然后再加入上述 $NH_3\cdot H_2O$ 5 mL,能否生成 $Mn(OH)_2$ 沉淀?

4. 现有一瓶含有 Fe^{3-} 杂质的 0.10 mol·L^{-1} $MgCl_2$ 溶液,欲使 Fe^{3+} 以 $Fe(OH)_3$ 沉淀形式除去,溶液的 pH 应控制在什么范围?

5. 试计算在 0.0010 mol·L^{-1} 和 0.10·mol·L^{-1} 的 NH_4Cl 溶液中,$Zn(OH)_2$ 的溶

解度。

6. 将 AgCl 溶于 1 L 氨水中，若使生成的$[Ag(NH_3)_2]^+$浓度为 0.1 mol·L^{-1}，试计算氨水的最初浓度。用 AgBr 及 AgI 代替 AgCl 将如何？

已知：$K^{\ominus}_{稳,[Ag(NH_3)_2]^+}=1.1\times10^{7}$，$K^{\ominus}_{sp,AgCl}=1.77\times10^{-10}$，$K^{\ominus}_{sp,AgBr}=5.35\times10^{-13}$，$K^{\ominus}_{sp,AgI}=8.51\times10^{-17}$

7. 试计算下列沉淀转化反应的 $K^{\ominus}$ 值：

$PbCrO_4(s)+S^{2-}\rightleftharpoons PbS(s)+CrO_4^{2-}$

8. 已知下列物质的溶度积常数，计算其饱和溶液中各种离子的浓度。

(1)CaF_2：$K^{\ominus}_{sp}(CaF_2)=5.3\times10^{-9}$

(2)$PbSO_4$：$K^{\ominus}_{sp}(PbSO_4)=1.6\times10^{-8}$

第九章　配合物和配位平衡

本 章 提 要

知识要点	掌握程度	相关知识
配合物基础知识	掌握	配合物的组成及命名
配合物的结构	重点掌握	配合物的空间构型、磁性及价键理论
配合物的稳定性	掌握	配合物的稳定常数、不稳定常数及相关计算
配合物的应用	熟悉	配合物在离子的鉴定与分离，在化学工业、冶金工业、电镀工业、环保和生活方面的应用

【历史回顾】

配　合　物

历史上记载最早发现的配位化合物是 1740 年制得的普鲁士蓝，是一种古老的蓝色染料。最早对配合物的研究开始于 1798 年。法国化学家塔索尔特首次用二价钴盐、氯化铵与氨水制备出 $CoCl_3 \cdot 6NH_3$，并发现铬、镍、铜、铂等金属以及 Cl^-、H_2O、CN^-、CO 和 C_2H_4 也都可以生成类似的化合物。当时并无法解释这些化合物的成键及性质，所进行的大部分实验也只局限于配合物颜色差异的观察以及电导的测定。对于这些配合物中的成键情况，当时比较盛行的说法借用了有机化学的思想，认为这类分子为链状，只有末端的卤离子可以离解出来，而被银离子沉淀。

1893 年，瑞士化学家维尔纳总结前人的理论，首次提出现代的配位键、配位数和配位化合物结构等一系列基本概念，成功解释了很多配合物的电导性质、异构现象及磁性。自此，配位化学才有了本质上的发展。维尔纳也被称为“配位化学之父”，并因此获得 1913 年的诺贝尔化学奖。

配位化合物是一类数量极多的重要化合物。早在 1798 年，萨索尔特合成了第一个配位化合物$[Co(NH_3)_6]Cl_3$。这期间随着科学技术的发展，人们发现配合物的存在极为广泛，不仅无机化合物多以配合物的形式存在，许多有机化合物和金属也能形成配合物，这就极大丰富了配合物的内容。目前，它已经发展成为一门独立的学科——配位化学，它已广泛渗透到分析化学、有机化学、催化化学、结构化学和生物化学等各个分支中。本章对配合物的组成、结构做初步介绍，再讨论溶液中的配位平衡和配位化合物的结构理论，最后介绍配合物的应用。

第一节　配合物的组成、分类和命名

一、配合物的组成

配合物（配位化合物的简称，又称为络合物）(coordination compound)是由形成体与配位体组成的复杂化合物。一般认为配合物是形成体（正离子或原子）与一定数目的中性分子或负离子以配位键结合形成的物质。按照酸碱的电子理论，配合物是酸碱的加合物。配合物的形成体是路易斯酸，配位体是路易斯碱。配位体给出电子对投入到形成体的空轨道，二者以配位键结合。配合物可以是中性分子，如$[Co(NH_3)_6]Cl_3$ 三氯化三氨合钴（Ⅲ）；也可以是带有电荷的复杂离子，如$[Ag(NH_3)_2]^+$二氨合银配离子，$[Fe(NCS)_6]^{3-}$六异硫氰酸根合铁（Ⅲ）配离子等。配合物既包括配合分子也包括配离子（正配离子和负配离子）。通常对配合物和配离子二者的名称不做严格区分。

配合物的中心离子（或原子）占据配合物的中心，配位体围绕着中心离子（或原子），按一定的空间构型与中心离子（或原子）成键。中心离子（形成体）通常是金属离子或原子，也有少数是非金属元素，如 B(Ⅲ)、Si(Ⅳ)等。形成体有空的价电子轨道，可以接受配位体的孤对电子。

通常作为配位体的是非金属的负离子或分子，如 F^-、Cl^-、Br^-、OH^-、CN^-、SCN^-、NCS^-、NH_3、H_2O、CO、RNH_2（胺）等。在配位体中，与形成体成键的原子叫作配位原子。配位原子具有孤对电子，如 NH_3、$:OH^-$、$:\ddot{F}:^-$、$:CN:^-$等。$[Cu(NH_3)_4]^{2+}$中的 N，$[Fe(CN)_6]^{3-}$中的 C，$[Zn(OH)_4]^{2-}$中的 O 都是配位原子。作为配位原子，常见的是 F、Cl、Br、I、O、S、N、C 等。有些配位体具有多对孤对电子，如$:CN:^-$、$:SCN:^-$、$:\ddot{F}:^-$与中心离子成键时，由于成键方向的限制，每个配位体仅能有一对孤对电子与一个中心离子形成配位键（σ 键）。由哪个原子提供孤对电子是由实验来确定的。例如，经 X 射线测定 $K_3[Fe(CN)_6]$的晶体得知，Fe^{3+}的配位原子是 C 而不是 N。在配合物中与一个形成体成键的配位原子的总数叫作该形成体的配位数(coordination number)。配位体仅含有一个配位原子时，形成体的配位数就等于配位体的个数。如$[Fe(CN)_6]^{3-}$和$[Fe(NCS)_6]^{3-}$中 Fe^{3+}的配位数是 6，而$[Cu(NH_3)_4]^{2+}$中 Cu^{2+}的配位数是 4。还有一些配位体同时以两个或两个以上的配位原子与一个中心离子成键形成了环状结构的配合物。环状的配合物被称为螯合物(chelate)。例如,乙二胺($H_2N—CH_2—CH_2—NH_2$,缩写为 en)与 Cu^{2+} 形成的配合物$[Cu(en)_2]^{2+}$,每个乙二胺分子中的两个 N 原子各提供一对孤对电子与 Cu^{2+} 形成配位键。

每个乙二胺分子与 Cu^{2+} 形成一个五原子环。乙二胺分子中的两个 N 原子好像螃蟹的两只螯把中心离子钳起来,故称为螯合物。能与金属离子形成螯合物的配合剂又叫螯合剂(chelating agent)。一个螯合剂分子或离子至少提供两个配位原子与同一个中心离子螯合。若一个配位体提供两个配位原子,则中心离子的配位数是配位体数目的两倍。在$[Cu(en)_2]^{2+}$中配合体的数目是 2,而配位原子的数目则是 4。这里 Cu^{2+} 的配位数是 4,而不是 2。有些螯合剂,如二乙三胺:

$$H_2\ddot{N}—CH_2—CH_2—\ddot{N}H—CH_2—CH_2—\ddot{N}H_2$$

该分子中有三个配位原子(标有"$\ddot{}$"的为配位原子)。次氨基三乙酸根离子则有六个可配位的原子。乙二胺四乙酸(简写为 H_4EDTA)是难溶于水的四元酸。它的二钠盐(Na_2H_2EDTA)较易溶于水,通常使用这种二钠盐作为螯合剂。乙二胺四乙酸和它的二钠盐一般都以符号 EDTA 表示。EDTA 能与许多金属离子形成稳定的螯合物,如$[CaEDTA]^{2-}$,其中 Ca^{2+} 的配位数为 6,Ca^{2+} 与 $EDTA^{4-}$ 形成了五个五原子环。

在配合物中,中心离子的配位数与中心离子和配位体的性质有关,如中心离子的电荷数、电子排布和体积以及配位体的体积等。简单地说,中心离子的电荷数越少,它的配位数越小;中心离子的电荷数越多,则它的配位数也越大。如 Ag^+ 的配位数常为 2,Cu^{2+} 的配位数常为 4,Co^{3+} 的配位数常为 6。影响配位数的因素很复杂,这里不做详细讨论。

从溶液中析出配合物时,配离子常与带有相反电荷的其他离子结合成为盐。如溶液中的配离子$[Fe(CN)_6]^{3-}$与 K^+ 结合成 $K_3[Fe(CN)_6]$从溶液中析出。配离子$[Co(NH_3)_6]^{3+}$与 Cl^- 结合成$[Co(NH_3)_6]Cl_3$ 从溶液中析出。$K_3[Fe(CN)_6]$和$[Co(NH_3)_6]Cl_3$ 叫作配盐(complex salt),与配盐相对应的还有配酸($H_3[Fe(CN)_6]$)和配碱($[Co(NH_3)_6](OH)_3$)。通常把配盐、配酸和配碱的组成划分为内界和外界两部分,配离子属于内界,配离子以外的其他离子属于外界。外界离子所带的电荷总数与配离子的电荷数在数值上相等。配离子的电荷数等于中心离子(或原子)的电荷数与配位体的总电荷数的代数和。例如,赤血盐[六氰合铁(Ⅲ)酸钾]

外界　　内界

K_3　　$[Fe(\underline{\underline{C}}\,\underline{N})_6]$

↑Fe:中心离子　↑C:配位原子　↑CN:配位体　↑6:配位数

外界三个 K^+,电荷数为 +3,可推算出配离子的电荷数为 −3;又 CN^- 带一个负电荷，则中心离子为 Fe^{3+}，电荷数为+3。

还有一类与配盐组成相似的化合物，如光卤石 $KMgCl_3 \cdot 6H_2O$ 和钾铝矾 $KAl(SO_4)_2 \cdot 12H_2O$ 等，它们溶于水后不存在组成为 $MgCl_3^-$ 和 $Al(SO_4)_2^-$ 的稳定离子，而是按下式离解：

$$KMgCl_3 \xrightarrow{H_2O(l)} K^+(aq) + Mg^{2+}(aq) + 3Cl^-(aq)$$

$$KAl(SO_4)_2 \xrightarrow{H_2O(l)} K^+(aq) + Al^{3+}(aq) + 2SO_4^{2-}(aq)$$

$KMgCl_3 \cdot 6H_2O$ 和 $KAl(SO_4)_2 \cdot 12H_2O$ 叫作复盐而不是配盐。

【知识要点提醒】 注意区分配合物与螯合物、内界与外界、配体与配位原子、配盐与复盐。

二、配合物的分类

根据配合物的组成，配合物可分为：

1. 简单配合物

简单配合物(simple coordination compound)分子或离子只有一个中心离子，每个配位体只有一个配位原子与中心离子成键。如$[Ag(NH_3)_3]^+$、BF_4^-、$[Co(NH_3)_3Cl_3]$等。

2. 螯合物

在螯合物分子或离子中，每个配位体至少有两个或两个以上的配位原子同时与中心离子成键，形成环状结构。如$[Cu(en)_2]^{2+}$。

3. 多核配合物

多核配合物(polynuclear coordination compound) 分子或离子含有两个或两个以上的中心离子。两个中心离子之间，常以配体连接起来，如 μ-二羟基八水合二铁(Ⅲ)离子$[(H_2O)_4Fe(OH)_2Fe(H_2O)_4]^{4+}$的结构为：

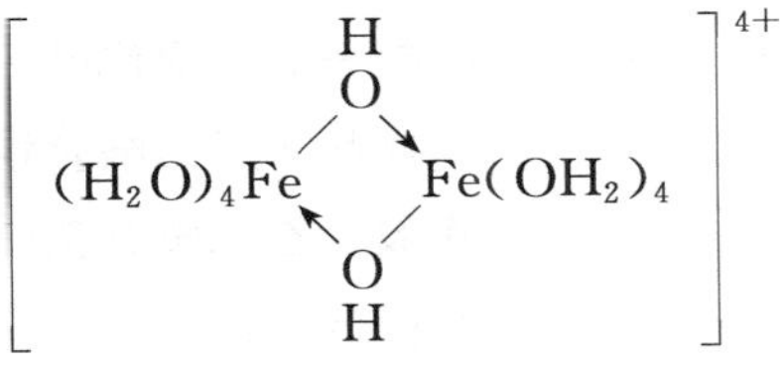

4. 羰合物

羰合物(carbony)是 CO 分子与某些 d 区元素形成的配合物。如四羰合镍(0) $Ni(CO)_4$、五羰合铁(0)$Fe(CO)_5$ 等。这类配合物的形成体常见的是中性的金属原子。

5. 烯烃配合物

烯烃配合物(alkylene coordination compounds) 的配位体是不饱和烃类。如乙烯 C_2H_4、丙烯 C_3H_6 等。它们常与一些 d 区元素的金属离子形成配合物。例如，乙烯合银配离子$[AgC_2H_4]^+$、三氯乙烯合钯(Ⅱ)配离子$[Pd(C_2H_4)Cl_3]^-$等。

6. 多酸型配合物

多酸型配合物(multi type acid coordination compound)是一些复杂的无机含氧酸及其盐类，如磷钼酸铵$(NH_4)_3[P(Mo_3O_{10})_4]\cdot 6H_2O$，其中P(V)是中心离子，$Mo_3O_{10}{}^{2-}$是配位体。

三、配合物的命名

配位化合物的命名方法在外界和内界服从一般无机化合物的命名原则：若外界是负离子而且为简单酸根，如Cl^-、S^{2-}、OH^-等，则叫作“某化某”；若外界是负离子而且为复杂酸根，如SO_4^{2-}、CH_3COO^-等，则叫作“某酸某”。也就是说把负配离子看成是一个复杂酸根离子。

配位化合物的命名方法较一般无机化合物复杂的是内界(即配离子)的命名。内界命名的次序是：先配位体，后中心离子，并在中间加一个“合”字，即内界的命名采用“某合某”的形式。配位体的命名次序是：先负离子，后中性分子。负离子的命名次序是：先简单离子，再复杂离子，最后是有机酸根离子。中性分子的次序是：先H_2O，再NH_3，最后有机分子。在每种配位体前用汉文数字一(常被省略)、二、三等表示配位体的数目，并以中黑点把不同配位体隔开；当中心离子有可变价时，在其后加括号，用罗马数字Ⅰ、Ⅱ、Ⅲ…来表明中心离子的价数。

配位化合物的命名举例如下：

$[Co(NH_3)]_3Cl_3$	三氯·三氨合钴(Ⅲ)
$[Co(NH_3)_5Cl]Cl_2$	二氯化一氯·五氨合钴(Ⅲ)
$K_4[PtCl_6]$	六氯合铂(Ⅱ)酸钾
$K_2[HgI_4]$	四碘合汞(Ⅱ)酸钾
$[Co(NH_3)_3(H_2O)Cl_2]Cl$	一氯化二氯·水·三氨合钴(Ⅲ)
$[Pt(NH_3)_4(NO_2)Cl]CO_3$	碳酸一氯·亚硝基·四氨合铂(Ⅳ)
$[Cu(NH_3)_2(CH_3COO)_2]$	二氨基·二乙酸合铜(Ⅱ)
$[Cu(en)_2]SO_4$	硫酸二乙二胺合铜(Ⅱ)
$[Co_2(CO)_8]$	八羰合二钴

对多核配合物命名时，在桥联基团(或原子)的前面加上希腊字母μ，并在桥联基团(或原子)名称之后加上中黑点与配位化合物的其他配体分开，在“-μ-”前用汉字二、三等表示桥联基数目。如硫酸二-μ-羟·二[四水合铁(Ⅲ)]：

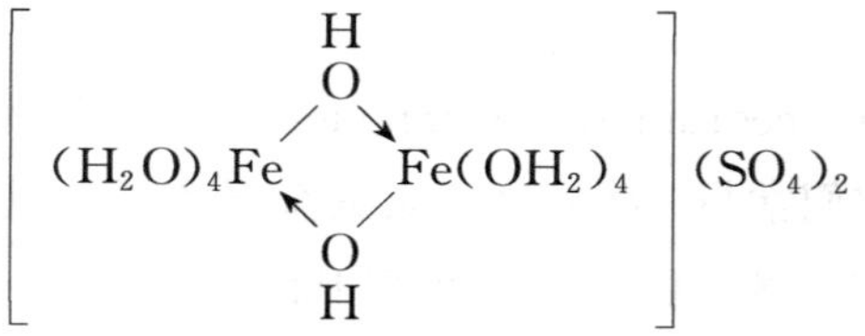

有些配合物还常用习惯名称或俗名，如：

$K_4[Fe(CN)_6]$	亚铁氰化钾	俗称黄血盐
$K_3[Fe(CN)_6]$	铁氰化钾	俗称赤血盐
$[Cu(NH_3)_4]^{2+}$	铜氨离子	
$[Ag(NH_3)_2]^{+}$	银氨离子	

【知识要点提醒】 注意不同种类配合物的结构特点以及配合物的命名原则。

第二节　配合物的结构

配合物的结构是指配合物的化学键及其空间构型。关于配合物结构的理论有价键理论、晶体场理论、配位场理论和分子轨道理论等。和其他理论一样，配合物结构理论的建立也是以实验事实为依据，进而再对实验事实做出解释。对大量配合物的研究得知，有些配合物有较高的稳定性，而有些配合物的稳定性却较低；相当数量的配合物具有颜色；配合物中心离子（或原子）的配位数有的大、有的小；配位数不同的配合物其空间构型不同，各种配合物的磁性也不尽相同。配合物的这些性质都与结构有联系。本章只简单介绍价键理论。

在介绍配合物结构理论之前，先介绍配合物的空间构型和磁性。

一、配合物的空间构型和磁性

1. 配合物的空间构型

配合物的空间构型指的是配位体围绕着中心离子（或原子）排布的几何构型。目前已有多种方法测定配合物的空间构型。普遍采用的是 X 射线对配合物晶体的衍射。这种方法能够比较精确地测出配合物中各原子的位置、键角和键长等，从而得出配合物分子或离子的空间构型。空间构型与配位数的多少密切相关。配合物的空间构型由实验测得。现将其中主要构型举例列在表 9-1 中。

表 9-1　配合物的空间构型

配位数	空间构型	配合物
2	直线形	$[Ag(NH_3)_2]^{+}$、$[Cu(NH_3)_2]^{+}$、$[AgBr_2]^{-}$、$[Ag(CN)]^{-}$
3	平面三角形	$[HgI_3]^{-}$
4	四面体 平面正方形	$[BeF_4]^{2-}$、$[HgCl_4]^{2-}$、$[Zn(NH_3)_4]^{2+}$、$[NiCl_4]^{2-}$ $[Ni(CN)_4]^{2-}$、$[Pt(NH_3)_2Cl_2]$、$[PdCl_4]^{2-}$、$[AuCl_4]^{-}$

续表

配位数	空间构型	配合物
5	四方锥 三角双锥	$[SbCl_5]^{2-}$ $[CuCl_5]^{3-}$、$Fe(CO)_5$
6	八面体	$[Co(NH_3)_6]^{3+}$、$[Fe(CN)_6]^{3-}$、$[SiF_6]^{2-}$、$[AlF_6]^{3-}$、$[PtCl_6]^{2-}$

从表 9-1 可以看出，在各种不同配位数的配合物中，围绕中心离子(或原子)排布的配位体，趋向于处在彼此排斥作用最小的位置上。这样的排布有利于使系统的能量降低。这与价层电子对互斥理论对一般分子空间构型所做的解释是一致的。从表 9-1 还可以看出，配合物空间构型不仅仅取决于配位数，当配位数相同时，还常与中心离子和配位体的种类有关，如$[NiCl_4]^{2-}$是四面体构型而$[Ni(CN)_4]^{2-}$则为平面正方形。

2. 配合物的磁性

配合物的磁性是配合物的重要性质之一，它对配合物结构的研究提供了重要的实验依据。物质的磁性是指它在磁场中表现出来的性质。若把所有的物质分别放在磁场中，按照它们受磁场的影响可分为两大类：一类是反磁性物质(diamagnetic material)，另一类是顺磁性物质(paramagnetic material)。磁力线通过反磁性物质时，比在真空中受到的阻力大。外磁场力图把这类物质从磁场中排斥出去。磁力线通过顺磁性物质时，比在真空中来得容易。外磁场倾向于把这类物质吸向自己。除此以外，还有一类被磁场强烈吸引的物质叫作铁磁性物质(ferromagnetic material)。例如，铁、钴、镍及其合金都是铁磁性物质。

上述不同表现主要与物质内部的电子自旋有关。若这些电子都是偶合的，由电子自旋产生的磁效应彼此抵消，这种物质在磁场中表现出反磁性(diamagnetism)。反之，有未成对电子存在时，由电子自旋产生的磁效应不能抵消，这种物质就表现出顺磁性(paramagnetism)。

大多数的物质都是反磁性的。反磁性的物质中最典型的是氢分子。因为它的分子中两个自旋方式不同的电子已偶合成键。顺磁性物质，都含有未成对的电子，如O_2、NO、NO_2、ClO_2和 d 区元素中许多金属离子，以及由它们组成的简单化合物和配合物。

顺磁性物质的分子中如含有不同数目的未成对电子，则它们在磁场中产生的效应也不同，这种效应可以由实验测出。通常把顺磁性物质在磁场中产生的磁效应，用物质的磁矩(μ)来表示，磁矩的单位是玻尔磁子(B. M.)。物质的磁矩与分子中的未成对电子数(n)有如下的近似关系：

$$\mu=\sqrt{n(n+2)} \tag{9-1}$$

根据上式，可从未成对电子数目 n 估算磁矩 μ。

未成对电子数(n)　0　1　2　3　4　5

μ/B. M. ≈ 0.00 1.73 2.83 3.87 4.90 5.92

【知识要点提醒】 配合物的空间构型指的是配位体围绕中心离子(或原子)排布的几何构型。磁性是配合物的重要性质之一。注意区分顺磁性和反磁性物质的含义和结构特点。

二、价键理论

美国化学家鲍利把杂化轨道理论应用于研究配合物的结构,较好地说明了配合物的空间构型和其他某些性质,从20世纪30年代到60年代主要用这个理论来讨论配合物中的化学键,这就是价键理论(valence bond theory)。其要点是:

①在配合物形成时由配位体提供的孤对电子进入中心离子(或原子)的空的价电子轨道而形成配键(σ键)。

②为了形成结构匀称的配合物,中心离子(或原子)采取杂化轨道与配位体成键。

③不同类型的杂化轨道具有不同的空间构型。

曾介绍过原子的s轨道和p轨道的杂化,如sp^3、sp^2、sp杂化轨道,对于绝大多数d区元素的原子来说,d轨道也常参与杂化,形成含有d、s、p成分的杂化轨道,如d^2sp^3和dsp^2等杂化轨道。现将常见的杂化轨道及其在空间的分布一并列在表9-2中。

表9-2 杂化轨道的类型及其在空间的分布

配位数	杂化轨道	参与杂化的原子轨道	空间构型
2	sp	s、p_z	直线形
3	sp^2	s、p_x、p_y	三角形
4	sp^3	s、p_x、p_y、p_z	正四面体
4	dsp^2	$d_{x^2-y^2}$、s、p_x、p_y	平面正方形
5	dsp^3	d_{z^2}、s、p_x、p_y、p_z	三角双锥
5	d^2sp^2		四方锥
6	d^2sp^3、sp^3d^2	d_{z^2}、$d_{x^2-y^2}$、s、p_x,p_y,p_z	八面体

1. 配位数为2的配合物

氧化数为+1的离子常形成配位数为2的配合物,如Ag^+的配合物$[Ag(NH_3)_2]^+$、$[AgCl_2]^-$和$[AgI_2]^-$等。价键理论对它们的结构给出了说明。为了说明配合物$[Ag(NH_3)_2]^+$、$[AgCl_2]^-$和$[AgI_2]^-$的形成,应该知道未成键时Ag^+的电子分布情况。Ag^+的价层电子分布为:

从 Ag^+ 的价电子轨道的电子分布情况来看，Ag^+ 与配位体形成配位数为 2 的配合物时，它应提供一个 5s 轨道和一个 5p 轨道来接受配位体提供的电子对。按杂化轨道理论，为了增强成键的能力，并形成结构匀称的配合物，Ag^+ 的 5s 和 5p 轨道必须混合起来组成两个新的轨道，即 sp 杂化轨道。以 sp 杂化轨道成键的配合物的空间构型为直线形。以 $[Ag(NH_3)_2]^+$ 为例，它的电子分布如下：

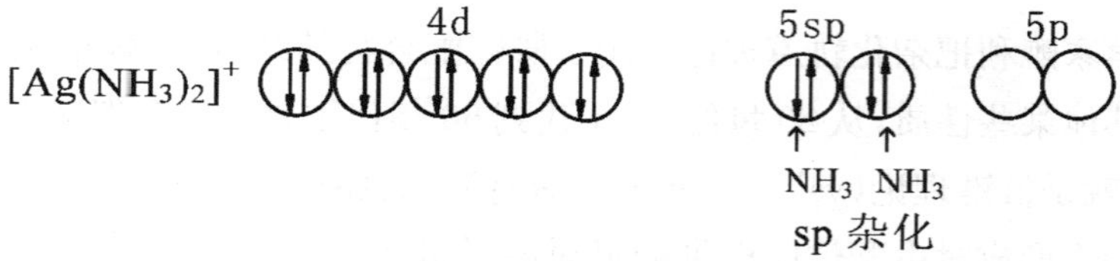

2. 配位数为 4 的配合物

已知配位数为 4 的配合物有两种构型：一种是正四面体构型，另一种是平面正方形构型。由表 9-3 可知，以 sp^3 杂化轨道成键的配合物，构型为正四面体，以 dsp^2 杂化轨道成键的配合物构型为平面正方形。至于什么情况下以 sp^3 杂化轨道成键，什么情况下以 dsp^2 杂化轨道成键，则主要由中心离子的价层电子结构和配位体的性质所决定。

例如，Be^{2+} 的价电子轨道都是空的：

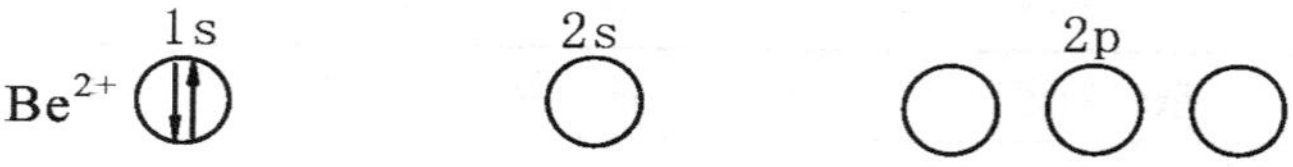

Be^{2+} 形成配位数为 4 的配合物时，采取 sp^3 杂化轨道成键，构型为正四面体。由实验事实知道，Be^{2+} 的配位数为 4 的配合物如 $[BeF_4]^{2-}$ 和 $[Be(H_2O)]^{2+}$ 等，都是正四面体构型。它们的电子分布为：

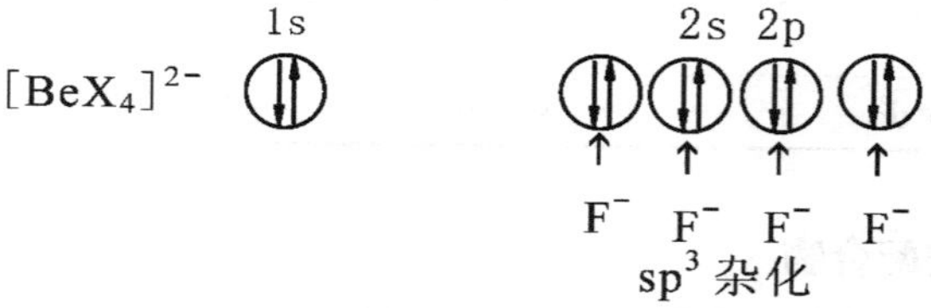

一些价电子轨道中 d 轨道未充满电子的离子，形成配位数为 4 的配合物时，与 Be^{2+} 的配合物构型有时不完全相同。例如，Ni^{2+} 的价电子轨道中的电子分布为：

Ni^{2+}形成配位数为 4 的配合物时，一种可能是以杂化轨道成键，这种配合物应为正四面体构型。它的磁矩为 2.83 B.M.左右(因为它保留了两个未成对电子)；另一种可能是 Ni^{2+} 的两个未成对的 d 电子偶合成对，这样就可以腾出一个 3d 轨道形成 dsp^2 杂化轨道，配合物的空间构型为平面正方形，这时 Ni^{2+} 的配合物的磁矩为 0。

已制出的配位数为 4 的配合物中，确实有上述两种构型。例如，$[NiCl_4]^{2-}$ 是正四面体构型的配合物，其磁矩基本符合理论的预见。$[NiCl_4]^{2-}$ 形成时的电子分布为：

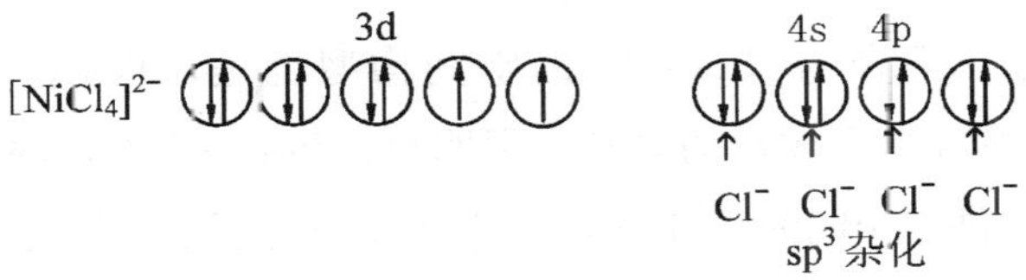

而$[Ni(CN)_4]^{2-}$ 为平面正方形，且为反磁性(即 $\mu=0$)的配合物。$[Ni(CN)_4]^{2-}$ 形成时以 dsp^2 杂化轨道成键，它的电子分布为：

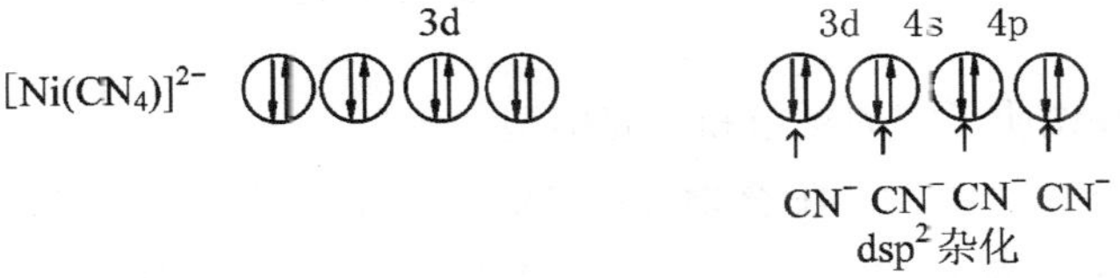

在$[Ni(CN)_4]^{2-}$ 中还有一个空的 4p 轨道，Ni^{2+} 似乎还可以形成配位数为 5 的配合物。若有的话，它可能以 dsp^3 杂化轨道成键，构型为三角双锥。由实验得知，Ni^{2+} 在过量的 CN^- 溶液中，确实能形成$[Ni(CN)_5]^{3-}$，它的空间构型也与理论预见相符合。

3. 配位数为 6 的配合物

配位数为 6 的配合物绝大多数是八面体构型。这种构型的配合物可能采取 d^2sp^3 杂化轨道成键。例如，已知$[Fe(CN)_6]^{3-}$ 配合物的空间构型为八面体，磁矩为 2.4 B.M.。根据上述事实，价键理论推测它的成键情况如下：

Fe^{3+} 的价电子轨道中电子分布为：

当$[Fe(CN)_6]^{3-}$ 形成时，若 Fe^{3+} 仍保留五个未成对的电子，其磁矩应等于 5.92 B.M.，这一数值与它的磁矩(2.4 B.M.)相差太远。若 Fe^{3+} 保留三个或一个未成对电子，其磁矩应分别约为 3.87 B.M. 和 1.73 B.M.。实验测得的磁矩 2.4 B.M.，与 1.73 B.M. 比较接近。由此确定$[Fe(CN)_6]^{3-}$仅有一个未成对电子，其他四个电子两两偶合。$[Fe(CN)_6]^{3-}$形成时以d^2sp^3杂化轨道成键，其电子分布为：

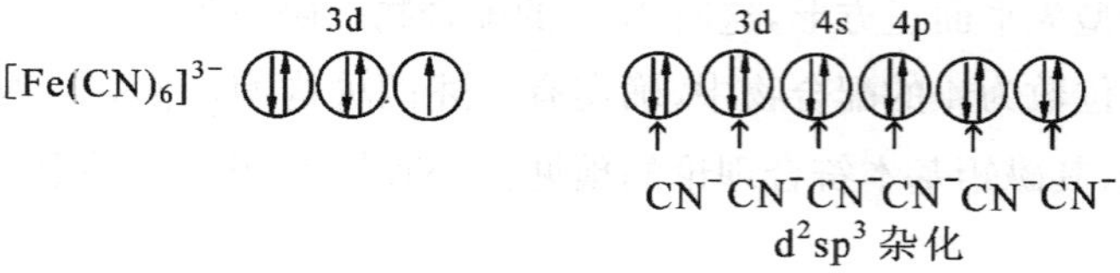

已知Fe^{3+}的另一配合物$[FeF_6]^{3-}$的空间构型也是八面体，但是它的磁矩却是5.90 B.M.，相当于有五个未成对的电子。很明显，$[FeF_6]^{3-}$形成时的电子分布和成键情况与$[Fe(CN)_6]^{3-}$是不相同的。$[FeF_6]^{3-}$是以sp^3d^2杂化轨道成键的，其电子分布为：

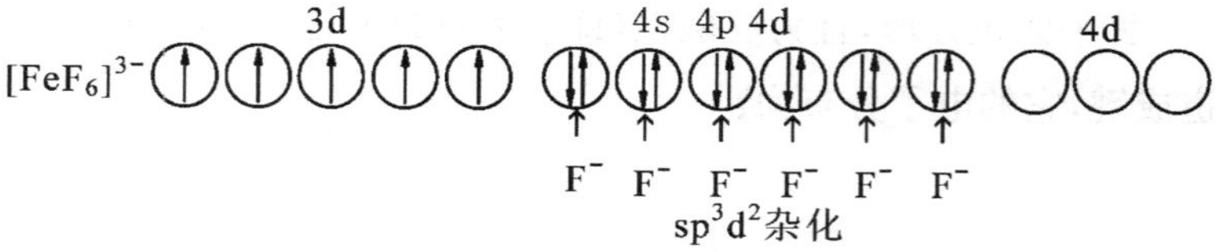

这种电子分布正好说明了它的磁矩和空间构型。

从上面讨论的Fe^{3+}的两种配合物$[Fe(CN)_6]^{3-}$和$[FeF_6]^{3-}$看出，虽然它们形成时都采用了Fe^{3+}的两个d轨道，但是前者采用的是能量较低的3d轨道，而后者采用的是能量较高的4d轨道。因此，形成$[Fe(CN)_6]^{3-}$的配键叫内轨配键(inner rail bond)，形成$[FeF_6]^{3-}$的配键叫外轨配键(outer rail bond)。形成内轨配键时，采用$(n-1)$d、ns、np轨道组成d^2sp^3杂化轨道；形成外轨配键时，采用ns、np、nd轨道组成sp^3d^2杂化轨道。以内轨配键形成的配合物叫内轨型配合物，以外轨配键形成的配合物叫外轨型配合物。由于$(n-1)$d轨道比nd轨道能量低，同一中心离子的内轨型配合物比外轨型配合物稳定。如$[Fe(CN)_6]^{3-}$和$[FeF_6]^{3-}$的稳定常数β的对数值分别为42和14.3。

在什么情况下形成内轨型配合物或外轨型配合物，价键理论尚不能准确预见。从中心离子的价层电子构型来看，具有d^4至d^7构型的中心离子，既可能形成内轨型配合物，也可能形成外轨型配合物。配位体的性质与形成内轨或外轨配合物的关系比较复杂，难以做出全面的概括，只能以实验为依据。一般来说，电负性较大的配位原子如F、O大都与上述中心离子形成外轨型配合物。能与多种中心离子形成内轨型配合物的配位体的例子有CN^-。

【知识要点提醒】 讨论配合物的化学键的价键理论主要是杂化轨道理论。不同的配位数与杂化轨道形成不同的配合物空间结构。注意区分内轨型与外轨型配合物。

第三节　配合物的稳定性

配合物的稳定性是配合物的重要性质之一。稳定性通常是就配合物在水溶液中离解出其组成成分的难易而言。在配合物的水溶液中存在着配位平衡。离解程度小的，配合物较稳定；反之，则不稳定。

一、配合物的不稳定常数和稳定常数

配离子在水溶液中像弱电解质一样能离解出其组成成分。以$[Ag(NH_3)_2]^+$为例说明如下：

$$[Ag(NH_3)_2]^+ \rightleftharpoons Ag^+ + 2NH_3$$

该离解反应是可逆的，在一定条件下，可达到平衡状态。这种平衡叫作配位平衡。相应的平衡常数可表示为：

$$K^\ominus_{不} = \frac{c(Ag^+) \cdot c^2(NH_3)}{c[Ag(NH_3)_2]^+} \tag{9-2}$$

$K_{不}$是配离子的离解平衡常数，又叫配合物的不稳定常数，式中的浓度表示各物种的平衡浓度。

配合物离解反应的逆反应是配合物的生成反应。通常也用配合物生成反应的平衡常数来表示配合物的稳定性。对$[Ag(NH_3)_2]^+$来说，则表示为：

$$Ag^+ + 2NH_3 \rightleftharpoons [Ag(NH_3)_2]^+$$

$$\beta = \frac{c[Ag(NH_3)_2]^+}{c(Ag^+) \cdot c^2(NH_3)} \tag{9-3}$$

β叫作配合物的稳定常数，也叫配合物的生成常数。在相同情况下，β值越大，则配合物的稳定性越高；反之，则稳定性越低。对每一种配合物来说，β与$K_{不}$互成倒数关系：

$$\beta = \frac{1}{K^\ominus_{不}} \tag{9-4}$$

配合物的生成反应是分级进行的。在配合物生成时，有一系列平衡存在。对应于每一级配位平衡都有一个平衡常数。这些平衡常数叫作配合物的逐级（或分步）稳定常数，分别以$K^\ominus_1$、$K^\ominus_2$、…、$K^\ominus_n$来表示。以配离子$[Cu(NH_3)_4]^{2+}$的生成平衡为例：

$$Cu^{2+} + NH_3 \rightleftharpoons [Cu(NH_3)]^{2+}$$

$$K^\ominus_1 = \frac{c[Cu(NH_3]^{2+}}{c(Cu^{2+}) \cdot c(NH_3)}$$

$$[Cu(NH_3)]^{2+} + NH_3 \rightleftharpoons [Cu(NH_3)_2]^{2+}$$

$$K_2^{\ominus}=\frac{c[Cu(NH_3)_2{}^{2+}]}{c[Cu(NH_3)^{2+}]\cdot c(NH_3)}$$

$$[Cu(NH_3)_2]^{2+}+NH_3 \rightleftharpoons [Cu(NH_3)_3]^{2+}$$

$$K_3^{\ominus}=\frac{c[Cu(NH_3)_3^{2+}]}{c[Cu(NH_3)_2{}^{2+}]\cdot c(NH_3)}$$

$$[Cu(NH_3)_3]^{2+}+NH_3 \rightleftharpoons [Cu(NH_3)_4]^{2+}$$

$$K_4^{\ominus}=\frac{c[Cu(NH_3)_4{}^{2+}]}{c[Cu(NH_3)_3^{2+}]\cdot c(NH_3)}$$

配合物的逐级稳定常数($K_1^{\ominus}$、$K_2^{\ominus}$、…、$K_n^{\ominus}$)与总的稳定常数(又叫累积稳定常数)β 间有如下关系：

$$\beta=K_1^{\ominus}\cdot K_2^{\ominus}\cdots K_n^{\ominus} \tag{9-5}$$

对$[Cu(NH_3)_4]^{2+}$来说,则有

$$\beta_4=K_1^{\ominus}\cdot K_2^{\ominus}\cdot K_3^{\ominus}\cdot K_4^{\ominus}$$

β_4 表示配位数为 n 的累积稳定常数(cumulative stability constant)。表 9-3 中列出了一些配合物的逐级稳定常数和累积稳定常数。

表 9-3　一些配合物的稳定常数

配合物	lg $K^{\ominus}$						lg β_n
	$K_1^{\ominus}$	$K_2^{\ominus}$	$K_3^{\ominus}$	$K_4^{\ominus}$	$K_5^{\ominus}$	$K_6^{\ominus}$	
$[Ag(NH_3)_2]^+$	3.24	3.81	—	—	—	—	7.05
$[Cu(NH_3)_4]^{2+}$	4.31	3.67	3.04	2.30	—	—	13.32
$[Ni(NH_3)_6]^{2+}$	2.80	2.24	1.73	1.19	0.75	0.03	8.74
$[HgI_4]^{2-}$	12.87	10.95	3.78	2.23	—	—	29.83
$[Cd(CN)_4]^{2-}$	5.48	5.12	4.63	3.55	—	—	18.78
$[AlF_6]^{3-}$	6.10	5.05	3.85	2.75	1.62	0.47	19.84

一般来说,配合物的逐级稳定常数随着配位数的增大而减小。这种现象通常认为是由配位体间的排斥作用引起的,配位数增多时,配位体间的排斥作用增强,从而使得配位体容易离解出来。

【知识要点提醒】 配合物的稳定常数和不稳定常数互为倒数。

二、应用配合物稳定常数的计算

同其他化学平衡一样,应用配合物的稳定常数可以计算配合物溶液中的平衡组成。

对配位数为 2 的配合物的配位平衡做平衡组成计算,当 $K_2^{\ominus}>K_1^{\ominus}$ 且配位体的总浓度

比中心离子的总浓度大得多时，可以用近似方法忽略与 K_1° 相对应的一级配合物的浓度进行计算。对于配位数大于 2 的配合物，$K_n^\circ > K_{n-1}^\circ$ 且配位体总浓度要远远大于中心离子总浓度，方可做这样的近似计算，算出最高配位数的配离子的浓度。

三、配合物的形成与稳定性

大多数配合物是在溶液中生成的。在溶液中生成配合物的反应，常见的有配位体的取代反应和加合反应(addition reaction)。利用稳定常数可以判断或确定反应方向。

1. 取代反应

许多金属离子在水溶液中都是以水合离子 $[M(H_2O)_n]^{m+}$ 的形式存在。加入配合剂可以取代 $[M(H_2O)_n]^{m+}$ 中的 H_2O，生成新的配合物。如在 $Fe(NO_3)_3$ 溶液中，加入 KNCS 试剂，发生如下的取代反应(ligand substitution reaction)：

$$[Fe(H_2O)_6]^{3+} + 6NCS^- \rightleftharpoons [Fe(NCS)_6]^{3-} + 6H_2O$$

配位体的取代反应是分级进行的，若所加配合剂的浓度足够大，反应生成的配合物的稳定常数大于原来配合物的稳定常数，取代反应就有可能进行得比较完全。

例：在 $[Fe(NCS)]^{2+}$ 溶液中，加入 NaF，若只生成 FeF^{2+}，试判断反应进行的方向。

解：
$$[Fe(NCS)]^{2+} + F^- \rightleftharpoons [FeF]^{2+} + NCS^-$$

$$\begin{aligned} K^\circ &= [c([FeF]^{2+}) \cdot c(NCS^-)]/[c([Fe(NCS)]^{2+}) \cdot c(F^-)] \\ &= \beta([FeF]^{2+})/\beta([Fe(NCS)]^{2+}) \\ &= 10^{5.28}/10^{2.95} \\ &= 214 \end{aligned}$$

该取代反应的平衡常数比较大，说明反应向右进行的趋势也较大，若 F^- 浓度足够大，$[Fe(NCS)]^{2+}$(血红色)可全部转化为 $[FeF]^{2+}$(无色)，原溶液的血红色消失。

在离子的分离与鉴定中，可用某一配合剂来掩蔽混合溶液中的某些离子，以便于鉴定另一离子。如在 Fe^{3+} 和 Co^{2+} 的混合溶液中，加入 KNCS 时，由于 NCS^- 与 Fe^{3+} 形成血红色的配合物 $[Fe(NCS)_6]^{3-}$，妨碍 Co^{2+} 的检出。若在混合溶液中先加入 NaF 溶液，F^- 与 Fe^{3+} 形成稳定的 $[FeF_6]^{3-}$(无色)，此时再加入 KNCS，由于 $[Fe(NCS)_6]^{3-}$ 远不及 $[FeF_6]^{3-}$ 稳定，不会出现 $[Fe(NCS)_6]^{3-}$ 的血红色。Co^{2+} 与 NCS^- 形成的配合物比与 F^- 形成的配合物稳定，此时，会看到 $[Co(NCS)_4]^{2-}$ 的天蓝色(加入丙酮后现象更明显)。这在分析化学中叫作掩蔽效应(masking effect)。F^- 在此叫掩蔽剂(masking agent)，意思是借加入 F^- 而将 Fe^{3+} 掩蔽起来。

如果所用的配合剂是较弱的酸，发生取代反应生成新的配合物时，常使溶液中的 H_3O^+ 增加，如在氨基丙酸 $[NH_2CH_2CH_2COOH, K^\circ(HA) = 10^{-10.36}]$ 溶液中加入一定量的 $NiSO_4(aq)$，由于二者形成了螯合物，溶液中的 H_3O^+ 浓度增加。

在生成配合物时，溶液的 pH 会发生改变，这是一些配合物形成时的特征之一。用配合物的稳定常数和弱酸的离解常数，可以计算反应后溶液的 pH。

2. 加合反应

形成配合物的另一类反应是加合反应。有些加合反应也会使溶液的 pH 发生改变。如将气体的 BF_3 溶于氢氟酸[$K^{\circ}(HF)=6.6\times10^{-4}$]中，生成四氟合硼酸 $H[BF_4]$(强酸)：

$$BF_3(g)+HF(aq)+H_2O(l)\rightleftharpoons H_3O^{+}+[BF_4]^{-}$$

BF_4^{-} 是 BF_3 与 F^{-} 的加合产物。

某些难溶化合物与配合剂发生加合反应而生成可溶性的配合物。如难溶于水的 HgI_2 固体，可溶在 KI 溶液中，有如下加合反应发生：

$$HgI_2(s)+2I^{-}(aq)\rightleftharpoons[HgI_4]^{2-}(aq)$$

不难确定该反应的平衡常数 $K^{\circ}=\beta_4/\beta_2$($\beta_2$、$\beta_4$ 分别是 Hg^{2+} 与 I^{-} 形成配合物的 β_2 和 β_4)。

【知识要点提醒】 配合物可以通过配位体的取代反应和加合反应得到。

第四节　关于配合物稳定性的进一步讨论

一、硬软酸碱与简单配合物的稳定性

20 世纪 60 年代发展起来的硬软酸碱(HSAB)概念，把中心离子和配位体的电荷数、半径、电负性、极化情况等加以综合考虑，可对水溶液中形成的简单配合物的稳定性做出说明。

根据路易斯的酸碱理论，配合物的中心离子(或原子)是路易斯酸，配位体就是路易斯碱，用 M 代表中心离子，用 :A 代表配位体；M 与 A 的电荷数皆略去，则配合物的形成过程——酸碱加合反应为：

$$\underset{(酸)}{M} + \underset{(碱)}{:A} \rightleftharpoons \underset{(酸碱配合物)}{M:A}\ (或\ M\leftarrow A)$$

配合物的稳定性与酸和碱的性质有关。

60 年代，美国化学家 R. G. Pearson 把路易斯酸碱分为硬酸、软酸、交界酸和硬碱、软碱、交界碱各三类。所谓硬酸是电荷较多，半径较小，外层电子被原子核束缚得较紧因而不易变形(即极化率小)的正离子，如 B^{3+}、Al^{3+} 和 Fe^{3+} 等。软酸则是电荷较少，半径较大，外层电子被原子核束缚得比较松因而容易变形(即极化率大)的正离子，如 Cu^{+}、Ag^{+}、Cd^{2+}、Hg^{2+} 等。介于硬酸和软酸之间的酸，如 Fe^{2+}、Cu^{2+} 等称为交界酸。作为硬碱的负离子或分子，其配位原子是一些吸引电子能力强(电负性较大)的元素，这些配位原子的半径较小，难失去电子，不易变形，如 F^{-}、OH^{-} 和 H_2O 等；作为软碱的负离子或分子，其配位原子则是一些吸引电子能力弱(电负性较小)的元素，这些原子的半径较大，易失去电子，容易变形，如 I^-、SCN^-、CN^-、CO 等。介于硬碱和软碱之间的碱叫作交界碱，如 Br^-、NO_2^- 等。现将这一分类列在表 9-4 中，对同一元素来说，一般来说，氧化数高的离子比氧化数低的离子具有较硬的酸度。例如，Fe^{3+} 是硬酸，Fe^{2+} 是交界酸，Fe 则为软酸，其他 d 区元素也大致如此。

Pearson 把路易斯酸碱分类以后，根据实验事实总结出一条规律："硬酸与硬碱结合，软酸与软碱结合，常常形成稳定的配合物"，或简称为"硬亲硬，软亲软"。这一规律叫作硬软酸碱原则(principle of hard and soft acid and base)，简写为 HSAB 原则。

表 9-4　硬软酸碱分类

酸的分类	
硬酸	软酸
H^+，Li^+，Na^+，K^+ Be^{2+}，Mg^{2+}，Ca^{2+}，Sr^{2+} Mn^{2+} Al^{3+}，Se^{3+}，Ga^{3+}，In^{3+}，La^{3+} Co^{3+}，Fe^{3+}，As^{3+} Si^{4+}，Ti^{4+}，Zr^{4+}，Sn^{4+}	Cu^+，Ag^+，Au^+，Tl^+，Hg^+ Cd^{2+}，Pd^{2+}，Pt^{2+}，Hg^{2+} Tl^{3+} I_2，Br_2 金属原子
交界酸	
Fe^{2+}，Co^{2+}，Ni^{2+}，Cu^{2+}，Zn^{2+}，Pb^{2+}，Sn^{2+}，Sb^{3+}，Bi^{3+}，SO_2，NO^+	
碱的分类	
硬碱	软碱
H_2O，OH^-，F^- CH_3COO^-，PO_4^{3-}，SO_4^{2-} Cl^-，CO_3^{2-}，ClO_4^- NO_3^- NH_3，N_2H_4	I^-，SCN^-，$S_2O_3^{2-}$ CN^-，CO C_2H_4，C_6H_6 H^-，R^-
交界碱	
$C_6H_5NH_2$，N_3^-，Br^-，NO_2^-，SO_3^{2-}，N_2	

录自 R. G. Pearson Chemistry in Britain 3 103～107(1967)。

NCS^- 中 S 和 N 都有可能作为配位原子。按照 Pearson 的分类，S 原子体积大，易失去电子，容易变形，并且它吸引电子的能力比 N 弱(S 的电负性小)，S 为软碱；N 的电负性较大，半径小，难失去电子，不易变形，则为硬碱。NCS^- 作为硬碱还是作为软碱参与配位反应，要看它与硬酸结合还是与软酸结合。当 NCS^- 与 Fe^{3+}(硬酸)结合时，NCS^- 中 N 是配位原子(硬亲硬)，这种结合按 $Fe^{3+} \leftarrow NCS^-$ 方式成键，写成$[Fe(NCS)_6]^{3-}$，命名为六异硫氰根合铁(Ⅲ)配离子。当 NCS^- 与软酸 Hg^{2+} 结合时，NCS^- 中的 S 作为配位原子

(软亲软)，即按 $Hg^{2+} \leftarrow SCN^-$ 方式成键，故写作$[Hg(SCN)_4]^{2-}$，命名为四硫氰根合汞(Ⅱ)配离子。

硬酸容易与硬碱结合，软酸容易与软碱结合。一般认为这两种结合在成键性质上并不相同。前者是以离子键相结合，后者是以共价键相结合。这就是“硬亲硬，软亲软”的成键本质。

关于硬软酸碱的硬度和软度的定量表示，曾有人做过研究。如有人用量子化学方法计算得出下列顺序：

酸的硬度 $\xrightarrow{\text{硬酸}}$

Al^{3+}	Ln^{3+}	Ti^{4+}	Be^{2+}	Mg^{2+}	Ca^{2+}	Fe^{3+}	Cr^{3+}	Ba^{2+}	Ga^{3+}
6.01	4.51	4.35	3.75	2.42	2.30	2.22	2.06	1.89	1.45

交界酸

Fe^{2+}	Li^+	H^+	Ni^{2+}	Na^+
0.69	0.49	0.42	0.29	0

$\xrightarrow{\text{软酸}}$

Cu^{2+}	Cd^{2+}	Cu^+	Ag^+	Au^+	Hg^{2+}
−0.55	−2.04	−2.30	−2.82	−4.35	−4.64

碱的硬度 $\xrightarrow{\text{硬碱}}$ 交界碱 $\xrightarrow{\text{软碱}}$

F^-	OH^-	Cl^-	Br^-	CN^-	SH^-	I^-	H^-
−12.18	−10.45	−9.94	−9.22	−8.78	−8.59	−8.31	−7.37

硬软酸碱原则基本上是经验性的。并不能符合所有实际情况，有不少例外，如 CN^- 为软碱，它既能与软酸 Ag^+、Hg^{2+} 等形成稳定的配合物，也能与硬酸 Fe^{3+}、Co^{3+} 等形成稳定的配合物$[Fe(CN)_6]^{3-}$、$[Co(CN)_6]^{3-}$。由于配合物的成键情况比较复杂，人们对硬软酸碱的认识还不够深入，目前还不能简单地用“硬亲硬，软亲软”来全面阐述配合物的稳定性。

【知识要点提醒】 配合物的稳定性基本符合硬软酸碱原则(硬亲硬，软亲软)，但是硬软酸碱原则是经验结果，不能符合所有实际情况。

二、螯合物的稳定性

表 9-5 列出了一些具有相同配位原子的螯合物和简单配合物的稳定性数据。从中可以看出，螯合物比具有相同配位原子的简单配合物稳定，这种现象叫作螯合效应(chelate effect)。螯合配体与中心离子螯合时，一般形成五原子环或六原子环，这样的螯合物往往比较稳定。一个螯合配体分子对中心离子提供的配位原子越多，则形成的五原子环或六原子环的数目也越多，螯合物就越稳定。如乙二胺四乙酸(EDTA)能与多种金属离子形成五个五原子环。EDTA 不仅能与形成配合物本领强的 d 区元素的离子螯合，还能与不易形成配合物的碱金属和碱土金属离子螯合，形成稳定的螯合物。某些碱金属和碱土金属与 EDTA 所形成螯合物的稳定常数如下：

	Li^{+}	Na^{+}	Ca^{2+}	Sr^{2+}	Ba^{2+}
$\lg\beta$	2.79	1.66	11.0	8.8	7.78

从热力学角度看，螯合物的稳定常数大这一事实与螯合反应的 Gibbs 函数变有关。现举例说明如下：

$$Cd^{2+}+4CH_3NH_2 \Longrightarrow [Cd(CH_3NH_2)_4]^{2+} \quad (\text{I})$$

$$\Delta H_1^{\ominus}=-57.3\ \text{kJ}\cdot\text{mol}^{-1}$$

$$T\Delta S_1^{\ominus}=-20.1\ \text{kJ}\cdot\text{mol}^{-1}$$

$$(T=298\ \text{K},\Delta S_1^{\ominus}=-67.3\ \text{J}\cdot\text{mol}^{-1}\cdot\text{K}^{-1})$$

$$\Delta G_1^{\ominus}=-37.2\ \text{kJ}\cdot\text{mol}^{-1}$$

$$Cd^{2+}+2en \Longrightarrow [Cd(en)_2]^{2+} \quad (\text{II})$$

$$\Delta H_2^{\ominus}=-56.5\ \text{kJ}\cdot\text{mol}^{-1}$$

$$T\Delta S_2^{\ominus}=4.2\ \text{kJ}\cdot\text{mol}^{-1}$$

$$(T=298\ \text{K},\Delta S_2^{\ominus}=14.1\ \text{J}\cdot\text{mol}^{-1}\cdot\text{K}^{-1})$$

$$\Delta G_2^{\ominus}=-60.7\ \text{kJ}\cdot\text{mol}^{-1}$$

表 9-5　具有相同配位原子的螯合物和简单配合物的稳定性

螯合物	$\lg\beta$	简单配合物	$\lg\beta_n$
$[Cu(en)_2]^{2+}$	20.00	$[Cu(NH_3)_4]^{2+}$	13.32
$[Zn(en)_2]^{2+}$	10.83	$[Zn(NH_3)_4]^{2+}$	9.46
$[Cd(en)_2]^{2+}$	10.09	$[Cd(NH_2CH_3)_4]^{2+}$	7.12
$[Ni(en)_3]^{2+}$	18.33	$[Ni(NH_3)_6]^{2+}$	8.74

两个反应的焓变化几乎相同，螯合反应(Ⅱ)的 $T\Delta S^{\ominus}>0$，当发生下列取代反应时，

$$[Cd(NH_2CH_3)_4]^{2+}+2en \rightleftharpoons [Cd(en)_2]^{2+}+4CH_3NH_2 \quad (\text{III})$$

$$\Delta H_3^{\ominus}=0.8\ \text{kJ}\cdot\text{mol}^{-1},T\Delta S_3^{\ominus}=24.3\ \text{kJ}\cdot\text{mol}^{-1}>0$$

上述分析说明，螯合物的稳定性与螯合反应熵增加密切相关。在反应(Ⅲ)中，螯合反应发生后，系统的粒子数目增多，有人认为，混乱度的增大即熵增加，是稳定性增强的原因。

应当指出的是，导致螯合物稳定性的增强并不全都由于熵增的结果，有时焓变也起着重要作用。如：

$$Ni(NH_3)_6^{2+} + 3en \rightleftharpoons [Ni(en)_3]^{2+} + 6NH_3 \quad (\text{IV})$$

$$\Delta G_4^\circ = -54.4\ \text{kJ}\cdot\text{mol}^{-1}, \Delta H_4^\circ = 29.3\ \text{kJ}\cdot\text{mol}^{-1}$$

$$T\Delta S_4^\circ = 25.1\ \text{kJ}\cdot\text{mol}^{-1}$$

$$(T = 298\ \text{K}, \Delta S_4^\circ = 87.9\ \text{J}\cdot\text{mol}^{-1})$$

该反应的 Gibbs 函数变有一半来自于焓变，这一事实说明$[Ni(en)]_3^{2+}$ 比$[Ni(NH_3)_6]^{2+}$的稳定性强，既与熵变有关，也与焓变有关。另外也有些使稳定性增强的螯合反应，主要是由于焓变的影响。

【知识要点提醒】 螯合物比具有相同配位原子的简单配合物稳定(螯合效应)。

第五节　配合物的应用

配合物在科研、生产以及人类生活各个方面的应用极为广泛，下面从几方面简要介绍。

一、在分析化学方面

1. 利用配离子的特殊颜色来鉴别物质

例如，在溶液中 NH_3 与 Cu^{2+}能形成深蓝色的$[Cu(NH_3)_2]^{2+}$，借此配位反应可以鉴定 Cu^{2+}的存在。

例如，$[Cu(H_2O)_4]^{2+}$ 显浅蓝色。将无色的无水硫酸铜晶体投入“无水酒精”，如果硫酸铜晶体变成浅蓝色，说明酒精中还有水。

2. 离子的分离

例如，在含有 Zn^{2+} 和 Al^{3+} 的溶液中加入过量氨水：

$$(Zn^{2+}、Al^{3+}) \xrightarrow{\text{过量氨水}} \begin{cases} [Zn(NH_3)_4]^{2+} \\ Al(OH)_3\downarrow \end{cases}$$

可达到分离 Zn^{2+}、Al^{3+} 的目的。

3. 离子的掩蔽

例如，加入 KSCN 配合剂鉴定 Co^{2+}时，Co^{2+}与配合剂将发生下列反应：

$$[Co(H_2O)_6]^{2+} + 4SCN^- \xrightarrow{\text{丙酮}} [Co(NCS)_4]^{2-} + 6H_2O$$

但是如果溶液中同时含有 Fe^{3+}，Fe^{3+}也可与 SCN^- 反应，形成血红色的$[Fe(NCS)]^{2+}$，妨碍了对 Co^{2+} 的鉴定。若事先在溶液中先加入足量的 NaF，使 Fe^{3+} 形成更为稳定的$[FeF_6]^{3-}$无色配离子，这样就可以排除 Fe^{3+}对鉴定 Co^{2+} 的干扰作用。

二、在化学工业方面

在有机合成中，凡利用配位反应而产生的催化作用，称为配位催化(coordination catalysis)。配位催化由于催化活性高、选择性专一以及反应条件温和，广泛应用于石油化学工业生产中。

例如，用 Wacker 法由乙烯合成乙醛采用 $PdCl_2$ 和 $CuCl_2$ 的稀盐酸溶液催化，借助 $[PdCl_3(C_2H_4)]^-$、$[PdCl_2(OH)(C_2H_4)]^-$ 等中间产物的形成，使 C_2H_4 分子活化，在常温常压下乙烯就能比较容易氧化成乙醛，转化率高达 95%。

三、在冶金工业方面

主要用于高纯金属的制备。绝大多数过渡元素都能与一氧化碳形成金属羰基配合物。与常见的相应金属化合物比较，它们容易挥发，受热易分解成金属和一氧化碳。利用上述特性，工业上采用羰基化精炼技术制备高纯金属。先将含有杂质的金属制成羰基配合物并使之挥发以与杂质分离；然后加热分解制得纯度很高的金属屑，例如，制造铁芯和催化剂的高纯铁粉，正是采用这种技术生产的：

$$\text{Fe(活性粉末)}+5CO \xrightarrow{20\ \text{MPa},200\ ℃} Fe(CO)_5 \xrightarrow{200\ ℃\sim 250\ ℃} 5CO+\text{Fe(高纯)}$$

由于金属羰基配合物大多剧毒、易燃，在制备和使用时应特别注意安全。

四、在电镀工业方面

欲获得牢固、均匀、致密、光亮的镀层，金属离子在阴极镀件上的还原速率不应太快，为此要控制镀液中有关金属离子的浓度。

电镀液中，常加配合剂来控制被镀离子的浓度。如采用 $CuSO_4$ 溶液作电镀液时，由于 Cu^{2+} 浓度过大，Cu 沉淀太快，将使镀层粗糙、厚薄不匀，且底层金属附着力差。但若采用配合物 $K[Cu(CN)_2]$溶液就能有效地控制 Cu^+ 浓度：

$$[Cu(CN)_2]^- \rightleftharpoons Cu^+ + 2CN^-$$

这样 Cu 沉淀速率不会过快，但可利用的 Cu^+ 总浓度并没有减少。同样，采用焦磷酸钾($K_4P_2O_7$)为配合剂的电镀液也可达到这个目的，而且 $P_2O_7^{4-}$ 无毒，这是近年来发展很快的无氰电镀液。

五、在环保和生活方面

1. 掩蔽有害物质

利用配合物的稳定性，在分析测定溶液中某种离子时，常把干扰测定的其他离子用配合剂掩蔽起来。

在环境保护方面，配合物的形成对污染治理也有很多用处。例如，氰化物（如 NaCN）毒性极强，生产中的含氰废液就可利用下述反应：

$$6NaCN + 3FeSO_4 \rightleftharpoons Fe_2[Fe(CN)_6] + 3Na_2SO_4$$

使毒性极大的 CN^- 变成毒性很小的配位化合物六氰合铁（Ⅱ）酸亚铁（俗名亚铁氰化亚铁）。

2. 用于溶解难溶电解质

在照相技术中，可用硫代硫酸钠作定影剂洗去溴胶板上未曝光的溴化银，这是因为 AgBr 能溶于配合剂 $Na_2S_2O_3$ 溶液，并形成 $[Ag(S_2O_3)_2]^{3-}$ 配离子。

本章小结

本章系统讲解了配合物的结构、组成、命名和稳定性的有关知识，探讨了形成配合物空间构型和磁性的结构基础，介绍了配合物应用领域的基本内容。其中配合物的组成、命名，以及价键理论中的杂化轨道理论对配合物的空间构型和配合物磁性的解释是其中的难点内容，需要重点掌握。而有关配合物稳定常数的相关计算也是本章的一个难点内容，在以后的章节中也将会涉及。

习　　题

一、选择题

1. 化合物 $[Co(NH_3)_4Cl_2]Br$ 的名称是（　　）。

   A. 溴化二氯四氨钴酸盐（Ⅱ）　　B. 溴化二氯四氨钴酸盐（Ⅲ）

   C. 溴化二氯四氨络钴（Ⅱ）　　D. 溴化二氯四氨合钴（Ⅲ）

2. 当 1 mol 分子式为 $CoCl_3 \cdot 4NH_3$ 的化合物与过量 $AgNO_3$(aq) 反应，沉淀出 1 mol AgCl。氯原子直接与钴成键的个数为（　　）。

   A. 0　　B. 1　　C. 2　　D. 3

二、填空题

1. $K_2[Zn(OH)]_4$ 的名称是________________。
2. 以下配合物中心离子的配位数为 6，(1) $Pt(NH_3)_6Cl_4$；(2) $Cr(NH_3)_4Cl_3$；(3) $Co(NH_3)_6Cl_3$；(4) K_2PtCl_6。假定它们的浓度均为 0.001 $mol \cdot L^{-1}$，则溶液导电能力的顺序为____。
3. $[Zn(NH_3)_4]Cl_2$ 中 Zn^{2+} 的配位数是____________，$[Ag(NH_3)_2]Cl$ 中 Ag^+ 的配位数

是__________。

4. 判断下列各对配合物的稳定性：(填“>”“<”或“=”)

(1)$[Cd(CN)_4]^{2-}$ ________ $[Cd(NH_3)_4]^{2+}$

(2)$[AgBr_2]^-$ ________ $[AgI_2]^-$

(3)$[Ag(S_2O_3)_2]^{3-}$ ________ $[Ag(CN)_2]^-$

(4)$[FeF]^{2+}$ ________ $[HgF]^+$

三、问答题和思考题

1. 指出下列配合物的内界、外界、形成体、配体和配位原子及形成体的配位数。

(1)$[Cr(NH_3)_6]Cl_3$

(2)$[CoCl(NH_3)_5]Cl_2$

(3)$K_2[SiF_6]$

(4)$K[PtCl_5(NH_3)]$

(5)$[Cu(NH_3)_4][PtCl_4]$

2. 写出下列配合物的化学式。

(1)三氯・一氨合铂(Ⅱ)酸钾

(2)二氯化六氨合镍(Ⅱ)

(3)六氟合铝(Ⅲ)酸

(4)五羰基铁

(5)五氰・一羰基合铁(Ⅱ)酸钠

3. 命名下列配合物并指出配离子、配离子电荷数、中心离子的氧化数及配位数，写出配离子的稳定常数表达式。

配合物的分子式	名称	配离子	配离子电荷数	中心离子的氧化数	配位数	$K^{\ominus}_{稳}$表达式
$[CoCl(NH_3)_5]Cl_2$						
$Na_2[SiF_6]$						
$K_2[Zn(OH)_4]$						
$K_2[Co(NCS)_4]$						

4. 已知两种钴的配合物有相同的组分：$Co(NH_3)_5BrSO_4$。它们的区别在于第一种配合物的溶液中加入 $BaCl_2$ 溶液时，生成 $BaSO_4$ 沉淀，但加入 $AgNO_3$ 溶液不产生沉淀；第二种配合物的溶液中加入 $BaCl_2$ 溶液不产生 $BaSO_4$ 沉淀，但加入 $AgNO_3$ 溶液有沉淀生成。写出两种配合物的化学式及名称。

5. 举例说明下列每对术语的区别。

(1)内界与外界

(2)配体与配位原子

(3)内轨型与外轨型

(4)配合物与螯合物

6. $PtCl_4$ 和氨水反应，生成化合物的化学式为 $Pt(NH_3)_4Cl_4$。将 1 mol 此化合物用 $AgNO_3$ 处理，得到 2 mol AgCl。试推断配合物内界和外界的组分，并写出其结构式。

7. 判断下列配位反应进行的方向：

(1) $[HgCl_4]^{2-} + 4I^- \rightleftharpoons [HgI_4]^{2-} + 4Cl^-$

(2) $[Ag(CN)_2]^- + 2NH_3 \rightleftharpoons [Ag(NH_3)_2]^+ + 2CN^-$

(3) $[Zn(NH_3)_4]^{2+} + 2en \rightleftharpoons [Zn(en)_2]^{2+} + 4NH_3$

(4) $[Cu(NH_3)_4]^{2+} + Zn^{2+} \rightleftharpoons [Zn(NH_3)_4]^{2+} + Cu^{2+}$

(5) $[Fe(CN)_6]^{3-} + 6F^- \rightleftharpoons [FeF_6]^{3-} + 6CN^-$

8. 向含有 $[Ag(NH_3)_2]^+$ 配离子的溶液中分别加入下列物质：(1)稀 HNO_3；(2)$NH_3 \cdot H_2O$；(3)Na_2S 溶液。试问下列平衡的移动方向。

$$[Ag(NH_3)_2]^+ \rightleftharpoons Ag^+ + 2NH_3$$

*9. 用硝酸或盐酸不能溶解 Pt、Au 等贵金属，但用王水则可以，为什么？

*10. 试根据难溶化学物质的溶度积和配离子的稳定常数大小解释下列现象：

$$AgNO_3 \xrightarrow{Cl^-} AgCl\downarrow(\text{白色}) \xrightarrow{NH_3} [Ag(NH_3)_2]^+ \xrightarrow{Br^-} AgBr\downarrow(\text{淡黄色}) \xrightarrow{S_2O_3^{2-}} [Ag(S_2O_3)_2]^{3-} \xrightarrow{I^-} AgI\downarrow(\text{黄色}) \xrightarrow{CN^-} [Ag(CN)_2]^- \xrightarrow{S^{2-}} Ag_2S\downarrow(\text{黑色})$$

*11. 举例说明什么是螯合物？形成稳定的螯合物需要哪些条件？

*12. 下列说法哪些不正确？说明理由。

(1)某一配离子的 $K^{\circ}_{稳}$ 值越小，该配离子的稳定性越差；

(2)某一配离子的 $K^{\circ}_{不稳}$ 值越小，该配离子的稳定性越差；

(3)对于不同类型的配离子，$K^{\circ}_{稳}$ 值大者，配离子越稳定；

(4)配合剂浓度越大，生成的配离子的配位数越大。

四、计算题

1. 有一配合物，经分析其组成的元素含量钴为 21.4%、氢 5.4%、氮 25.4%、氧 23.2%、硫 11.6%、氯 13%。该配合物的水溶液中滴入 $AgNO_3$ 溶液无沉淀生成，但滴入 $BaCl_2$ 溶液，则有白色沉淀生成。它与稀碱溶液也无反应。若其摩尔质量为 275.5 g，试写出该化合物的结构式。

2. 填写下表：

配离子	未成对电子数	中心离子杂化类型	内或外轨型配离子	几何构型
$[Pt(NH_3)_4]^{2+}$	0			
$[Mn(CN)_6]^{4-}$	1			
$[Co(NCS)_4]^{2-}$	3			
$[CoF_6]^{3-}$	4			
$[Ag(NH_3)_2]^{+}$	0			

3. 已知$[MnBr_4]^{2-}$和$[Mn(CN)_5]^{3-}$的磁矩分别为 5.9 B. M. 和 2.8 B. M.，试根据价键理论推测这两种配离子 d 电子分布情况及它们的几何构型。(提示：d 区第四周期过渡元素所形成的配离子的磁矩(μ)与未成对电子数(n)的近似关系为 $\mu=\sqrt{n(n+2)}$。

4. 10 mL 浓度 0.10 mol・L^{-1} $CuSO_4$ 溶液与 10 mL 浓度 6.0 mol・L^{-1} 的 $NH_3 \cdot H_2O$ 混合并达平衡，求溶液中 Cu^{2+}、NH_3 及$[Cu(NH_3)_4]^{2-}$的浓度各是多少？若向此混合溶液中加入 0.010 mol NaOH 固体，问是否有 $Cu(OH)_2$ 沉淀生成？

5. 0.10 g AgBr 固体能否完全溶解于 100 mL 浓度 1.00 mol・L^{-1} 的氨水中？

第十章　氧化还原反应　电化学基础

本章提要

知识要点	掌握程度	相关知识
氧化还原反应基本概念	熟悉	氧化值,电对,氧化型物质,还原型物质
电化学电池	掌握	形成原电池的三个条件,电池反应,原电池符号,电动势,电解池,法拉第定律
电极电势	重点掌握	电极电势产生的原因,标准电极电势,Nernst 方程
电极电势的应用	重点掌握	判断氧化剂、还原剂的相对强弱,判断氧化还原反应的方向和限度

【历史回顾】

我国电池发展的历程

我国第一家电池厂于 1911 年诞生于上海。1921 年第一家专业铅蓄电池厂——上海蓄电池厂也建于上海。1941 年在延安中央军委三局所属电信材料厂开始生产锌锰干电池和修理铅酸蓄电池。1957 年组建机电部电材局化学电源研究室,1958 年成立我国第一个专业研究所,即原一机部化学电源研究所(原电子工业部天津电源研究所)。1960 年我国第一家碱性蓄电池厂"风云器材厂"在河南新乡正式验收投产。20 世纪 90 年代初,国家开始了"863"重点攻关,使镍氢电池的生产化得到迅速发展。以后国家又开始了锂离子电池"863"重点攻关,希望能借此推动锂离子电池及其材料的国产化。

氧化还原反应(oxidation-reduction veaction)是一类重要的化学反应,常用来制取新物质,也是化学热能和电能的来源之一。氧化还原反应不仅实用意义大,而且它是相当广泛的一类化学反应,有关氧化还原反应的理论也是无机化学的基本理论之一。

本章的讨论从氧化还原化学反应的基本概念开始,重点讨论了原电池的有关知识。氧化还原的化学反应和原电池中的电化学反应的本质都是电子间发生了转移。因此,可以用电化学的方法,通过原电池电极电势的电子转移规律,判断氧化还原反应进行的方向和限度。

第一节　氧化还原反应的基本概念

人们对氧化还原反应的认识经历了一个过程。最初把一种物质同氧化合的反应称为氧化(oxidation),把含氧的物质失去氧的反应称为还原(reduction)。随着对化学反应的进一步研究,人们逐渐认识到还原反应实质上是得到电子的过程,氧化反应是失去电子的过程;氧化还原反应是同时进行的。因此,凡是参加反应的物质之间有电子转移或得失的化学反应,都可以称为氧化还原反应。

一、氧化值

氧化还原反应的重要特征是:反应前后元素的化合价发生了变化。因此可以利用化合价的概念讨论氧化还原反应,但是对一些结构不易判断、组成复杂的化合物,常会遇到其组成元素的化合价难以确定的问题。为此,引入了氧化值(oxidation number)的概念。氧化值又称氧化数(oxidation number),其含义是表示该元素一个原子的电荷数。电荷数的值由假设把每个化学键中的电子指定给电负性更大的原子而求得。在离子化合物中,元素的氧化值与离子所带的电荷数是一致的。如 Cu^{2+}、Na^{+}、Cl^{-} 和 S^{2-},它们的氧化值分别为+2、+1、-1 和-2。对于以共价键结合的多原子分子或离子来说,原子间成键时,没有电子的得失,只有电子对的偏移。如果把两原子间的共用电子对指定给电负性大的原子后,在两原子中留下的电荷数就是它们的氧化值。如 CO_3^{2-} 和 CO_2 中,C 的氧化值均为+4,O 的氧化值均为-2。H_2SO_4 中,H 的氧化值为+1,S 的氧化值为+6,O 的氧化值为-2。因此,共价化合物中的氧化值只是原子在化合状态时的一种“形式电荷数”。

一般而言,在结构未知的化合物中某一元素的氧化值可按下述原则求得:

①分子或离子的总电荷数等于各元素氧化值的代数和,分子的总电荷数等于零。

②单质中的元素的氧化值为零。

③在大部分化合物中,氧的氧化值为-2,但是在 H_2O_2、Na_2O_2 等过氧化物中,氧的氧化值为-1,在氧的氟化物中,如 OF_2 和 O_2F_2 中,氧的氧化值分别为+2 和+1。

④除了在金属氢化物如 NaH、CaH_2 中氢的氧化值为-1,氢在大部分的化合物中的氧化值为+1。

⑤碱金属的氧化值为+1,碱土金属的氧化值为+2。

⑥氟是电负性最大的元素,在它的全部化合物中都具有-1 的氧化值。其余卤素,除了在含氧化合物和同电负性更大的卤素生成的化合物外,一般氧化值都为-1。

从以上氧化值的定义及求算法则可以看出,氧化值是一个有一定人为性的、经验性的概念；它是按一定规则指定了的一种数字，用来表征元素在一特定化合状态时的形式电荷数。

元素氧化值的改变与反应中电子的得失相关联。如果反应中某元素的原子失去电子，使该元素的氧化值升高；相反，某元素的原子得到电子，其氧化值降低。在氧化还原反应中，失去电子的物质被氧化，是还原剂(reductant)；得到电子的物质被还原，是氧化剂(oxidant)。例如，金属锌与硫酸铜溶液间的反应：

$$Zn(s)+Cu^{2+}(aq) \rightleftharpoons Cu(s)+Zn^{2+}(aq) \qquad (10\text{-}1)$$

反应中，Zn 失去电子是还原剂，Cu^{2+} 得到电子是氧化剂；Zn 被氧化，Cu^{2+} 被还原。这两个过程可分别表示为：

$$Zn(s) \rightleftharpoons Zn^{2+}(aq)+2e^- \qquad (10\text{-}1a)$$

$$Cu^{2+}(aq)+2e^- \rightleftharpoons Cu(s) \qquad (10\text{-}1b)$$

在还原剂 Zn 被氧化的反应(10-1a)中，锌元素的氧化值由 0 升高到 +2；在氧化剂 Cu^{2+} 被还原的反应(10-1b)中，铜元素的氧化值由 +2 降低到 0。因而也可以根据氧化值的变化来确定氧化剂和还原剂。氧化值升高的物质是还原剂；氧化值降低的物质是氧化剂。

反应式(10-1a)+(10-1b)就得到反应式(10-1)。任何氧化还原反应都是由两个“半反应”组成的。一个是还原剂被氧化的半反应；另一个是氧化剂被还原的半反应。反应式(10-1a)是 Zn 被氧化的半反应，Zn 与 Zn^{2+} 之间可以相互转化；同样，反应式(10-1b)是 Cu^{2+} 被还原的半反应，Cu^{2+} 与 Cu 之间也可以相互转化。在半反应中，同一元素的两个不同氧化值的物种组成了电对。由 Zn^{2+} 与 Zn 所组成的电对可表示为 Zn^{2+}/Zn，由 Cu^{2+} 与 Cu 所组成的电对可表示为 Cu^{2+}/Cu。电对中氧化值较大的称为氧化型物质(oxidizing substance)，氧化值较小的称为还原型物质(reducing substance)。通常，电对表示为氧化型/还原型。任何氧化还原反应系统都是由两个电对构成的。非金属单质及其相应的离子，也可以构成氧化还原电对，如 H^+/H_2、O_2/OH^- 等。

氧化型物质和还原型物质在一定条件下，可以相互转化：

$$\text{氧化型}+ne^- \rightleftharpoons \text{还原型} \qquad (10\text{-}2)$$

$$Zn^{2+}+2e^- \rightleftharpoons Zn \qquad (10\text{-}2a)$$

$$Cu^{2+}+2e^- \rightleftharpoons Cu \qquad (10\text{-}2b)$$

$$2H^+ +2e^- \rightleftharpoons H_2 \qquad (10\text{-}2c)$$

$$O_2+2H_2O+4e^- \rightleftharpoons 4OH^- \qquad (10\text{-}2d)$$

【知识要点提醒】 有电子转移或得失的化学反应都可以称为氧化还原反应。注意区分氧化值与化合价、氧化剂与还原剂、氧化反应与还原反应，掌握氧化还原过程与电子得失的关系。

二、氧化值、共价键数、化合价

氧化值是一种按一定规则指定了形式的电荷的数值，所以它可以是负数，也可以是正数，甚至可以是分数。

化合价的本义是指相结合的原子间的个数比。因为在普通的化学反应中，原子是基本单元，它不可能为分数，所以化合价也不应为非整数。如在 Fe_3O_4 分子中 Fe 存在两种价态：+2 价和+3 价。而 Fe 的氧化值为 8/3。

氧化值与原子的共价键数的含义也不相同。例如，一氧化碳分子中氧的氧化值为−2，碳的氧化值为+2；而碳和氧原子之间形成的化学键的键数却为 3。在共价化合物中，元素的氧化值与共价键的键数主要区别有两点：第一，共价键的数目无正、负之分，而氧化值有正、负之分。第二，同一物质中同种元素的氧化值与共价键数不一定相同。如双原子分子 H_2 和 N_2 中，氢和氮的氧化值都是 0，但是它们的共价键数却分别为 1 和 3。

【知识要点提醒】 氧化值与化合价和共价键数不同，注意区分。

三、氧化还原反应方程式的配平

1. 氧化值法

应用氧化值法（oxidation number method）配平氧化还原反应式的基本原则是：

①氧化反应中元素氧化值升高的总数等于还原反应中元素氧化值降低的总数。

②反应前后各元素的原子总数相等。

下面以高锰酸钾与盐酸作用制取氯气的反应为例，说明用氧化值法配平氧化还原反应式的步骤：

①根据实验结果写出反应物和生成物的化学式。

$$KMnO_4 + HCl \longrightarrow MnCl_2 + Cl_2$$

然后，按物质的实际存在形式，调整分子式前的系数。例如，氯气只能以双原子分子的形式存在，因此要求 HCl 分子的系数为 2 的倍数。

②求元素氧化值的变化值。

标出氧化值有变动的元素的氧化值。用生成物的氧化值减去反应物的氧化值，求出氧化剂元素氧化值降低的值和还原剂元素氧化值升高的值。

锰氧化值降低 5

$$K\overset{+7}{Mn}O_4 + 2H\overset{-1}{Cl} \longrightarrow \overset{+2}{Mn}Cl_2 + \overset{0}{Cl_2}$$

氯氧化值升高 2

③调整系数，使氧化值变化相等。

根据氧化剂中元素氧化值降低的数值和还原剂中氧化值升高的数值必须相等的原则，在氧化剂和还原剂的化学式前，各乘以相应的系数。

锰氧化值降低 5×2

$$\overset{+7}{KMnO_4} + 2H\overset{-1}{Cl} \longrightarrow \overset{+2}{Mn}Cl_2 + \overset{0}{Cl_2}$$

氯氧化值升高 2×5

则得到：

$$2KMnO_4 + 10HCl \longrightarrow 2MnCl_2 + 5Cl_2$$

④配平反应前后氧化值未发生变化的原子数。通常先使钾原子和氯原子个数前后相等；最后再核对氢和氧原子数是否相等。得到配平了的氧化还原方程式：

$$2KMnO_4 + 16HCl \rightleftharpoons 2MnCl_2 + 5Cl_2\uparrow + 2KCl + 8H_2O$$

下面介绍几种在介质酸碱性不同的情况下，典型的氧化还原反应式的配平方法。

【例 10-1】 写出高锰酸钾与亚硫酸钾在稀硫酸溶液中配平的反应式。

解：①根据实验结果写出反应产物的化学式：

$$KMnO_4 + K_2SO_3 + H_2SO_4(稀) \longrightarrow MnSO_4 + K_2SO_4$$

②使反应前后元素氧化值的变化值相等：

锰氧化值降低 5×2

$$\overset{+7}{KMnO_4} + K_2\overset{+4}{S}O_3 + H_2SO_4(稀) \longrightarrow \overset{+2}{Mn}SO_4 + K_2\overset{+6}{S}O_4$$

硫氧化值升高 2×5

$$2KMnO_4 + 5K_2SO_3 + H_2SO_4(稀) \longrightarrow 2MnSO_4 + 5K_2SO_4$$

③原子数配平：

$$2KMnO_4 + 5K_2SO_3 + 3H_2SO_4(稀) \longrightarrow 2MnSO_4 + 6K_2SO_4 + 3H_2O$$

原子个数配平，一般先看钾原子和硫酸根的个数，将它们所在分子的系数确定下来之后，再进行氢和氧原子的配平。反应前多了三个氧原子，酸性介质中，可以用六个 H^+ 来结合，生成三个水分子。得到配平的反应方程式：

$$2KMnO_4 + 5K_2SO_3 + 3H_2SO_4(稀) \rightleftharpoons 2MnSO_4 + 6K_2SO_4 + 3H_2O$$

【例 10-2】 写出高锰酸钾与亚硫酸钾在碱性溶液中作用生成锰酸钾和硫酸钾配平的反应式。

锰氧化值降低 1×2

解：

$$\overset{+7}{KMnO_4} + K_2\overset{+4}{S}O_3 \longrightarrow K_2\overset{+6}{Mn}O_4 + K_2\overset{+6}{S}O_4$$

硫氧化值升高 2×1

$$2KMnO_4 + K_2SO_3 \longrightarrow 2K_2MnO_4 + K_2SO_4$$

反应前后钾原子个数不等，反应前少了两个钾原子。因为反应是在碱性介质中进行的，故反应物中可以加两个 KOH 来提供钾原子，产物中得加一个水分子，得到配平的氧化还原方程式：

$$2KMnO_4 + K_2SO_3 + 2KOH \rightleftharpoons 2K_2MnO_4 + K_2SO_4 + H_2O$$

【例 10-3】 写出高锰酸钾与亚硫酸钾在中性溶液中作用生成二氧化锰和硫酸钾的配平的反应式。

解：

锰氧化值降低 3×2

$$\overset{+7}{KMnO_4} + K_2\overset{+4}{S}O_3 \longrightarrow \overset{+4}{Mn}O_2 + K_2\overset{+6}{S}O_4$$

硫氧化值升高 2×3

$$2KMnO_4 + 3K_2SO_3 \longrightarrow 2MnO_2 + 3K_2SO_4$$

产物中少了两个钾原子，应加含有钾原子的化合物，由于反应物比产物多了一个氧原子，在中性水溶液中，要减少反应物中一个氧原子，可以加一个水分子，而生成两个 OH^-。两个 OH^- 可与两个 K^+ 结合成两个 KOH，得到配平的氧化还原反应方程式如下：

$$2KMnO_4 + 3K_2SO_3 + H_2O \rightleftharpoons 2MnO_2 + 3K_2SO_4 + 2KOH$$

2. 离子-电子法

配平原则：

①反应过程中氧化剂所得到的电子数必须等于还原剂失去的电子数。

②反应前后各元素的原子总数相等。

离子-电子法（ion-electron method）和氧化值法配平的原则相似，氧化值法是要求氧化剂和还原剂的氧化值变化相等；而离子-电子法是要求离子的电子得失数相等。

同样以高锰酸钾与盐酸作用制取氯气的反应为例来说明离子-电子法的配平步骤：

①根据实验结果写出主要产物。

$$MnO_4^- + Cl^- \longrightarrow Mn^{2+} + Cl_2$$

②按实际存在形式写出氧化还原反应中氧化剂和还原剂的氧化型与还原型：

	氧化型		还原型	
氧化剂：	MnO_4^-	$\longrightarrow$	Mn^{2+}	（Ⅰ）
	还原型		氧化型	
还原剂：	Cl^-	$\longrightarrow$	Cl_2	（Ⅱ）

③写出配平的氧化剂和还原剂的半反应式。方法是配平氧化型与还原型的原子数和电荷数。

配平原子数：

（Ⅰ）式中 MnO_4^- 比 Mn^{2+} 多了四个氧原子，在酸性溶液中可与八个 H^+ 结合，生成四个水分子：

$$MnO_4^- + 8H^+ \longrightarrow Mn^{2+} + 4H_2O \qquad (Ⅲ)$$

（Ⅱ）式中需两个氯原子才能结合为一个氯分子：

$$2Cl^- \longrightarrow Cl_2 \qquad (Ⅳ)$$

配平电荷数：

（Ⅲ）式中反应物 MnO_4^- 和 $8H^+$ 总电荷数为 +7，产物的总电荷数为 +2，故反应物中应加入五个电子，消去五个正电荷，求得与产物的电荷数相等，即：

氧化剂：　　$MnO_4^- + 8H^+ + 5e^- \longrightarrow Mn^{2+} + 4H_2O$　　(Ⅴ)

(Ⅳ)式中反应物共有两个负电荷，产物总电荷为零，故产物中应加入两个电子，求得电荷平衡：

还原剂：　　$2Cl^- \longrightarrow Cl_2 + 2e^-$　　(Ⅵ)

根据氧化剂与还原剂电子得失数相等的原则，(Ⅴ)×2，(Ⅵ)×5 然后相加，得到一个配平的离子方程式：

$$\begin{array}{ll}(\text{Ⅴ})\times 2 & 2MnO_4^- + 16H^+ + 10e^- \longrightarrow 2Mn^{2+} + 8H_2O \\ \underline{(\text{Ⅵ})\times 5 \quad +)} & \underline{\qquad 10Cl^- \longrightarrow 5Cl_2 + 10e^-} \\ & 2MnO_4^- + 16H^+ + 10Cl^- \longrightarrow 2Mn^{2+} + 5Cl_2 + 8H_2O\end{array}$$

写出分子方程式：

$$2KMnO_4 + 16HCl \Longrightarrow 2MnCl_2 + 5Cl_2\uparrow + 2KCl + 8H_2O$$

一般来说，氧化值配平法适用范围比较广，可以不限于水溶液中，在非水和高温的情况下都可使用；而离子-电子法则仅适用于溶液中。然而，后者的优点是可以避免求氧化值的麻烦，对于配平一些复杂的化合物，特别是有机化合物参加的氧化还原反应，是很方便的。

【知识要点提醒】 掌握氧化还原反应方程式的配平方法，包括氧化值法和离子-电子法。

第二节　电化学电池

电化学是化学的一个研究领域，主要研究的是电能与化学能之间的转换及其变化规律。化学能转换成电能是通过电池实现的，而电能转换成化学能是通过电解或电镀等进行的。从物理学知识可知，电能是电子定向移动的做功本领。因此，不是任意一个化学反应中的化学能都可以直接转换成电能。比如非氧化还原反应的化学能可以以热能的形式表现，但却没有电子的得失或转移，因而不能直接转换成电能。而任意一个自发进行的氧化还原反应，都可以通过适当的方式获得电能。我们把这种借自发进行的氧化还原反应而产生电能的装置称为原电池(galvanic cell)。

一、氧化还原反应与原电池

为了说明问题。我们先做一个实验。如图 10-1，三个烧杯中盛的都是稀硫酸，将金属锌片及铜片插入稀硫酸溶液中。

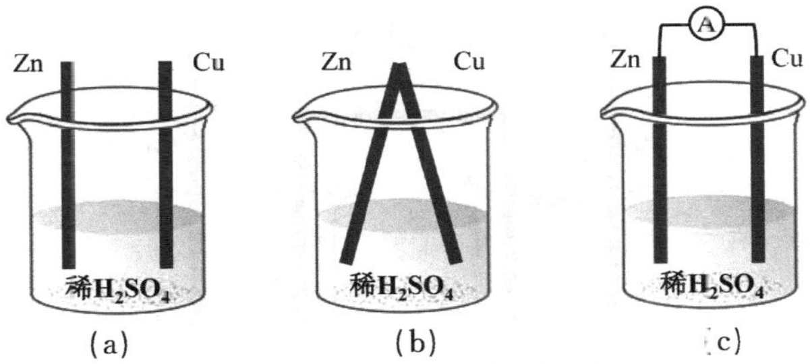

图 10-1　Cu-Zn 原电池实验

在(a)中，根据已掌握的知识可以判断，铜片不与稀硫酸反应，而锌片可以从稀硫酸中置换出氢。即：

$$Cu + H_2SO_4(稀) \quad 不反应$$

$$Zn + H_2SO_4(稀) === ZnSO_4 + H_2\uparrow$$

实验中我们可以观察到锌片上有气体逸出，而铜片上没有。

在(b)中，由于锌片与铜片接触，可以发现铜片上也有气体逸出，并且证明逸出的气体是氢气。这意味着在铜片上实现了如下的反应：

$$2H^+ + 2e^- \rightleftharpoons H_2\uparrow(在铜上)$$

实验(c)中的电表指示电子从锌片经电表流向铜片，说明装置(c)可以提供电能。这也是 1800 年意大利物理学家伏特最早制成的电池，人称伏特电池(voltaic cell)。

伏特电池供电时，发生如下的反应：

锌片　　$Zn \rightleftharpoons Zn^{2+} + 2e^-$　　(氧化反应)

铜片　　$2H^+ + 2e^- \rightleftharpoons H_2$　　(还原反应)

总反应　　$2H^+ + Zn \rightleftharpoons Zn^{2+} + H_2$　　(氧化还原反应)

由此可见，伏特电池是将化学能转变成电能的装置。我们把原电池中向外电路提供电子的一极称为负极(negative electrode)，即还原剂发生氧化反应而失去电子的一极；而从外电路输入电子的一极为正极(positive electrode)，氧化剂在正极获得电子发生还原反应；电池的内电路为电解质溶液中的离子导电所沟通。

从以上情况分析可知，形成原电池必须满足三个基本条件：

①其理论根据是一个能自发进行的氧化还原反应，即此反应的 $\Delta G<0$。

②氧化反应(失去电子)和还原反应(得到电子)分别在两处(两极)进行。

③两极间的电解质溶液必须用盐桥沟通。

盐桥(salt bridge)是一个浸透饱和氯化钾水溶液的琼脂所充满的 U 型管。将其倒联在两种电解质溶液中，就可借助盐桥中氯化钾沟通两种电解质的离子导电。例如，丹尼尔电池就是采用盐桥将两个半电池联起来的。如图 10-2 所示。

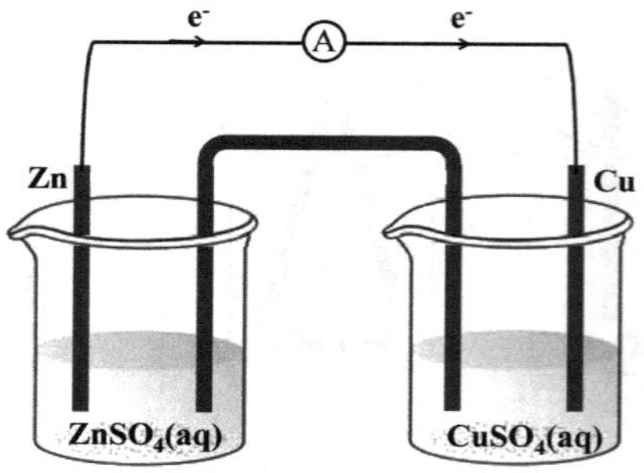

图 10-2　丹尼尔电池

当丹尼尔电池工作时，两极发生如下反应：

锌片（负极）　　$Zn \rightleftharpoons Zn^{2+} + 2e^-$　（氧化反应）

铜片（正极）　　$Cu^{2+} + 2e^- \rightleftharpoons Cu$　（还原反应）

电池反应　$Cu^{2+} + Zn \rightleftharpoons Cu + Zn^{2+}$　　（氧化还原反应）

在负极半电池中，由于 Zn^{2+} 进入溶液，正离子数增加，而在正极半电池中，由于 Cu^{2+} 变成 Cu 析出，正离子数减少。为维持各部分电中性，盐桥中的 Cl^- 进入负极半电池，K^+ 移向正极半电池，以保证原电池正常工作。

为了讨论问题的方便，电化学用下列符号表示原电池：

负极 | 电解质溶液（浓度）| 正极

例如，丹尼尔电池可写成：

$$Zn \mid ZnSO_4(c_1) \parallel CuSO_4(c_2) \mid Cu$$

符号“|”表示分界面，“‖”表示用盐桥等将电解质溶液沟通。由此可知：

①原电池是由两个半电池组成的。负极所在的半电池为负极半电池（negative half-cell），正极所在的半电池为正极半电池（positive half-cell）。

②原电池的氧化反应和还原反应分别在两极发生，每个电极处发生的反应称为电极反应（electrode reaction）或半电池反应（half-cell reaction）。

③同一元素的两个不同氧化值的物种组成了电对。

【例 10-4】 将下列反应组成原电池（符号），并写出两极电对平衡式及符号。

$$2KMnO_4 + 16HCl \rightleftharpoons 2MnCl_2 + 5Cl_2 + 2KCl + 8H_2O$$

解：为简化起见，可将上述反应写成离子方程式

$$2MnO_4^- + 16H^+ + 10Cl^- \rightleftharpoons 2Mn^{2+} + 5Cl_2 + 8H_2O$$

欲利用该反应构成原电池，必须将其分解成两个半反应——氧化反应和还原反应。并让氧化反应在负极半电池，还原反应在正极半电池进行，从而根据电极反应写出电对平衡、电对符号和电池符号。

答案是：

	(一)极	(+)极
电极反应	$10Cl^- \rightleftharpoons 5Cl_2 + 10e^-$	$2MnO_4^- + 16H^+ + 10e^- \rightleftharpoons 2Mn^{2+} + 8H_2O$
电对平衡	$5Cl_2 + 10e^- \rightleftharpoons 10Cl^-$	$2MnO_4^- + 16H^+ + 10e^- \rightleftharpoons 2Mn^{2+} + 8H_2O$
电对符号	Cl_2/Cl^-	MnO_4^-/Mn^{2+}

电池符号　$Pt \mid Cl_2(p) \mid Cl^-(c_1) \parallel MnO_4^-(c_2), H^+(c_3), Mn^{2+}(c_4) \mid Pt$

由上例可知：

①电对平衡式的写法与电极反应不同。电极反应可以是氧化反应（负极半电池反应），也可以是还原反应（正极半电池反应），但是电对平衡式都是从左到右按还原反应书写，且为平衡式（$\rightleftharpoons$）。

②电对中的氧化态、还原态与反应中的氧化剂、还原剂的概念不同。上例中氧化剂为 MnO_4^-（$KMnO_4$），还原剂为 Cl^-（KCl），但在正极电对中氧化态为 MnO_4^-，还原态为 Mn^{2+}。与此同时，负极电对中的氧化态为 Cl_2，还原态为 Cl^-。由此看来，电池反应中的氧化剂是由正极电对中的氧化态充当，而负极电对中的还原态就是电池反应的还原剂。

③电对中氧化态与氧化型、还原态与还原型的概念也略有不同，这从上例的正极电对中可以看出。该电对中氧化态为 MnO_4^-，但氧化型除包括 MnO_4^- 外，还包括介质 H^+。同样，还原态虽为 Mn^{2+}，但还原型尚有介质产物 H_2O 在内。

④电极反应或电对平衡中的所有物质（H_2O 除外）的量（浓度或分压）均应在原电池符号中表示出来，因为这些都会影响电池的电动势。

⑤当电对中没有电子导体（如金属）时，就必须外加惰性电极作为电子的导体。所谓“惰性电极”(inert electrode)是指不参与该氧化还原反应的电子导体，一般是惰性金属珀(Pt)或石墨(C)。根据这个道理，伏特电池与丹尼尔电池中的正极均可用 Pt 或 C 代替，而负极则不行。

【知识要点提醒】 原电池是将氧化还原反应的化学能转化为电能的装置。原电池中输出电子的一极为负极，还原剂在负极发生氧化反应而失去电子。输入电子的一极为正极，氧化剂在正极发生还原反应。

二、电解池

原电池放电时，发生的氧化还原反应是自发的。自发反应的逆反应是非自发的。例如，丹尼尔电池中金属锌置换铜离子的反应是自发的，而金属铜置换锌离子的反应就不能自发进行。只有在环境的干预下，对其做功，非自发反应才能进行。如果将直流电源与丹尼尔电池相连接，电源的负极与锌电极相连，正极与铜电极相连。则在阴极（负极）上发生了还原反应，有金属锌沉积出来：

$$Zn^{2+}(aq) + 2e^- \rightleftharpoons Zn(s)$$

阳极（正极）上发生了氧化反应，金属铜溶解：

$$Cu(s) \rightleftharpoons Cu^{2+}(aq) + 2e^-$$

阴、阳极反应进行的同时，盐桥（或溶液）中的阳离子向阴极迁移，阴离子向阳极迁移，以保护溶液的电中性，使放电作用能持续进行。

这种利用电能发生氧化还原反应的装置被称为电解池（electrolytic cell）。在电解池中电能转变成化学能。原电池和电解池统称为电化学电池（electrochemical cell）。

在原电池和电解池中，阳极释放的电子通过外电路被阴极重新获得，即阳极失去的电子数等于阴极得到的电子数。因此，在两极反应了的物质的物质的量与通过外电路的电荷总量之间必然有一定量关系。根据大量的实验总结出电解定律（electrolysis law）：1 法拉第的电量，可以析出（或溶解）相当于接受（或给出）1 摩尔电子的物质。其中，1 摩尔电子的总电量称为 1 法拉第，常用符号 F 表示。F 又称为法拉第常数（faraday constant）。

由于一个电子的电荷是 $1.602\,19\times10^{-19}$ 库仑，1 摩尔电子的数目为 6.0225×10^{23} 个，故法拉第常数 $F=1.602\,19\times10^{-19}\ \mathrm{C}\times(6.0225\times10^{23}/\mathrm{mol})\approx96\,485\ \mathrm{C\cdot mol^{-1}}$。

从法拉第定律可知，1 法拉第电量可析出 1 摩尔的 Ag^+、0.5 摩尔的 Cu^{2+}、0.33 摩尔的 Al^{3+}。这一结论可以理解成：在电解过程中，每析出（或溶解）一个 1 价离子时都要取得（或失去）一个电子；2 价离子要取得（或失去）两个电子；3 价离子则要取得（或失去）三个电子。

因此，通过测定电解池的电流强度和时间，算出电解中消耗电量的库仑数。知道电量的法拉第数，就可以求出电解所得物质的质量。

【例 10-5】 已知电解铜盐溶液时间为 7 分钟，电流强度为 0.60 A，问能电解出多少克铜？

解：通电的库仑数＝安培数×秒数

$=(0.60\times7\times60)\ \mathrm{C}$

$=252\ \mathrm{C}$

相当的法拉第数＝$(252\div96485)\ \mathrm{F}$

$=2.61\times10^{-3}\ \mathrm{F}$

能析出铜的摩尔数＝$2.61\times10^{-3}\div2$

铜的原子量为 63.5

故析出铜的克数＝$(1.30\times10^{-3}\times63.5)\ \mathrm{g}=0.0826\ \mathrm{g}$

【知识要点提醒】 原电池将化学能转化为电能，电解池将电能转化为化学能。对于电解池，阳极失电子发生氧化反应，阴极得电子发生还原反应。注意与原电池正、负极区分。

三、原电池电动势的测定

在Cu-Zn原电池中，电流从Cu极流向Zn极，这说明两个电极之间有一定的电势差存在。如同有水位差(或者压差)时的水会自动流动一样，原电池两极间电势差的存在，说明构成原电池的两个电极各自具有不同的电极电势。也就是说，原电池中电流的产生是由于两个电极的电势不同所致。

当原电池放电时，两极间的电势差将比该电池的最大电压要小。这是因为驱动电流通过电池需要消耗能量或者称其为要做功，产生电流时，电池电压的降低反映了电池内所消耗的这种能量；而且电流越大，电压降低得越多。因此，只有电路中没有电流通过时，电池才具有最大电压(又称其为开路电压)。当通过原电池的电流趋于零时，两电极间的最大电势差被称为原电池的电动势(electromotive force)，以 E 表示。

原电池的电动势与系统的组成有关。当电池中各物种均处于各自的标准态时，测定的电动势为标准电动势(standard electromotive force)，以 $E^{\ominus}$ 表示。例如，丹尼尔电池中 $c(Zn^{2+})=c(Cu^{2+})=1.0\ mol\cdot L^{-1}$；且Zn(s)和Cu(s)均为纯物质；在这种条件下，测定的电动势为 $E^{\ominus}(=1.10\ V)$。

【知识要点提醒】 原电池中两电极的电极电势不同才能产生电流。原电池的电动势是电流趋于零时两极间的电势差。

第三节　电极电势

一、电极电势的产生

当把金属浸入其盐溶液时，则会出现两种倾向：一种是金属原子因热运动和受极性水分子的作用以离子形式进入溶液，如果金属的活泼性越大或溶液中金属离子的浓度越小，这种倾向就越大；另一种是溶液中的金属离子受金属表面自由电子的吸引而沉积在金属表面上，金属的活泼性越小或溶液中金属离子的浓度越大，这种倾向越大。当金属在溶液中溶解和沉积的速率相等时，则达到动态平衡：

$$M(s) \rightleftharpoons M^{n+} + ne^-$$

若金属溶解的倾向大于沉积的倾向，则平衡时金属表面附近的溶液中，维持着一定数量的正离子，在金属表面上，则保留着相应数量的自由电子。这样，在金属和溶液之间就产生了电势差，或称为平衡电极电势，简称电极电势(electrode potential)。

影响电极电势的因素有电极的构成、温度、介质、离子浓度等，当外界条件一定时，电极电势的高低就只取决于电极的构成。对于金属电极，则取决于金属的活泼性大小。金属的活泼性越高，溶解的倾向越大，离子沉积的倾向越小，达到平衡时，金属电极的表面上积累的负电荷就较多，此时电极电势就低。反之，金属的活泼性越低，电极电势越高。因此连接两个金属活泼性不同的电极，如 Zn 电极和 Cu 电极，就会产生电流。

【知识要点提醒】 电极电势是由于金属在其盐溶液中的溶解-沉积平衡产生的。

二、标准电极电势($\varphi^{\ominus}$)

原电池的电动势是构成原电池的两个电极电势之差，即正极的电极电势减去负极的电极电势等于电动势。但是，到目前为止，电极电势的绝对值尚无法确定。通常选取某一电极的电极电势作标准，这样的电极称为标准电极(standard electrode)，规定该标准电极电势为某一个数值。将其他电极电势与此标准电极电势做比较，从而确定出各电对的电极电势。目前采用的标准电极是氢电极。在标准状态下的氢电极，称为标准氢电极(standard hydrogen electrode)。其制备方法为将镀有一层蓬松铂黑的铂片，放在 $c(H^+)$ 为 $1.0\ mol \cdot L^{-1}$ 的硫酸溶液中，不断地通入纯氢气，保持氢气压力为 100 kPa，氢气为铂黑所吸附。在标准氢电极中被铂吸附的氢气与溶液中的氢离子建立了如下的动态平衡。

$$2H^+(aq)+2e^- \rightleftharpoons H_2(g)$$

规定标准氢电极的电极电势为零，以 $\varphi^{\ominus}(H^+/H_2)=0$ 表示之。标准氢电极的半电池符号可写为：

$$Pt|H_2(p^{\ominus})|H^+(1.0\ mol \cdot L^{-1}) \text{或} H^+(1.0\ mol \cdot L^{-1})|H_2(p^{\ominus})|Pt$$

按照国际规定的惯例，确定某标准电极电势时，可把它与标准氢电极组成一个原电池。在电池图解中将氢电极写在左边(假定为负极)，将待测电极写在右边(假定为正极)。用电位计测定该原电池的标准电动势 $E^{\ominus}$。则有

$$E^{\ominus}=\varphi^{\ominus}_{右}-\varphi^{\ominus}_{左}$$

如果待测电极是 $Cu—Cu^{2+}(1.0\ mol \cdot L^{-1})$电极，可写成：

$$(-)\quad Pt|H_2(p^{\ominus})|H^+(1.0\ mol \cdot L^{-1}) \| Cu^{2+}(1.0\ mol \cdot L^{-1})|Cu \quad (+)$$

电池反应为：

$$Cu^{2+}(aq)+H_2(g) \rightleftharpoons 2H^+(aq)+Cu(s)$$

实验测得，$E^{\ominus}=0.337\ V$

$$\text{由 } E^{\ominus}=\varphi^{\ominus}(Cu^{2+}/Cu)-\varphi^{\ominus}(H^+/H_2)$$

$$\text{得 } \varphi^{\ominus}(Cu^{2+}/Cu)=0.337\ V$$

如果将标准铜电极换成标准锌电极，组成原电池：

$$(\text{左})\quad Pt|H_2(p^{\ominus})|H^+(1.0\ mol \cdot L^{-1}) \| Zn^{2+}(1.0\ mol \cdot L^{-1})|Zn \quad (\text{右})$$

电池反应为：

$$Zn^{2+}(aq)+H_2(g) \rightleftharpoons Zn(s)+2H^+(aq)$$

经测定，锌电极电势低于氢电极电势。显然锌电极应为负极，氢电极应为正极：

(－)　$Zn|Zn^{2+}(1.0\ mol\cdot L^{-1})\parallel H^{+}(1.0\ mol\cdot L^{-1})|H_2(p^\ominus)|Pt$　(＋)

测得 $E^\ominus=0.763$ V

$$由\ E^\ominus=\varphi^\ominus_{右}-\varphi^\ominus_{左},\varphi^\ominus_{右}=0$$

$$得\ 0.763=\varphi^\ominus_{右}-\varphi^\ominus_{左}$$

$$\varphi^\ominus(Zn^{2+}/Zn)=-0.763\ V$$

利用类似方法可以确定其他电对的标准电极电势。但是，氢电极为气体电极，使用起来很不方便。在实际测定电极电势的过程中，往往采用另外一些电极作为参比电极(reference electrode)。参比电极必须比较稳定，其电势值可根据标准氢电极准确测知。常用的参比电极是 Hg、Hg_2Cl_2(s)与 KCl 溶液组成的甘汞电极。当 KCl 为饱和溶液时，称为饱和甘汞电极(saturated calomel electrode)，25 ℃ 时其电极电势是＋0.2415 V。

在应用电极电势 φ 和标准电极电势 $\varphi^\ominus$ 时，习惯上将反应式写成还原反应的形式，相应的电极电势为标准还原电势或标准电极电势。如：

$$Zn^{2+}(aq)+2e^{-}\rightleftharpoons Zn(s);\varphi^\ominus(Zn^{2+}/Zn)=-0.763\ V$$

$$2H^{+}(aq)+2e^{-}\rightleftharpoons H_2(g);\varphi^\ominus(H^{+}/H_2)=0\ V$$

$$Cu^{2+}(aq)+2e^{-}\rightleftharpoons Cu(s);\varphi^\ominus(Cu^{2+}/Cu)=0.337\ V$$

这样，在写电池反应时，应将正极半反应与负极半反应相减。在铜锌原电池中，

$$Cu^{2+}(aq)+2e^{-}\rightleftharpoons Cu(s);\varphi^\ominus(Cu^{2+}/Cu)=0.337\ V$$

$$Zn^{2+}(aq)+2e^{-}\rightleftharpoons Zn(s);\varphi^\ominus(Zn^{2+}/Zn)=-0.763\ V$$

$$Cu^{2+}(aq)+Zn(s)\rightleftharpoons Cu(s)+Zn^{2+}(aq)$$

相应的电池的标准电动势是正极标准电极电势与负极标准电极电势之差。

$$E^\ominus=\varphi^\ominus(Cu^{2+}/Cu)-\varphi^\ominus(Zn^{2+}/Zn)$$

$$=[0.337-(-0.763)]\ V=1.100\ V$$

比较各电对的标准电极电势代数值的大小，可以得知，一般随着电极电势数值增大，电对的氧化型得电子能力增强，还原型失电子能力减弱。或者说，其电对的 $\varphi^\ominus$ 值越大，其氧化型是较强的氧化剂，还原型是较弱的还原剂。反之，其电对的 $\varphi^\ominus$ 值越小，其还原型是较强的还原剂，氧化型是较弱的氧化剂。

【知识要点提醒】 某一电极的标准电极电势的绝对值无法确定，其值通过与规定的标准电极比较得到。明确电极电势与电对的氧化还原性强弱的关系。

三、Nernst 方程式

标准电极电势是在标准状态下测定的。如果条件改变，则电对的电极电势也将随之发生改变。

W. Nernst 从理论上推导出电极电势与浓度之间的关系式：

$$\varphi=\varphi^{\ominus}-\frac{RT}{zF}\ln\frac{c(\text{还原型})}{c(\text{氧化型})}$$

式中的 c(氧化型)、c(还原型)分别表示电极反应中在氧化型一侧(反应式的左边)各物种浓度的乘积和在还原型一侧(反应式的右边)各物种浓度的乘积;各物种浓度的指数应等于电极反应式中相应各物种的计量数。式中 φ 和 $\varphi^{\ominus}$ 单位为 V,T 的单位为 K,$R=8.314\ \text{J}\cdot\text{mol}^{-1}\cdot\text{K}^{-1}$,$F=96\ 485\ \text{C}\cdot\text{mol}^{-1}$。$T=298.15$ K 时,上式可写为:

$$\varphi=\varphi^{\ominus}-\frac{0.0592}{z}\lg\frac{c(\text{还原型})}{c(\text{氧化型})}$$

从 Nernst 方程(Nernst equation)可以看出,氧化型一侧各物种浓度增大或还原型一侧各物种浓度减小,都会使电极电势增大;反之,使电极电势减小。

【例 10-6】 已知电极反应:$Fe^{3+}(aq)+e^{-}\rightleftharpoons Fe^{2+}(aq)$,当 $c(Fe^{3+})=1.0\times10^{-3}\ \text{mol}\cdot\text{L}^{-1}$,$c(Fe^{2+})=0.10\ \text{mol}\cdot\text{L}^{-1}$ 时,计算 298 K 时,$\varphi(Fe^{3+}/Fe^{2+})$ 为多少。

解: $Fe^{3+}(aq)+e^{-}\rightleftharpoons Fe^{2+}(aq)$ 已知 $\varphi^{\ominus}(Fe^{3+}/Fe^{2+})=0.771$ V

$$\varphi(Fe^{3+}/Fe^{2+})=\varphi^{\ominus}(Fe^{3+}/Fe^{2+})-\frac{0.0592}{z}\lg\frac{c(Fe^{2+})}{c(Fe^{3+})}$$

$$=\left(0.771-0.0592\lg\frac{0.10}{1.0\times10^{-3}}\right)\text{V}$$

$$=0.653\ \text{V}$$

【知识要点提醒】 掌握 Nernst 方程,注意氧化型与还原型浓度分别在分母和分子位置。

第四节 氧化还原反应进行的方向和程度

一、氧化剂、还原剂相对强弱的判断

确定氧化剂和还原剂的相对强弱是判断氧化还原反应进行方向的前提。电极电势的大小反映了电对中氧化型物质得电子能力和还原型物质失电子能力的强弱。电极电势的代数值越大,其氧化型得电子的能力越强,还原型失电子的能力越弱。化学周期表中最强的还原剂是 Li,它是电极电势最小的电对 Li^{+}/Li 的还原型;最强的氧化剂 F_2 是电极电势最大的电对 F^{-}/F_2 的氧化型。由于电对的氧化型得电子能力越强,还原型失电子的能力就越弱。因此 Li^{+} 是最弱的氧化剂,F^{-} 是最弱的还原剂。

【例 10-7】 在下列电对中选择出最强的氧化剂和最强的还原剂。并列出各氧化型物种的氧化能力和各还原型物种的还原能力强弱的顺序。

MnO_4^{-}/Mn^{2+},Cu^{2+}/Cu,Fe^{3+}/Fe^{2+},I_2/I^{-},Cl_2/Cl^{-},Sn^{4+}/Sn^{2+}

解:查表得各电对的标准电极电势

$$MnO_4^- + 8H^+ + 5e^- \rightleftharpoons Mn^{2+} + 4H_2O \qquad \varphi^\circ = 1.51\ V$$

$$Cu^{2+} + 2e^- \rightleftharpoons Cu \qquad \varphi^\circ = 0.337\ V$$

$$Fe^{3+} + e^- \rightleftharpoons Fe^{2+} \qquad \varphi^\circ = 0.771\ V$$

$$I_2 + 2e^- \rightleftharpoons 2I^- \qquad \varphi^\circ = 0.5345\ V$$

$$Cl_2 + 2e^- \rightleftharpoons 2Cl^- \qquad \varphi^\circ = 1.36\ V$$

$$Sn^{4-} + 2e^- \rightleftharpoons Sn^{2+} \qquad \varphi^\circ = 0.154\ V$$

电对 MnO_4^-/Mn^{2+} 的 φ° 值最大，其氧化型物种 MnO_4^- 是最强的氧化剂；电对 Sn^{4+}/Sn^{2+} 的 φ° 值最小，其还原型物种 Sn^{2+} 是最强的还原剂。

各氧化型物种氧化能力由强到弱的顺序为：

$$MnO_4^- > Cl_2 > Fe^{3+} > I_2 > Cu^{2+} > Sn^{4+}$$

各还原型物种还原能力由强到弱的顺序为：

$$Sn^{2+} > Cu > I^- > Fe^{2+} > Cl^- > Mn^{2+}$$

通常实验室用的强氧化剂其电对的 φ° 值往往大于 1。如 $KMnO_4$、$K_2Cr_2O_7$、H_2O_2 等；常用的强还原剂电对的 φ° 值往往小于 0 或稍大于 0。如 Zn、Fe、Sn^{2-} 等。当然，氧化剂、还原剂的强弱是相对的，并没有严格的界限。

【知识要点提醒】 氧化剂和还原剂的强弱是相对的，要能根据电对的电极电势判断氧化剂和还原剂的强弱。

二、判断氧化还原反应进行的方向

氧化还原反应是争夺电子的反应，反应总是在得电子能力强的氧化剂与失去电子能力强的还原剂之间发生。即：

$$\text{强还原剂(1)} + \text{强氧化剂(2)} \rightleftharpoons \text{弱还原剂(2)} + \text{弱氧化剂(1)}$$

【例 10-8】 判断反应 $2Fe^{3+}(aq) + Cu(s) \longrightarrow 2Fe^{2+}(aq) + Cu^{2+}(aq)$ 在标准状态下能否从左向右进行。

解：查出电对的 φ° 值

$$Fe^{3+}(aq) + e^- \rightleftharpoons Fe^{2+}(aq) \qquad \varphi^\circ(Fe^{3+}/Fe^{2+}) = 0.771\ V$$

$$Cu^{2+}(aq) + 2e^- \rightleftharpoons Cu(s) \qquad \varphi^\circ(Cu^{2+}/Cu) = 0.337\ V$$

比较两电对的值可以知道，Fe^{3+} 是较强的氧化剂，Cu 是较强的还原剂。在它们之间能发生氧化还原反应：

$$\underset{\text{强氧化剂}}{2Fe^{3+}(aq)} + \underset{\text{强还原剂}}{Cu(s)} \rightleftharpoons \underset{\text{弱还原剂}}{2Fe^{2+}(aq)} + \underset{\text{弱氧化剂}}{Cu^{2+}(aq)}$$

反应向右进行。

【例 10-9】 (1)试判断反应 $MnO_2(s) + 4HCl(aq) \longrightarrow MnCl_2(aq) + Cl_2(g) + 2H_2O$ 在 25 ℃时的标准状态下能否向右进行。(2)实验室中为什么能用 MnO_2 与 HCl 反应制

取 $Cl_2(g)$？

解：(1)查表可知：

$$MnO_2(s)+4H^++2e^- \rightleftharpoons Mn^{2+}+2H_2O \qquad \varphi^\ominus=1.23\ V$$

$$Cl_2(g)+2e^- \rightleftharpoons 2Cl^-(aq) \qquad \varphi^\ominus=1.36\ V$$

$$E^\ominus=\varphi^\ominus(MnO_2/Mn^{2+})-\varphi^\ominus(Cl_2/Cl^-)=-0.13\ V<0$$

所以在标准状态下，上述反应不能从左向右进行。

(2)在实验室中制取 $Cl_2(g)$时，用的是浓 HCl(12 mol·L^{-1})。如根据 Nernst 方程式分别估算上述两电对的电极电势，并假定 $c(Mn^{2+})=1.0$ mol·L^{-1}，$p(Cl_2)=$ 101.325 kPa。在浓 HCl 中，$c(H^+)=12$ mol·L^{-1}，$c(Cl^-)=12$ mol·L^{-1}，

则 $$\varphi(MnO_2/Mn^{2+})=\varphi^\ominus(MnO_2/Mn^{2+})-\frac{0.0592}{2}\lg\frac{c(Mn^{2+}/c^\ominus)}{[c(H^+)/c^\ominus]^4}$$

$$=\left(1.23+\frac{0.0592}{2}\lg\frac{1}{12^4}\right)V$$

$$=1.36\ V$$

$$\varphi(Cl_2/Cl^-)=\varphi^\ominus(Cl_2/Cl^-)-\frac{0.0592}{2}\lg\frac{[c(Cl^-)/c^\ominus]^2}{p(Cl_2)/p^\ominus}$$

$$=(1.36-0.0592\lg 12)\ V=1.30\ V$$

$$E=1.36\ V-1.30\ V=0.06\ V>0$$

因此，从平衡的观点来看，MnO_2 可与浓 HCl 反应制取 Cl_2。

【知识要点提醒】 强还原剂＋强氧化剂⟶弱还原剂＋弱氧化剂

三、确定氧化还原反应进行的程度

氧化还原反应进行的程度可以由它的平衡常数看出。如对反应：

$$aA+bB \rightleftharpoons yY+zZ$$

其 Nernst 方程式为：

$$E=E^\ominus-\frac{RT}{zF}\ln[c^y(Y)\cdot c^z(Z)/c^a(A)\cdot c^b(B)]$$

当 $E=0$，两极间没有电势差，就没有电流产生，反应达到了平衡。即

$$0=E^\ominus-\frac{RT}{zF}\ln[c^y(Y)\cdot c^z(Z)/c^a(A)\cdot c^b(B)]$$

平衡时 $$K^\ominus=[c^y(Y)\cdot c^z(Z)]/[c^a(A)\cdot c^b(B)]$$

则 298 K 时 $$\lg K^\ominus=\frac{zE^\ominus}{0.0592}$$

【例 10-10】 试估计反应：$Zn(s)+Cu^{2+}(aq) \rightleftharpoons Zn^{2+}(aq)+Cu(s)$进行的程度(298 K)。

解：
$$Zn(s)+Cu^{2+}(aq)\rightleftharpoons Zn^{2+}(aq)+Cu(s)$$
$$E^{\ominus}=\varphi^{\ominus}(Cu^{2+}/Cu)-\varphi^{\ominus}(Zn^{2+}/Zn)$$
$$=[0.337-(-0.763)]\ V$$
$$=1.10\ V$$
$$z=2,\lg K^{\ominus}=\frac{zE}{0.0592}$$
$$=\frac{2\times 1.10}{0.0592}$$
$$=37.2$$
$$K^{\ominus}=c(Zn^{2+})/c(Cu^{2+})$$
$$=1.6\times 10^{37}$$

$K^{\ominus}$ 值很大，说明反应向右进行得很完全。如果平衡时 $c(Zn^{2+})=1.0\ mol\cdot L^{-1}$，则 $c(Cu^{2+})$ 仅为 $10^{-37}\ mol\cdot L^{-1}$ 左右。说明锌置换铜的反应进行得很彻底。

【例 10-11】 试计算 25 ℃时，反应：$Sn(s)+Pb^{2+}(aq)\rightleftharpoons Sn^{2+}(aq)+Pb(s)$ 的平衡常数；如果反应开始时，$c(Pb^{2+})=2.0\ mol\cdot L^{-1}$，平衡时 $c(Pb^{2+})$ 和 $c(Sn^{2+})$ 各为多少？

解：
$$Sn(s)+Pb^{2+}(aq)\rightleftharpoons Sn^{2+}(aq)+Pb(s)$$

平衡时　　$2.0-x$　　　x

$$E^{\ominus}=\varphi^{\ominus}(Pb^{2+}/Pb)-\varphi^{\ominus}(Sn^{2+}/Sn)$$
$$=-0.126-(-0.136)$$
$$=0.010$$
$$\lg K^{\ominus}=\frac{zE}{0.0592}$$
$$=\frac{2\times 0.010}{0.0592}$$
$$=0.34$$
$$K^{\ominus}=2.19,\frac{c(Sn^{2+})}{c(Pb^{2+})}=K^{\ominus}$$
$$\frac{x}{2.0-x}=2.19,x=1.4$$
$$c(Sn^{2+})=1.4\ mol\cdot L^{-1},c(Pb^{2+})=0.6\ mol\cdot L^{-1}$$

K 较小，平衡时 $c(Pb^{2+})$ 仍然较大，反应进行得很不完全。

氧化还原反应的平衡常数与原电池的标准电动势有直接关系，用测定原电池电动势的方法还可以确定弱酸的离解常数、水的离子积、难溶电解质的溶度积常数和配离子的稳定常数等。

【例 10-12】 已知 298 K 时下列半反应的值，试求 AgCl 的溶度积常数 $K_{sp}^{\ominus}$。

$$Ag^+(aq) + e^- \rightleftharpoons Ag(s) \qquad \varphi^\ominus = 0.799\ V$$

$$AgCl(s) + e^- \rightleftharpoons Ag(s) + Cl^-(aq) \qquad \varphi^\ominus = 0.222\ V$$

解：设计一个原电池

$$(-)\quad Ag \mid AgCl(s) \mid Cl^-(1.0\ mol\cdot L^{-1}) \parallel Ag^+(1.0\ mol\cdot L^{-1}) \mid Ag \quad (+)$$

电极反应为：

$$Ag^+(aq) + e^- \rightleftharpoons Ag(s)$$

$$-)\ AgCl(s) + e^- \rightleftharpoons Ag(s) + Cl^-(aq)$$

电池反应为：

$$Ag^+(aq) + Cl^-(aq) \rightleftharpoons AgCl(s)$$

$$E^\ominus = \varphi^\ominus(Ag^+/Ag) - \varphi^\ominus(AgCl/Ag)$$

$$= (0.799 - 0.222)\ V$$

$$= 0.577\ V$$

$$\lg K^\ominus = \frac{zE^\ominus}{0.0592},\ K^\ominus = 1/K^\ominus_{sp}$$

$$-\lg K^\ominus_{sp} = \frac{zE^\ominus}{0.0592},\ z = 1$$

$$\lg K^\ominus_{sp} = \frac{-0.577}{0.0592}$$

$$= -9.75$$

$$K^\ominus_{sp} = 1.8 \times 10^{-10}$$

上述电池反应并非氧化还原反应，然而，Ag^+/Ag 与 $AgCl/Ag$ 两对电对确实能组成一个原电池，产生电流。其电极电势差是由于两个半电池中 Ag^+ 浓度不同而引起的。这样的原电池称为浓度差电池(concentration cell)。利用浓度差电池还可以确定配离子的稳定常数。

一般来说，氧化还原反应的速率比酸碱反应和沉淀反应要慢些。特别是结构较复杂的含氧酸根参与下的反应，更是如此。在某些情况下，氧化剂与还原剂的电极电势之差即使很大，但由于速率很小，实际上却见不到反应发生。例如，MnO_4^- 与 Ag 在酸性溶液中的反应：

$$MnO_4^- + 5Ag + 8H^+(aq) \rightleftharpoons Mn^{2+}(aq) + 5Ag^+(aq) + 4H_2O$$

$$E^\ominus = \varphi^\ominus(MnO_4^-/Mn^{2+}) - \varphi^\ominus(Ag^+/Ag) = 0.71\ V$$

虽然理应发生反应，但是，实际上却难以进行。如果在溶液中引进少量的 Fe^{3+} 后，反应就能进行，MnO_4^- 的紫色消失。有人认为 Fe^{3+} 起了催化剂的作用，活化了金属银：

$$Fe^{3+}(aq) + Ag(s) \rightleftharpoons Fe^{2+}(aq) + Ag^+(aq)$$

$$5Fe^{2+}(aq) + MnO_4^- + 8H^+(aq) \rightleftharpoons 5Fe^{3+}(aq) + Mn^{2+}(aq) + 4H_2O$$

虽然，$\varphi^\ominus(Fe^{3+}/Fe^{2+})$ 比 $\varphi^\ominus(Ag^+/Ag)$ 还小 0.028 V，但是，这里各种离子浓度并不都

是 1.0 mol·L^{-1}，所以不能只根据 $\varphi^\ominus$ 来判断反应方向。

总之，电极电势能指导人们做很多有用的判断；但是，影响氧化还原反应进行的因素是多方面的，最终还应通过实践来证实。

【知识要点提醒】 利用 Nernst 方程可以判断氧化还原反应进行的程度，也可以计算弱酸的离解常数、水的离子积、难溶电解质的溶度积常数、配离子的稳定常数等。

四、元素电势图

当某元素可能形成三种或三种以上的氧化值的物质时，这些物种可以组成多种不同的电对，各电对的标准电极电势的相互关系可以用图的形式表示出来，这种图叫作元素电势图(elementary potential diagram)。

画元素电势图时，可以按元素的氧化值由高到低的顺序，把它们的分子式写出来，最高氧化值的物种写在最左面，最低氧化值的物种写在最右面；各不同氧化值物种之间用直线连接起来，在直线上标明两种不同氧化值物种所组成的电对的标准电极电势。如氧元素在酸性溶液中的电势图如下：

$$O_2 \xrightarrow{0.0682\ V} H_2O_2 \xrightarrow{1.77\ V} H_2O \quad (O_2 \xrightarrow{1.229\ V} H_2O)$$

图中所对应的各半反应都是在酸性溶液中发生的，它们是：

$$O_2(g)+2H^+(aq)+2e^- \rightleftharpoons H_2O_2(aq) \qquad \varphi^\ominus=0.682\ V$$

$$H_2O_2(aq)+2H^+(aq)+2e^- \rightleftharpoons 2H_2O(l) \qquad \varphi^\ominus=1.77\ V$$

$$O_2(g)+4H^+(aq)+4e^- \rightleftharpoons 2H_2O(l) \qquad \varphi^\ominus=1.229\ V$$

元素电势图对于了解元素的单质及化合物的性质是很有用的。现举例说明如下：

(1)判断某物种能否发生歧化反应

【例 10-13】 根据铜元素和铁元素在酸性溶液中的有关标准电极电势，分别画出它们的电势图，并分别推测在酸性溶液中 Cu^+ 和 Fe^{2+} 能否发生歧化反应。

解：在酸性溶液中，铜元素和铁元素的电势图 $\varphi^\ominus$/V 分别为

$$Cu^{2+} \xrightarrow{0.159\ V} Cu^+ \xrightarrow{0.515\ V} Cu$$

$$Fe^{3+} \xrightarrow{0.771\ V} Fe^{2+} \xrightarrow{-0.440\ V} Fe$$

铜的电势图所对应的半反应为：

$$Cu^{2+}(aq)+e^- \rightleftharpoons Cu^+(aq) \qquad \varphi^\ominus=0.159\ V \qquad (\text{I})$$

$$Cu^+(aq)+e^- \rightleftharpoons Cu(s) \qquad \varphi^\ominus=0.515\ V \qquad (\text{II})$$

(Ⅱ)式－(Ⅰ)式，得：

$$2Cu^+(aq) \rightleftharpoons Cu^{2+}(aq)+Cu(s) \qquad (\text{III})$$

其电动势 $E^\ominus=\varphi^\ominus(Cu^+/Cu)-\varphi^\ominus(Cu^{2+}/Cu^+)$

$$=0.515\ \text{V}-0.159\ \text{V}$$
$$=0.356\ \text{V}$$

$E^{\ominus}>0$,反应(Ⅲ)可以从左向右进行,说明 Cu^{+} 在酸性溶液中不稳定,能够发生歧化。

铁的电势图所对应的半反应为:

$$Fe^{3+}(aq)+e^{-} \rightleftharpoons Fe^{2+}(aq) \qquad \varphi^{\ominus}=0.771\ \text{V} \qquad (\text{Ⅳ})$$

$$Fe^{2+}(aq)+2e^{-} \rightleftharpoons Fe(s) \qquad \varphi^{\ominus}=-0.44\ \text{V} \qquad (\text{Ⅴ})$$

式(Ⅴ)−2×(Ⅳ)得:

$$3Fe^{2+}(aq) \rightleftharpoons 2Fe^{3+}(aq)+Fe(s) \qquad (\text{Ⅵ})$$

其电动势为:

$$E^{\ominus}=\varphi^{\ominus}(Fe^{2+}/Fe)-\varphi^{\ominus}(Fe^{3+}/Fe^{2+})$$
$$=-1.21\ \text{V}$$

$E^{\ominus}<0$,反应(Ⅵ)不能向右进行。表明 Fe^{2+} 不能歧化。

由上例可得出判断歧化反应能否发生的一般规则:

$$A \xrightarrow{\varphi^{\ominus}_{左}} B \xrightarrow{\varphi^{\ominus}_{右}} C$$

若 $\varphi^{\ominus}_{右}>\varphi^{\ominus}_{左}$,B 既是氧化剂又是还原剂,B 的歧化反应能够发生;

若 $\varphi^{\ominus}_{右}<\varphi^{\ominus}_{左}$,B 的歧化反应不能发生。

(2)计算电对的标准电极电势

根据元素电势图,可以从已知某些电对的标准电极电势很简便地计算出另一电对的未知标准电极电势。假设有一元素的电势图:

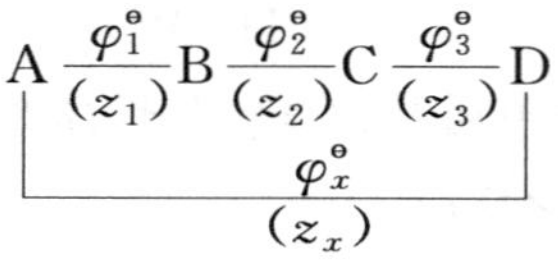

相应的

$$\varphi^{\ominus}_x=(z_1\varphi^{\ominus}_1+z_2\varphi^{\ominus}_2+z_3\varphi^{\ominus}_3)/z_x$$

根据此式,可以在元素电势图上,很直观地计算出欲求电对的 $\varphi^{\ominus}$ 值。

【例 10-14】 已知 25 ℃时,氯元素在碱性溶液中的电势图,试求出 $\varphi^{\ominus}_1(ClO_3^{-}/ClO^{-})$,$\varphi^{\ominus}_2(ClO_4^{-}/Cl^{-})$,$\varphi^{\ominus}_3(ClO^{-}/Cl_2)$的值。

解:25 ℃氯元素在碱性溶液中的电势图 $\varphi^{\ominus}$/V

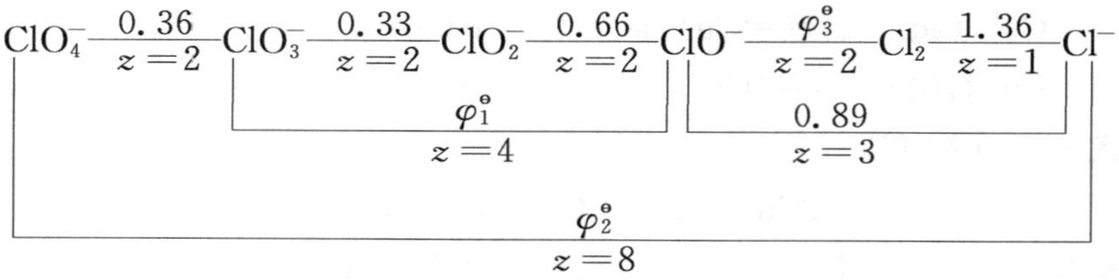

$$\varphi_1^\ominus(ClO_3^-/ClO^-)=\left(\frac{0.33\times2+0.66\times2}{4}\right)\text{ V}$$
$$=0.50\text{ V}$$
$$\varphi_2^\ominus(ClO_4^-/Cl^-)=\left(\frac{0.36\times2+0.33\times2+0.66\times2+0.89\times2}{8}\right)\text{ V}$$
$$=0.56\text{ V}$$
$$\varphi_3^\ominus(ClO^-/Cl_2)=\frac{0.89\times2-1.36\times1}{1}\text{ V}$$
$$=0.42\text{ V}$$

因为从电势图上能很简便地计算出电对的 $\varphi^\ominus$ 值，因此，在电势图上没有必要把所有电对的 $\varphi^\ominus$ 值都表示出来。只要在电势图上把最基本的最常用的 $\varphi^\ominus$ 值表示出来即可。

【知识要点提醒】 掌握元素电势图的画法及应用。

本章小结

本章为电化学的基础内容，其中氧化还原反应的基本概念、原电池的电动势、电极电势和 Nernst 方程为本章重点难点内容，而这些概念和原理与生产和生活实际密切相关，容易理论联系实际。如金属的腐蚀和防护，温度、湿度、大气污染物对金属腐蚀速率的影响等。学习本章内容应注意厘清条理，本章习题综合性强，涉及以前学过的知识，解题时需融会贯通，通过多做习题加深对理论知识的理解和把握。

习　　题

一、选择题

1. 下列电对中，$\varphi^\ominus$ 值最小的是(　　)。

A. Ag^+/Ag　　B. $AgCl/Ag$　　C. $AgBr/Ag$　　D. AgI/Ag

2. 已知 $\varphi^\ominus(Cl_2/Cl^-)=+1.36$ V，在下列电极反应中标准电极电势为 $+1.36$ V 的电极反应是(　　)。

A. $Cl_2+2e^-=2Cl^-$　　B. $2Cl^--2e^-=Cl_2$

C. $1/2Cl_2+e^-=Cl^-$　　D. 都是

3. 下列都是常见的氧化剂，其中氧化能力与溶液 pH 的大小无关的是(　　)。

A. $K_2Cr_2O_7$　　B. PbO_2　　C. O_2　　D. $FeCl_3$

4. 下列电极反应中，有关离子浓度减小时，电极电势增大的是(　　)。

A. $Sn^{4+}+2e^{-}=Sn^{2+}$　　B. $Cl_2+2e^{-}=2Cl^{-}$

C. $Fe-2e^{-}=Fe^{2+}$　　D. $2H^{+}+2e^{-}=H_2$

5. 反应 $Zn(s)+2H^{+}(aq) \longrightarrow Zn^{2+}(aq)+H_2(g)$的平衡常数是(　　)。

A. 2×10^{-33}　　B. 1×10^{-13}　　C. 7×10^{-12}　　D. 5×10^{25}

二、填空题

1. 根据 $\varphi^{\circ}(PbO_2/PbSO_4)>\varphi^{\circ}(MnO_4^{-}/Mn^{2+})>\varphi^{\circ}(Sn^{4+}/Sn^{2+})$，可以判断在组成电对的六种物质中，氧化性最强的是____________，还原性最强的是____________。

2. 用电对 MnO_4^{-}/Mn^{2+}，Cl_2/Cl^{-}组成的原电池，其正极反应为____________，负极反应为____________，电池的标准电动势等于____________，原电池符号为____________。($\varphi^{\circ}(MnO_4^{-}/Mn^{2+})=1.51$ V；$\varphi^{\circ}(Cl_2/Cl^{-})=1.36$ V)

3. 用离子-电子法配平下列氧化还原反应式：

(1)$Cr_2O_7^{2-}+Fe^{2+} \longrightarrow Cr^{3+}+Fe^{2+}+H_2O$(酸性介质)____________；

(2)$Mn^{2+}+Bi^{3-}+H^{+} \longrightarrow MnO_4^{-}+Bi^{3+}+H_2O$____________；

(3)$H_2O_2+MnO_4^{-}+H^{+} \longrightarrow O_2+Mn^{2+}+H_2O$____________。

4. 常用的两种甘汞电极分别是(1)____________；(2)____________。其电极反应为____________，常温下两种甘汞电极的电极电势大小顺序为____________。

5. 根据标准电极电势表，将 Hg^{2+}、$Cr_2O_7^{2-}$、H_2O_2、Sn、Zn、Br^{-}中的氧化剂、还原剂由强到弱分别排列成序：

(1)氧化剂由强到弱____________；

(2)还原剂由强到弱____________。

三、问答题和思考题

1. 说明下列基本概念和术语。

氧化还原反应；氧化值；电对；电极反应；标准电极电势；标准氢电极；法拉第常量和 Nernst 方程式；电解定律

2. 指出下列各物质分子式中画线元素的氧化值。

$\underline{O}_3$　$H_2\underline{O}_2$　$Ba\underline{O}_2$　$K\underline{O}_2$　$\underline{O}F_2$　$H\underline{C}HO$　$\underline{I}_2O_5$　$K_2\underline{Pt}Cl_6$　$K_2\underline{Cr}_2O_7$　$K_2\underline{Xe}Fe$

$\underline{N}_2H_4$　$H_2\underline{N}OH$　$\underline{Mn}_2O_7$

3. 半电池(A)是由镍片浸在 1.0 mol·L^{-1} 的 Ni^{2+}溶液中组成的，半电池(B)是由锌片浸在 1.0 mol·L^{-1} 的 Zn^{2+}溶液中组成的。当将半电池(A)和(B)分别与标准氢电极联结组成原电池，测得各电池的电极电势为：

(1)$Ni^{2+}+2e^{-} \rightleftharpoons Ni$；| $\varphi^{\circ}=0.25$ V

(2)$Zn^{2+}+2e^{-} \rightleftharpoons Zn$；| $\varphi^{\circ}=0.76$ V

回答下列问题：

(1)当半电池(A)和(B)分别与标准氢电极联结组成原电池时,发现金属电极溶解。试确定各半电池的电极电势符号是“+”还是“-”。

(2)Ni、Ni^{2+}、Zn、Zn^{2+}中,哪一种是最强的氧化剂?

(3)当将金属镍放入1.0 mol·L^{-1} Zn^{2+}溶液中,能否有反应发生?当将金属锌放入1.0 mol·L^{-1} Ni^{2+}溶液中会发生什么反应?(试写出方程式)

(4)Zn^{2+}与OH^-能反应生成$[Zn(OH)_4]^{2-}$。如果在半电池(B)中加入NaOH,问其电极电势是变大、变小还是不变?

(5)将半电池(A)、(B)组成原电池,何者为正极?电动势是多少?

4. 下列反应中哪些是氧化还原反应?指出氧化还原反应中的氧化剂和还原剂。

(1)$2Cu^{2+}+4I^- \rightleftharpoons 2CuI+I_2$

(2)$3O_3 \rightleftharpoons 3O_2$

(3)$2CrO_4^{2-}+2H^+ \rightleftharpoons Cr_2O_7{}^{2-}+H_2O$

(4)$SnCl_2+HgCl_2 \rightleftharpoons Hg+SnCl_4$

(5)$SO_2+I_2+2H_2O \rightleftharpoons H_2SO_4+2HI$

(6)$2Al+6HCl \rightleftharpoons 2AlCl_3+3H_2$

(7)$HgI_2+2I^- \rightleftharpoons HgI_4^{2-}$

(8)$3I_2+6NaOH \rightleftharpoons 5NaI+NaIO_3+3H_2O$

(9)$CO_2+2NaOH \rightleftharpoons Na_2CO_3+H_2O$

5. 完成并配平下列在酸性溶液中所发生反应的方程式。

(1)$Fe^{2+}+NO_3^- \longrightarrow Fe^{3+}+NO_2$

(2)$H_2O_2+Cr_2O_7{}^{2-} \longrightarrow Cr^{3+}+O_2$

(3)$Na_2S_2O_3+I_2 \longrightarrow Na_2S_4O_6+NaI$

(4)$MnO_4^{2-}+H^+ \longrightarrow MnO_4^-+Mn^{2+}$

(5)$KMnO_4+H_2O_2+H_2SO_4 \longrightarrow MnSO_4+K_2SO_4+O_2$

(6)$PH_4^++Cr_2O_7{}^{2-} \longrightarrow P_4+Cr^{3+}$

(7)$Sn^{2+}+O_2 \longrightarrow Sn^{4+}$

(8)$As_2S_3+ClO_3^- \longrightarrow Cl^-+H_2AsO_4^-+SO_4^{2-}$

(9)$CuS+NO_3^- \longrightarrow Cu^{2+}+SO_4^{2-}+NO$

(10)$Zn+NO_3^- \longrightarrow Zn^{2+}+NH_4^+$

6. 完成并配平下列在碱性溶液中所发生反应的方程式。

(1)$Al+NO_3^- \longrightarrow Al(OH)_4^-+NH_3$

(2)$N_2H_4+Cu(OH)_2 \longrightarrow N_2+Cu$

(3)$CrO_4^{2-}+CN^- \longrightarrow CNO^-+Cr(OH)_3$

(4)$CuO+NH_3 \longrightarrow Cu+N_2$

(5)$Fe(OH)_2+H_2O_2 \longrightarrow Fe(OH)_3$

(6)$Br_2+ClO_3^- \longrightarrow Br^-+ClO_4^-$

(7)$MnO_2(s)+H_2O_2 \longrightarrow MnO_4^{2-}$

7. 根据标准电极电势，判断下列反应能否进行。

(1)$Zn+MgCl_2 \longrightarrow Mg+ZnCl_2$

(2)$I_2+Sn^{2+} \longrightarrow Sn^{4+}+2I^-$

(3)$2FeCl_3+Pb \longrightarrow 2FeCl_2+PbCl_2(s)$

(4)$3Br_2+6OH^- \longrightarrow 5Br^-+BrO_3^-+3H_2O$

*8. 在下列常见氧化剂中，如果使 $c(H^+)$增加，哪一种的氧化性增强？哪一种不变？

Cl_2　$Cr_2O_7{}^{2-}$　Fe^{3+}　MnO_4^-

*9. 试解释金属活动性与电极电势的关系。

四、计算题

1. 有一电池：

$Pt \mid H_2(50.7\ kPa) \mid H^+(0.50\ mol \cdot L^{-1}) \parallel Sn^{4+}(0.70\ mol \cdot L^{-1}), Sn^{2+}(0.50\ mol \cdot L^{-1}) \mid Pt$

(1)写出半电池反应；

(2)写出电池反应；

(3)计算电池的电动势 E；

(4)当 $E=0$ 时，保持 $p(H_2)$、$c(H^+)$不变的情况下，$c(Sn^{2+})/c(Sn^{4+})$是多少？

2. 求下列原电池的电动势，写出电池反应。

(1)$Zn \mid Zn^{2+}(0.010\ mol \cdot L^{-1}) \parallel Fe^{3+}(0.0010\ mol \cdot L^{-1}) \mid Fe$

(2)$Zn \mid Zn^{2+}(0.10\ mol \cdot L^{-1}) \parallel Cu^{2+}(0.010\ mol \cdot L^{-1}) \mid Cu$

(3)$Pt \mid Fe^{3+}(0.10\ mol \cdot L^{-1}), Fe^{2+}(0.010\ mol \cdot L^{-1}) \parallel Cl^-(2.0\ mol \cdot L^{-1}) \mid Cl_2(p^\circ) \mid Pt$

(4)$Fe \mid Fe^{2+}(0.010\ mol \cdot L^{-1}) \parallel Ni^{2+}(0.10\ mol \cdot L^{-1}) \mid Ni$

(5)$Ag \mid Ag^+(0.010\ mol \cdot L^{-1}) \parallel Ag^+(0.10\ mol \cdot L^{-1}) \mid Ag$

3. 有下列电极反应：

(1)$Cu^{2+}+2e^- \rightleftharpoons Cu$

(2)$I_2+2e^- \rightleftharpoons 2I^-$

(3)$Cr_2O_7{}^{2-}+14H^++6e^- \rightleftharpoons 2Cr^{3+}+7H_2O$

当方程式两边各离子浓度减少相同倍数时，电极电势如何变化？

4. 计算 25 ℃，$p(O_2)=101.325$ kPa 时，在中性溶液中 $\varphi(O_2/OH^-)$值。

5. 已知下列电极电势：

$Hg_2Cl_2(s)+2e^- \rightleftharpoons 2Hg(l)+2Cl^-$；$\varphi^\circ=0.268$ V

$Hg_2Cl_2(s)+2e^- \rightleftharpoons 2Hg(l)+2Cl^-$；$\varphi=0.327$ V

求 Cl^-(KCl)的浓度。

6. 某原电池中的一个半电池是由金属钴(Co)浸在 1.0 mol·L^{-1} Co^{2+}溶液中组成的；另一半电池是由铂(Pt)片浸入 1.0 mol·L^{-1} Cl^- 溶液中，并不断通入 Cl_2［$p(Cl_2)$为 101.325 kPa］组成。实验测得电池的电动势为 1.63 V；钴电极为负极。已知 $\varphi^\ominus=$ 1.36 V，回答下列问题：

(1)写出电池反应方程式；

(2)$\varphi^\ominus(Co^{2+}/Co)$为多少？

(3)$p(Cl_2)$增大时，电池的电动势将如何变化？

(4)当 Co^{2+}浓度为 0.010 mol·L^{-1}，电池的电动势是多少？

7. 计算由下列反应组成的原电池的标准电动势和反应的平衡常数。

(1)$Hg^{2+}+Hg \rightleftharpoons Hg_2^{2+}$

(2)$2Fe^{3+}+2I^- \rightleftharpoons 2Fe^{2+}+I_2$

8. 某原电池中的一个半电池是由金属银片浸在 1.0 mol·L^{-1} Ag^+溶液中组成的；另一半电池是由银片浸在 $c(Br^-)$为 1.0 mol·L^{-1} 的 AgBr 饱和溶液中组成的。后者为负极，测得电池电动势为 0.728 V。计算 $\varphi^\ominus(AgBr/Ag)$和 $K_{sp}^\ominus(AgBr)$。

9. 已知下列标准电极电势：

$Cu^{2+}+2e^- \rightleftharpoons Cu$；$\varphi^\ominus=0.337$ V

$Cu^{2+}+e^- \rightleftharpoons Cu^+$；$\varphi^\ominus=0.159$ V

(1)计算反应：$Cu+Cu^{2+} \rightleftharpoons 2Cu^+$的平衡常数；

(2)已知 $K_{sp}^\ominus(CuCl)=1.2\times10^{-6}$，试计算反应：$Cu+Cu^{2+}+2Cl^- \rightleftharpoons 2CuCl(s)$的平衡常数。

10. 将一未知电极电势的半电池与饱和甘汞电极组成一原电池，后者为负极。此原电池的电动势为 0.170 V。试计算该半电池对标准氢电极的电极电势(已知饱和甘汞电极的电极电势为 0.2415 V)。

11. 计算电对 MnO_4^-/Mn^{2+}在 $c(MnO_4^-)=0.10$ mol·L^{-1}，$c(Mn^{2+})=0.10$ mol·L^{-1}，以及 $c(H^+)=0.10$ mol·L^{-1} 时的电极电势。在这样的条件下 MnO_4^- 能否将 Cl^-、Br^-和 I^-氧化？(假定溶液中 Cl^-、Br^-和 I^-的浓度均为 1.0 mol·L^{-1})

12. 已知某原电池的正极是氢电极［$p(H_2)=101.325$ kPa］，负极的电极电势是恒定的。当氢电极中 pH=4.008 时，该电池的电动势是 0.412 V；如果氢电极中所用的溶液改为一未知 $c(H^+)$的缓冲溶液，又重新测得原电池的电动势为 0.427 V。计算该缓冲溶液的 H^+浓度和 pH。如该缓冲溶液中 $c(HA)=c(A^-)=1.0$ mol·L^{-1}，求该弱酸 HA 的离解常数。

13. 已知下列电极反应在酸性溶液中的 $\varphi^\ominus$ 值。

$MnO_4^- + 4H^+ + 3e^- \rightleftharpoons MnO_2(s) + 2H_2O$；$\varphi^\ominus = 1.695$ V

$MnO_4^- + e^- \rightleftharpoons MnO_4^{2-}$；$\varphi^\ominus = 0.564$ V

(1)画出锰元素在酸性溶液中从 $MnO_4^- \rightarrow MnO_2(s)$的电势图；

(2)计算 $\varphi^\ominus(MnO_4^{2-}/MnO_2)$值。

14. 根据有关配合物的稳定常数和有关电对的 $\varphi^\ominus$ 值，计算下列半反应的 $\varphi^\ominus$ 值。

(1)$[HgI_4]^{2-} + 2e^- \rightleftharpoons Hg + 4I^-$

(2)$Cu^{2+} + 2I^- + e^- \rightleftharpoons CuI_2^-$

(3)$[Fe(C_2O_4)_3]^{3-} + e^- \rightleftharpoons [Fe(C_2O_4)_3]^{4-}$

15. 已知下列电对的 $\varphi^\ominus$，结合有关的 $\varphi^\ominus$ 值，计算下列半反应的 $\varphi^\ominus$ 值。

(1)$[Cu(CN)_2]^- + e^- \rightleftharpoons Cu + 2CN^-$；$\varphi^\ominus = -0.896$ V

(2)$[Co(NH_3)_6]^{3+} + e^- \rightleftharpoons [Co(NH_3)_6]^{2+}$；$\varphi^\ominus = 0.10$ V(已知$[Co(NH_3)_6]^{2+}$的 $\beta_6 = 1.3 \times 10^5$)

第十一章　绿色化学

本章提要

知识要点	掌握程度	相关知识
绿色化学概论	了解	绿色化学的定义、特征、基本原则
绿色化学的研究内容	了解	原子经济性反应，绿色原料，绿色溶剂，高效催化剂，绿色产品

近代以来，化学科学的发展为人类社会的进步和世界经济的发展做出了巨大的贡献，化学及其制品已经渗透到人类生活、生产的各个方面，成为不可或缺的一部分。但是同时，化学生产活动及有毒有害化学品的使用亦带来了严重的环境污染问题，“绿色化学”的概念即由此而生。绿色化学是 20 世纪 90 年代出现的具有明确的社会需求和科学目标的新兴交叉学科，已成为当今国际化学科学研究的前沿。本章从绿色化学的兴起、定义、特征、原则、任务、研究内容及发展趋势等方面对绿色化学做简要介绍。

第一节　绿色化学概论

绿色化学的核心就是要利用化学原理和新化工技术，提高化学反应效率，实现化学反应的绿色环保，从源头上减少或消除污染，实现人与自然的和谐。绿色化学及其应用技术已成为世界各国政府关注的最重要问题之一，也是各国企业界和学术界极感兴趣的重要研究领域。

一、绿色化学的兴起和发展

化学的核心是创造新物质。化学作为一门创造性的学科，从诞生至今已取得了辉煌的成就，化学工业的发展为人类社会创造了丰富多彩的产品和巨大的物质财富。美国杜邦公司曾有一条标语：“美好生活源于化学”。在化学发展的辉煌时期，化学家们把化学看成是诸多社会问题的解决方法。

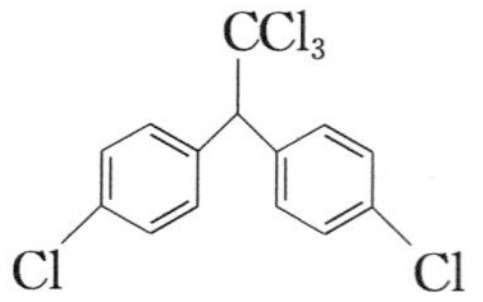

图 11-1　二氯二苯基三氯乙烷

在化学发展取得如此灿烂成果的同时，也孕育了一些化学家们始料未及的不良后果。1962 年，美国的海洋生物学家蕾切尔·卡逊出版了一本题为《寂静的春天》(*Silent Spring*)的专著，书中详述了 DDT 和其他杀虫剂等多氯代物质对鸟类所产生的影响。DDT 又称二氯二苯基三氯乙烷(图 11-1)，这种物质在环境中难以降解，会通过食物链由鸟类进行生物富集。在鸟类体内会引起鸟类蛋壳变薄和筑巢失败，从而导致游隼、秃鹰、鹗、鹦鹉等鸟类数量急剧减少，使原来叶绿花红、百鸟歌唱的春天变得“一片寂静”。同时，通过大气循环作用，这些杀虫剂可被带到世界各地，甚至在北极的海豹和南极的企鹅体内也发现了 DDT。此外，这些杀虫剂在人体内的长期积累，也会对人体造成危害，很多国家和地区已经禁止使用。这部专著敲响了人类保护生态环境的警钟，因此被誉为警世之作。

而随着世界人口的增长以及各国工业化进程的加快，人类加速了对自然资源的掠夺性开发利用，同时由于工农业污染物和生活废弃物等的大量排放，目前人类社会正面临着严重的环境危机，主要表现为大气污染、全球变暖、臭氧空洞、海洋污染、淡水资源紧张和污染、土地退化和荒漠化、森林锐减、生物多样性减少、酸雨日趋严重、危险废弃物等，这些环境问题都直接或间接地与化学物质污染有关。表 11-1 列举了 20 世纪 30 年代以来化学污染造成的世界范围内的八大公害事件。

表 11-1　20 世纪世界八大公害事件

事件	污染物	发生时间、地点	致害原因和症状	公害成因
马斯河谷烟雾	二氧化硫烟尘	1930 年 12 月比利时马斯河谷	$SO_2 \rightarrow SO_3 \rightarrow$ 胸疼、咳嗽、流泪、咽痛、呼吸困难等	工厂多，工业污染物积聚，加之遇雾天
多诺拉烟雾		1948 年 10 月美国多诺拉	SO_2 + 烟尘 → 硫酸 → 眼痛、咳嗽、胸闷、咽喉痛、呕吐	
伦敦烟雾		1952 年 12 月英国伦敦		
洛杉矶光化学烟雾	光化学烟雾	1955 年 5～12 月美国洛杉矶	石油工业、汽车尾气/紫外线作用→眼病和咽喉发炎	氮氧、碳氢化物排入大气
水俣病事件	甲基汞	1953 至 1956 年日本九州	鱼吃甲基汞、人吃鱼→失常	化工厂生产汞催化剂

续表

事件	污染物	发生时间、地点	致害原因和症状	公害成因
四日市哮喘病事件	二氧化硫煤尘	1955至1972年日本四日市	重金属微粒、SO_2→眼痛、支气管哮喘	Co/Mn/Ti粉尘，SO_2
米糠油事件	多氯联苯	1968年日本九州爱知县等23个府县	食用含多氯联苯的米糠油→全身起红疙瘩、呕吐、恶心、肌肉疼痛	生产中多氯联苯进入米糠油
富山骨痛病	镉	1955至1965年日本富山	食用含镉的米和水→肾脏障碍、全身骨痛、骨骼萎缩	炼锌厂含镉废水

一系列环境问题的出现强烈地唤醒了人类保护生态环境的意识。1984年，美国环保局首次提出“废物最小化”，这是绿色化学的最早概念，但是废物最小化并不能涵盖绿色化学的整体概念。1990年，美国国会通过《污染预防法》，其基本内涵是对产品及其生产过程采用预防污染的策略来减少或消除污染物的产生，从而实现从源头上防止污染，体现了绿色化学的思想。“绿色化学”的概念由美国化学会于1991年首次提出，并成了美国环境保护署的中心口号，从而确立了绿色化学的重要地位。1995年，美国总统克林顿专门设立了“总统绿色化学挑战奖”，意在推动社会各界合作进行从根本上减少或防止污染的研究，鼓励支持重大的创造性科学技术进步。英国皇家化学会1999年创办了名为《绿色化学》(*Green Chemistry*)的化学期刊，专门报道有关清洁技术及能够减少环境污染的化学合成方法的研究成果，是直接面向绿色化学领域的国际性专业期刊，这引起了世界对绿色化学的广泛关注。

我国亦极为重视绿色化学的研发工作。1995年，中国科学院化学部确定了“绿色化学与技术——推进化工生产可持续发展的途径”的院士咨询课题。1997年，国家自然科学基金委员会与中国石油化工集团公司联合资助了“九五”重大基础研究项目——“环境友好石油化工催化化学与化学反应工程”。1998年，在中国科技大学举办了第一届国际绿色化学研讨会，此后每年举行一次。1999年，国家自然科学基金委员会设立了“用金属有机化学研究绿色化学中的基本问题”的重点项目。

政府的直接参与以及产学研的密切结合，极大地促进了绿色化学的发展。绿色化学是21世纪化学发展的重要方向，是实现人类社会和经济可持续发展的必然选择。

二、绿色化学的定义

绿色化学(green chemistry)又称环境友好化学(environmentally friendly chemistry)、环境无害化学(environmentally benign chemistry)、清洁化学(clean chemistry)或可持续发展化学(sustainable development chemistry)，即运用化学原理、技术和方法来减少或

消除在化学品的设计、生产和应用过程中对人类健康和环境有害的物质的使用与生产。

绿色化学的理想是采用高选择性的化学反应生产环境友好的目标产物，不再产生副产物，实现废物的“零排放”(zero emission)，且生产工艺不再使用有毒、有害的物质，不管是原料，还是溶剂、催化剂。因此，绿色化学即是从源头上防止污染，并且强调“原子经济性”(atom economy)。

原子经济性的概念是美国斯坦福大学的 B. M. Trost 教授于 1991 年首先提出的，即原料分子中的原子转化成了目标产物所占的比例，是绿色化学反应原理的核心概念，他因此获得了 1998 年的美国“总统绿色化学挑战奖”中的学术奖。原子经济性的目标是设计化学反应使得原料分子中的原子更多地或全部转变成目标产物中的原子。理想的原子经济性反应是原料分子中的原子百分之百变成目标产物，没有副产物的产生，实现废物“零排放”。实现原子经济性的程度可用原子利用率来衡量。

原子利用率＝(目标产物的摩尔质量/反应物摩尔质量的总和)×100％

原子利用率达到 100％的化学反应，即最大限度地利用了反应物原料，因而实现了最大限度地节约资源，同时也最大限度减少了废物的排放，因而实现了最大限度减少污染，即从源头上消除了由于化学反应副产物引起的污染。可由以下的例子来说明原子经济性的概念。

在由乙烯制备环氧乙烷时，若采用传统的氯乙醇法，并且假定每一步反应的产率和选择性都是 100％，那么这条合成路线的原子利用率也仅为 25％。反应如下：

$$H_2C{=}CH_2 + Cl_2 + H_2O \longrightarrow ClCH_2CH_2OH + HCl$$

$$ClCH_2CH_2OH + Ca(OH)_2 + HCl \longrightarrow \underset{\diagdown\, O \,\diagup}{H_2C{-}CH_2} + CaCl_2 + 2H_2O$$

总反应为：

$$C_2H_4 + Cl_2 + Ca(OH)_2 \longrightarrow \underset{\diagdown\, O \,\diagup}{H_2C{-}CH_2} + CaCl_2 + H_2O$$

	C_2H_4	Cl_2	$Ca(OH)_2$	环氧乙烷	$CaCl_2$	H_2O
摩尔质量/($g\cdot mol^{-1}$)	28	71	74	44	111	18
目标产物质量/g				44		
废物质量/g			111＋18＝129			

$$原子利用率=\frac{44}{28+71+74}\times 100\%=25\%$$

即生产 1 kg 的目标产物环氧乙烷，就会产生 3 kg 的废物(氯化钙和水)，并且在生产过程中，还使用了有毒有害的氯气。这样的生产工艺不仅对设备有严格要求，而且还面临产品的分离提纯问题。为了克服以上缺点，人们设计了新的合成方法，利用银作为催化剂，用氧气氧化乙烯直接一步合成环氧乙烷，反应的原子利用率达到了 100％。反应如下：

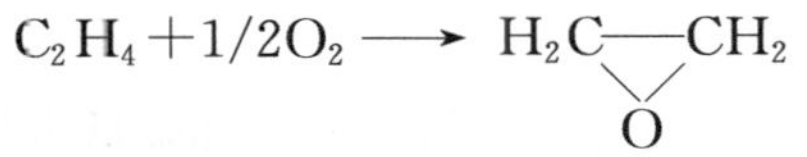

摩尔质量/(g·mol^{-1})	28	16	44	
目标产物质量/g			44	
废物质量/g				0

原子利用率$=\frac{44}{28+16}\times 100\%=100\%$

三、绿色化学的特征

化学可以简单看作是研究一种物质转化为另一种物质的科学。传统的化学虽然能够得到人们期望的产品，但是在很多情况下，往往未能够有效地利用资源，且伴随着大量副产物的产生，造成环境污染。传统化学在一定程度上是以资源的过度消耗和环境的污染为代价，来换得物质和财富的积累，即通常所说的“先污染后治理”的粗放经营模式。这不仅造成了自然资源和能源的浪费，而且投资大，治标不治本，还可能造成二次污染。

绿色化学不同于传统化学之处在于，在设计合成工艺之初就着眼于社会和经济的可持续发展，力促人和自然的协调发展，是更高层次的化学，是人类从环境危机的威胁中换来的新认识、新思维和新科学。绿色化学的核心即运用高选择性和原子经济性反应，使用无毒无害的原料、助剂，生产环境友好的产品。传统化学向绿色化学的转变即是化学由“粗放型”向“集约型”的转变。

综上，绿色化学是一门具有明确社会需求和科学目标的新兴交叉学科。从科学观点看，绿色化学是基于环境友好条件下的化学科学的革新；从环境观点看，绿色化学是从源头上消除污染、保护生态环境的新科学和新技术；从经济观点看，绿色化学是合理利用资源和能源、降低生产成本，符合经济可持续发展的要求。因此，绿色化学被认为是 21 世纪科学发展的重要领域之一。

四、绿色化学的基本原则

1998 年，P. T. Anastas 和 J. C. Warner 首先提出了著名的绿色化学十二条原则，目前已被国际化学界所公认，它不仅是近年来绿色化学领域开展研究工作的基础，也为绿色化学的未来发展指明了方向。这十二条原则是：

①防止污染优于污染治理：防止废物的产生优于在其生成后再进行处理，从源头上制止污染，而不是在末端治理污染。

②原子经济性：合成方法应具有“原子经济性”，即尽量使参与反应的原子全部进入最终目标产物。

③无害化学合成：在合成中尽量不使用和不产生对人类健康和环境有毒有害的

物质。

④设计安全化学品:化学品设计以保持高效能和降低毒性为目标。

⑤采用安全的溶剂和助剂:如果可能尽量避免使用溶剂等辅助物质,不得已使用时应选用无毒无害的。

⑥提高能源经济性:合理使用和节省能源,尽量减少能源消耗,生产过程在环境(或较温和)温度和压力下进行,使能耗最低。

⑦利用可再生资源合成化学品:所用原材料应尽量是可再生的,特别是利用生物质代替石油、煤等矿物燃料。

⑧减少不必要的衍生化过程(如保护和脱保护)。

⑨采用高选择性的催化剂,优于化学计量过程。

⑩设计可降解化学品:化学产品应设计成在使用完后可降解为无害物质的、并能够进入自然生态循环、在环境中非持久性的。

⑪进行预防污染的现场实时分析:发展实时分析技术以监测有害物质的生成。

⑫使用安全生产工艺:选择合适的参与化学过程的物质,尽量降低发生意外事故的风险。

第二节　绿色化学的研究内容

生态环境的恶化、人与自然矛盾的激化迫使人类改变传统思维模式,寻求更加"绿色"的发展途径。绿色象征着人与自然的和谐,绿色化学是人类寻求社会经济进步的同时,兼顾环境无害,是实现污染预防(pollution prevention)的重要科学手段。由绿色化学的定义及其基本原则可知,绿色化学的研究任务为:设计安全有效的目标产物、寻找安全有效的反应原料、设计安全有效的合成路线、寻找安全有效的反应条件。围绕这些,绿色化学发展至今,已取得令人瞩目的成绩,研究成果几乎渗透到人们生活、生产的方方面面。本节将从绿色合成这一角度对绿色化学的研究内容做简要介绍。

提到合成,那么必然会涉及合成的几个基本要素:反应路线、原料、助剂(溶剂、催化剂等)、产物。绿色合成的基本思想便是按照绿色化学的原理设计合成反应、进行合成工作。在设计合成反应时,就从合成的四个基本要素出发,使得反应路线具有更高的原子利用率、原料无毒无害(最好可再生)、不用助剂或选用绿色环保的助剂、产品安全无害(图 11-2)。通俗来说,就是既要产品性能好,又要经济实惠,还要产生最少的废物,并且对环境无害。

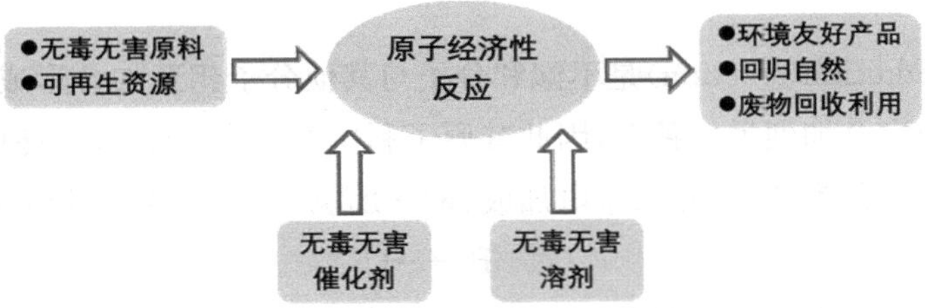

图 11-2　绿色合成的要求

一、开发原子经济性反应

对于一个高效的化学反应，不仅要有高的选择性，还必须具有较好的原子经济性。若在一个化学反应中，所用的原料均转化为目标产物，没有副产物或废物的排放，那么这种反应的效率最高，最节约资源和能源，并且也避免了处理废物或副产物的冗杂步骤，这是一个化学反应的理想目标。

在实际的生产中，我们常用产率或收率来衡量反应的效率，这和原子经济性并不是一个概念。前者是从传统的宏观量上来看化学反应，后者是从原子水平上来看。用产率来衡量化学反应的效率，其缺陷在于没有考虑目标产物以外的其他产品的生产和使用。若一个化学反应，尽管它的产率很高，但是如果最终进入目标产物的反应物原子很少，那么这个反应的原子经济性就很差，并不是一个高效的化学反应。举例来说，若一个化学反应，反应物和目标产物的化学计量比是 1∶1，用 1 mol 原料生成了 1 mol 的目标产物，那么这个反应的产率已达到 100%，但是有可能同时生成了 1 mol 或更多的副产物，这就造成了资源的浪费。可见，用产率来衡量一个反应的效率是不充分的。

只有在反应过程中原料分子中的原子百分之百地转变成了目标产物，才能实现废物的“零排放”，不产生副产物。因此，应使用产率和原子经济性两个概念，来衡量一个化学工艺过程的效率。我们需要探索研究的是既具有高的选择性、又具有原子经济性的反应。

原子经济性的计算基本都是按照化学反应计量式来计算的，下面分析一下有机合成中最常见的四类反应的原子经济性，以指导如何提高化学反应的原子经济性的探索工作。

1. 重排反应

重排反应(rearrangement reaction)是指反应物分子通过改变原子之间的相对位置、键的形式等方式重整成一个新的分子，反应物分子中的原子全部进入了产物，因此其原子利用率是 100%。常见的这一类反应有 Beckmann 重排、Claisen 重排、Wolff 重排、Fries 重排等，都是有机合成中的重要反应。如生产尼龙-6 时用到的 Beckmann 重排反应：

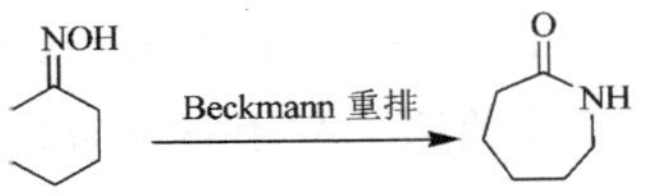

2. 加成反应

加成反应(addition reaction)是不饱和分子与其他分子相互加合形成新的分子,是将一种反应物分子完全加到另一种上,因此其原子利用率也为100%,是理想的原子经济性反应。加成反应又分为亲核加成、亲电加成、催化加氢、环加成等,其反应通式为:

$$A+B \longrightarrow C$$

如乙酰丙酮和甲基烯基酮的 Michael 加成反应:

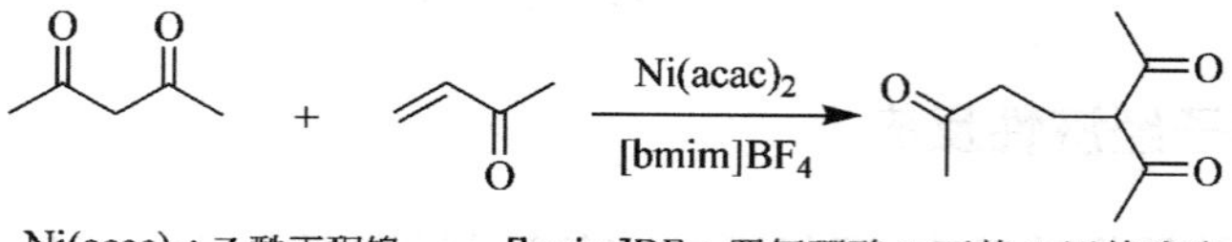

$Ni(acac)_2$: 乙酰丙酮镍　$[bmim]BF_4$: 四氟硼酸-1-丁基-3-甲基咪唑

3. 取代反应

取代反应(substitution reaction)是分子中的原子或基团被其他分子中的原子或基团取代的反应,常见的有烷基化、酰基化、芳基化、磺化反应等。无论什么原子或基团被取代,那么这些原子或基团会进入该反应的副产物中,作为废物被排放,导致该反应的原子经济性降低。其反应通式如下:

$$A—B+C—D \longrightarrow A—C+B—D$$

例如,丙酸乙酯和甲胺的反应:

$$CH_3CH_2COOCH_2CH_3 + NH_2CH_3 \longrightarrow CH_3CH_2CONHCH_3 + CH_3CH_2OH$$

摩尔质量/$(g \cdot mol^{-1})$　102　31　87　46

$$原子利用率=\frac{87}{102+31}\times 100\%=65.41\%$$

由于生成了乙醇副产物,所以其原子利用率仅为65.41%。

4. 消除反应

消除反应(elimination reaction)是从分子中脱去两个原子或基团,进而生成不饱和化合物的反应,脱去的两个原子或基团重新形成新的分子,作为副产物被排放,因此这类反应也不是理想的原子经济性反应。常见的消除反应有脱氢、脱水、脱醇、脱卤化氢、脱卤素、脱氨以及一些降解反应,如醛糖降解、氨基降解、羧酸降解、酰胺降解等。其反应通式为:

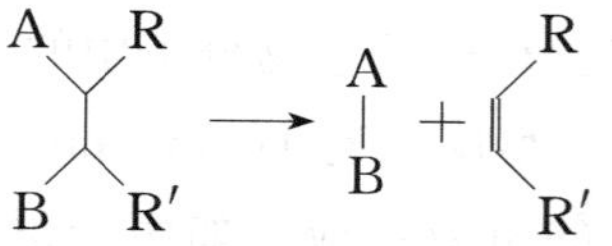

如,氢氧化三甲基丙基铵热分解反应:

$$CH_3CH_2CH_2N(CH_3)_3OH \xrightarrow{\Delta} CH_3CH{=}CH_2 + (CH_3)_3N + H_2O$$

如以丙烯为目标产物,则此反应的原子利用率仅为35.30%。

通过以上分析，以目前的条件，还不能达到所有的化学反应的原子利用率均为100%，那么如何提高合成反应的原子经济性呢？

通过多学科的交叉结合、共同研究，目前主要从三个方面探索提高化学反应的原子经济性：原料、催化剂和反应路线。

(1)采用新原料

如传统的制备甲基丙烯酸甲酯(MMA)的方法是丙酮-氰醇法，丙酮与氢氰酸先得到丙酮氰醇，进而水解、酯化得到 MMA，反应式如下所示。这种方法不仅原子经济性差(原子利用率仅为 47%)，而且原料使用了剧毒的氢氰酸和强腐蚀性的硫酸，对环境造成很大危害。

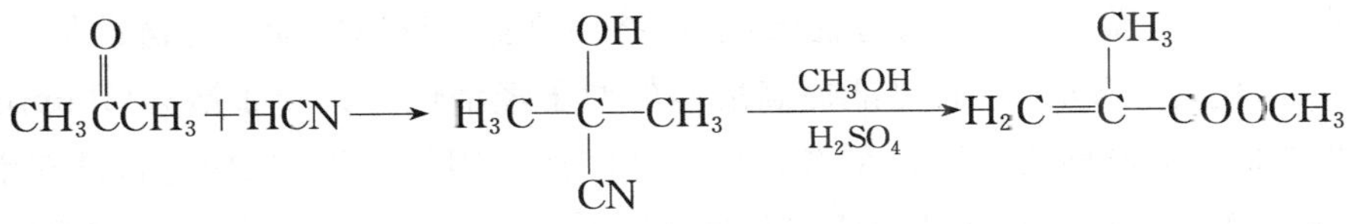

之后陆续有公司改进了此工艺，如日本旭化成公司采用异丁烯直接氧化法生产 MMA。其中美国 Shell 公司以丙炔为原料、二价钯为催化剂，经羰基化、酯化得到 MMA，此工艺的原子利用率为 100%。与传统工艺相比，这种合成路线所用的原料费用低、无硫酸副产物、对环境友好，且 MMA 的单程收率高。其反应式如下：

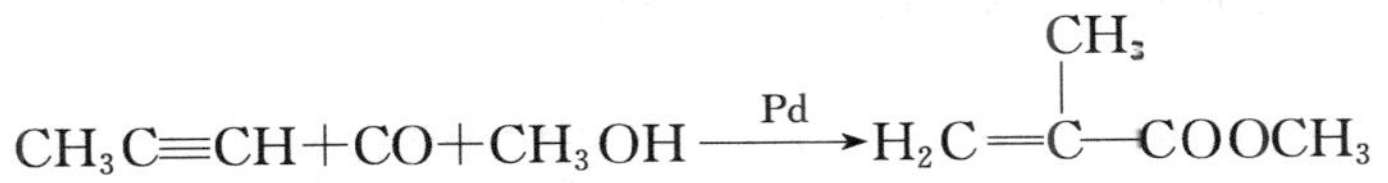

(2)开发新型催化剂

催化剂的使用在合成反应中占有极其重要的地位，开发新型催化剂是提高原子经济性的重要途径。如环氧丙烷的生产。环氧丙烷是一种非常重要的基础化工原料，传统的工艺是采用氯醇法生产，其反应路线如下：

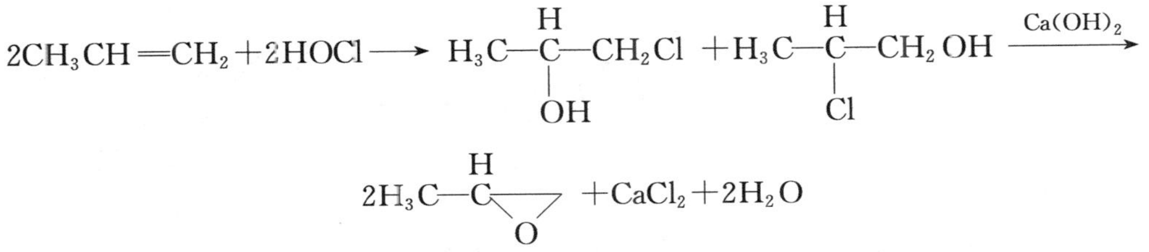

使用氯醇法，需要消耗大量的氯气和石灰，对设备的腐蚀及环境的污染严重，且会产生大量的废水废渣，反应的原子利用率仅为 31%。

Ugine 公司和 Enichem 公司开发的钛硅-1(TS-1)分子筛催化剂，用于制备环氧丙烷的新工艺，仅一步即可得到目标产物，而且避免了使用氯气的危险性，杜绝了氯化钙废物的排放，副产物只是无毒无害的水，实现了对环境的零污染。并且其原子经济性也大大提高了(76.32%)，反应过程如下：

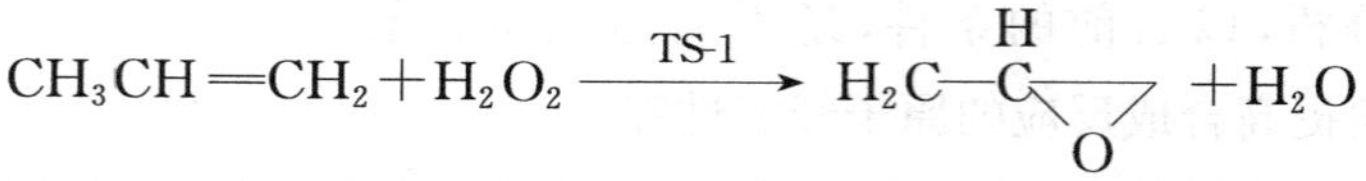

此种催化剂亦被用于环己酮肟的生产。环己酮肟是制备己内酰胺、生产尼龙-6 的重要原料。传统的工艺在制备环己酮肟时会产生大量的硫酸铵，环境污染大。在使用 TS-1 催化剂后，可由环己酮、氨、过氧化氢一步合成环己酮肟，大大简化了工艺流程，且反应条件温和，运行成本低，经济和社会效益好。其反应式如下：

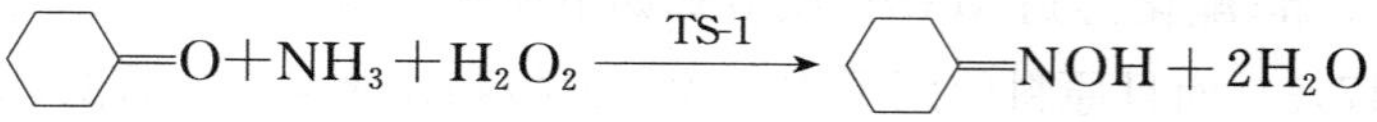

(3)设计新的合成路线

有些产品往往需要多步反应才能合成，最终导致整个反应的原子经济性低。若改变反应路线，简化合成步骤，就有可能提高反应的原子经济性。其中布洛芬(Ibuprofen)的合成工艺就是一个典型的例子。布洛芬是一种广泛使用的非类固醇药物，具有消肿、消炎、止痛的效用。最初的布洛芬合成工艺是英国 Boots 公司研发的，从原料需要经过六步才能完成反应，其原子利用率只有 40.03%。之后 BHC 公司开发了一种布洛芬合成的新方法，只需三步就可得到产品，且反应的原子经济性也大大提高了(77.44%)。BHC 公司因此获得了 1997 年的美国“总统绿色化学挑战奖”变更合成路线奖。下面给出了布洛芬新、旧生产工艺的合成路线对比情况(图 11-3)。

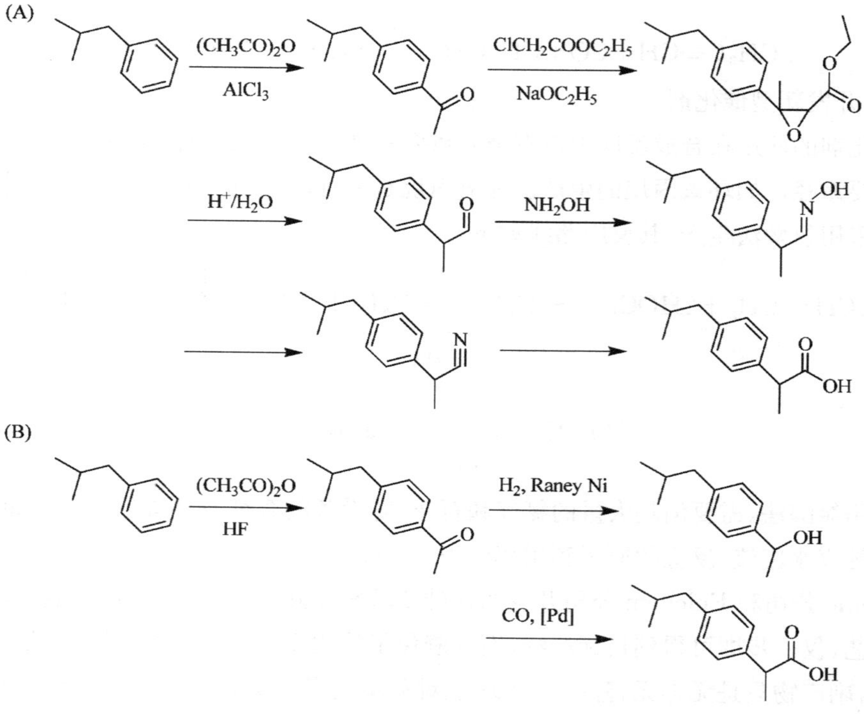

图 11-3　布洛芬的新、旧合成路线

二、绿色原料

原料在合成反应中占有至关重要的地位，往往在确定了选用何种原料以后，合成的后续方案才能确定。不仅如此，原料的选择同样也决定了与此种物质接触的人员所面对的危险性，包括处理原料的工人、生产部门的制造者、运输原料的运输者等。

在传统化学中，人们在设计合成路线时，更多地都是追求目标产物的产量和经济性，而不会考虑对环境的影响，因此很多时候都会使用一些有毒有害的物质，甚至是剧毒的物质，如光气、氰化物、硫酸二甲酯等。并且，用这些物质为原料来合成一些重要的化学品的合成工艺已经很成熟，且条件温和、成本低，故而一直沿用至今。虽然在使用这些物质时会做一些必要的防护和控制措施，但是如果在操作中稍有差错，那么就会酿成灾难性的后果。

绿色化学的合成原理不仅要求所用原料是无毒无害的，最好也是来源于可再生资源。这就涉及如何评价一个原料的“绿色性”，一般从三个方面来做分析：

①原料的起源，是否来源于可再生资源或没用的副产品。

②原料本身的危害性，如其是否具有长期毒性、致癌性、生态毒性等。

③原料对下游试剂的影响，如果所选用的原料需要使用一个毒性很大的试剂来完成下一步的化学转换，那么这种原料其实间接地对环境造成了负面影响。

目前所使用的有机合成的原料绝大多数来源于非再生资源如石油、天然气和煤，如乙烯、丙烯、氯乙烯、苯、甲苯、甲醇、氨等，这些化合物很多又是合成聚合物的中间体，如聚乙烯是世界上使用最普遍的塑料，占总量的 41%，而这些原料由化石能源得到的过程是需要炼制的，其间会消耗大量的能量，将近 1/3 的原材料被用于向工艺过程提供能量。不仅如此，在很多工艺过程中还需要加氧，因为这些化石资源往往都是碳氢化合物。而氧化过程不仅需要大量的能耗，而且污染也很严重。

寻找可替代的、对环境无害又可再生的资源是绿色化学一直以来的主要研究方向之一。如果人类所使用的有机化学品来自于土地或森林的可再生资源，那么对未来的可持续发展必然是有利的，生物质便是理想的化石能源替代资源。生物质包括所有的植物、农作物以及其他任何通过光合作用生成的物质。生物质本身就含有氧原子，因此避免了石油炼制过程中的氧化步骤，不仅节省了大量的能耗，而且降低了工艺流程中对环境的污染。同时，这些可再生资源中不含硫，因此可从根本上消除酸雨。

图 11-4 展示了石油化学炼制和生物质炼制化学品原料的物料流程。

随着人们在生物质领域的不懈努力，许多的研究成果被报道，并投入生产中。Dow 化学公司和 Braskem 公司在巴西尝试建设一个以甘蔗为原料生产乙醇，并用乙醇制备乙烯和聚乙烯的项目。此外，由糖类发酵可得到丙酸，丙酸进一步催化加氢变为丙醇，丙醇再脱水即可得到丙烯(反应过程如下所示)。

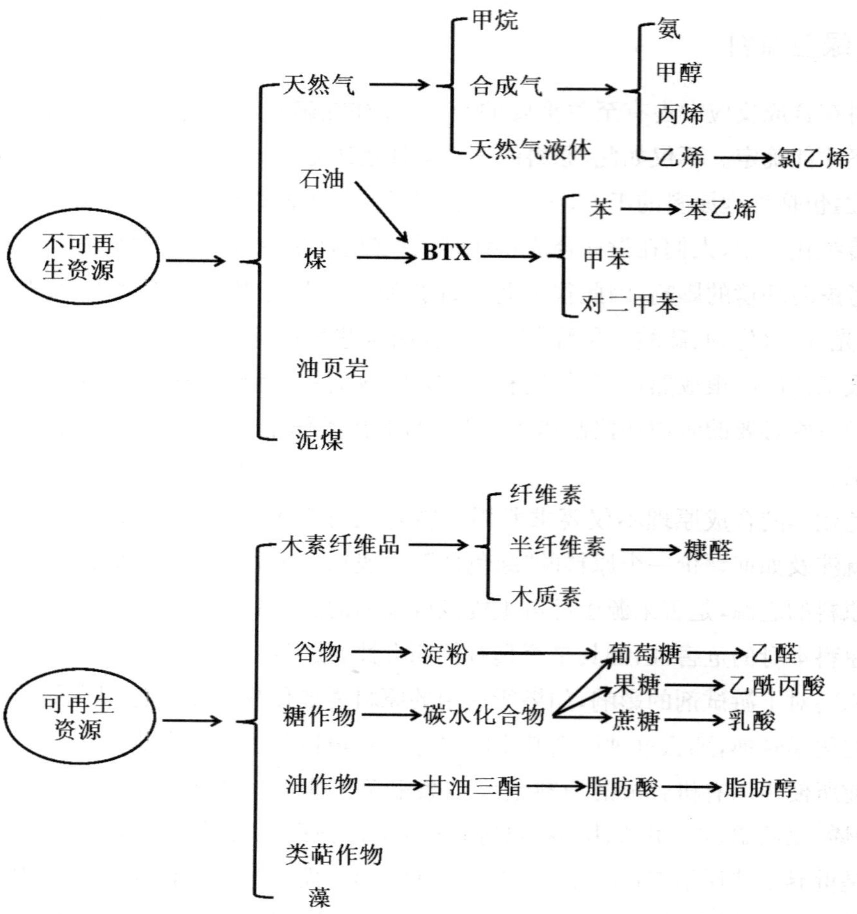

图 11-4　石油化学品炼制和生物质炼制的物料流程示意图

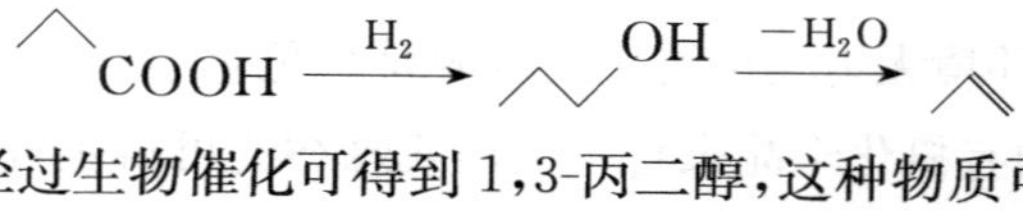

由葡萄糖或甘油经过生物催化可得到 1,3-丙二醇，这种物质可用来制备聚对苯二甲酸丙二醇酯(PTT)。杜邦公司宣称这种聚合物是由可再生资源生产的，但实际上只有 1/3 的二元醇是由可再生资源得到的，剩下 2/3 的对苯二甲酸仍需要新的反应路线来合成。

乙酰丙酸也是一种重要的合成中间体，传统方法是通过乙醇、丙醇多步反应来合成，美国 Biofine 公司开发了一种由天然纤维素合成乙酰丙酸的新技术。所使用的天然纤维素可以是造纸废物、废木材、农业残留物等，在 200 ℃下，经过稀硫酸和催化剂的作用 15 min 即可转化为乙酰丙酸。因为消除了副反应，产物的收率可达到 70%～90%，并且所得到的副产物甲酸和糠醛亦是有用的化学品原料。

随着生物技术、生物催化以及生物合成的发展，生物质原料已可部分代替化石能源。

生物质资源作为化工原料，不仅来源丰富并且可再生，生产工艺无毒、无害，对环境友好，因此一直是绿色化学合成研究的重点。

三、绿色溶剂

造成环境污染的因素不仅来自于所使用的原料，还与化学品加工、生产、使用过程中所用到的助剂有关，而溶剂便是经常使用的物质，其主要作为反应、分离的媒介以及清洗剂。目前使用的最广泛的溶剂是一些高挥发性的有机溶剂，主要有石油醚、苯类芳香烃、卤代烃、醇、酮等，人类每年向大气中排放的有机挥发性溶剂超过 2×10^7 t。这些物质大多数有毒，在阳光照射下会在地面附近形成光化学烟雾，引发并加重肺气肿、支气管炎等症状，甚至有可能诱发癌变，进入地下后，还可能污染水体、毒害水生物，进而影响人类健康。因此，开发无溶剂反应或寻找无毒、无害的溶剂来替代易挥发、有毒、有害的溶剂也是绿色化学的一项重要任务。

那么在溶剂选择时应考虑哪些因素呢？第一，溶剂本身的危害性。由于溶剂的使用量常常很大，因此首要考虑的因素就是溶剂的安全性，如毒性、可燃性、爆炸性等。第二，对人体健康无害，由于溶剂使用的量大，且挥发性溶剂易暴露于环境中，通过呼吸或皮肤接触进入人体，有些可致癌或对神经系统有伤害等。第三，对环境友好，如其残留物能否生物降解等，因为溶剂的使用有可能造成区域性甚至全球性的环境问题。

目前，所使用的替代传统溶剂的途径有使用水溶液、超临界流体、离子液体、无溶剂系统等。

1. 水

水是地球上广泛存在的一种天然资源，它无毒、无害、价廉而且来源丰富，因此用水替代有机溶剂是一种很好的选择。有些合成反应可以在水中直接进行，而且选择性也高，典型的例子就是环戊二烯与甲基乙烯酮的 D-A 反应，在水中进行的反应速率比在异辛烷中快 700 倍。水作为溶剂的另外一种应用方法是进行相转移催化反应，由于水与多数有机溶剂不互溶，这时采用水溶性的催化剂（过渡金属配合物），反应发生在水与有机溶剂的两相间，这种反应的优点是催化剂在水相中易于回收再利用。在工业上成功应用的一个例子是丙烯羰基化生成正丁醛的反应：

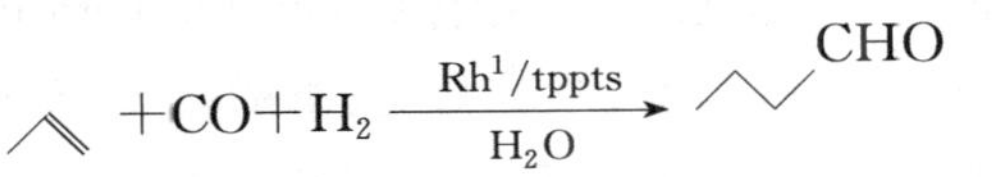

所用的催化剂是水溶性的三磺酸三苯基膦的铑配合物[Rhodium(Ⅰ) complex of trisulfonoted triphenylphosphine，简称 tppt]。此种应用的例子还有很多，这里不再赘述。

水作为溶剂，还有一种应用方式是在临界点（374 ℃、22.1 MPa）以上的高温高压状态的超临界水，这种状态下水的介电常数、离子积、黏度等性质与常压下显著不同。对于一些在通常条件下无法进行的酸催化反应，如消除反应、重排反应、水解反应等，由于在高温高压下氢离子的浓度增大了，可以加速这类反应的进行。

2. 超临界 CO_2

二氧化碳是一种无毒、不易燃、化学性质相对稳定、来源丰富且价廉的物质，其被用作溶剂时也常常在超临界状态下。二氧化碳的临界温度是 31.1 ℃、临界压力是 7.38 MPa，其密度和溶解度会随着温度和压力的改变而改变，其性质介于气体和液体之间，扩散性和传质作用比常用的有机溶剂要好。并且二氧化碳的临界温度接近室温，且临界压力也比较适中，可不破坏热敏感性物质。超临界 CO_2 不是唯一被作为超临界流体的物质，却是少数几种能够提供上述综合性能的物质之一。超临界 CO_2 是目前技术最成熟、使用最多的一种超临界流体。

超临界 CO_2 可以溶解一些一般的、相对分子质量比较小的有机化合物，而有些物质在其中又是不溶的，因此可以很方便地将其用在选择性萃取中。同时超临界 CO_2 还可以使许多反应的速度加快和(或)选择性提高。因此超临界 CO_2 作为溶剂主要有三种用途：

①作为抽提剂，用于食品以及医药行业的香料、药用有效成分的提取和分离，它可以消除使用有毒溶剂(如二氯甲烷等)残留的问题，CO_2 超临界萃取是精细化工中应用较广、成效很大的技术，如从啤酒花中提取香料、从咖啡中提取咖啡因、从苹果酒中提取乙醇，还有从食物、薰衣草油(其中的乙酸芳樟酯在蒸气蒸馏时会水解)、人参(不会提取其中残留的杀虫剂)、胡桃油、生姜、微藻类或烧鸡中提取脂肪和胆固醇等。

②作为反应介质，很多时候可以提高反应的选择性，如在超临界 CO_2 中使用钌或铑膦配合物催化剂，可以实现脱氢氨基酸衍生物的不对称催化氢化(反应过程如下所示)。

③作为化学品应用过程中的稀释剂。

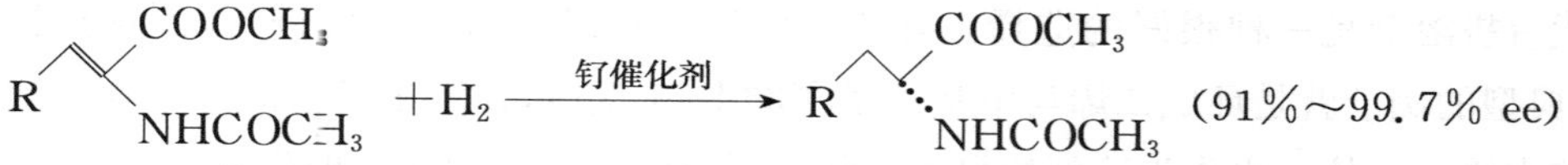

3. 离子液体

离子液体(ionic liquid)是低于 100 ℃时能熔化的盐，是由离子片段组成的，即大的阳离子和阴离子。由于其离子具有高度的不对称性，因而难以紧密堆积，阻碍其结晶，导致熔点较低，常温下为液体，故又称室温离子液体(room temperature ionic liquid)。形成离子液体的主要阳离子母体有咪唑盐类、吡啶盐类、季磷盐类、季铵盐类，一些典型的结构如下所示，其中 R 代表烷基，X(阴离子)可以是卤化物、四氟硼酸盐、六氟磷酸盐、磺酸盐、羧酸盐等。

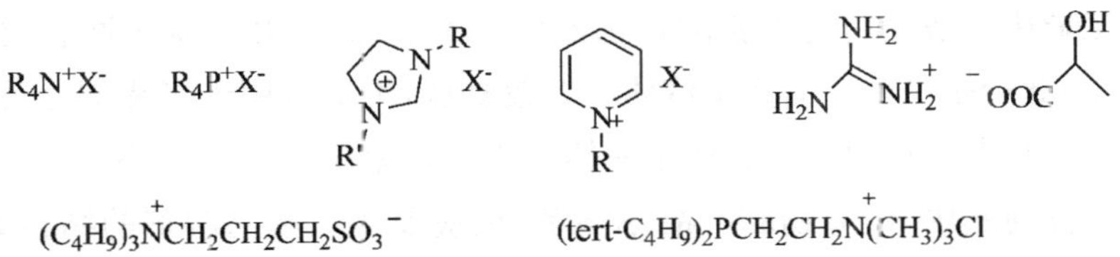

离子液体具有一些独特的性质：

①熔点低，化学稳定性好，能适应－100～300 ℃之间的操作温度。

②几乎没有可探测到的蒸气压，从环保角度考虑，即意味着无挥发、不泄露、不逸散。

③可燃性很低，几乎可以认为是不可燃烧的。

④许多离子液体还表现出酸性，这就表示其不仅可以作为溶剂使用，还可以作为某些反应的催化剂，从而避免了额外使用可能有毒的催化剂或产生大量废弃物。

⑤溶解性能独特，有些是亲水的，有些是疏水的，尤其是对于催化反应，如图 11-5 所示，催化剂溶于离子液体中，反应物和产品均不溶，反应在界面上进行，反应完成后可自动分离出产品、再蒸去溶剂即可，并且此法所需的有机溶剂极少。

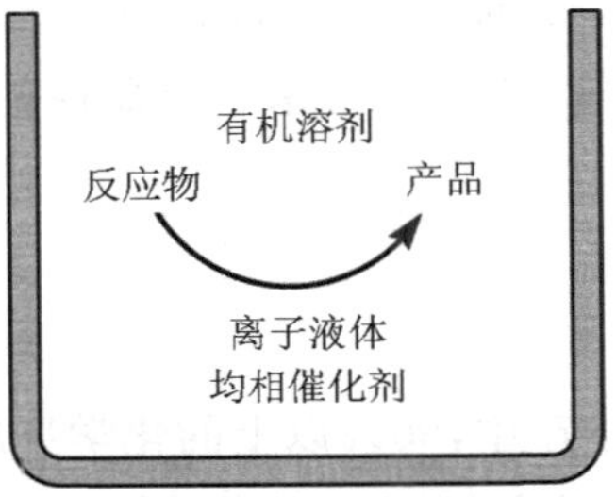

图 11-5　离子液体用于催化反应的机理

离子液体的极性、亲水性、密度、熔点、溶解性、黏度、热稳定性、酸性及一些其他性质会随着阳离子和阴离子的组成不同而改变，因此可通过选择阴、阳离子及其配体来调节离子液体的性能，所以离子液体又被称为“设计者的溶剂”。使用离子液体已经完成了很多的合成工作，如氢化反应、氧化反应、酯化反应、醛醇缩合反应、加氢甲酰化反应、关环复分解反应、炔烃的环三聚反应、缩酮形成反应等，并且在酶催化反应中也取得了效果。下边便举两个利用离子液体的合成反应。

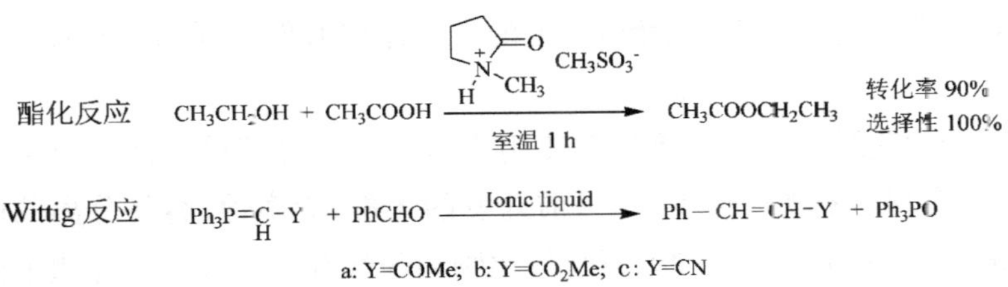

在制药工业中一般使用的均相配合物催化剂不够稳定，并且难于回收，会造成不可避免的损失，因此价咯昂贵。而离子液体一般较黏稠，不适合用于多相催化反应(反应物和产品不能充分扩散)，这时人们将离子液体制成薄膜涂在分子筛上(图 11-6)，而均相催化剂可以溶于此薄膜中，反应物和产品不溶解，反应发生在膜与溶剂的结合处。这样就将均相反应变成了多相反应，却不会影响催化剂的活性，也不会改变反应机理。

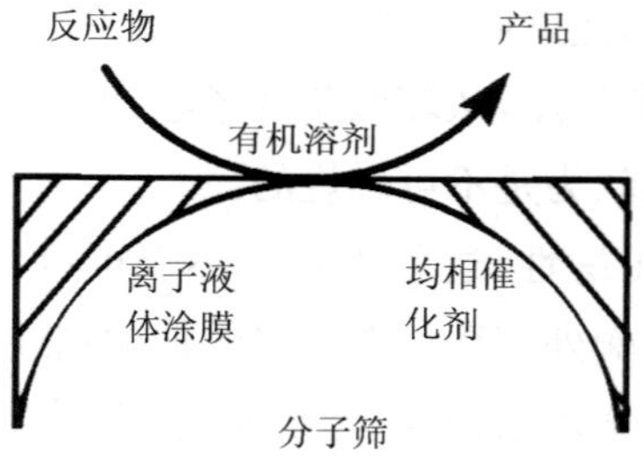

图 11-6　离子液体薄膜在多相催化反应中的应用

离子液体由于其独特的优异性能，如溶解性、无毒、无烟、稳定、价廉、易制备等特点，受到学术界和企业界的高度重视，为化学带来了革命性的变化，也因此成为绿色化学的一个重要研究方向。

四、高效催化剂

据统计，目前在化学化工生产中，90%以上的化学反应都需要使用催化剂。催化剂不仅可以提高反应的效率，而且往往还可以提高目标产物的选择性，其本身在反应前后不被消耗。选择不同的催化剂，对反应程度、反应位置以及产物的立体结构都有影响，甚至使用相同的原料，在不同催化剂催化下可能得到不同的反应产物。通过之前的介绍(开发原子经济性反应部分)亦知，通过催化剂的选择可以简化合成路线，提高反应的原子经济性。在催化反应中，使用合适的催化剂可以降低反应的活化能，提高反应速率，并降低反应温度，大大減少能耗，这对于大规模生产的经济效益尤其有利。通过催化剂的合理使用，可以达到提高反应效率、降低成本和节约能源的目的，而有些催化剂本身对人类健康和环境是有毒有害的，因此改进及开发新型高效催化剂是绿色化学的重要研究课题。

环境友好催化剂的研究非常活跃，常见的有固体酸碱催化剂、分子筛催化剂、酶催化剂等。

固体酸碱催化剂最明显的优势是在使用完后可以通过简单的离心分离从反应混合物中除去，而且有利于实现连续生产，目前开发的无毒、无腐蚀、容易分离的固体催化剂有沸石催化剂、层状黏土、酸性树脂、复合氧化物超强酸等。负载于氧化铝上的氟化钾就是一种固体碱，其碱性的来源是通过氟离子置换掉氧化铝表面的羟基形成氢氧化钾。它的一个应用实例如下所示：

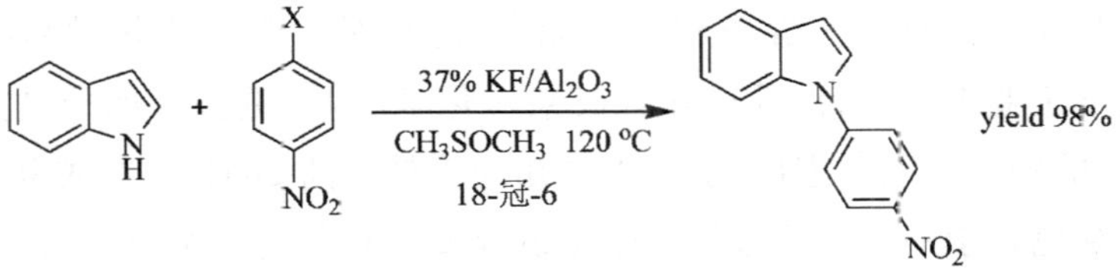

分子筛由硅铝酸盐组成，是结晶态无机高聚物，具有开放的骨架结构。如开发的钛硅分子筛，可以使得过去在低温常压下不可能发生的烃类（或酮类）的环氧化、酯化、磺化、酮化、羟基化等反应成为可能。如对丁烯的烷基化，过去是使用氢氟酸或硫酸做催化剂，对设备的腐蚀大，并且会产生无机盐副产物，采用分子筛固体酸催化剂后，不仅避免了腐蚀性酸的使用，而且无副产物，使得合成工艺更加简单，无“三废”处理问题，是环境友好的绿色清洁工艺。其反应式如下：

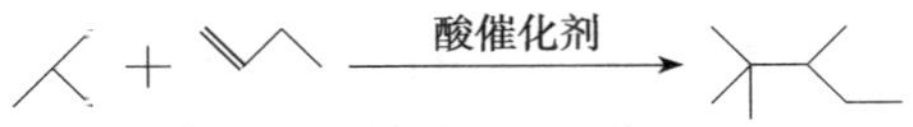

酶催化剂在温和的温度、压力和 pH 条件下能达到很好的生物催化活性。酶催化剂一般具有以下优点：催化效率高；选择性高，一种酶只能催化一种或一类物质；反应条件温和，一般在常温、常压、pH 变化不大的环境下使用；本身无毒无害，不造成环境污染，因此酶催化反应是典型的绿色化学反应。如传统的邻苯二酚的生产是使用苯和丙烯为原料，经过多步反应合成，其间还会产生副产物丙酮和对苯二酚，还要使用二氧化硫、氧气等不易控制的物质。Draths 和 Frost 改进了此工艺，使用安全无毒的葡萄糖为原料，利用酶 E. Coli 实现了葡萄糖到邻苯二酚的定向转化。这种合成方法不仅避免了有毒有害原料的使用，而且副产物也大大减少。新、旧反应工艺的对比情况如图 11-7 所示。

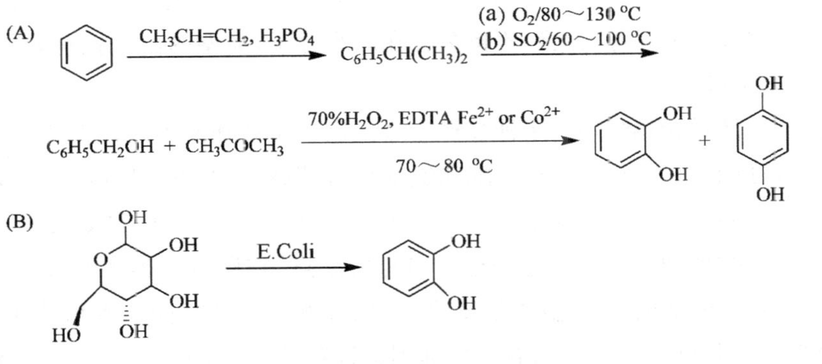

图 11-7　邻苯二酚的新、旧合成工艺

五、绿色化学品

绿色化学品应该是对人类健康和环境无害，这是对一个绿色化学品的最基本的要求。在传统化学工业中，人们在设计并合成某一化学品时，更多考虑的是其实际使用功能，而忽略了它的副作用和危害性，最为人熟知的就是农药DDT和造成臭氧层破坏的制冷剂氟利昂。绿色化学的一个关键任务就是设计安全有效的目标分子，这也是想要从源头上防止污染所必需的。

那么什么是安全化学品呢？若从其整个生命周期来看，从生产所使用的原料应该是无毒、无害、可再生，到产品本身对人类健康和环境友好，最后到使用完后可循环利用或在环境中易降解为无毒无害物质。1983年，在美国华盛顿就召开过有关的专题讨论会，设计安全化学品就是“利用分子结构与性能的关系和分子控制方法，获得最佳所需功能的分子，且分子的毒性最低”。

想要设计安全绿色的化学品，需要一些方法和策略：

①分析物质的作用机理，确定化学品危害性的作用机理，可以很好指导人们设计寻找对人类健康和环境更安全的产品结构。

②分析物质的结构与活性的相关性，在很多情况下化学品危害性的作用机理是未知的，这时就需要利用类似结构与活性的相关信息，来指导化学品的设计。

③避免使用毒性官能团，若在化学品的危害性作用机理不明确，而类似结构的物质与活性的相关性也未知的情况下，可以采用避免使用毒性官能团的方法来尽可能降低化学品的危害性。

④使生物利用率最小化，就是使得设计的化学品无法到达其能够产生危害的环境，那么这种物质实际上就成无害的了。

⑤提高可降解性，设计化学品时在追求持久耐用的同时，亦要使得利用完后不残留于环境中，能够降解为无毒、无害、不持久存在的小分子，典型的例子就是为了减少“白色污染”，开发出了可降解塑料。

通过研究者们的不懈努力，多种多样的绿色化学品被开发出以代替传统的危害化学品。如低毒杀虫剂的使用，有机磷酸酯和氨基甲酸酯(结构如图11-8所示)，它们被用作农药时，残留时间短，并且不易进入食物链中，避免了有机氯农药(如艾氏剂、狄氏剂、DDT)使用时的类似问题。当然它们也有自身的缺点，它们对人类和哺乳动物来说是剧毒，且会杀死非目标昆虫，一些益虫如蜜蜂、蜘蛛等的数量会减少。Rohm&Hass公司开发了一种新型杀虫剂Confirm™，它可以强烈地扰乱目标昆虫的蜕皮过程，使其停留在蜕皮阶段不能进食，最终脱水死亡或饿死，而对非目标有机体更安全，其活性组分是Tebufenozide(见图11-8)。

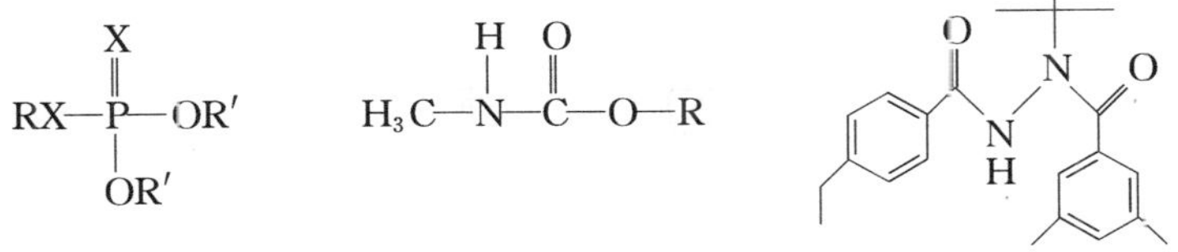

(X=O,S;R′=CH_3,C_2H_5)

有机磷酸酯　　N-氨基甲酸酯　　Tebufenozide

图 11-8　有机磷酸酯、氨基甲酸酯和 Tebufenozide 的结构

新型海洋船舶防垢剂的开发也是绿色化学品的一个例子。轮船在航行过程中，海洋生物会在船底表面附着生长导致结垢，进而加大了行船中的阻力，导致燃料消耗增加。为了抑制这种船底结垢的过程，长期以来使用的是有机锡防污涂料，虽然能够有效抑制污物的形成，但是也带来了广泛的环境问题。它们能够在海洋中长期存在，通过生物累积效应，富集在海洋生物体内，导致其生育发育能力降低、有壳类动物的壳层变厚以及引起生物变种等，因此美国已经限制在船舶涂料中使用有机锡化合物。理想的船舶防垢剂应不会伤害其他海洋生物，Rohm&Hass 公司研发出了一种新的抗浮游生物剂 Sea-Nine™，并已用在船底防污涂料中，其在海水中的降解速度很快，只需要半天，在沉积物中只需 1 h，且在生物体中积累基本为零，没有长期毒性，不会对非目标生物造成伤害。其结构如图 11-9 所示。

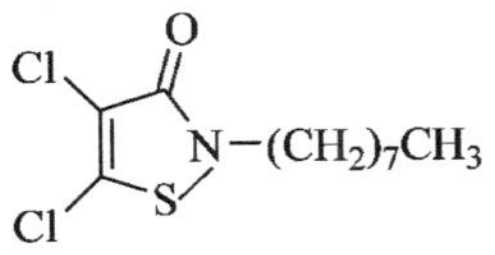

图 11-9　Sea-Nine™ 的结构式

本 章 小 结

绿色化学为化学科学的发展提供了新的方向，同时也是知识经济时代化学工业发展的必然趋势，是符合人类社会可持续发展道路的选择。绿色化学的研究不仅围绕在反应路线、原料、溶剂、催化剂及产品方面，在绿色能源如风能、太阳能等的利用以及绿色技术如生物技术（基因工程、细胞工程、酶工程、微生物工程等）、微波技术、超声波技术、膜技术等方面的发展也是日新月异。绿色化学是从源头上防止污染，从根本上减少或消除污染，实现节能减排，因此大力发展绿色化学产业，是我国环境保护的必由之路，也是符合我国国情的有利选择。

习　　题

一、填空题

1. 实现原子经济性的程度可用______________来衡量。

2. 传统化学向绿色化学的转变即是化学由“粗放型”向“____________”的转变。

3. 原子利用率＝(________________/反应物摩尔质量的总和)×100％

4. 环境友好催化剂常见的有______________、______________、______________等。

二、问答题和思考题

1. 简述绿色化学十二条原则及其重要意义。

2. 什么是绿色化学？绿色化学不同于传统化学的特点是什么？

3. 什么是原子经济性？提高化学反应的原子经济性有什么意义？如何提高化学反应的原子经济性？

4. 简要说明绿色合成包括哪些内容。

5. 选择绿色原料的原则是什么？目前主要使用的绿色原料有哪些？

*6. 选择绿色溶剂时考虑的因素有哪些？

*7. 什么是离子液体？离子液体作为溶剂有哪些优势？

*8. 什么是安全化学品？设计安全化学品的方法是什么？

实验部分

第一部分　基本知识

一、安全知识

进行化学实验时，经常要接触到水、电、煤气及易燃、易爆、有腐蚀、有毒的化学药品，为防患于未然，必须学会一般自救和救护方法，并应自觉遵守化学实验室安全守则。

（一）化学实验室安全守则（简介）

1. 必须熟悉实验室环境，了解与安全有关的一切设施（如电闸、水管阀门、煤气阀门、急救箱和消防用品等）的位置和使用方法。

2. 产生有毒有刺激性气体的实验（如 H_2S、Cl_2、Br_2、NO_2、SO_2、CO 等），应在通风橱内进行。

3. 对于性质不明的化学试剂，严禁任意混合，更不能尝试化学试剂的味道，以免发生意外事故。

4. 使用易燃的有机溶剂（酒精、乙醚、丙酮、苯）时，要远离火源，用毕应及时盖紧瓶塞。钾、钠和白磷等在空气中易燃的物质，应隔绝空气存放（如钾、钠保存在煤油中，白磷保存在水中），取用时必须用镊子。

5. 使用浓酸、浓碱、溴等具有强腐蚀性试剂时，切勿溅在皮肤和衣服上。为保护眼睛，应配备防护眼镜。

6. 使用有毒试剂（如汞、汞盐、砷盐、铅盐、可溶性钡盐、氟化物、氰化物和重铬酸盐等）时，应严防进入口内和伤口。实验后的废液不能随意倒入水槽或废液桶中，应回收集中处理。

7. 加热试管中的液体时，不能将试管口朝向他人或自己，也不能俯视正在加热的液体，以免溅出的液体把眼、脸灼伤。需要借助嗅觉鉴别气体时，不能用鼻直接对准瓶口或试管口，应用手把少量气体轻轻地扇向鼻孔。

8. 实验后的废弃物应倒入废液桶内；滤纸、破玻璃片等需投入纸篓，决不能倒入水槽内，以防管道堵塞和腐蚀。

9. 使用电器设备，不能用湿手操作，以防触电。实验完毕应拔下电源插头。

10. 每次实验完毕，应整理好实验用品。把手洗净，并关闭水、煤气阀门，拉下电闸，关好门窗。

(二)实验室中意外事故的处理

1. 割伤：轻微的划伤，可在伤口处涂上红药水。伤口内若有玻璃碎片或污物，应先取出，洗净伤口，并用3%的 H_2O_2 消毒，然后涂上红药水、洒上消炎粉并用纱布包扎。伤口较深、出血过多时，可用云南白药止血或扎止血带，并立即送医院救治。

2. 烫伤：轻度烫伤可在烫伤处涂敷烫伤药(如 ZnO 药膏、鱼肝油药膏、獾油或京万红等)，注意切勿用水冲洗，更不要把烫起的水泡挑破。

3. 酸(或碱)伤：酸(或碱)液洒到皮肤上时，先用大量水冲洗，然后用饱和 $NaHCO_3$ 溶液(或 2%HAc 溶液)冲洗，在用水冲洗后，外敷 ZnO 软膏(或硼酸软膏)。酸(或碱)伤眼时，应立即用水冲洗，再用 2% $Na_2B_4O_7$ 溶液(或 3% H_3BO_3 溶液)洗眼，最后用蒸馏水冲洗。

4. 溴腐伤：先用 C_2H_5OH 或 10% $Na_2S_2O_3$ 溶液洗涤伤口，再用水冲洗干净，并涂敷甘油。

5. 磷灼伤：先用 5% $CuSO_4$ 溶液或 $KMnO_4$ 溶液冲洗伤口，并用浸过 $CuSO_4$ 溶液的绷带包扎。

6. 毒物浸入：不慎吸入煤气、Br_2 蒸气、Cl_2、HCl 等气体时，应立即到室外呼吸新鲜空气。

7. 毒物误入口内，可取 5～10 mL 稀 $CuSO_4$ 溶液加入一杯温水中，内服后用手指伸入咽喉，促使呕吐，然后立即送医院治疗。

8. 触电时，立即切断电源，必要时进行人工呼吸。

(三)消防

消防应以防为主。不慎起火时，切不要惊慌，应根据不同的着火情况，采取不同的灭火措施。

实验过程中着火时采取的措施：

1. 防止火势蔓延：停止加热，立即关闭煤气总阀；拉下电闸，切断电路；把一切可燃物质和易燃、易爆物质移至远处。

2. 灭火：一般物质燃烧要有空气并达到一定温度，所以灭火的原则是降温和将燃烧物质与空气隔离。

化学实验室常用的灭火方法有：

(1)小火可以用湿布、石棉布或砂子覆盖燃烧物；火势较大时可用泡沫灭火器灭火。对油类、有机物的燃烧，切忌用水灭火。因为大多数有机物不溶于水，相对密度又小于水，用水不仅不能灭火，反而会扩大燃烧面积，使火势蔓延。

(2)精密仪器或电线着火可用四氯化碳灭火(CCl_4 沸点低，相对密度大，不会被引燃)，把 CCl_4 喷射于燃烧物的表面，CCl_4 液体迅速气化，覆盖于燃烧物上，使燃烧物与空气隔绝而灭火。也可用干粉灭火器或 1211 灭火器灭火。

(3)衣服着火时应立即用毯子、麻袋之类蒙盖到着火者身上，切不要慌张跑动，否则会加强气流流动，使燃烧加剧。

3. 必要时报火警。

(四)化学实验室常见废液的处理

在化学实验中经常会产生各种有毒的废气、废液和废渣(三废)。如果对其不加处理而任意排放，不仅污染周围空气、水源和环境，造成公害，而且三废中的有用或贵重成分未能回收，在经济上也是个损失。因此化学实验室三废的处理是很重要的问题。

有毒废气的排放：产生少量有毒气体的实验可在通风橱中进行，有毒气体通过排风设备可排至室外(被大量空气稀释)，确保室内空气不被污染。产生大量有毒气体或剧毒气体的实验，必须有吸收或处理有毒气体的措施。例如，Cl_2、H_2S、SO_2、NO_2、HF、HCN 等酸性气体用碱液吸收后排放；NH_3 用 H_2SO_4 溶液吸收后排放；CO 可点燃转化为 CO_2 气体后再排放。

实验室中少量有毒废渣应集中深埋于指定的地点。有回收价值的废渣应回收利用。

实验室中含酸和含碱废液应中和至 pH 为 6～8 后排放，其他有毒或含重金属的废液应倒在指定容器中统一处理。

二、化学实验中的数据表达与处理

为了表示实验结果和分析其中规律，需要将实验数据归纳和处理。实验结果的表示和归纳方法主要有三种，即列表法、作图法和数学方程法。在大学化学实验中主要用前两种方法。

(一)列表法

在大学化学实验中，最常用的表为函数表，将自变量 x 和因变量 y 一一对应排列成表格，以表示二者的关系。列表时注意以下几点：

(1)表格名称。每一表格均应有简明的名称。

(2)行名与量纲。将表格分为若干行，每一变量，应占表格中一行，每一行的第一列写上该行变量的名称及量纲。

(3)有效数字。每一行所记数字，应注意其有效数字，并将小数点对齐，数值按大小有序排列。如果用指数表示数据，为简便起见，可将指数放在行名旁。

(4)自变量的选择。自变量的选择有一定灵活性，通常选择较简单的变量作为自变量，如温度、时间和浓度等。自变量最好是均匀地增加。如果实际测定结果并不这样，可以先将测定数据作图，由图上读出均匀等间隔增加的一套自变量新数据，再作表。

表格法的优点是简单，但不能表示出各数值间连续变化的规律和实验数值范围内任意自变量和因变量的对应关系，故一般常与作图法配合应用。

（二）作图法

利用实验数据作图，可使实验测得的各数据间的关系更加直观，并根据图上的曲线，简便地找到各函数的中间值、最大值、最小值或转折点的特性以及确定经验方程式中的常数等。此外，根据多次测量数据描绘的图像，一般具有“平均”的意义，可以发现和消除一些偶然误差。因此，作图法在数据处理上是重要的一种方法。作图法获得优良结果的关键之一是作图技术，以下介绍作图要点。

1. 作图纸和坐标轴的选择。

在大学化学实验中，常用的作图纸是直角坐标和半对数坐标纸，后者的二轴中有一轴是对数标尺。将一组测量数据绘图时，究竟用什么作图纸，应该以能获得线性图形来定。

用直角坐标纸作图时，以自变量为横轴，因变量（函数值）为纵轴。坐标轴比例尺的选择一般应遵循以下原则：

（1）坐标刻度要能表示全部有效数字。

（2）图纸中每个小格所对应的数值要方便易读。

（3）在满足前两个条件的前提下，还应考察充分利用图纸上全部面积，使图线分布合理。

比例尺选定后，在纵、横坐标轴旁应注明轴变量的名称及单位，并在纵轴左面和横轴下面每隔一定距离写下该变量对应的值（一般把数字标在图纸逢 5 或逢 10 的粗线上），以便作图及读数。

2. 代表点和曲线的绘制。

根据测得数值，在坐标纸上绘制代表点（测得的各数据在图上的点）。标好代表点后，按分布情况描出平滑曲线（或直线）。描画的曲线（或直线）必须尽可能接近（或贯串）大多数“代表点”，使各代表点均匀地分布在曲线（或直线）两侧，更确切地说，使所有代表点离曲线距离的平方和最小，这就是“最小二乘法原理”在绘图中的应用。这样绘制出的曲线（或直线）能近似地表示被测物理量之间的变化情况。另外，为保证曲线表示的规律可靠，在曲线的极大、极小或转折点处应多测一些点。在绘制曲线时如果发现个别“代表点”远离曲线，又不能判断被测物理量在此区域会发生什么突变时，就要分析是否可能有过失误差，如果确属这一情况，描绘曲线时就可舍去这一点。若同一图上要绘制几条曲线时，每条曲线的代表点及对应曲线要用不同的符号或不同颜色表示，并在图上说明。

3. 图名和说明。

曲线作好后应在图上标注图名，标明坐标轴代表的物理量和比例尺以及主要测量条件（温度、压力和浓度等）。

第二部分　基本操作

一、玻璃仪器的洗涤与干燥

(一)仪器的洗涤

为了得到准确的实验结果，实验仪器必须洗涤干净。每次用过后要立即洗涤。洗涤仪器的方法如下。

1. 用水洗涤。

先用少量水润湿仪器，用毛刷洗，然后用自来水冲洗数次，最后用少量去离子水润冲三次。

2. 用去污粉等洗刷。

经过水洗后，仪器壁上如仍有水珠，可用毛刷蘸去污粉或肥皂粉等洗刷，然后用自来水冲洗数次，最后用少量去离子水润冲三次。

3. 用铬酸洗液洗涤。

对于比较精密的容量仪器(如滴定管、移液管、容量瓶等)，洗净程度要求较高，这些仪器形状又特殊，不宜用去污粉刷洗，常用铬酸洗液进行洗涤。洗涤时先用水冲洗容器，然后加入少量洗液，转动容器使其内壁全部被洗液润滑，稍等片刻后，将洗液倒回原瓶，再用自来水冲洗干净，如果仍不干净，还可将仪器用洗液浸泡一段时间，最后用去离子水冲洗 2～3 次。

玻璃仪器洗涤后，在仪器内加少许水，再倾出，若仪器壁上只有均匀的水膜，而无水珠附着时，则表示仪器已经洗净。

(二)仪器内沉淀垢迹的洗涤方法

在实验时，一些不溶于水的垢迹常常牢固地黏附在容器的内壁。对于这些垢迹，需根据其性质选用适当的试剂，通过化学方法除去。

(三)仪器的干燥

实验用的仪器，除必须洗净外，有时还要求干燥，干燥的方法有以下几种：

1. 晾干：把洗净的仪器倒置于干净的仪器柜中或木钉上晾干。

2. 烤干：用煤气灯小火烤干。

3. 吹干：用吹风机(热风或冷风)直接吹干。如果吹前先用易挥发的水溶性有机溶剂(如酒精、丙酮、乙醚等)淋洗一下，则干得更快。

4. 烘干：将洗净的仪器放在电热烘干箱内烘干(控制烘箱温度在 105 ℃左右)，仪器放进烘箱前应尽量把水倒净，并在烘箱的最下层放一个搪瓷盘，接受容器上滴下的水珠，以免直接滴在电炉丝上损坏炉丝。

带有刻度的容量仪器，如移液管、容量瓶、滴定管等不能用高温加热的方法干燥。

二、试剂的存放、取用和溶液的配制

(一)试剂的存放

固体试剂一般存放在易于取用的广口瓶中，液体试剂则存放在细口的试剂瓶中。最常用的试剂瓶有平顶试剂瓶和滴瓶两种。见光易分解的试剂(如 $AgNO_3$、$KMnO_4$ 等)应装在棕色瓶中。盛强碱性的试剂(如 NaOH、KOH、浓 $NH_3 \cdot H_2O$)及 Na_2SiO_3 溶液的瓶塞应换用橡皮塞。每个试剂瓶上都应贴标签，并标明试剂的名称、纯度、浓度和配置日期，标签外面应涂蜡或用透明胶带保护。

(二)固体试剂取用法

一般都用药匙取用固体试剂。注意药匙的清洁，以避免固体试剂被沾污。最好专匙专用。多取的试剂(特别是纯度较高的试剂)，不能倒回原试剂瓶，可放入回收瓶中。

(三)液体试剂取用法

1. 从平顶试剂瓶中取用试剂的方法。

取下瓶塞，把它仰放在实验台上，用左手拿住容器(如试管、量筒等)，右手握住试剂瓶，让试剂瓶的标签向着手心，倒出所需量的试剂。倒完后应将试剂瓶口在容器上靠一下，以避免液滴沿外壁流下。

将液体从试剂瓶中倒入烧杯时，亦可用右手握试剂瓶，左手拿玻璃棒，使棒的下端斜靠在烧杯中，将瓶口靠在玻璃棒上，使液体沿着玻璃棒往下流。

2. 从滴瓶中取用少量试剂的方法。

将液体试剂吸入滴管后，滴入试管时，不得将滴管插入试管中。滴管只能专用，用后随时放回原滴瓶。使用滴管的过程中，装有试剂的滴管，不得横放或滴管口向上倾斜，以免液体流入滴管的橡皮帽中。试管实验中，可由计算滴数的办法估计取用液体的量，一般滴管，20 滴液体约相当于 1 mL。

(四)溶液的配制

1. 根据配制试剂纯度和浓度的要求，选用不同等级的试剂并计算溶质的用量。配制饱和溶液时，所用溶质量应稍多于计算量。加热使之溶解、冷却，待结晶析出后再用，这样可保证溶液饱和。

2. 试剂溶解时如有较高的溶解热发生，则配制溶液的操作一定要在烧杯中进行。在配制过程中，加热和搅拌可加速溶解。但搅拌不宜太猛，更不能使搅拌棒触及烧杯。

3. 对于易水解盐溶液的配制，必须把它们先溶解在相应的酸溶液[如 $SnCl_2$、$SbCl_3$、$Bi(NO_3)_3$ 等]或碱溶液(如 Na_2S 等)中以抑制水解。对于易氧化的盐[如 $FeSO_4$、$SnCl_2$、$Hg_2(NO_3)_2$ 等]，不仅需要酸化溶液而且应在该溶液中加入相应的纯金属。

三、称量

根据对称量准确度的不同要求，可选用不同类型的天平。实验室中常用的天平有托盘天平和电子天平。常见的电子天平如图1所示。

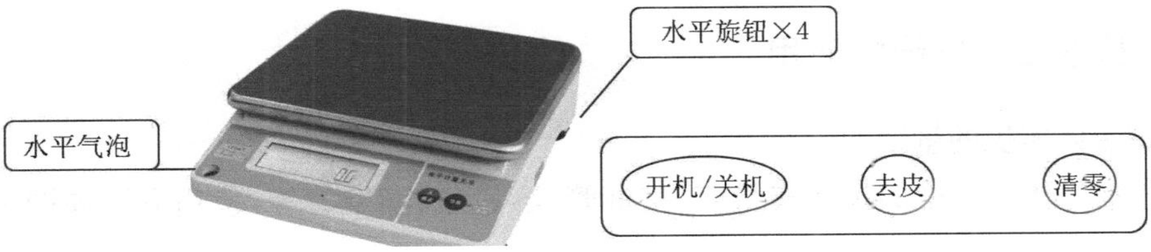

图1　常见的电子天平外观及操作按钮图示意图

电子天平采用应变式传感器技术，结合当前最新的芯片技术。电子天平设计人性化，简便易操作，称量准确、稳定，且具有去皮、自校、记忆、计数、故障显示等功能，规格大小齐全。电子天平一般应用于工业、家庭、商业、学校、科研等单位，作快速测量物体的质量和数量，此外在制药行业标准品称量，汽车行业滤纸称量，贵金属行业样品称量等都有着广泛的应用。现对常见的电子天平使用做简单介绍，常见的电子天平外观及操作面板见图示。

(一)安装

1. 工作环境要求。

放置天平的工作台要平稳，避免震动。要避免气流、磁场的干扰。不要把天平放在接近门窗或强磁的地方。工作室的温湿度要保持一定的范围。工作室应干净整洁，避免粉尘等杂物进入机器内部。

2. 安装。

将秤盘放上，插上电源，(配防风罩的天平需放上防风罩)。将主机水平放置，通过主机下部的四个调整旋钮使水平泡中的气泡调入圆圈的中央位置。打开电源开关，预热主机。

(二)使用

1. 开机预热稳定或校正后，一般为5分钟，显示:0.0或0.00。

2. 置称物于秤盘上，即显示该物体的重量。

3. 若使用称量纸或容器，需去皮重，步骤为:置容器于秤盘上，电子天平显示容器的重量。按“去皮”键，显示0.0或0.00。置称物于容器里，即显示该物体的重量。

(三)校准

1. 有必要进行校准的情形包括:天平首次使用之前；称重操作进行了一段时间；放置

地点变更之后；环境温度强烈变化后。

2. 步骤：准备好所需校准砝码。从秤盘上取走所有加载物，等待天平稳定后，按“清零”键，清零。按住“校准”键不放，直至显示校准砝码值（不显示单位）并且闪烁时，轻轻放上校准砝码至秤盘中心，待显示称量值（有显示单位）稳定后，轻轻取下校准砝码，天平校准完毕。（不同规格天平详见产品说明书）

四、基本度量仪器的使用

（一）液体体积的量度

用于液体体积量度的仪器有量筒、移液管、容量瓶、滴定管等，使用方法如图 2、图 3 所示。

1. 量筒。

量筒是化学实验室中最常用的度量液体体积的仪器。它有各种不同的容量，可根据不同需要选用。例如，需要量取 8.0 mL 液体时，为了提高测量的准确度，应选用 10 mL 量筒（测量误差为±0.1 mL），如果选用 100 mL 量筒量取 8.0 mL 液体体积，则至少有±1 mL 的误差。读取量筒的刻度值，一定要使视线与量筒内液面（半月形弯曲面）的最低点处于同一水平线上，否则会增加体积的测量误差。

量筒不能当反应器用，不能装热的液体。

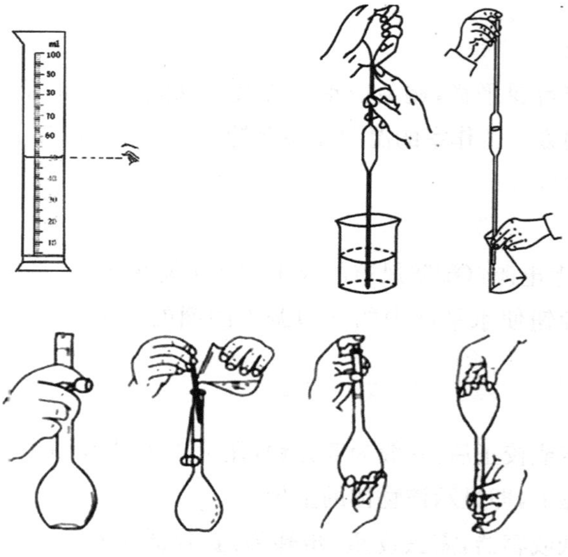

（a）启塞　（b）加液　（c）振摇　（d）倒立

图 2　量筒、移液管、容量瓶的使用方法示意图

2. 移液管。

移液管是精确量取一定体积液体的仪器，有两种形式：一种为球形移液管；另一种为刻度移液管（也称吸量管）。

移取液体时，把移液管的尖端深插入液体。再用吸耳球在移液管上端慢慢吸取，先吸取少量液体（3～5 mL）冲洗移液管 2～3 次，再把液体吸至高于刻度处迅速用右手食指堵住管的上口，将移液管提离液面后，使其垂直并微微移动食指，操作到管内液体的弯月面下降到刻度处。如有悬挂的液滴，可使移液管的尖端与器壁接触，使液滴落下。然后取出移液管移入准备接受液体的容器中，使移液管的尖端与容器内壁接触，放开食指，使液体沿容器壁自由流出。待移液管内液体全部流尽后，稍停片刻（约 15 s），再取出移液管。因移液管容量只计算自由流出的液体，故留在管内的最后一滴液体，不可吹出。只要固定使用一支移液管，其系统误差比较一致，实验结果不会受到影响。

3. 容量瓶。

容量瓶是用来配制一定体积溶液的容器。在细长颈的中部有一标线，指出了在 20 ℃下当液面达到此刻度时，液体体积即为容量瓶上所标的体积。

使用容量瓶前，应先试一下瓶塞部位是否漏水。方法是将容量瓶盛约 1/2 体积的水，盖上塞子。左手按住瓶塞，右手拿住瓶底，倒置容量瓶。观察瓶塞周围有无漏水现象，再转动瓶塞 180°，如仍不漏水，即可使用。

用固体配制溶液，需先在烧杯中用少量溶剂把固体溶解（必要时可加热）。待溶液冷却至室温后，再把溶液转移到容量瓶中。然后用蒸馏水冲洗杯壁 2～3 次，冲洗液合并至容量瓶中，再加水至容量瓶标线处（接近标线时，用滴管或洗瓶逐滴加水至弯月面最低点恰好与标线相切）。最后摇动容量瓶，使瓶中的溶液混合均匀，摇动时，右手手指抵住瓶底边缘（不可用手心握住）左手按住瓶塞，把容量瓶倒置过来缓慢地摇动，如此重复多次。用容量瓶配制溶液时，未充分混合均匀就进行下一步操作，往往是产生过失误差的主要原因。

容量瓶的塞子用线缚在瓶颈上，以免沾污、打碎或丢失。

4. 滴定管。

滴定管有两种形式：一种是下端有玻璃活塞的酸式滴定管，另一种是下端有乳胶管和用玻璃球代替活塞的碱式滴定管。

在使用酸式滴定管前，应拆下滴定管的活塞涂凡士林。涂凡士林前先用滤纸吸干活塞槽或塞上的水，把少许凡士林涂在活塞的两头（切忌堵住小孔）。将活塞插进塞槽后，按同一方向旋转活塞多次，直到从外面观察全部透明且不漏水。最后用乳胶圈套在活塞的末段，以防活塞脱落破损。

洗涤滴定管前应检查是否漏水，玻璃活塞转动是否灵活。酸式滴定管漏水或玻璃活塞转动不灵活，应拆下活塞，擦干活塞和活塞槽，重新涂凡士林。碱式滴定管漏水可更换玻璃球或橡皮管。

滴定管使用前必须洗涤干净。在装入标准溶液前，应先用该标准溶液冲洗滴定管2～3次(每次用5～10 mL)，确保标准溶液的浓度不变，在装入标准溶液时，宜由贮液瓶直接倒入，不宜借用其他器皿，以免标准溶液的浓度改变或造成污染。装满溶液的滴定管，应检查其尖端部分有无气泡，如有气泡，必须排除。酸式滴定管可迅速地旋转活塞，使溶液快速流出，将气泡带走；碱式滴定管可把橡皮管向上弯曲，尖嘴上斜，挤捏玻璃球，溶液快速喷出，即可排除气泡。

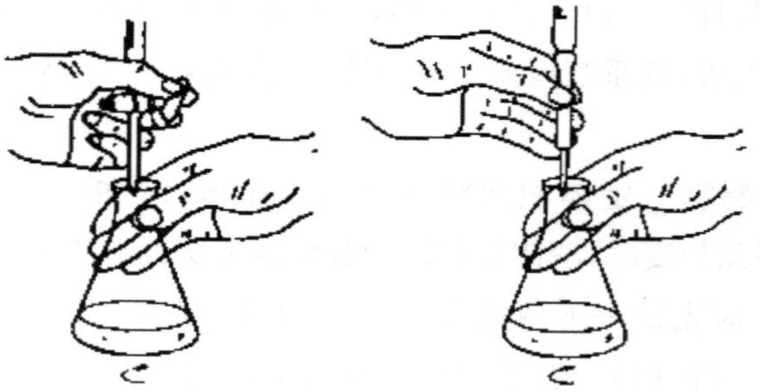

图3　酸式滴定管、碱式滴定管使用方法示意图

使用酸式滴定管时，一般用左手控制活塞，大拇指在前，食指和中指在后，将滴定管卡于左手虎口处，手心空握，轻轻向内扣住活塞，以防活塞在转动过程中松动而漏液。使用碱式滴定管时，可用食指和拇指挤压乳胶管内玻璃球，溶液即经窄缝自玻璃尖嘴流出。

读数应遵循下列原则：

(1)滴定管应垂直放置，注入溶液或放出溶液后需等1～2 s后才能读数。

(2)管内若为无色或浅色溶液，读数时视线应与弯月面下缘的最低点保持同一水平面。

(3)为便于读数和计算，并消除因上下刻度不匀而引起的误差，每次使用时最好均从"0"刻度开始。

(二)温度计的使用

实验室最常使用的是膨胀式温度计。它是用玻璃(或石英玻璃)毛细管制得。毛细管内充水银、酒精或甲苯。普通毛细管温度计能测准至0.1 ℃，刻度为1/10 ℃的温度计比较精确，可测准至0.01 ℃。

测量正在加热液体的温度时，应把温度计固定在一定位置上，使水银球完全浸没在液体中。注意不要使水银球贴在容器的底部或器壁。

应注意刚进行高温测量的温度计不能立即用冷水冲洗，以免炸裂；也不要让水银快速缩回，这样往往造成水银柱断开。水银温度计是易碎的玻璃仪器，且水银有毒，使用时要轻拿轻放，决不能作搅拌棒，用后应及时装入套中。

若水银温度计打破，应立即把散落在地上、台面上的水银收集起来，并用硫黄粉覆盖在少量无法收起的水银上，使 Hg 变为 HgS，以免室内空气被汞蒸气污染。

五、加热操作

（一）酒精灯的使用

酒精灯是实验室最常用的加热灯具。酒精灯由灯罩、灯芯和灯壶三部分组成。

酒精灯要用火柴等点燃，决不能用燃着的酒精灯点燃，否则易引起火灾。熄灭灯焰时，用灯罩将火盖灭，决不允许用嘴去吹灭。盖灭片刻后，应将灯罩打开一次，再重新盖上，以免冷却后盖内成负压而打不开罩子。

酒精灯的加热温度一般在 400～500 ℃，适用于温度不需太高的实验。

酒精易挥发、易燃，使用酒精灯时必须注意安全，如果洒出的酒精在灯外燃烧，可用湿抹布或湿棉布扑灭。

（二）加热

当被加热物质要求受热均匀而温度又不能超过 100 ℃时，可用水浴加热；当被加热的物质要求受热均匀，而温度又要高于 100 ℃时，可使用沙浴加热；除此以外，实验室中有时还用电加热，常用的电加热装置有电炉、电加热套、恒温箱、管式电炉及马福炉。常用的加热方法有以下几种：

1. 烧杯、烧瓶中液体的加热。

所盛液体的体积，应不超过烧杯或烧瓶容积的 1/3。加热前，要先将烧杯或烧瓶外壁上的水擦干，再放在石棉网上加热。

2. 试管中液体的加热。

所盛液体的量，不应超过试管高度的 1/3。加热时应该用试管夹夹住试管的中上部，管口不能对着自己或别人，以免加热时液体迸溅到脸上，造成烫伤。加热时应使液体受热均匀，先加热液体的中上部，再慢慢移动试管，热及下部，然后不时地振荡试管，从而使液体各部分均匀受热，以免试管内部液体因局部沸腾而迸溅，造成烫伤。

3. 试管中固体的加热。

所加固体在试管中要铺开，管口略向下倾斜，以免管口冷凝的水珠倒流入试管的加热处而使试管炸裂。加热时，应先将火焰来回移动，再在盛有固体物质的部位加强热。

六、溶解、蒸发、结晶和固液分离

（一）固体的溶解

固体颗粒较大时，溶解前应进行粉碎。粉碎可在干洁的研钵中进行。研钵中的固体量不要超过研钵容量的1/3。

溶解固体时，常用搅拌、加热等方法加快溶解速度。应根据被加热物质对热稳定性，选用不同的加热方法。

(二)蒸发(浓缩)与结晶

1.蒸发(浓缩)。

通常用蒸发皿浓缩溶液，所加入溶液的量不得超过蒸发皿容积的2/3，以防液体溅出。如果溶液较多，可分次添加，依物质对热的稳定性直接加热或用水浴间接加热。

2.结晶。

当溶液蒸发到一定浓度时，冷却后会有晶体析出，有时加入一小粒晶体或搅动溶液，会促成晶体的析出。析出晶体颗粒的大小与冷却快慢有关，若缓慢冷却溶液可得到较大颗粒的晶体；若迅速冷却溶液，则得到较细颗粒的晶体。如果第一次结晶所得到的物质纯度不符合要求，可以重新加入尽可能少的去离子水使其溶解，再进行蒸发和结晶(不得蒸干)。重结晶后的晶体纯度一般较高。

(三)固液分离及沉淀的洗涤

固液分离的方法一般有倾泻法、过滤法和离心分离法。

1.倾泻法。

沉淀(晶体)的相对密度较大或结晶颗粒较大、静止后能很快沉降者，常用倾泻法进行分离。

倾泻法操作的要点是待沉淀沉降后，将沉淀上部的清液缓慢地倾入另一容器(如烧杯)中，使沉淀与溶液分离。如需洗涤时，可在转移完清液后加入少量洗涤剂充分搅拌，待沉淀沉降后再用倾泻法，倾去清液，如此重复操作2～3次，即能将沉淀洗净。

2.过滤法。

过滤法是最常用的固-液分离方法。过滤时，沉淀在过滤器(漏斗)内，溶液则通过过滤器进入容器中，所得溶液称为滤液。

过滤方法有常压过滤和减压过滤。

(1)常压过滤。在常压下用普通漏斗过滤的方法称为常压过滤法。常压过滤的方法是：把一圆形滤纸对折两次成扇形，展开呈圆锥形，一边为三层，一边为一层，放入洁净干燥的漏斗中，看滤纸是否完全贴在漏斗壁上，否则应适当改变滤纸折叠的角度，使其与漏斗壁相密合。用食指把滤纸按住，用少量去离子水润湿，轻压四周，赶去滤纸与漏斗壁之间的气泡，使滤纸紧贴在漏斗壁上。滤纸边缘应略低于漏斗边缘。过滤时先将大部分溶液沿着玻璃棒慢慢地倾入漏斗中，玻璃棒接触三层滤纸处，然后将剩下的溶液连同沉淀一起倒入漏斗，再用少量去离子水洗涤烧杯内壁，将洗涤液与剩下的沉淀全部转入漏斗中。

(2)减压过滤(抽滤或真空过滤)。减压过滤所用仪器是吸滤瓶和抽滤漏斗(布氏漏斗）。减压过滤的方法是先剪好一张比布氏漏斗内径略小的圆形滤纸，滤纸的大小以能盖严布氏漏斗上的小孔为准，将滤纸平整地放在抽滤漏斗内，用少量水润湿滤纸，把漏斗插入单孔胶皮塞中，并与吸滤瓶相连，注意漏斗下端的斜削面要对着吸滤瓶侧面的支管。用橡皮管把吸滤瓶与水流抽气泵（或真空泵的抽气接口）连接好，慢慢打开水龙头（或合上电闸）。抽滤时可先用倾泻法，加入量不要超过漏斗高度的 2/3。

过滤完后，应先把连接吸滤瓶的橡皮管拔下，然后关闭水龙头（或停真空泵），以防倒吸。取下漏斗后把它倒扣在滤纸上或容器中，轻轻敲打漏斗边缘，使滤纸和沉淀脱离漏斗，滤液则从吸滤瓶的上口倾出，不要从侧面的尖嘴倒出，以免弄脏滤液。

洗涤沉淀的方法与常压过滤相同。

3. 离心分离法。

试管中少量溶液和沉淀的分离，可用离心分离法。该法操作简单、迅速。操作时，将盛有沉淀的离心试管放入离心机的套管内，在与之相对称的另一套管内装入一支盛有相同体积水的离心试管，使离心机的两臂保持平衡。然后打开电钮，调整转速（不要过快），转动 1～3 min，关闭电源，使离心机自然停下，切勿用手强制其停下。

离心后沉淀沉入试管的底部，用一干净的滴管，将清液吸出，注意滴管插入溶液的深度，尖端不应接触沉淀。

如果沉淀物需要洗涤，加入少量去离子水，搅拌，再离心分离。

七、试纸的使用

1. 用试纸检试溶液。

常用 pH 试纸检试水溶液的酸碱性。方法是将一小片试纸放在干净的点滴板上，用洗净的玻璃棒蘸取待试溶液滴在试纸上，观察其颜色变化。用 pH 试纸检验溶液 pH 时，将试纸所呈现的颜色与标准色板颜色比较，即可知溶液的 pH。注意不能把试纸投入被测试液中检试。

2. 用试纸检验气体。

常用石蕊试纸或 pH 试纸检验反应所产生气体的酸碱性，用 KI 淀粉试纸检验 Cl_2，用 $KMnO_4$ 试纸或 I_2-淀粉试纸检验 SO_2，用 $Pb(Ac)_2$ 或 $Pb(NO_3)_2$ 试纸检验 H_2S 气体。检验时，试纸用蒸馏水润湿并黏附在干净玻璃棒尖端，移至发生气体的试管口上方（不能接触试管）。观察试纸颜色变化。在实验中可用碎滤纸片蘸上所需的指示剂即可制得试纸，常见三种指示剂变色范围如表 1 所示。

表1　常见三种指示剂变色范围

指示剂	pH 范围
酚酞	无色 ← 8.2 — 粉红色 — 10.0 → 红色
甲基橙	红色 ← 3.1 — 橙色 — 4.4 → 黄色
石蕊	红色 ← 5.0 — 紫色 — 8.0 → 蓝色

第三部分　实验内容

一、验证性实验

实验一　离解平衡

一、实验目的

1. 加深理解同离子效应、盐类的水解作用及影响盐类水解的主要因素。

2. 学习缓冲溶液的配制方法，并实验其缓冲作用。

3. 掌握酸碱指示剂及 pH 试纸的使用方法。

二、实验原理

1. 有些盐水解后只能改变溶液的 pH，有些盐水解后既能改变溶液的 pH 又能产生沉淀或气体。例如，$BiCl_3$ 水解能产生难溶的 BiOCl 白色沉淀，同时使溶液的酸性增强。其水解反应的离子方程式为：

$$Bi^{3+}+Cl^{-}+H_2O \xlongequal{} BiOCl(s)+2H^{+}$$

一种能水解呈酸性的盐和另一种能水解呈碱性的盐相混合时，将加剧两种盐的水解。例如，将 $Al_2(SO_4)_3$ 溶液与 $NaHCO_3$ 溶液混合、$Cr_2(SO_4)_3$ 溶液与 Na_2CO_3 溶液混合或 NH_4Cl 溶液与 Na_2CO_3 溶液混合时都会发生这种现象。反应的离子方程式分别为：

$$Al^{3+}+3HCO_3^{-} \xlongequal{} Al(OH)_3(s)+3CO_2(g)$$

$$Cr^{3+}+3CO_3^{2-}+3H_2O \xlongequal{} Cr(OH)_3(s)+3HCO_3^{-}$$

$$NH_4^{+}+CO_3^{2-}+H_2O \xlongequal{} NH_3 \cdot H_2O+HCO_3^{-}$$

2. 用 $NH_3 \cdot H_2O$ 与铵盐(或 HAc 与醋酸盐)可以配制 pH 在 9.26(或 4.74)附近的缓冲溶液。当加入少量酸或少量碱时，溶液的 pH 不会有显著变化。

三、仪器、药品及材料

1. 仪器：pHS-3 型酸度计　玻璃电极　甘汞电极　量筒(25 mL 6 个)　烧杯(50 mL

4个） 点滴板

2. 药品：

酸：HCl(0.10 mol·L^{-1}，1.0 mol·L^{-1}，2.0 mol·L^{-1})

HAc(0.10 mol·L^{-1}，1.0 mol·L^{-1})

碱：NaOH(0.10 mol·L^{-1}) $NH_3\cdot H_2O$(0.10 mol·L^{-1}，1.0 mol·L^{-1})

盐：NaCl(0.10 mol·L^{-1}) Na_2CO_3(0.10 mol·L^{-1}，1.0 mol·L^{-1})

$FeCl_3$(0.10 mol·L^{-1}) NaAc(0.10 mol·L^{-1}，1.0 mol·L^{-1})

$NaHCO_3$(0.50 mol·L^{-1}) NH_4Cl(0.10 mol·L^{-1}，1.0 mol·L^{-1})

$Al_2(SO_4)_3$(0.10 mol·L^{-1}) $Cr_2(SO_4)_3$(0.10 mol·L^{-1})

固体：NH_4Ac

其他：酚酞 甲基橙 石蕊试纸 pH试纸

四、实验内容

1. 同离子效应。

(1)在试管中加入1 mL $NH_3\cdot H_2O$溶液(0.10 mol·L^{-1})和1滴酚酞溶液，摇匀，溶液显什么颜色？再加入少量的NH_4Ac(s)，摇荡使其溶解，溶液的颜色有何变化？为什么？

(2)在试管中加入1 mL HAc溶液(0.10 mol·L^{-1})和1滴甲基橙溶液，摇匀，溶液显什么颜色？再加入少量NH_4Ac(s)，摇荡使其溶解，溶液的颜色有何变化？为什么？

2. 盐类的水解。

(1)用pH试纸分别检验NaAc溶液(0.10 mol·L^{-1})、NH_4Cl溶液(0.10 mol·L^{-1})、NaCl溶液(0.10 mol·L^{-1})及去离子水的pH。所得结果与计算值做比较。解释pH各不相同的原因。

(2)在试管中加入2 mL NaAc溶液(0.10 mol·L^{-1})和1滴酚酞溶液，摇匀，溶液显什么颜色？再将溶液加热至沸腾，溶液的颜色有何变化？为什么？

(3)在两支试管中，都加入2 mL去离子水和3滴$FeCl_3$溶液(0.10 mol·L^{-1})，摇匀。将其中一支试管用小火加热。两试管溶液的颜色有何不同？说明原因。

(4)在一支装有1 mL $Al_2(SO_4)_3$溶液(0.10 mol·L^{-1})的试管中，加入1 mL $NaHCO_3$溶液(0.50 mol·L^{-1})，有什么现象出现？用什么方法证明产物是$Al(OH)_3$而不是$Al(HCO_3)_3$？写出反应的离子方程式。

(5)在一支装有1 mL $Cr_2(SO_4)_3$溶液(0.10 mol·L^{-1})的试管中，加入1 mL Na_2CO_3溶液(0.10 mol·L^{-1})，有什么现象出现？写出反应的离子方程式。

(6)在一支装有1 mL NH_4Cl溶液(1.0 mol·L^{-1})的试管中，加入1 mL Na_2CO_3溶液(1.0 mol·L^{-1})，并立即用润湿的红色石蕊试纸在试管口检验是否有氨气生成(可将试管微热后观察)。写出反应的离子方程式。

3. 缓冲溶液。

(1)缓冲溶液的配制及其 pH 的测定。

自行设计配制 pH 为 5.00 的缓冲溶液 15 mL(事先计算出 1 $mol \cdot L^{-1}$ 的 HAc 和 1 $mol \cdot L^{-1}$ 的 NaAc 溶液的体积,用量筒量取置于洁净的烧杯中混匀)。用精密 pH 试纸测定其 pH。

(2)实验缓冲溶液的缓冲作用。

在 3 支盛有约 5 mL 上述缓冲溶液的试管中分别加入几滴 0.1 $mol \cdot L^{-1}$ 的 NaOH 溶液、0.1 $mol \cdot L^{-1}$ 的 HCl 溶液和去离子水,用精密 pH 试纸测定其 pH。

将以上实验的测定值列表进行比较,并对缓冲溶液的性质得出结论。

五、思考

1. 使用 pH 试纸测溶液的 pH 时,怎样才是正确的操作方法?

2. 如何配制一定 pH 的缓冲溶液?

实验二　沉淀反应

一、实验目的

1. 加深理解沉淀-溶解平衡,掌握溶度积的概念,学会溶度积规则的运用。

2. 学习离心机的使用和离心分离操作。

二、实验原理

1. 在含有 S^{2-} 和 CrO_4^{2-} 的混合溶液中逐渐加入含 Pb^{2+} 的溶液或者在含有 Ag^+ 和 Pb^{2+} 的混合溶液中逐滴加入含 CrO_4^{2-} 的溶液,都会产生分步沉淀的现象。

2. 锅炉垢层的主要成分是 $CaSO_4$,由于垢层致密,且难溶于稀酸,可用 Na_2CO_3 将 $CaSO_4$ 转化成 $CaCO_3$,然后用酸清洗,为保证锅炉不被酸腐蚀,酸中需加适量的缓蚀剂,如 HCl 中加乌洛托品。

3. 沉淀反应常被用于溶液中各种离子的分离。例如,为了分离溶液中的 Ag^+、Ba^{2+}、Mg^{2+} 等混合离子,可先加盐酸使 Ag^+ 生成 AgCl 沉淀从溶液中析出来。再在清液中加入稀 H_2SO_4,使 Ba^{2+} 生成 $BaSO_4$ 沉淀,从溶液中分离出来,Mg^{2+} 则留在溶液中。这样就达到三种离子分离的目的。用分离过程示意图表示如下:

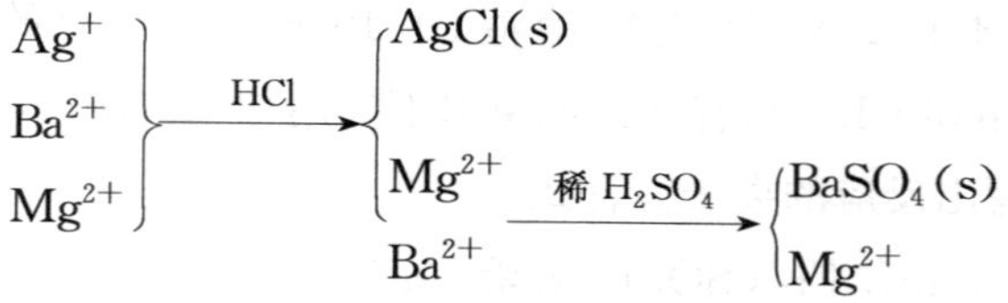

三、仪器及药品

1. 仪器:离心机

2. 药品:

酸:HCl(2.0 $mol \cdot L^{-1}$)

碱：$NaOH$(2.0 mol·L^{-1})　$NH_3·H_2O$(2.0 mol·L^{-1})

盐：Na_2SO_4(0.50 mol·L^{-1})　Na_2CO_3(饱和)　Na_2S(0.10 mol·L^{-1})

　　KI(0.02 mol·L^{-1})　K_2CrO_4(0.10 mol·L^{-1})　$CaCl_2$(0.50 mol·L^{-1})

　　$MgCl_2$(0.10 mol·L^{-1})　$Al(NO_3)_3$(0.10 mol·L^{-1})

　　$Pb(Ac)_2$(0.10 mol·L^{-1})　$Fe(NO_3)_3$(0.10 mol·L^{-1})

　　$AgNO_3$(0.10 mol·L^{-1},0.010 mol·L^{-1})　KI(0.020 mol·L^{-1})

　　$Pb(NO_3)_2$(0.10 mol·L^{-1})

固体：$NaNO_3$

四、实验内容

1. 沉淀的生成。

(1)在试管中加2滴$Pb(Ac)_2$溶液(0.10 mol·L^{-1})和2滴KI溶液(0.020 mol·L^{-1})，摇荡试管，观察有无沉淀生成。再加入5 mL水，摇荡，观察沉淀是否溶解。解释现象。

(2)在试管中加入几滴Na_2S溶液(0.10 mol·L^{-1})和几滴$Pb(NO_3)_2$溶液(0.10 mol·L^{-1})，观察沉淀的颜色。

(3)在试管中加入几滴K_2CrO_4溶液(0.10 mol·L^{-1})和几滴$Pb(NO_3)_2$溶液(0.10 mol·L^{-1})，观察沉淀的颜色。

2. 分步沉淀。

用0.10 mol·L^{-1} Na_2S、0.10 mol·L^{-1} K_2CrO_4、0.10 mol·L^{-1} $Pb(NO_3)_2$溶液设计一个实验，验证分步沉淀的规律。

3. 沉淀的转化。

在两支试管中各加入1 mL $CaCl_2$溶液(0.50 mol·L^{-1})和1 mL Na_2SO_4溶液(0.50 mol·L^{-1})，轻轻摇荡，生成沉淀，离心分离，弃去清液。在一支含有沉淀的试管中，加入1 mL HCl溶液(2.0 mol·L^{-1})，看沉淀是否溶解；在另一支含有沉淀的试管中加入1 mL Na_2CO_3溶液(饱和)，充分摇荡几分钟，使沉淀转化，离心分离，弃去清液，用去离子水洗涤沉淀1～2次，然后在沉淀中加入1 mL HCl溶液(2.0 mol·L^{-1})，观察现象。

4. 沉淀的溶解。

(1)设计一组实验，以证明$Mg(OH)_2$能溶于非氧化性稀酸和铵盐的事实。

(2)在试管中加入2滴0.010 mol·L^{-1} $AgNO_3$溶液和2滴0.02 mol·L^{-1} KI溶液，再加入0.5 mL去离子水。最后向该试管中加入少量$NaNO_3$(s)，并摇荡试管，直到沉淀消失。解释沉淀溶解的原因。

五、思考

1. 根据溶度积规则计算：

(1)2滴$AgNO_3$溶液(0.010 mol·L^{-1})和2滴KI溶液(0.02 mol·L^{-1})混合，能否生成沉淀？

(2) 2 滴 $AgNO_3$ 溶液（0.010 mol·L^{-1}）用水稀释到 5 mL 后，再加入 2 滴 KI(0.02 mol·L^{-1})溶液，能否生成沉淀？生成沉淀的条件是什么？

2. 计算 $CaSO_4$ 沉淀与 Na_2CO_3 溶液(饱和)反应的平衡常数。用平衡移动原理解释 $CaSO_4$ 沉淀转化为 $CaCO_3$ 沉淀的原因。

实验三　氧化还原反应

一、实验目的

1. 加深理解温度、反应物浓度对氧化还原反应速率的影响。

2. 加深理解电极电势与氧化还原反应的关系。

3. 了解介质对氧化还原反应产物的影响。

4. 掌握物质浓度对电极电势的影响。

5. 了解原电池的装置，正确写出原电池符号。

二、实验原理

1. 参加反应的物质间有电子转移或偏移的化学反应称为氧化还原反应。物质的还原能力的大小，可以根据相应电对电极电势的大小来判断。电极电势越大，电对中的氧化型的氧化能力越强。电极电势越小，电对中的还原型的还原能力越强。

根据电极电势大小可以判断氧化还原反应的方向。

当 $E=\varphi$(氧化剂)$-\varphi$(还原剂)>0 时；　反应正向自发进行

当 $E=\varphi$(氧化剂)$-\varphi$(还原剂)$=0$ 时；　反应处于平衡状态

当 $E=\varphi$(氧化剂)$-\varphi$(还原剂)<0 时；　不能进行自发反应

当氧化剂电对和还原剂电对的标准电极电势相差较大时，(如 $|E|>0.2$ V 时)，通常可以用标准电池电动势判断反应的方向。

由电极反应的能斯特(Nernst)方程式，可以看出浓度对电极电势的影响。298.15 K 时：

$$\varphi=\varphi^{\circ}+\frac{0.0592\ \text{V}}{Z}\lg\frac{c(\text{氧化型})}{c(\text{还原型})}$$

原电池是利用氧化还原反应将化学能转变为电能的装置。当有沉淀或配合物生成时，由于氧化型或还原型物质浓度的变化，会引起电极电势和电池电动势的改变。

2. 介质对氧化还原反应的影响。

酸性条件：$2MnO_4^- + 6H^+ + 5SO_3^{2-} \xlongequal{} 2Mn^{2+} + 5SO_4^{2-} + 3H_2O$

中性条件：$2MnO_4^- + H_2O + 3SO_3^{2-} \xlongequal{} 2MnO_2 + 3SO_4^{2-} + 2OH^-$

碱性条件：$2MnO_4^- + 2OH^- + SO_3^{2-} \xlongequal{} 2MnO_4^{2-} + SO_4^{2-} + H_2O$

三、仪器、药品及材料

1. 仪器：铜电极　锌电极　盐桥(含饱和 KCl)　烧杯(50 mL 4 个)　量筒(25 mL)　水浴　伏特计

2. 药品：

酸：H_2SO_4(1.0 mol·L^{-1},2.0 mol·L^{-1})　HAc(1.0 mol·L^{-1})

$H_2C_2O_4$(0.10 mol·L^{-1})

碱：NaOH(2.0 mol·L^{-1},6.0 mol·L^{-1})　$NH_3 \cdot H_2O$(6.0 mol·L^{-1})

盐：$KMnO_4$(0.010 mol·L^{-1})　KI(0.10 mol·L^{-1},0.020 mol·L^{-1})

KBr(0.10 mol·L^{-1})　Na_2SiO_3(0.50 mol·L^{-1})　Na_2SO_3(0.10 mol·L^{-1})

KIO_3(0.10 mol·L^{-})　$ZnSO_4$(0.50 mol·L^{-1})　$CuSO_4$(0.50 mol·L^{-1})

$FeCl_3$(0.10 mol·L^{-1})　CCl_4

下列盐溶液用 250 mL 细口瓶盛装：

$ZnSO_4$(0.10 mol·L^{-1})　$CuSO_4$(0.10 mol·L^{-1})

固体：锌片　铅粒

其他：H_2O_2(3%)　CCl_4

3. 材料：蓝色石蕊试纸

四、实验内容

1. 温度对氧化还原反应速率的影响。

在 A、B 两支试管中各加入 1 mL $KMnO_4$ 溶液(0.010 mol·L^{-1})，再各加入几滴 H_2SO_4 溶液(2.0 mol·L^{-1})酸化；在 C、D 两支试管中各加入 $H_2C_2O_4$ 溶液(0.10 mol·L^{-1})。将 A、C 两支试管放入水浴中加热几分钟后，取出，同时将 A 倒入 C 中，B 倒入 D 中。观察 C、D 试管中溶液何者先褪色，并解释。

2. 电极电势与氧化还原反应的关系。

(1)在试管中加入 10 滴 KI 溶液(0.020 mol·L^{-1})和 2 滴 $FeCl_3$ 溶液(0.10 mol·L^{-1})，摇匀后，再加入 1 mL CCl_4 充分摇荡，观察 CCl_4 层的颜色有无变化。

(2)用 KBr 溶液(0.10 mol·L^{-1})代替 KI 溶液进行上述同样的实验，观察 CCl_4 层的颜色有无变化。

根据(1)、(2)的实验结果，定性比较 Br_2/Br^-，I_2/I^-，Fe^{3+}/Fe^{2+} 3 个电对的电极电势，并指出其中最强的氧化剂和最强的还原剂各是什么。

3. 氧化还原的相对性。

(1)在试管中加入 5 滴 KI 溶液(0.10 mol·L^{-1})，加入 2 滴 H_2SO_4 溶液(1.0 mol·L^{-1})酸化，再加入 5 滴 H_2O_2 溶液(3%)，摇匀后，再加入 1 mL CCl_4，充分摇荡，观察 CCl_4 层的颜色有无变化。

(2)在试管中加入 2 滴 $KMnO_4$ 溶液(0.010 mol·L^{-1})，加入 2 滴 H_2SO_4 溶液(1.0 mol·L^{-1})酸化，再加入数滴 H_2O_2 溶液(3%)，观察反应现象。

根据(1)、(2)实验结果，指出 H_2O_2 在反应中各起什么作用。

提示：$H_2O_2 + 2I^- + 2H^+ = 2H_2O + I_2$

$$2KMnO_4+5H_2O_2+3H_2SO_4 = 2MnSO_4+K_2SO_4+5O_2\uparrow+8H_2O$$

4. 介质对氧化还原反应的影响。

在3支试管中各加入5滴 $KMnO_4$ 溶液(0.01 mol·L^{-1}),在第一支试管中加入5滴 H_2SO_4 溶液(2.0 mol·L^{-1}),在第二支试管中加入5滴 H_2O,在第三支试管中加入5滴 NaOH 溶液(6.0 mol·L^{-1}),再分别向各试管中加入 Na_2SO_3 溶液(0.10 mol·L^{-1})。观察反应现象。

5. 原电池组成和浓度对电极电势的影响。

(1)用小烧杯、盐桥、电极、伏特计和相关溶液组成如下原电池:

(—)　Zn|$ZnSO_4$(0.10 mol·L^{-1})‖ $CuSO_4$(0.10 mol·L^{-1})|Cu　(+)

(2)设法减小 Cu^{2+} 浓度,观察原电池电动势变化情况。

(3)设法减小 Zn^{2+} 浓度,观察原电池电动势变化情况。

五、思考

1. 为什么 H_2O_2 即可作氧化剂又可作还原剂?在何种情况下作氧化剂?何种情况下作还原剂?

2. 从实验结果讨论氧化还原反应的次序与哪些因素有关?

实验四　配合物形成时性质的变化

一、实验目的

1. 了解配合物形成时几种性质的变化。

2. 利用配合物形成分离和鉴定溶液中可能存在的几种金属离子。

二、实验原理

由中心离子(或原子)与配体按一定组成和空间构型以配位键结合所形成的化合物称配合物。分步进行的配位反应是可逆反应,每一步反应都存在着配位平衡。

配合物的稳定性可由 $K_{稳}$ 表示,数值越大配合物越稳定。增加配体或金属离子浓度有利于配合物的形成,而降低配体和金属离子的浓度则有利于配合物的离解。如溶液酸碱性的改变,可能引起配体的酸效应或金属离子的水解等,就会导致配合物的离解;若有沉淀剂能与中心离子形成沉淀的反应发生,引起中心离子浓度的减少,也会使配位平衡朝离解的方向移动;若加入另一种配体,能与中心离子形成稳定性更好的配合物,则同样导致配合物的稳定性降低。若沉淀平衡中有配位反应发生,则有利于沉淀溶解。配位平衡与沉淀平衡的关系总是朝着生成更难离解或更难溶解物质的方向移动。

配位反应应用广泛,如利用金属离子生成配离子后的颜色、溶解度、氧化还原性等一系列性质的改变,进行离子鉴定、干扰离子的掩蔽反应等。

三、仪器、药品及材料

1. 仪器:电动离心机

2. 药品:

酸：HCl(2.0 mol·L^{-1},6.0 mol·L^{-1},浓)　HNO_3(2.0 mol·L^{-1},浓)

H_3BO_3(0.10 mol·L^{-1})

碱：$NaOH$(2.0 mol·L^{-1})　$NH_3·H_2O$(2.0 mol·L^{-1},6.0 mol·L^{-1})

盐：$AgNO_3$(0.10 mol·L^{-1})　$FeSO_4$(0.10 mol·L^{-1})

$CuSO_4$(0.10 mol·L^{-1})　$Na_2S_2O_3$(0.10 mol·L^{-1})

$NaCl$(0.10 mol·L^{-1})　$CaCl_2$(0.50 mol·L^{-1},0.10 mol·L^{-1})

$FeCl_3$(0.10 mol·L^{-1})　KI(0.10 mol·L^{-1},2.0 mol·L^{-1})

$HgCl_2$(0.10 mol·L^{-1})　NH_4SCN(0.10 mol·L^{-1})

Na_2H_2Y(0.10 mol·L^{-1})　$K_4[Fe(CN)_6]$(0.10 mol·L^{-1})

NaF(0.10 mol·L^{-1})　Na_2S(0.10 mol·L^{-1})　KBr(0.10 mol·L^{-1})

固体：铜片　锌片

其他：甘油(或甘露醇)　1%丁二肟试剂

3.材料：pH 试纸

四、实验内容

1.配离子的形成和离解。

(1)副族金属离子与氨水的作用。在试管中，分别试验 Ag^+、Cu^{2+}、Zn^{2+}、Ni^{2+}、Cr^{3+}、Fe^{3+}离子与 2 mol·L^{-1} 氨水溶液的作用，注意观察使用少量和过量氨水时的现象。列表指出上述离子与氨水反应后的产物。

(2)在试管中加入 1 滴 $FeCl_3$ 溶液(0.10 mol·L^{-1})，加去离子水稀释至无色后，加 1 滴 NH_4SCN 溶液(0.10 mol·L^{-1})，观察颜色，再往该溶液中加入 NaF 溶液(0.10 mol·L^{-1})，摇匀，观察颜色变化并解释。

(3)在试管中设法制备$[Ni(NH_3)_4]^{2+}$后，再加入 1～2 滴 1%丁二肟溶液，观察现象并解释。

2.形成配合物时难溶物溶解度的改变。

(1)在几滴 NaCl 溶液(0.10 mol·L^{-1})中加入 $AgNO_3$ 溶液(0.10 mol·L^{-1})，观察沉淀颜色，离心分离，弃去清液，在沉淀中加入 $NH_3·H_2O$ 溶液(2.0 mol·L^{-1})，沉淀是否溶解？为什么？若再加几滴 HNO_3 溶液(2.0 mol·L^{-1})，又有何现象？

(2)在试管中加入下列溶液：NaCl(0.10 mol·L^{-1})，KBr(0.10 mol·L^{-1})、KI(0.10 mol·L^{-1})各 3 滴，然后分别滴加 $AgNO_3$ 溶液(0.10 mol·L^{-1})，直到沉淀完全，注意观察先后生成的沉淀的颜色，离心分离，弃去清液，在沉淀中滴加过量的 $NH_3·H_2O$ 溶液(2.0 mol·L^{-1})，哪种沉淀能溶解？将未溶解的沉淀离心分离，在沉淀中加入过量的 $Na_2S_2O_3$ 溶液(0.10 mol·L^{-1})，又有哪种沉淀能溶解？将剩下的沉淀再离心分离，在沉淀中加入过量的 KI 溶液(2.0 mol·L^{-1})，沉淀是否溶解？写出有关反应方程式。

(3)某溶液中可能含有 Fe^{3+}、Ag^+ 和 Cu^{2+}，试分离并鉴定之，并写出相关反应方程式。

3. 形成配合物时酸性的改变。

(1)取一条完整的 pH 试纸，在它的一端沾上半滴甘油(或甘露醇)溶液，记下被甘油润湿处的 pH，待甘油不再扩散时，在距离甘油扩散边缘 0.5 cm～1.0 cm 干试纸处，滴上一滴 H_3BO_3 溶液($0.10\ mol \cdot L^{-1}$)，待 H_3BO_3 溶液扩散到甘油区形成重叠时，记下重叠处与未重叠处的 pH。说明 pH 变化的原因并写出反应方程式。

(2)用 $CaCl_2$ 溶液($0.10\ mol \cdot L^{-1}$)和 Na_2H_2Y 溶液($0.10\ mol \cdot L^{-1}$)分别代替甘油和 H_3BO_3，重复实验(1)，说明 pH 变化的原因，写出反应方程式。

五、思考

1. HgS 不溶于单一酸，但却能溶于王水，为什么？

2. 锌能从 $FeSO_4$ 溶液中置换出铁，却不能从 $K_4[Fe(CN)_6]$ 溶液中置换出铁，为什么？通过计算电极电势加以说明。

实验五　化学反应速率和化学平衡

一、实验目的

1. 掌握浓度、温度和催化剂对化学反应速率的影响。

2. 测定在酸性溶液中 KIO_3 与 Na_2SO_3 的反应速率，并计算该反应的反应级数、速率常数和活化能。

3. 掌握浓度、压力和温度对化学平衡的影响。

二、实验原理

1. 化学反应速率。

(1)浓度对化学反应速率的影响。

通过浓度对化学反应速率的影响，测定反应速率，确定反应级数，计算速率常数。

在酸性溶液中，KIO_3 与 Na_2SO_3 发生如下反应：

$$HIO_3 + 3H_2SO_3 = 3H_2SO_4 + HI$$

从反应方程式来看，似乎反应速率与浓度 $c(H_2SO_3)$ 的三次方成正比，但实验结果表明，反应速率接近与 $c(H_2SO_3)$ 的一次方成正比。

有人认为反应分下列步骤进行：

$$HIO_3 + H_2SO_3 = HIO_2 + H_2SO_4 \quad (\mathrm{I})$$

$$HIO_2 + 2H_2SO_3 = HI + 2H_2SO_4 \quad (\mathrm{II})$$

$$5HI + HIO_3 = 3I_2 + 3H_2O \quad (\mathrm{III})$$

三步反应中，第一步的反应是慢的，可以说明反应速率与 $c(H_2SO_3)$ 的一次方成正比，但实验表明，反应速率并不能与 $c(H_2SO_3)$ 的一次方成正比，可见该反应的实际情况比上述机理更为复杂一些。

实验中使 KIO_3 过量，就可使 Na_2SO_3 在反应过程中消耗完，反应的终点以生成 I_2 为标志。预先在 Na_2SO_3 溶液中加入可溶性淀粉，I_2 遇淀粉就会显蓝色。从反应开始到蓝色出现所需的时间可以用秒表计时，所用的时间越短，表明反应速率越大；反之则越小。

根据化学计量关系，本实验所用的 KIO_3 均为过量，可以认为，在反应时间 Δt 内，Na_2SO_3 已消耗完，即 Na_2SO_3 的浓度由 $c(Na_2SO_3)\to 0$，$\Delta c(Na_2SO_3)=c(Na_2SO_3)$ 由实验可得：

$$\bar{v}(Na_2SO_3)=\frac{\Delta c(Na_2SO_3)}{\Delta t}=\frac{c(Na_2SO_3)}{\Delta t}$$

对任一化学反应：

$$aA+bB\longrightarrow yY+zZ$$

其速率方程可表示为：

$$\bar{v}=Kc_A^m c_B^n$$

两边取对数得：

$$\lg\bar{v}=\lg K+m\lg c_A+n\lg c_B$$

当 c_B 固定时，上式变为：

$$\lg\bar{v}=c'+m\lg c_A(c'\text{为常数})$$

以 $\lg\bar{v}$ 对 $\lg c_A$ 作图，得一直线，其斜率为 m。

同理，当 c_A 固定时，可求得 n。$m+n$ 为该反应的级数。

从每次实验的 $\bar{v}$、$c(KIO_3)$、$c(Na_2SO_3)$ 求出速率常数 K。从各次实验所得的 K，作为室温下的速率常数。K 是温度的函数，不随浓度而变。

(2)温度对反应速率的影响。

在不同温度下，测出 K 值。以 K 为纵坐标、$1/T$ 为横坐标作图，得一直线，其斜率为 $-\frac{E_a}{2.303R}$，由此可求出反应的活化能 E_a。

2. 化学平衡。

浓度、压力和温度是影响化学平衡的主要因素。

3. 双氧水(过氧化氢)在不同催化剂存在下反应机理不同。在金属配合物催化下，双氧水的分解机理一般认为属于自由基机理。在 $CuSO_4$、$NaOH$、MnO_2 催化作用下主要方程式如下：

$$CuSO_4+H_2O_2=\!=\!=CuO_2+H_2SO_4$$

$$CuO_2+H_2O=\!=\!=CuO_2\cdot H_2O$$

$$2CuO_2\cdot H_2O=\!=\!=2Cu(OH)_2+O_2\uparrow$$

$$Cu(OH)_2+H_2SO_4=\!=\!=CuSO_4+2H_2O$$

$$H_2O_2+MnO_2=\!=\!=H_2MnO_4$$

$$H_2MnO_4+H_2O_2=\!=\!=MnO_2+O_2\uparrow+2H_2O$$

一般认为碱性条件下，过氧化氢分解机理如下：

$$H_2O_2 + OH^- = HOO^- + H_2O$$

$$H_2O_2 + HOO^- = O_2\uparrow + OH^- + H_2O$$

三、仪器及药品

1. 仪器：量筒(25 mL 3 个)　烧杯(100 mL 5 个)　玻璃棒　洗瓶　温度计

恒温水浴　秒表　已封好的盛有 NO_2 气体的大试管 3 支

医用注射器(装有 NO_2 气体，针头已堵死)

2. 药品：

酸：HNO_3(浓)　HCl(2.0 $mol \cdot L^{-1}$，浓)

碱：NaOH(2.0 $mol \cdot L^{-1}$)

盐：KIO_3(0.01 $mol \cdot L^{-1}$，内含 0.018 $mol \cdot L^{-1}$ H_2SO_4)　$CuCl_2$(0.10 $mol \cdot L^{-1}$)

Na_2SO_3(0.01 $mol \cdot L^{-1}$，内含 0.2%可溶性淀粉)*

$FeCl_3$(0.10 $mol \cdot L^{-1}$，1.0 $mol \cdot L^{-1}$)　$CuSO_4$(0.10 $mol \cdot L^{-1}$，1.0 $mol \cdot L^{-1}$)

$[Cu(NH_3)_4]SO_4$(0.10 $mol \cdot L^{-1}$)　$MgCl_2$(0.10 $mol \cdot L^{-1}$)

NH_4Cl(1.0 $mol \cdot L^{-1}$)　KSCN(0.10 $mol \cdot L^{-1}$，1.0 $mol \cdot L^{-1}$)

$NH_3 \cdot H_2O$(2.0 $mol \cdot L^{-1}$)

其他：H_2O_2(6%)　MnO_2　铜屑

四、实验内容

1. 化学反应速率。

(1)浓度对化学反应速率的影响——测反应速率、确定反应级数和计算速率常数。

在室温下，按下表给定的数，用标号相同的量筒量取各溶液的体积。先将 KIO_3(0.01 $mol \cdot L^{-1}$)和 H_2O 倒入 100 mL 烧杯中混合均匀，然后迅速将 Na_2SO_3-淀粉溶液倒入同一烧杯中，同时按动秒表计时，用玻璃棒搅拌均匀，当溶液变蓝时停止计时。将所需时间对号记入下表：

烧杯编号	$V(KIO_3)$/mL	$V(H_2O)$/mL	$V(Na_2SO_3)$/mL	$V_{总}$/mL	反应时间/s
1	25	10	15	50	
2	20	15	15	50	
3	15	20	15	50	
4	15	15	20	50	
5	15	10	25	50	

①确定反应级数。

②写出该反应的速率方程式。

③求出室温下该反应的速率常数 K。

(2)温度对反应速率的影响。

按3号烧杯的配比重复测定0 ℃、(室温+10) ℃时的反应速率。

①求出不同温度[0 ℃、室温、(室温+10) ℃]下的 K 值。

按下表进行实验，观察 H_2O_2 分解产生 O_2 的快慢。

试管编号	$V[H_2O_2$ (6%)]/mL	$V[CuSO_4$ (0.10 mol·L^{-1})]/滴	V[NaOH (2.0 mol·L^{-1})]/滴	$V[Cu(NH_3)_4]SO_4$ (0.10 mol·L^{-1})/滴	MnO_2/s	反应快慢程度
1	3					
2	3	1				
3	3		3	1		
4	3				少许	

②以 lg K 为纵坐标、$1/T$ 为横坐标作图，得一直线，求该直线的斜率。

③计算该反应的活化能 E_a。

(3)催化剂对反应速率的影响。

比较各试管中 H_2O_2 分解的快慢程度，由此实验可以得出什么结论？

2. 化学平衡。

(1)浓度对化学平衡的影响。

①在1 mL $CuCl_2$ 溶液中(0.10 mol·L^{-1})，滴加HCl(浓)至黄绿色，再用水稀释，有何变化？为什么？

②在 $MgCl_2$ 溶液中(0.10 mol·L^{-1})，滴加 $NH_3\cdot H_2O$ 溶液(2.0 mol·L^{-1})，有无沉淀？再加入 NH_4Cl 溶液(1.0 mol·L^{-1})时，有无变化？

③在3支试管中各加入2 mL去离子水、1滴 $FeCl_3$ 溶液(0.10 mol·L^{-1})和1滴KSCN溶液(0.10 mol·L^{-1})。在第一支试管中再加入2滴 $FeCl_3$ 溶液(1.0 mol·L^{-1})；第二支试管中再加入2滴KSCN溶液(1.0 mol·L^{-1})。比较3支试管中溶液颜色的深浅。

(2)压力对化学平衡的影响。

取一支充满 NO_2 气体的注射器(针头孔眼已堵死)，用力推压活塞，观察气体颜色的变化。

(3)温度对化学平衡的影响。

取3支充有 NO_2 气体并用塞子塞紧的试管，1支浸入冰水中；1支浸入沸水中；1支保持在室温。比较3支试管中气体颜色的深浅。

五、思考

1. 影响化学反应速率的因素有哪些？

2. 如何通过实验求反应速率、反应级数和活化能？

3. 本实验中为什么要用过量的KIO_3？如果Na_2SO_3过量将会怎样？

[注]：KIO_3和Na_2SO_3-淀粉溶液的配制

1. KIO_3酸性溶液的配制。

称取2.14 g KIO_3(s)置于100 mL烧杯中，加少量水使之溶解，再加入1 mL浓H_2SO_4（相对密度为1.84，含量为98%），然后在容量瓶中用水稀释到1000 mL，转移到试剂瓶中，贴上标签备用。

2. Na_2SO_3-淀粉溶液的配制。

称取2.0 g可溶性淀粉于小烧杯中，加约5 mL去离子水调成稀糊状，在不断搅拌下倒入盛有100 mL沸水的250 mL烧杯中，煮沸，再加入100 mL去离子水，搅匀后冷却至室温。

在上述溶液中加入1.26 g Na_2SO_3(s)，溶解后在容量瓶中稀释到1000 mL，摇匀后转入试剂瓶中，贴上标签备用。

实验六　氯化钠的提纯

一、实验目的

1. 学会用化学方法提纯粗食盐，同时为进一步精制成试剂级纯度的氯化钠提供原料。

2. 熟练托盘天平的使用以及常压过滤、减压过滤、蒸发浓缩、结晶和干燥等基本操作。

二、实验原理

粗食盐中含有泥沙等不溶性杂质及溶于水中的K^+、Ca^{2+}、Mg^{2+}、SO_4^{2-}等离子。将粗食盐溶于水后，用过滤的方法可以除去不溶性杂质。Ca^{2+}、Mg^{2+}、SO_4^{2-}等离子需要用化学方法除去。有关的离子方程式如下：

$$SO_4^{2-}+Ba^{2+}=\!=\!=BaSO_4(s)$$

$$Ca^{2+}+CO_3^{2-}=\!=\!=CaCO_3(s)$$

$$2Mg^{2+}+CO_3^{2-}+2OH^-=\!=\!=Mg(OH)_2\cdot MgCO_3(s)$$

三、仪器、药品及材料

1. 仪器：托盘天平　烧杯(250 mL)　普通漏斗　漏斗架　布氏漏斗　吸滤瓶

　　蒸发皿　量筒(10 mL，50 mL)　泥三角　坩埚钳

2. 药品：

酸：$HCl(2.0\ mol\cdot L^{-1})$

碱：$NaOH(2.0\ mol\cdot L^{-1})$　$NH_3\cdot H_2O(2.0\ mol\cdot L^{-1})$

盐：$Na_2CO_3(1.0\ mol\cdot L^{-1})$　$NH_3\cdot NH_4Cl$缓冲溶液(pH=10)

　$BaCl_2(1.0\ mol\cdot L^{-1})$　粗食盐

其他：铬黑T　钙指示剂

3. 材料：pH试纸　滤纸

四、实验内容

1. 粗食盐的提纯。

(1)粗食盐的溶解。

在托盘天平上称量 4.0 g 粗食盐,放入 250 mL 烧杯中,加 15 mL 去离子水,加热、搅拌使盐溶解。

(2)SO_4^{2-} 离子的除去。

在煮沸的粗食盐溶液中,边搅拌边逐滴加入 $BaCl_2$ 溶液(1.0 mol·L^{-1})(约需加 2 mL $BaCl_2$ 溶液)。为了检验沉淀是否完全,可将酒精灯移开,待沉淀下降后,在上层清液中加入 1~2 滴 $BaCl_2$ 溶液,观察是否有浑浊现象,如无浑浊,说明 SO_4^{2-} 已沉淀完全,如有混浊,则要继续滴加 $BaCl_2$ 溶液,直到沉淀完全为止。然后小火加热 5 分钟,以使沉淀颗粒长大而便于过滤。用普通漏斗过滤,保留滤液,弃去沉淀。

(3)Ca^{2+}、Mg^{2+}、Ba^{2+} 等离子的除去。

在滤液中加入 1 mL NaOH 溶液(2.0 mol·L^{-1})和 3 mL Na_2CO_3 溶液(1.0 mol·L^{-1}),加热至沸。同上法用 Na_2CO_3 溶液检验沉淀是否完全。继续煮沸 5 分钟。用普通漏斗过滤,保留滤液,弃去沉淀。

(4)调节溶液的 pH。

在滤液中逐滴加入 HCl 溶液(2.0 mol·L^{-1}),充分搅拌,并用玻璃棒蘸取滤液在 pH 试纸上试验,直到溶液呈微酸性(pH 为 4~5)为止。

(5)蒸发浓缩。

将溶液转移到蒸发皿中,用小火加热,蒸发浓缩至溶液呈稀粥状为止,但切不可将溶液蒸干。

(6)结晶、减压过滤、干燥。

让浓缩液冷却至室温。用布氏漏斗减压过滤。再将晶体转移到蒸发皿中,在石棉网上用小火加热,至干燥。冷却后,称其质量,计算收率。

2. 产品纯度的检验。

取粗食盐和提纯后的食盐各 1.0 g,分别溶解于 5 mL 去离子水中,然后各分成三份,盛于试管中。按下面的方法对照检验它们的纯度。

(1)SO_4^{2-} 的检验:加入 2 滴 $BaCl_2$ 溶液(1.0 mol·L^{-1}),观察有无白色 $BaSO_4$ 沉淀产生。

(2)Ca^{2+} 的检验:加入 $NH_3 \cdot H_2O$ 溶液(2.0 mol·L^{-1}),调节 pH>12,加少量钙指示剂,观察溶液是否变蓝色。

(3)Mg^{2+} 的检验:加入 NH_3-NH_4Cl 缓冲溶液(pH=10),调节 pH 为 8~11,加少量铬黑 T,观察溶液是否蓝色。

五、思考

1. 过量的 Ba^{2+} 如何除去？

2. 粗食盐提纯过程中，为什么要加 HCl 溶液？

3. 怎样检验 Ca^{2+}、Mg^{2+}？

二、设计性实验

实验一　水质净化

一、提要

水质可用水的纯度表示。水的纯度是水中杂质相对含量的量度。自然水中的杂质包括：微生物、溶解的气体、胶体、固体颗粒物质以及电解质的组成离子。水质分析项目很多，包括色、嗅、浊度、酸度、硬度、总固体物、有机物、微生物以及溶解的电解质组成离子等。

水的硬度一般是指水中钙、镁的碳酸盐、硫酸盐、氯化物、硝酸盐的含量。含有 Ca^{2+}、Mg^{2+} 的水称为硬水。用物理或化学的方法将水中的硬度降低至一定程度的过程称水的软化。这样得到的水称为软化水。

去离子水是用离子交换法制得的纯水。732 型强酸型阳离子交换树脂是聚苯乙烯磺酸钠，可用 $R\text{-}SO_3^- Na^+$ 表示，经 HCl 溶液转型处理变成 $RSO_3^- H^+$，可与水样中的 Ca^{2+}、Mg^{2+}、Na^+ 等阳离子进行交换，反应式如下：

$$2RSO_3^- H^+ + Mg^{2+} \rightleftharpoons (RSO_3^-)_2Mg^{2+} + 2H^+$$

217 型强碱型阴离子交换树脂是聚苯乙烯季铵盐 $R(CH_3)_3N^+Cl^-$，经 NaOH 溶液处理后转型为季胺碱 $R(CH_3)_3N^+OH^-$，可与水样中的 Cl^-、SO_4^{2-}、CO_3^{2-} 等阴离子进行交换，反应式如下：

$$R(CH_3)_3N^+OH^- + Cl^- \rightleftharpoons R(CH_3)_3N^+Cl^- + OH^-$$

经过交换产生的 H^+ 和 OH^- 结合成水分子。实际生产时，水样先通过阳离子交换树脂柱，再通过阴离子交换树脂柱，最后通过阴阳混合离子交换树脂柱进行多级交换，得到去离子水。经过一段时间使用，阴、阳离子交换树脂会失效(一般根据电导率仪测定电导率值确定)，需要用稀 NaOH 和稀 HCl 进行“再生”处理，然后再使用。

纯水是极弱的电解质。水样中所含的可溶性电解质常使水的导电能力增大。根据电导率仪测得的电导率大小可估计水样的纯度，即水中溶解的导电粒子的含量。

水样中常见杂质离子可用化学分析法检验。Cl^-、SO_4^{2-} 可分别用 Ag^+ 和 Ba^{2+} 来检验。Mg^{2+}、Ca^{2+} 可分别用铬黑 T 和钙指示剂来检验。在 pH 为 8～11 时，溶液中 Mg^{2+} 与铬黑 T 作用显红色；在 pH＞12 时，溶液中 Ca^{2+} 与钙指示剂作用显红色，而 Mg^{2+} 以 $Mg(OH)_2$ 沉淀析出。

二、实验设计目的

1. 了解水质的含义。

2. 了解硬水和去离子水的概念。

3. 组装和使用微型离子交换系统制取去离子水。

4. 会使用电导率仪。

5. 定性分析水中几种常见杂质离子。

三、可选仪器和药品

1. 仪器:DDS-11A 型电导率仪(公用)　微型离子交换柱　烧杯　锥形瓶　瓷点滴板　洗瓶　滴管(3 根)

2. 药品:

酸:HCl(1.0 mol・L^{-1})　HNO_3(1.0 mol・L^{-1})

碱:NaOH(1.0 mol・L^{-1})　$NH_3\cdot H_2O$(2.0 mol・L^{-1})

盐:$AgNO_3$(0.1 mol・L^{-1})　$BaCl_2$(1.0 mol・L^{-1})　NH_4Cl(固)　$NaSO_4$(固)

其他:已再生好的 732 型强酸型阳离子交换树脂和 217 型强碱型阴离子交换树脂、铬黑 T(称铬黑 T 0.5 g 和无水硫酸钠 50 g,放入研钵中研细、研匀,装入棕色瓶中,置于干燥器中备用)、钙指示剂(称钙指示剂 0.5 g 和无水硫酸钠 50 g,按铬黑 T 方法处理)、广泛 pH 试纸、pH=10 的缓冲溶液(缓冲溶液制备:称 5.4 g 氯化铵溶于少量蒸馏水中,加入 35 mL 浓氨水,再用去离子水稀释到 100 mL)

四、实验内容提示

1. 水的净化。

(1)去离子水制备过程如图 4 所示,将自来水作原料水加入串联的离子交换柱中,用干净的小烧杯承接流出水为 1＃水样。

(2)将自来水作原料水加入阳离子交换柱中,用干净的小烧杯承接流出水为 2＃水样。

(3)将自来水作原料水加入阴离子交换柱中,用干净的小烧杯承接流出水为 3＃水样。

2. 水的电导率测定。

用电导率仪分别测定 1＃、2＃、3＃净化水样(用 DJS-1 光亮电极)的电导率,再测自来水(4＃水样)的电导率(用 DJS-1 铂黑电极)。水样均用 25 mL 烧杯盛放测量。

3. 杂质离子的检验。

(1)Cl^-、SO_4^{2-} 的检验:请学生自己设计实验方案。

(2)Mg^{2+} 的检验:在瓷点滴板上滴 5 滴水样。加 pH=10 缓冲溶液 3 滴,再加少量铬黑 T 搅拌,观察溶液颜色是否转红,确定有无 Mg^{2+} 存在。

(3)Ca^{2+} 的检验:在瓷点滴板上滴 5 滴水样,加 3 滴 $NH_3\cdot H_2O$(2.0 mol・L^{-1}),调节 pH>12,加少量钙指示剂,观察溶液颜色是否转红色,确定有无 Ca^{2+} 存在。

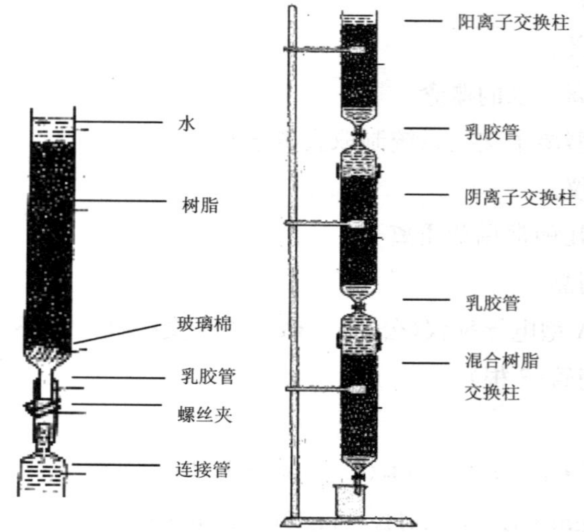

图 4　离子交换柱示意图

注意：

(1)本实验所用玻璃仪器都应用去离子水洗净。

(2)水样的电导率要尽快测定。因为空气中 CO_2 等气体溶入后会造成电导率升高。

(3)电导率仪使用方法详见“使用说明书”。

五、思考

1. 硬水、软水、去离子水三者的区别是什么？

2. 制备去离子水的原理是什么？

3. 水的电导率值越小，水样的纯度是否一定越高？

4. 使用电导率仪应特别注意哪些操作规范？

5. 从各级交换柱底部承接的流出水样的质量有什么差别？

实验二　醋酸电离常数的测定

一、提要

醋酸是弱电解质，在水溶液中存在下列电离平衡：

$$HAc \rightleftharpoons H^+ + Ac^-$$

其电离常数表达式为：

$$K_i(HAc)=\frac{c(H^+)\cdot c(Ac^-)}{c(HAc)} \tag{Ⅰ}$$

设 HAc 的起始浓度为 c，如果忽略由水电离所提供 H^+ 量，则达平衡时溶液中 $c(H^+)\approx c(Ac^-)$，式(Ⅰ)可改写为：

$$K_i(\text{HAc})=\frac{c^2(\text{H}^+)}{c-c(\text{H}^+)} \quad (\text{II})$$

严格地说，离子浓度应该用活度来代替，式（Ⅰ）应修正为：

$$K_a(\text{HAc})=\frac{a(\text{H}^+)\cdot a(\text{Ac}^-)}{a(\text{HAc})} \quad (\text{III})$$

或

$$K_a(\text{HAc})=\frac{c(\text{H}^+)\cdot f(\text{H}^+)\cdot c(\text{Ac}^-)\cdot f(\text{Ac}^-)}{c(\text{HAc})\cdot f(\text{HAc})} \quad (\text{IV})$$

在弱酸的稀溶液中，如果不存在其他强电解质，由于溶液中离子强度很小，$a\approx c$，此时活度因子 $f\approx 1$，$K_i\approx K_a$。

K_i 称为浓度电离常数，K_a 称为活度电离常数。K_i 不随溶液浓度改变，但随温度的变化略有改变。如配制一系列已知浓度的醋酸溶液，并用酸度计测定其 pH，然后根据 $\text{pH}=-\lg c(\text{H}^+)$ 换算成 $c(\text{H}^+)$。（实际上酸度计所测得的 pH 反映了溶液中的 H^+ 有效浓度，即 H^+ 的活度值）。将以上数据代入式（Ⅱ）中，可求得一系列 K_i 值，其平均值即为该测定温度下的醋酸电离常数。

二、实验设计目的

1. 了解弱酸电离常数的测定方法。

2. 学会酸度计的正确使用方法。

3. 加深对电离平衡基本概念的理解。

三、实验内容提示

1. 配制系列已知浓度的醋酸溶液。

准备 5 只干净的 50 mL 烧杯进行编号，按表 3 用量用滴定管量取标准的 0.10 $\text{mol}\cdot\text{L}^{-1}$ HAc 溶液，配制不同浓度的 HAc 溶液。（标准 HAc 溶液由实验室提供）

测定时溶液的温度为________；标准 HAc 溶液的浓度为________ $\text{mol}\cdot\text{L}^{-1}$。

表 3

烧杯编号	HAc 的体积/mL	H_2O 的体积/mL	配制溶液的浓度/($\text{mol}\cdot\text{L}^{-1}$)	测得的 pH	$c(\text{H}^+)$/($\text{mol}\cdot\text{L}^{-1}$)	K_{HAc}	α_{HAc}
1	3	45					
2	6	42					
3	12	36					
4	24	24					
5	48	0					
						K_{HAc}(平均)=	

2. HAc溶液 pH 的测定。

用 pHS-3 型酸度计按由稀到浓的次序测定 1 至 5 号 HAc 溶液的 pH，将所测 pH 及时记录于表 3-1 中（pHS-3 型酸度计使用方法见“使用说明书”介绍）。

四、数据处理

1. 根据 $K_i(\text{HAc})=\dfrac{c^2(\text{H}^+)}{c-c(\text{H}^+)}$ 计算 K_i 值，并计算 K_i 的平均值。

2. 计算醋酸的电离度，说明 HAc 浓度对 HAc 电离度的影响。

3. 求相对误差并分析误差产生的原因[文献值：$K(\text{HAc})=1.76\times10^{-5}$]。

五、思考

1. 不同浓度 HAc 溶液的电离度（α）是否相同？电离常数（K_i）是否相同？

2. 配制和测定不同浓度 HAc 溶液的 pH 时，为什么按由稀到浓的次序进行？

3. 若 HAc 溶液浓度很稀，能否应用下列近似公式：$K_a\approx\dfrac{c^2(\text{H}^+)}{c(\text{HAc})}$ 求电离常数？为什么？

实验三　无机实验的废水处理

一、提要

化学实验中常用的化学试剂包括酸、碱、重金属盐、酚类及其他有机物等，其中大多数都能对环境造成污染。

1. 酸碱污染：实验室常用的酸有 HCl、HNO_3、H_2SO_4 等强酸，碱有 KOH、NaOH、Na_2CO_3 等强碱，若将其直接排放到水中，可使水的 pH 降低或升高。水的 pH＞8.5 或 pH＜6.5，就会导致水中的生态系统受到破坏，影响水体的自净能力。水质 pH 过低，还对下水管道中的金属设备造成严重腐蚀。

2. 重金属污染：化学实验室所涉及的重金属有汞、镉、铬、钒、钴、铜等。其中汞毒性最大，镉、铬次之。如汞可由呼吸道、消化道以及皮肤直接吸收而进入人体。可造成积累性中毒，损害人的消化系统及神经系统。烷基化的汞毒性更大。镉由呼吸道进入人体后，造成积累性中毒，能导致肺气肿，损害肾功能，使肾小管吸收不全，过多的钙长期受损失而得不到补充，导致骨质疏松和骨骼软化。

3. 有机物污染：实验室排放的有机污染物中以酚类物质尤其是挥发性酚类毒性最大。如苯酚、对甲苯酚等，毒性较大，能使细胞蛋白质发生变性和沉淀，使细胞失去活性；与皮肤接触后，可造成严重的烧伤，局部变色、起皱、软化；长期饮用含酚的水，会引起头昏、贫血及各种神经系统的疾病，甚至中毒。

二、实验设计目的

1. 了解常见无机污染物。

2. 了解无机实验常见废水处理方法。

3. 加深对无机反应的实用性认识。

三、实验内容提示

1. 含氰化物的废水。氰化物的最高排放标准（以 CN^- 计）为 0.5 mg/L。可用 $Na_2S_2O_3$ 溶液处理，使其生成毒性较低的硫氰酸盐，再用热水冲洗，也可用 $FeSO_4$、$KMnO_4$、$NaClO_2$ 代替 $Na_2S_2O_3$。欲排放的低浓度氰化物废液可用 NaOH 调至 pH=10 以上，再加入 $KMnO_4$ 使 CN^- 氧化分解后再行排放。

2. 含铬的废水。Cr^{6+} 和 Cr^{3+} 的无机物最高允许排放量分别为 0.5 mg/L、3.0 mg/L。含铬的废液可用铁屑、锌粉等还原剂，在酸性条件下将废液中 Cr^{6+} 还原为 Cr^{3+}，再用废碱液或石灰中和，使其生成低毒的 $Cr(OH)_3$ 沉淀。失效变绿的铬酸洗液，Cr^{6+} 被还原为 Cr^{3+}，同时因被稀释，酸度降低，氧化性也随之降低，可经控温 110～130 ℃加热浓缩，冷却后加入 $KMnO_4$ 粉末氧化，用玻璃砂芯漏斗滤去 MnO_2 沉淀，再回收利用。

3. 一般化学分析实验废水。化学分析室中产生的不含剧毒物质的混合废液可用铁粉法处理，操作简单，无相互干扰，效果好。调节废水 pH 为 3～4，加入铁粉，搅拌 30 min，用碱调至 pH=9 左右，继续搅拌 10 min，加入高分子混凝，清液可排放，沉淀作废渣处理。

四、思考

实验步骤中的各操作发生何种反应？试写出反应式。

实验四　常见阳离子的鉴定

一、提要

阳离子的种类较多，鉴定时容易发生相互干扰。所以一般阳离子分析都是利用阳离子的某些共同特性，先分成几组，然后再根据阳离子的个别特性加以检出。每组分出后，再进行组内分离，直至鉴定时相互不发生干扰为止。离子鉴定可利用常见的颜色反应。常见阳离子的鉴定方法及产物颜色特征见表 4。

二、实验设计目的

1. 巩固和进一步掌握一些金属元素及其化合物的性质。

2. 了解常见阳离子混合液的分离和检出方法。

三、主要仪器和试剂

HCl、HNO_3、HAc、H_2SO_4、NaOH、氨水、KSCN、H_2O_2、乙醇（95%）、丙酮、丁二酮肟、pH 试纸、红色石蕊试纸、KSCN 固体。

四、实验内容提示

从六种离子中鉴定出三种离子。例如，有一未知溶液，可能含有 Zn^{2+}、Fe^{3+}、Ni^{2+}、Cu^{2+}、Ag^+，用化学方法鉴别，并进行分离；某未知溶液可能含有 Al^{3+}、Cu^{2+}、Ag^+、Fe^{3+}、Ba^{2+}，用化学法鉴别，将溶液中存在的离子用化学法分离；某未知溶液可能含有 Cr^{3+}、

Pb^{2+}、Ni^{2+}、Fe^{3+}、Ag^{+}，用化学法鉴别，将溶液中存在的离子用化学法分离。

五、思考

实验步骤中的各操作发生何种反应？试写出反应式。

表 4　常见阳离子鉴定试剂及现象

离子	试剂	现象
Fe^{3+}	黄血盐	$4Fe^{3+}+3[Fe(CN)_6]^{4-}=\!=\!=Fe_4[Fe(CN)_6]_3\downarrow$ 普鲁士蓝
	KSCN	$Fe^{3+}+3SCN^{-}=\!=\!=Fe(SCN)_3\downarrow$ 血红色
Fe^{2+}	黄血盐	$3Fe^{2+}+2[Fe(CN)_6]^{3-}=\!=\!=Fe_3[Fe(CN)_6]_2\downarrow$ 滕布尔蓝(深蓝色)
	NaOH	$Fe^{2+}+2OH^{-}=\!=\!=Fe(OH)_2\downarrow$ 白色 $4Fe(OH)_2+O_2+2H_2O=\!=\!=4Fe(OH)_3\downarrow$ 红褐色沉淀会变为绿色，最后为红褐色，这是由于被空气中的氧气氧化所致
Ag^{+}	HCl、氨水、稀 HNO_3	Ag^{+}与稀盐酸反应，生成白色的 AgCl 沉淀，沉淀溶于氨水中，用稀硝酸酸化后，AgCl 沉淀再次出现
Cr^{3+}	NaOH、H_2O_2、$Pb(NO_3)_2$	$Cr^{3+}+4OH^{-}=\!=\!=[Cr(OH)_4]^{-}\downarrow$ 亮绿色 $2[Cr(OH)_4]^{-}+3H_2O_2+2OH^{-}=\!=\!=2CrO_4^{2-}+8H_2O$ $CrO_4^{2-}+Pb^{2+}=\!=\!=PbCrO_4\downarrow$ 黄色
Pb^{2+}	K_2CrO_4	$Pb^{2+}+CrO_4^{2-}=\!=\!=PbCrO_4\downarrow$ 黄色 (沉淀溶于 HNO_3、NaOH，不溶于醋酸，在 pH=4 时进行)
Ba^{2+}	K_2CrO_4	$Ba^{2+}+CrO_4^{2-}=\!=\!=BaCrO_4\downarrow$ 黄色 (在 pH=4 时进行，与 $PbCrO_4$ 不同之处为 $BaCrO_4$ 不溶于稀碱溶液)
Ni^{2+}	氨水、丁二酮肟	取 1 滴 Ni^{2+} 试剂，加入 1 滴 6M 氨水，加入 1 滴丁二酮肟，形成红色沉淀
Ca^{2+}	$C_2O_4^{2-}$	$Ca^{2+}+C_2O_4^{2-}=\!=\!=CaC_2O_4\downarrow$ 白色 (不溶于 6M HAc 而溶于 2M HCl)
Al^{3+}	铝试剂	在 pH 为 6～7 介质中与铝试剂(阿罗明拿)反应，生成红色絮状螯合物沉淀
	HCl、NaOH	用 $Al(OH)_3$ 的两性鉴别 Al^{3+}，在过量强碱溶液中先生成氢氧化铝沉淀，继续滴加沉淀溶解，溶液酸化后又重新生成氢氧化铝沉淀 $Al^{3+}+3OH^{-}=\!=\!=Al(OH)_3\downarrow$ 白色 $Al(OH)_3+OH^{-}=\!=\!=AlO_2^{-}+2H_2O$ $AlO_2^{-}+H^{+}+H_2O=\!=\!=Al(OH)_3\downarrow$ 白色
Zn^{2+}	NaOH	$Zn(OH)_2$ 是两性氢氧化物。溶于强酸生成锌盐。溶于强碱生成锌酸盐，与 Al^{3+} 遇酸碱的现象相似。和 $Al(OH)_3$ 不同之处为，能溶于铵盐和氨水中生成锌氨络离子：$Zn(OH)_2+4NH_3=\!=\!=[(Zn(NH_3)_4]^{2+}+2OH^{-}$
Cu^{2+}	$K_4[Fe(CN)_6]$	Cu^{2+} 与亚铁氰化钾反应生成红棕色亚铁氰化铜沉淀。沉淀不溶于稀酸，但溶于氨水，生成深蓝色四氨合铜络离子，进一步确证 Cu^{2+} 的存在
	氨水	滴加氨水，有浅蓝色的碱式硫酸铜沉淀生成，继续滴加氨水至沉淀完全溶解，得深蓝色的铜氨络离子溶液

附录　本书所用计量单位的说明

本书在量和单位方面，全面采用了我国法定计量单位。国际单位是我国法定单位的基础，为了能正确使用国家标准 GB 3100—93《国际单位制及其应用》，现将有关问题简要说明如下。

1. 国际单位制（SI）的基本单位

量		单位	
名称	符号	名称	符号
长度	l	米	m
质量	m	千克（公斤）	kg
时间	t	秒	s
电流	I	安[培]	A
热力学温度	T	开[尔文]	K
物质的量	n	摩[尔]	mol
发光强度	I_V	坎[德拉]	cd

2. 常用的 SI 导出单位

量		单位		
名称	符号	名称	符号	用 SI 基本单位和 SI 导出单位表示
频率	v	赫[兹]	Hz	s^{-1}
能量	E	焦[耳]	J	$kg \cdot m^2 \cdot s^{-2}$
力	F	牛[顿]	N	$kg \cdot m \cdot s^{-2} = J \cdot m^{-1}$
压力	p	帕[斯卡]	Pa	$kg \cdot m^{-1} \cdot s^{-2} = N \cdot m^{-2}$
功率	P	瓦[特]	W	$kg \cdot m^2 \cdot s^{-3} = J \cdot s^{-1}$
电荷量	Q	库[仑]	C	$A \cdot s$
电位、电压、电动势	U	伏[特]	V	$kg \cdot m^2 \cdot s^{-3} \cdot A^{-2} = J \cdot A^{-1} \cdot s^{-1}$

续表

量		单位		
名称	符号	名称	符号	用 SI 基本单位和 SI 导出单位表示
电阻	R	欧[姆]	Ω	$kg \cdot m^2 \cdot s^3 \cdot A^{-2} = V \cdot A^{-1}$
电导	G	西[门子]	S	$kg^{-1} \cdot m^{-2} \cdot s^3 \cdot A^2 = \Omega^{-1}$
电容	C	法[拉]	F	$A^2 \cdot s^4 \cdot kg^{-1} \cdot m^{-2} = A \cdot s \cdot V^{-1}$
摄氏温度	t	摄[氏度]	℃	℃=K

3. 用于构成十进倍数和分数单位的词头

因数	词头名称		符号	因数	词头名称		符号
	英文	中文			英文	中文	
10^{24}	yotta	尧[它]	Y	10^{-1}	deci	分	d
10^{21}	zetta	泽[它]	Z	10^{-2}	centi	厘	c
10^{18}	exa	艾[可萨]	E	10^{-3}	milli	毫	m
10^{15}	peta	拍[它]	P	10^{-6}	micro	微	μ
10^{12}	tera	太[拉]	T	10^{-9}	nano	纳[诺]	n
10^{9}	giga	吉[咖]	G	10^{-12}	pico	皮[克]	p
10^{6}	mega	兆	M	10^{-15}	femto	飞[母托]	f
10^{3}	kilo	千	k	10^{-18}	atto	阿[托]	a
10^{2}	hecto	百	h	10^{-21}	zepto	仄[普托]	z
10^{1}	deca	十	da	10^{-24}	yocto	幺[科托]	y

4. 某些可与国际单位制单位并用的我国法定计量单位

量的名称	单位名称	单位符号	换算单位和说明
时间	分	min	1 min=60 s
	[小]时	h	1 h=60 min=3600 s
	天(日)	d	1 d=24 h=86400 s
体积	升	L	1 L=1 dm^3
质量	吨	t	1 t=10^3 kg
	原子质量单位	u	1 u≈$1.6605402 \times 10^{-27}$ kg
长度	海里	n mile	1 n mile=1852 m(只用于航行)
能	电子伏	eV	1 eV≈$1.60217733 \times 10^{-19}$ J
土地面积	公顷	hm^2	1 $hm^2=10^4$ m^2

5. 几种单位的换算

(1)1 J=0. 2390 cal,1 cal=4. 184 J

(2)1 J=9. 869 cm^3 · atm,1 cm^3 · atm=0. 1013 J

(3)1 J=6. 242×10^{18} eV,1 eV=1. 602×10^{-19} J

(4)1 D(德拜)=3. 334×10^{-30} C · m(库仑 · 米),1 C · m=2. 999×10^{29} D

(5)1 Å(埃)=10^{-10} m=0. 1 nm=100 pm

(6)1 cm^{-1}(波数)=1. 986×10^{-23} J=11. 96 J · mol^{-1}

附表一 一些物质的热力学性质

(常见的无机物质和 C_1、C_2 有机物)

说明:

cr 结晶固体　　l 液体　　g 气体

am 非晶态固体　　aq 水溶液,未指明组成

ao 水溶液,非电离物质,标准状态,b=1 mol · kg^{-1}

ai 水溶液,电离物质,标准状态,b=1 mol · kg^{-1}

物质 B 化学式和说明	状态	298. 15 K,100 kPa		
		$\Delta_f H_m^\ominus$/(kJ · mol^{-1})	$\Delta_f G_m^\ominus$/(kJ · mol^{-1})	$S_m^\ominus$/(J · mol^{-1} · K^{-1})
Ag	cr	0	0	42. 55
Ag^+	ao	105. 579	77. 107	72. 68
Ag_2O	cr	−31. 05	−11. 20	121. 3
AgF	cr	−204. 6	—	—
AgCl	cr	−127. 068	−109. 789	96. 2
AgBr	cr	−100. 37	−96. 9	107. 1
AgI	cr	−61. 84	−66. 19	115. 5
Ag_2S α 斜方晶的	cr	−32. 59	−40. 67	144. 01
Ag_2S β	cr	−29. 41	−39. 46	150. 6
$AgNO_3$	cr	−124. 39	−33. 41	140. 92
$Ag(NH_3)^+$	ao	—	31. 68	—
$Ag(NH_3)_2^+$	ao	−111. 29	−17. 12	245. 2
Ag_3PO_4	cr	—	−879. 0	—
Ag_2CO_3	cr	−505. 8	−436. 8	167. 4

续表 1

物质 B 化学式和说明	状态	298.15 K,100 kPa		
		$\Delta_f H_m^\ominus/(kJ \cdot mol^{-1})$	$\Delta_f G_m^\ominus/(kJ \cdot mol^{-1})$	$S_m^\ominus/(J \cdot mol^{-1} \cdot K^{-1})$
$Ag_2C_2O_4$	cr	−673.2	−584.0	209.0
Al	cr	0	0	28.83
Al^{3+}	ao	−531.0	−485.0	−321.7
Al_2O_3 α-刚玉(金刚砂)	cr	−1675.7	−1582.3	50.92
Al_2O_3	am	−1632.0	—	—
$Al_2O_3 \cdot 3H_2O$ (三水铝矿)拜耳石	cr	−2586.67	−2310.21	136.90
$Al(OH)_3$	am	−1276.0	—	
$Al(OH)_4^-$ 相当于 $AlO_2^-(aq)+2H_2O(l)$	ao	−1502.5	−1305.3	102.9
AlF_3	cr	−1504.1	−1425.0	66.44
$AlCl_3$	cr	−704.2	−628.8	110.67
$AlCl_3 \cdot 6H_2O$	cr	−2619.6	−2261.1	318.0
Al_2Cl_6	g	−1290.8	−1220.4	490.0
$Al_2(SO_4)_3$	cr	−3440.84	−3099.94	239.3
$Al_2(SO_4)_3 \cdot 18H_2O$	cr	−8878.9	—	—
AlN	cr	−318.0	−287.0	20.17
Ar	g	0	0	154.843
As α	cr	0	0	35.1
AsO_4^{3-}	ao	−888.14	−648.41	−162.8
As_2O_5	cr	−924.87	−782.3	105.4
AsH_3	g	66.44	68.93	222.78
$HAsO_4^{2-}$	ao	−906.34	−714.60	−1.7
$H_2AsO_3^-$	ao	−714.79	−587.13	110.5
$H_2AsO_4^-$	ao	−909.56	−753.17	117.0
H_3AsO_3	ao	−742.2	−639.80	195.0
H_3AsO_4	ao	−902.5	−766.0	184
$AsCl_3$	l	−305.0	−259.4	216.3
As_2S_3	cr	−169.0	−168.6	−163.6
Au	cr	0	0	47.40
AuCl	cr	−34.7	—	—
$AuCl_2^-$	ao	—	−151.12	—

物质 B 化学式和说明	状态	298.15 K,100 kPa		
		$\Delta_f H_m^\ominus/(kJ \cdot mol^{-1})$	$\Delta_f G_m^\ominus/(kJ \cdot mol^{-1})$	$S_m^\ominus/(J \cdot mol^{-1} \cdot K^{-1})$
$AuCl_3$	cr	−117.6	—	—
$AuCl_4^-$	ao	−322.2	−235.14	266.9
B	g	562.7	518.8	153.45
B	cr	0	0	5.86
B_2O_3	cr	−1272.77	−1193.65	53.97
B_2O_3	am	−1254.53	−1182.3	77.8
BH_3	g	100.0	—	—
BH_4^-	ao	48.16	114.35	110.5
B_2H_6	g	35.6	86.7	232.11
H_3BO_3	cr	−1094.33	−968.92	88.83
H_3BO_3	ao	−1072.32	−968.75	162.3
$B(OH)_4^-$	ao	−1344.03	−1153.17	102.5
BF_3	g	−1137.00	−1120.33	254.12
BF_4^-	ao	−1574.9	−1486.9	180.0
BCl_3	l	−427.2	−387.4	206.3
BCl_3	g	−403.76	−388.72	290.10
BBr_3	l	−239.7	−238.5	229.7
BBr_3	g	−205.64	−232.50	324.24
BI_3	g	71.13	20.72	349.18
BN	cr	−254.4	−228.4	14.81
BN	g	647.47	614.49	212.28
B_4C	cr	−71.0	−71.0	27.11
Ba	cr	0	0	62.8
Ba	g	180.0	146.0	170.234
Ba^{2+}	g	1660.38	—	—
Ba^{2+}	ao	−537.64	−560.77	9.6
BaO	cr	−553.5	−525.1	70.42
BaO_2	cr	−634.3	—	—
BaH_2	cr	−178.7	—	—
$Ba(OH)_2$	cr	−944.7	—	—
$Ba(OH)_2 \cdot 8H_2O$	cr	−3342.2	−2792.8	427.0
$BaCl_2$	cr	−858.6	−810.4	123.68

续表 3

物质 B 化学式和说明	状态	298.15 K,100 kPa		
		$\Delta_f H_m^\circ/(kJ \cdot mol^{-1})$	$\Delta_f G_m^\circ/(kJ \cdot mol^{-1})$	$S_m^\circ/(J \cdot mol^{-1} \cdot K^{-1})$
$BaCl_2 \cdot 2H_2O$	cr	−1460.13	−1296.32	202.9
$BaSO_4$	cr	−1473.2	−1362.2	132.2
$BaSO_4$ 沉淀的	cr_2	−1466.5	—	—
$Ba(NO_3)_2$	cr	−992.07	−796.59	213.8
$BaCO_3$	cr	−1216.3	−1137.6	112.1
$BaCrO_4$	cr	−1446.0	−1345.22	158.6
Be	cr	0	0	9.50
Be	g	324.3	286.6	136.269
Be^{2+}	g	2993.23	—	—
Be^{2+}	ao	−382.8	−379.73	−129.7
BeO	cr	−609.6	−580.3	14.14
BeO_2^{2-}	ao	−790.8	−640.1	−159.0
$Be(OH)_2$ 新鲜沉淀	am	−897.9	—	—
$BeCO_3$	cr	−1025.0	—	—
Bi	cr	0	0	56.74
Bi^{3+}	ao	—	82.8	—
BiO^+	ao	—	−146.4	—
Bi_2O_3	cr	−573.88	−493.7	151.5
$Bi(OH)_3$	cr	−711.3	—	—
$BiCl_3$	cr	−379.1	−315.0	177.0
$BiCl_4^-$	ao	—	−481.5	—
BiOCl	cr	−366.9	−322.1	120.5
$BiONO_3$	cr	—	−280.2	—
Br	g	111.884	82.396	175.022
Br^-	ao	−121.55	−103.96	82.4
Br_2	l	0	0	152.231
Br_2	g	30.907	3.110	245.463
BrO^-	ao	−94.1	−33.4	42.0
BrO_3^-	ao	−67.07	18.60	161.71
BrO_4^-	ao	13.0	118.1	199.6
HBr	g	−36.40	−53.45	198.695
HBrO	ao	−113.0	−82.4	142.0

物质B化学式和说明	状态	298.15 K,100 kPa		
		$\Delta_f H_m^\ominus/(kJ \cdot mol^{-1})$	$\Delta_f G_m^\ominus/(kJ \cdot mol^{-1})$	$S_m^\ominus/(J \cdot mol^{-1} \cdot K^{-1})$
C　石墨	cr	0	0	5.740
C　金刚石	cr	1.895	2.900	2.377
CO	g	−110.525	−137.168	197.674
CO_2	g	−393.509	−394.359	213.74
CO_2	ao	−413.80	−385.98	117.6
CO_3^{2-}	ao	−677.14	−527.81	−56.9
CH_4	g	−74.81	−50.72	186.264
HCO_2^-　甲酸根离子	ao	−425.55	−351.0	92.0
HCO_3^-	ao	−691.99	−586.77	91.2
HCO_2H　甲酸	ao	−425.43	−372.3	163.0
CH_3OH　甲醇	l	−238.66	−166.27	126.8
CH_3OH　甲醇	g	−200.66	−161.96	239.81
CN^-	ao	150.6	172.4	94.1
HCN	ao	107.1	119.7	124.7
SCN^-	ao	76.44	92.71	144.3
HSCN	ao	—	97.56	—
$C_2O_4^{2-}$　草酸根离子	ao	−825.1	−673.9	45.6
C_2H_2	g	226.73	209.20	200.94
C_2H_4	g	52.26	68.15	219.56
C_2H_6	g	−84.68	−32.82	229.60
$HC_2O_4^-$	ao	−818.4	−698.34	149.4
CH_3COO^-	ao	−486.01	−369.31	86.6
CH_3CHO　乙醛	g	−166.19	−128.86	250.3
CH_3COOH	ao	−485.76	−396.46	178.7
C_2H_5OH	g	−235.10	−168.49	282.70
C_2H_5OH	ao	−288.3	−181.64	148.5
$(CH_3)_2O$　二甲醚	g	−184.05	−112.59	266.38
Ca　α	cr	0	0	41.42
Ca	g	178.2	144.3	154.884
Ca^{2+}	g	1925.90	—	—
Ca^{2+}	ao	−542.83	−553.58	−53.1
CaO	cr	−635.09	−604.03	39.75

续表 5

物质B化学式和说明	状态	298.15 K,100 kPa		
		$\Delta_f H_m^\ominus/(kJ \cdot mol^{-1})$	$\Delta_f G_m^\ominus/(kJ \cdot mol^{-1})$	$S_m^\ominus/(J \cdot mol^{-1} \cdot K^{-1})$
CaH_2	cr	−186.2	−147.2	42.0
$Ca(OH)_2$	cr	−986.09	−898.49	83.39
CaF_2	cr	−1219.6	−1167.3	68.87
$CaCl_2$	cr	−795.8	−748.1	104.6
$CaCl_2 \cdot 6H_2O$	cr	−2607.9	—	—
$CaSO_4 \cdot 0.5H_2O$ 粗晶的,α	cr	−1576.74	−1436.74	130.5
$CaSO_4 \cdot 0.5H_2O$ 细晶的,β	cr_2	−1574.65	−1435.78	134.3
$CaSO_4 \cdot 2H_2O$ 透石膏	cr	−2022.63	−1797.28	194.1
Ca_3N_2	cr	−431.0	—	—
$Ca_3(PO_4)_2$ β,低温型	cr	−4120.8	−3884.7	236.0
$Ca_3(PO_4)_2$ α,高温型	cr_2	−4109.9	−3875.5	240.91
$CaHPO_4$	cr	−1814.39	−1681.18	111.38
$CaHPO_4 \cdot 2H_2O$	cr	−2403.58	−2154.58	189.45
$Ca(H_2PO_4)_2$	cr	3104.70	—	—
$Ca(H_2PO_4)_2 \cdot H_2O$	cr	−3409.67	−3058.18	259.8
$Ca_{10}(PO_4)_6(OH)_2$	cr	−13477.0	−12677.0	780.7
$Ca_{10}(PO_4)_6F_2$ 氟磷灰石	cr	−13744.0	−12983.0	775.7
CaC_2	cr	−59.8	−64.9	69.96
$CaCO_3$ 方解石	cr	−1206.92	−1128.79	92.9
CaC_2O_4 草酸钙	cr	−1360.6	—	—
$CaC_2O_4 \cdot H_2O$	cr	−1674.86	−1513.87	156.5
Cd γ	cr	0	0	51.76
Cd^{2+}	ao	−75.90	−77.612	−73.2
CdO	cr	−258.2	−228.4	54.8
$Cd(OH)_2$ 沉淀的	cr	−560.7	−473.6	96.0
CdS	cr	−161.9	−156.5	64.9
$Cd(NH_3)_4^{2+}$	ao	−450.2	−226.1	336.4
$CdCO_3$	cr	−750.6	−669.4	92.5
Ce	cr	0	0	72.0
Ce^{3+}	ao	−696.2	−672.0	−205.0
Ce^{4+}	ao	−537.2	−503.8	−301.0
CeO_2	cr	−1088.7	−1024.6	62.30

物质 B 化学式和说明	状态	298.15 K,100 kPa		
		$\Delta_f H_m^\ominus/(kJ \cdot mol^{-1})$	$\Delta_f G_m^\ominus/(kJ \cdot mol^{-1})$	$S_m^\ominus/(J \cdot mol^{-1} \cdot K^{-1})$
$CeCl_3$	cr	−1053.5	−977.8	151.0
Cl_2	g	0	0	223.066
Cl	g	121.679	105.680	165.198
Cl^-	ao	−167.159	−131.228	56.5
Cl^-	g	−233.13	—	—
ClO^-	ao	−107.1	−36.8	42.0
ClO_2^-	ao	−66.5	17.2	101.3
ClO_3^-	ao	−103.97	−7.95	162.3
ClO_4^-	ao	−129.33	−8.52	182.0
HCl	g	−92.307	−95.299	186.908
HClO	ao	−120.9	−79.9	142.0
$HClO_2$	ao	−51.9	5.9	188.3
Co	cr	0	0	30.04
Co^{2+}	ao	−58.2	−54.4	−113.0
Co^{3+}	ao	92.0	134.0	−305.0
$HCoO_2^-$	ao	—	−407.5	—
$Co(OH)_2$ 蓝色,沉淀的	cr	—	−450.1	—
$Co(OH)_2$ 桃红色,沉淀的	cr_2	−539.7	−454.3	79.0
$Co(OH)_2$ 桃红色,沉淀的	cr_3	—	−458.1	—
$Co(OH)_3$	cr	−716.7	—	—
$CoCl_2$	cr	−312.5	−269.8	109.16
$CoCl_2 \cdot 6H_2O$	cr	−2115.4	−1725.2	343.0
$Co(NH_3)_6^{2+}$	ao	−584.9	−157.0	146
Cr	cr	0	0	23.77
Cr^{2+}	ao	−143.5	—	—
CrO_3	cr	−589.5	—	—
CrO_4^{2-}	ao	−881.15	−727.75	50.21
Cr_2O_3	cr	−1139.7	−1058.1	81.2
$Cr_2O_7^{2-}$	ao	−1490.3	−1301.1	261.9
$HCrO_4^-$	ao	−878.2	−764.7	184.1
$(NH_4)_2Cr_2O_7$	cr	−1806.7	—	—
Ag_2CrO_4	cr	−731.74	−641.75	217.6

续表 7

物质B化学式和说明	状态	298.15 K,100 kPa		
		$\Delta_f H_m^\ominus/(kJ\cdot mol^{-1})$	$\Delta_f G_m^\ominus/(kJ\cdot mol^{-1})$	$S_m^\ominus/(J\cdot mol^{-1}\cdot K^{-1})$
Cs	cr	0	0	85.23
Cs	g	76.065	49.121	175.595
Cs^+	g	457.964	—	—
Cs^+	ao	−258.28	−292.02	133.05
CsH	cr	−54.18	—	—
CsCl	cr	−443.04	−414.53	101.17
Cu	cr	0	0	33.150
Cu^+	ao	71.67	49.98	40.6
Cu^{2+}	ao	64.77	65.49	−99.6
CuO	cr	−157.3	−129.7	42.63
Cu_2O	cr	−168.6	−146.0	93.14
$Cu(OH)_2$	cr	−449.8	—	—
CuCl	cr	−137.2	−119.86	86.2
$CuCl_2$	cr	−220.1	−175.7	108.07
CuBr	cr	−104.6	−100.8	96.11
CuI	cr	−67.8	−69.5	96.7
Cu_2S	cr	−53.1	−53.6	66.5
CuS α	cr	−79.5	−86.2	120.9
$CuSO_4$	cr	−771.36	−661.8	109.0
$CuSO_4\cdot 5H_2O$	cr	−2279.65	−1879.745	300.4
$Cu(NH_3)_4^{2+}$	ao	−348.5	−111.07	273.6
$CuP_2O_7^{2-}$	ao	—	−1891.4	—
$Cu(P_2O_6)_2^{6-}$	ao	—	−3823.4	—
$Cu_2P_2O_7$	cr	—	−1874.3	—
$CuCO_3\cdot Cu(OH)_2$ 孔雀石	cr	−1051.4	−893.6	186.2
$CuCO_3\cdot Cu(OH)_2$ 蓝铜矿	cr	−1632.2	−1315.5	0
CuCN	cr	96.2	111.3	84.5
F	g	78.99	61.91	158.754
F^-	g	−255.39	—	—
F^-	ao	−332.63	−278.79	−13.8
F_2	g	0	0	202.78
HF	g	−271.1	−273.1	173.779

物质 B 化学式和说明	状态	298.15 K, 100 kPa		
		$\Delta_f H_m^\ominus/(kJ \cdot mol^{-1})$	$\Delta_f G_m^\ominus/(kJ \cdot mol^{-1})$	$S_m^\ominus/(J \cdot mol^{-1} \cdot K^{-1})$
HF	ao	−320.08	−296.82	88.7
HF_2^-	ao	−649.94	−578.08	92.5
Fe	cr	0	0	27.28
Fe^{2+}	ao	−89.1	−78.90	−137.7
Fe^{3+}	ao	−48.5	−4.7	−315.9
Fe_2O_3　赤铁矿	cr	−824.2	−742.2	87.40
Fe_3O_4　磁铁矿	cr	−1118.4	−1015.4	146.4
$Fe(OH)_2$　沉淀的	cr	−569.0	−486.5	88.0
$Fe(OH)_3$　沉淀的	cr	−823.0	−696.5	106.7
$FeCl_3$	cr	−399.49	−334.00	142.3
FeS_2　黄铁矿	cr	−178.2	−166.9	52.93
$FeSO_4 \cdot 7H_2O$	cr	−3014.57	−2509.87	409.2
$FeCO_3$　菱铁矿	cr	−740.57	−666.67	92.9
$FeC_2O_4 \cdot 2H_2O$　草酸铁	cr	−1482.4	—	—
$Fe(CO)_5$	l	−774.0	−705.3	338.1
$Fe(CN)_6^{3-}$	ao	561.9	729.4	270.3
$Fe(CN)_6^{4-}$	ao	455.6	695.08	95.0
H	g	217.965	203.247	114.713
H^+	g	1536.202	—	—
H^-	g	138.99	—	—
H^+	ao	0	0	0
H_2	g	0	0	130.684
OH^-	ao	−229.994	−157.244	−10.75
H_2O	l	−285.830	−237.129	69.91
H_2O	g	−241.818	−228.572	188.825
H_2O_2	l	−187.78	−120.35	109.6
H_2O_2	ao	−191.17	−134.03	143.9
He	g	0	0	126.150
Hg	l	0	0	76.02
Hg	ao	61.317	31.820	174.96
Hg^{2+}	ao	171.1	164.40	−32.2
Hg_2^{2+}	ao	172.4	153.52	84.5

续表 9

物质 B 化学式和说明	状态	298.15 K,100 kPa		
		$\Delta_f H_m^\ominus/(kJ \cdot mol^{-1})$	$\Delta_f G_m^\ominus/(kJ \cdot mol^{-1})$	$S_m^\ominus/(J \cdot mol^{-1} \cdot K^{-1})$
HgO 红色,斜方晶的	cr	−90.83	−58.539	70.29
HgO 黄色	cr_2	−90.46	−58.409	71.1
$HgCl_2$	cr	−224.3	−178.6	146.0
$HgCl_2$	ao	−216.3	−173.2	155.0
$HgCl_3^-$	ao	−388.7	−309.1	209.0
$HgCl_4^{2-}$	ao	−554.0	−446.8	293.0
Hg_2Cl_2	cr	−265.22	−210.745	192.5
$HgBr_4^{2-}$	ao	−431.0	−371.1	310.0
HgI_2 红色	cr	−105.4	−101.7	180.0
HgI_2 黄色	cr_2	−102.9	—	—
HgI_4^{2-}	ao	−235.1	−211.7	360.0
Hg_2I_2	cr	−121.34	−111.00	233.5
HgS 红色	cr	−58.2	−50.6	82.4
HgS 黑色	cr	−53.6	−47.7	88.3
HgS_2^{2-}	ao	—	41.9	—
$Hg(NH_3)_4^{2+}$	ao	−282.8	−51.7	335.0
I	g	106.838	73.250	180.791
I^-	ao	−55.19	−51.57	111.3
I_2	cr	0	0	116.135
I_2	g	62.438	19.327	260.69
I_2	ao	22.6	16.40	137.2
I_3^-	ao	−51.5	−51.4	239.3
IO^-	ao	−107.5	−38.5	−5.4
IO_3^-	ao	−221.3	−128.0	118.4
IO_4^-	ao	−151.5	−58.5	222.0
HI	g	26.48	1.70	206.594
HIO	ao	−138.1	−99.1	95.4
HIO_3	ao	−211.3	−132.6	166.9
H_5IO_6	ao	−759.4	—	—
In^+	ao	—	−12.1	—
In^{2+}	ao	—	−50.7	—
In^{3+}	ao	105.0	−98.0	−151.0

物质B化学式和说明	状态	298.15 K,100 kPa		
		$\Delta_f H_m^\ominus/(kJ \cdot mol^{-1})$	$\Delta_f G_m^\ominus/(kJ \cdot mol^{-1})$	$S_m^\ominus/(J \cdot mol^{-1} \cdot K^{-1})$
K	cr	0	0	64.18
K	g	89.24	60.59	160.339
K^+	g	514.26	—	—
K^+	ao	−252.38	−283.27	102.5
KO_2	cr	−284.93	−239.4	116.7
KO_3	cr	−260.2	—	—
K_2O	cr	−361.5	—	—
K_2O_2	cr	−494.1	−425.1	102.1
KH	cr	−57.74	—	—
KOH	cr	−424.764	−379.08	78.9
KF	cr	−567.27	−537.75	66.57
KCl	cr	−436.747	−409.14	82.59
$KClO_3$	cr	−397.73	−296.25	143.1
$KClO_4$	cr	−432.75	−303.09	151.0
KBr	cr	−393.798	−380.66	95.90
KI	cr	−327.900	−324.892	106.32
K_2SO_4	cr	−1437.79	−1321.37	175.56
$K_2S_2O_8$	cr	−1916.1	−1697.3	278.7
KNO_2 正交晶的	cr	−369.82	−306.55	152.09
KNO_3	cr	−494.63	−394.86	133.05
K_2CO_3	cr	−1151.02	−1063.5	155.52
$KHCO_3$	cr	−963.2	−863.5	115.5
KCN	cr	−113.0	−101.86	128.49
$KAl(SO_4)_2 \cdot 12H_2O$	cr	−6061.8	−5141.0	687.4
$KMnO_4$	cr	−837.2	−737.6	171.71
K_2CrO_4	cr	−1403.7	−1295.7	200.12
$K_2Cr_2O_7$	cr	−2061.5	−1881.8	291.2
Kr	g	0	0	164.082
La^{3+}	ao	−707.1	−683.7	−217.6
$La(OH)_3$	cr	−1410.0	—	—
$LaCl_3$	cr	−1071.1	—	—
Li	cr	0	0	29.12

续表 11

物质B化学式和说明	状态	298.15 K,100 kPa		
		$\Delta_f H_m^\ominus/(kJ \cdot mol^{-1})$	$\Delta_f G_m^\ominus/(kJ \cdot mol^{-1})$	$S_m^\ominus/(J \cdot mol^{-1} \cdot K^{-1})$
Li	g	159.37	126.66	138.77
Li^+	g	685.783	—	—
Li^+	ao	−278.49	−293.31	13.4
Li_2O	cr	−597.94	−561.18	37.57
LiH	cr	−90.54	−68.35	20.008
LiOH	cr	−484.93	−438.95	42.80
LiF	cr	−615.97	−587.71	35.65
LiCl	cr	−408.61	−384.37	59.33
Li_2CO_3	cr	−1215.9	−1132.06	90.37
Mg	cr	0	0	32.68
Mg	g	147.70	113.10	148.65
Mg^+	g	891.635	—	—
Mg^{2+}	g	2348.504	—	—
Mg^{2+}	ao	−466.85	−454.8	−138.1
MgO 粗晶的(方镁石)	cr	−601.70	−569.43	26.94
MgO 细晶的	cr_2	−597.98	−565.95	27.91
MgH_2	cr	−75.3	−35.09	31.09
$Mg(OH)_2$	cr	−924.54	−833.51	63.18
$Mg(OH)_2$ 沉淀的	am	−920.5	—	—
MgF_2	cr	−1123.4	−1070.2	57.24
$MgCl_2$	cr	−641.32	−591.79	89.62
$MgSO_4 \cdot 7H_2O$	cr	−3388.71	−2871.5	372.0
$MgCO_3$ 菱镁矿	cr	−1095.8	−1012.1	65.7
Mn α	cr	0	0	32.01
Mn^{2+}	ao	−220.75	−228.1	−73.6
MnO_2	cr	−520.03	−465.14	53.05
MnO_2 沉淀的	am	−502.5	—	—
MnO_4^-	ao	−541.4	−447.2	191.2
MnO_4^{2-}	ao	−653.0	−500.7	59.0
$Mn(OH)_2$ 沉淀的	am	−695.4	−615.0	99.2
$MnCl_2$	cr	−481.29	−440.50	118.24
$MnCl_2 \cdot 4H_2O$	cr	−1687.4	−1423.6	303.3

物质B化学式和说明	状态	298.15 K,100 kPa		
		$\Delta_f H_m^\ominus$/(kJ·mol^{-1})	$\Delta_f G_m^\ominus$/(kJ·mol^{-1})	$S_m^\ominus$/(J·mol^{-1}·K^{-1})
MnS 沉淀的,桃红色	am	−213.8	—	—
$MnSO_4$	cr	−1065.25	−957.36	112.1
$MnSO_4\cdot 7H_2O$	cr	−3139.3	—	—
Mo	cr	0	0	28.66
MoO_3	cr	−745.09	−667.97	77.74
MoO_4^{2-}	cr	−997.9	−836.3	27.2
H_2MoO_4 白色	ao	−1046.0	—	—
$H_2MoO_4\cdot H_2O$ 黄色	cr	−1360.0	—	—
$PbMoO_4$	cr	−1051.9	−951.4	166.1
Ag_2MoO_4	cr	−840.6	−748.0	213.0
N	g	472.704	455.563	153.298
N_2	g	0	0	191.61
N_3^- 叠氮根离子	ao	275.14	348.2	107.9
NO	g	90.25	86.55	210.761
NO^+	g	989.826	—	—
NO_2	g	33.18	51.31	240.06
NO_2^-	ao	−104.6	−32.2	123.0
NO_3^-	ao	−205.0	108.74	146.4
N_2O	g	82.05	104.20	219.85
N_2O_3	g	83.72	139.46	312.28
N_2O_4	l	−19.50	97.54	209.2
N_2O_4	g	9.16	97.89	304.29
N_2O_5	g	11.3	115.1	355.7
NH_3	g	−46.11	−16.45	192.45
NH_3	ao	−80.29	−26.50	111.3
NH_4^+	ao	−132.51	−79.31	113.4
N_2H_4	l	50.63	149.34	121.21
N_2H_4	ao	34.31	128.1	138.0
HN_3	ao	260.08	321.8	146.0
HNO_2	ao	−119.2	−50.6	135.6
NH_4NO_2	cr	−256.5	—	—
NH_4NO_3	cr	−365.56	−183.87	151.08

续表 13

物质B化学式和说明	状态	298.15 K,100 kPa		
		$\Delta_f H_m^\ominus/(kJ \cdot mol^{-1})$	$\Delta_f G_m^\ominus/(kJ \cdot mol^{-1})$	$S_m^\ominus/(J \cdot mol^{-1} \cdot K^{-1})$
NH_4F	cr	−463.96	−348.68	71.96
NOCl	g	51.71	66.08	261.69
NH_4Cl	cr	−314.43	−202.87	94.6
NH_4ClO_4	cr	−295.31	−88.75	186.2
NOBr	g	82.17	82.42	273.66
$(NH_4)_2SO_4$	cr	−1180.85	−901.67	220.1
$(NH_4)_2S_2O_8$	cr	−1648.1	—	—
Na	cr	0	0	51.21
Na	g	107.32	76.761	135.712
Na^+	g	609.358	—	—
Na^+	ao	−240.12	−261.905	59.0
NaO_2	cr	−260.2	−218.4	115.9
Na_2O	cr	−414.22	−375.46	75.06
Na_2O_2	cr	−510.87	−447.7	95.0
NaH	cr	−56.275	−33.46	40.016
NaOH	cr	−425.609	−379.494	64.455
NaOH	ai	−470.114	−419.150	48.1
NaF	cr	−573.647	−543.494	51.46
NaCl	cr	−411.153	−384.138	72.13
NaBr	cr	−361.062	−348.983	86.82
NaI	cr	−287.78	−286.06	98.53
$Na_2SO_4 \cdot 10H_2O$	cr	−4327.26	−3646.85	592.0
$Na_2S_2O_3 \cdot 5H_2O$	cr	−2607.93	−2229.8	372.0
$NaHSO_4 \cdot H_2O$	cr	−1421.7	−1231.6	155.0
$NaNO_2$	cr	−358.65	−284.55	103.8
$NaNO_3$	cr	−467.85	−367.00	116.52
Na_3PO_4	cr	−1917.40	−1788.80	173.80
$Na_4P_2O_7$	cr	−3188.0	−2969.3	270.29
$Na_5P_3O_{10} \cdot 6H_2O$	cr	−6194.8	−5540.8	611.3
$NaH_2PO_4 \cdot 2H_2O$	cr	−2128.4	—	—
Na_2HPO_4	cr	−1748.1	−1608.2	150.50
$Na_2HPO_4 \cdot 12H_2O$	cr	−5297.8	−4467.8	633.83

物质B化学式和说明	状态	298.15 K,100 kPa		
		$\Delta_f H_m^\ominus/(kJ \cdot mol^{-1})$	$\Delta_f G_m^\ominus/(kJ \cdot mol^{-1})$	$S_m^\ominus/(J \cdot mol^{-1} \cdot K^{-1})$
Na_2CO_3	cr	−1130.68	−1044.44	134.98
$Na_2CO_3 \cdot 10H_2O$	cr	−4081.32	−3427.66	562.7
HCOONa 甲酸钠	cr	−666.5	−599.9	103.76
$NaHCO_3$	cr	−950.81	−851.0	101.7
$NaCH_3CO_2 \cdot 3H_2O$	cr	−1603.3	−1328.6	243.0
$Na_2B_4O_7 \cdot 10H_2O$ 硼砂	cr	−6288.6	−5516.0	586.0
Ne	g	0	0	146.328
Ni	cr	0	0	29.87
Ni^{2+}	ao	−54.0	−45.6	−128.9
$Ni(OH)_2$	cr	−529.7	−447.2	88.0
$Ni(OH)_3$ 沉淀的	cr	−669.0	—	—
$NiCl_2 \cdot 6H_2O$	cr	−2103.17	−1713.19	344.3
NiS	cr	−82.0	−79.5	52.97
NiS 沉淀的	cr_2	−74.4	—	—
$NiSO_4 \cdot 7H_2O$	cr	−2976.33	−2461.83	378.94
$Ni(NH_3)_6^{2+}$	ao	−630.1	−255.7	394.6
$NiCO_3$	cr	—	−612.5	—
$Ni(CO)_4$	l	−633.0	−588.2	313.4
$Ni(CO)_4$	g	−602.91	−587.23	410.6
$Ni(CN)_4^{2+}$	ao	367.8	472.1	218.0
O	g	249.170	231.731	161.055
O_2	g	0	0	205.138
O_3	g	142.7	163.2	238.93
P 白色	cr	0	0	41.09
P 红色,三斜晶的	cr_2	−17.6	−12.1	22.80
P 黑色	cr_3	−39.3	—	—
P 红色	am	−7.5	—	—
PO_4^{3-}	ao	−1277.4	−1018.7	−222
$P_2O_7^{4-}$	ao	−2271.1	−1919.0	−117
P_4O_6	cr	−1640.1	—	—
P_4O_{10} 六方晶的	cr	−2984.0	−2697.7	228.86
PH_3	g	5.4	13.4	210.23

续表 15

物质B化学式和说明	状态	298.15 K,100 kPa		
		$\Delta_f H_m^\circ/(kJ \cdot mol^{-1})$	$\Delta_f G_m^\circ/(kJ \cdot mol^{-1})$	$S_m^\circ/(J \cdot mol^{-1} \cdot K^{-1})$
HPO_4^{2-}	ao	−1292.14	−1089.15	−33.5
$H_2PO_4^-$	ao	−1296.29	−1130.28	90.4
H_3PO_4	cr	−1279.0	−1119.1	110.50
H_3PO_4	ao	−1288.34	−1142.54	158.2
$HP_2O_7^{3-}$	ao	−2274.8	−1972.2	46.0
$H_2P_2O_7^{2-}$	ao	−2278.6	−2010.2	163.0
$H_3P_2O_7^-$	ao	−2276.5	−2023.2	213.0
$H_4P_2O_7$	ao	−2268.6	−2032.0	268.0
PF_3	g	−918.8	−897.5	273.24
PF_5	g	−1595.8	—	—
PCl_3	l	−319.7	−272.3	217.1
PCl_3	g	−287.0	−267.8	311.78
PCl_5	cr	−443.5	—	—
PCl_5	g	−374.9	−305.0	364.58
Pb	cr	0	0	64.81
Pb^{2+}	ao	−1.7	−24.43	10.5
PbO 黄色	cr	−217.32	−187.89	68.70
PbO 红色	cr_2	−218.9	−188.93	66.5
PbO_2	cr	−277.4	−217.33	68.6
Pb_3O_4	cr	−718.4	−601.2	211.3
$Pb(OH)_2$ 沉淀的	cr	−515.9	—	—
$PbCl_2$	cr	−359.41	−314.10	136.0
$PbCl_2$	ao	—	−297.16	—
$PbCl_3^-$	ao	—	−426.3	—
$PbBr_2$	cr	−278.7	−261.92	161.5
$PbBr_2$	ao	—	−240.6	—
PbI_2	cr	−175.48	−173.64	174.85
PbI_2	ao	—	143.5	—
PbI_4^{2-}	ao	—	−254.8	—
PbS	cr	−100.4	−98.7	91.2
$PbSO_4$	cr	−919.94	−813.14	148.57
$PbCO_3$	cr	−699.1	−625.5	131.0

物质 B 化学式和说明	状态	298.15 K, 100 kPa		
		$\Delta_f H_m^\ominus/(kJ \cdot mol^{-1})$	$\Delta_f G_m^\ominus/(kJ \cdot mol^{-1})$	$S_m^\ominus/(J \cdot mol^{-1} \cdot K^{-1})$
$Pb(CH_3O_2)^+$ 乙酸铅离子	ao	—	−406.2	—
$Pb(CH_3CO_2)_2$	ao	—	−779.7	—
Rb	cr	0	0	76.78
Rb	g	80.85	53.06	170.089
Rb^+	g	490.101	—	—
Rb^+	ao	−251.17	−283.98	121.50
RbO_2	cr	−278.7	—	—
Rb_2O	cr	−339.0	—	—
Rb_2O_2	cr	−472.0	—	—
RbCl	cr	−435.35	−407.80	95.90
S 正交晶的	cr	0	0	31.80
S 单斜晶的	cr_2	0.33	—	—
S	g	278.805	238.250	167.821
S_8	g	102.3	49.63	430.98
SO_2	g	−296.830	−300.194	248.22
SO_2	ao	−322.980	−300.676	161.9
SO_3	g	−395.72	−371.06	256.76
SO_3^{2-}	ao	−635.5	−486.5	−29
SO_4^{2-} (H_2SO_4, ai)	ao	−909.27	−744.53	20.1
$S_2O_3^{2-}$	ao	−648.5	−522.5	67.0
$S_4O_6^{2-}$	ao	−1224.2	−1040.4	257.3
H_2S	g	−20.63	−33.56	205.79
H_2S	ao	−39.7	−27.83	121.0
HSO_3^-	ao	−626.22	−527.73	139.7
HSO_4^-	ao	−887.34	−755.91	131.8
SF_4	g	−774.9	−731.3	292.03
SF_6	g	−1209.0	−1105.3	291.82
SbO^+	ao	—	−177.11	—
SbO_2^-	ao	—	−340.19	—
$Sb(OH)_3$	cr	—	685.2	—
$SbCl_3$	cr	−382.17	−323.67	184.1
SbOCl	cr	−374.0	—	—

续表 17

物质 B 化学式和说明	状态	298.15 K,100 kPa		
		$\Delta_f H_m^\ominus/(kJ \cdot mol^{-1})$	$\Delta_f G_m^\ominus/(kJ \cdot mol^{-1})$	$S_m^\ominus/(J \cdot mol^{-1} \cdot K^{-1})$
Sb_2S_3 橙色	am	−147.3	—	—
Sc	cr	0	0	34.64
Sc^{3+}	ao	−614.2	−586.6	−255.0
Sc_2O_3	cr	−1908.82	−1819.36	77.0
$Sc(OH)_3$	cr	−1363.6	−1233.3	100.0
Se 六方晶体,黑色	cr	0	0	42.442
Se 单斜晶体,红色	cr_2	6.7	—	—
Se^{2-}	ao	—	129.3	—
HSe^-	ao	15.9	44.0	79.0
H_2Se	ao	19.2	22.2	163.6
$HSeO_3^-$	ao	−514.55	−411.46	135.1
H_2SeO_3	ao	−507.48	−426.14	207.9
H_2SeO_4	cr	−530.1	—	—
Si	cr	0	0	18.83
SiO_2 α石英	cr	−910.94	−856.64	41.84
SiO_2	am	−903.49	−850.70	46.9
SiH_4	g	34.3	56.9	204.62
$HSiO_3$	ao	−1182.8	−1079.4	109.0
$HSiO_4$	cr	−1481.1	−1332.9	192
SiF_4	g	−1614.94	−1572.65	282.49
$SiCl_4$	l	−687.0	−619.84	239.7
$SiCl_4$	g	−657.01	−616.98	330.73
$SIBr_4$	l	−457.3	−443.9	277.8
SiI_4	cr	−189.5	—	—
Si_3N_4 α	cr	−743.5	−642.6	101.3
SiC β立方晶的	cr	−65.3	−62.8	16.61
SIC α六方晶的	cr_2	−62.8	−60.2	16.48
Sn Ⅰ白色	cr	0	0	51.55
Sn Ⅱ灰色	cr_2	−2.09	0.13	41.14
Sn^{2+} $\mu(NaClO_4)=3.0$	ao	−8.8	−27.2	−17.0
Sn^{4+} 在 $HCl+\infty H_2O$	ao	30.5	2.5	−117.0
SnO	cr	−285.8	−256.9	56.5

物质B化学式和说明	状态	298.15 K,100 kPa		
		$\Delta_f H_m^\ominus/(kJ \cdot mol^{-1})$	$\Delta_f G_m^\ominus/(kJ \cdot mol^{-1})$	$S_m^\ominus/(J \cdot mol^{-1} \cdot K^{-1})$
SnO_2	cr	−580.7	−519.6	52.3
$Sn(OH)_2$ 沉淀的	cr	−561.1	−491.6	155.0
$Sn(OH)_4$ 沉淀的	cr	−1110.0	—	—
$SnCl_4$	l	−511.3	−440.1	258.6
$SrBr_4$	cr	−377.4	−350.2	264.4
SrS	cr	−100.0	−98.3	77.0
Sr α	cr	0	0	52.3
Sr	g	164.4	130.9	164.62
Sr^{2+}	g	1790.54	—	—
Sr^{2+}	ao	−545.80	−559.84	−32.6
SrO	cr	−592.0	−561.9	54.4
$Sr(OH)_2$	cr	−959.0		
$SrCl_2$ α	cr	−828.9	−781.1	114.85
$SrSO_4$ 沉淀的	cr_2	−1449.8	—	—
$SrCO_3$ 菱锶矿	cr	−1220.1	−1140.1	97.1
Th^{4+}	ao	−769.0	−705.1	422.6
ThO_2	cr	−1226.4	−1168.71	65.23
$Th(NO_3)_4 \cdot 5H_2O$	cr	−3007.79	−2324.88	543.2
Ti	cr	0	0	30.63
TiO^{2+} 在 $HClO_4$(aq)	aq	−689.9	—	—
TiO_2 锐钛矿	cr	−939.7	−884.5	49.92
TiO_2 板钛矿	cr_2	−941.8	—	—
TiO_2 金红石	cr_3	−944.7	−889.5	50.33
TiO_2	am	−879.0		
$TiCl_3$	cr	−720.9	−653.5	139.7
$TiCl_4$	l	−804.2	−737.2	252.34
$TiCl_4$	g	−763.2	−726.7	354.9
Tl	cr	0	0	64.18
Tl^+	ao	5.36	−32.40	125.5
Tl^{3+}	ao	196.6	214.6	−192.0
TlCl	cr	−204.14	−184.92	111.25
$TlCl_3$	ao	−315.1	−274.4	134

续表 19

物质B化学式和说明	状态	298.15 K,100 kPa		
		$\Delta_f H_m^\ominus/(kJ \cdot mol^{-1})$	$\Delta_f G_m^\ominus/(kJ \cdot mol^{-1})$	$S_m^\ominus/(J \cdot mol^{-1} \cdot K^{-1})$
U^{4+} 未水解的	ao	−591.2	−531.0	−410.0
UO_2	cr	−1084.9	−1031.7	77.03
UO_2^{2+}	ao	−1019.6	−953.5	−97.5
UF_4	cr	−1914.2	−1823.3	151.67
UF_6	cr	−2197.0	−2068.5	227.6
UF_6	g	−2147.4	−2063.7	377.9
V	cr	0	0	28.91
VO	cr	−431.8	−404.2	38.9
VO^{2+}	ao	−486.6	−446.4	−133.9
VO_2^{+}	ao	−649.8	−587.0	−42.3
VO_4^{3-}	ao	—	−899.0	—
V_2O_5	cr	−1550.6	−1419.5	131.0
W	cr	0	0	32.64
WO_3	cr	−842.87	−746.03	75.90
WO_4^{2-}	ao	−1075.7	—	—
Xe	g	0	0	169.683
XeF_4	cr	−261.5	(−123)	—
XeF_6	cr	(−360)	—	—
XeO_3	cr	(402)	—	—
Zn	cr	0	0	41.63
Zn^{2+}	ao	−153.89	−147.06	−112.1
ZnO	cr	−348.28	−318.30	43.64
$Zn(OH)_4^{2-}$	ao	—	−858.52	—
$ZnCl_2$	cr	−415.05	−369.398	111.46
ZnS 纤锌矿	cr	−192.63	—	—
ZnS 闪锌矿	cr_2	−205.98	−201.29	57.7
$ZnSO_4 \cdot 7H_2O$	cr	−3077.75	−2562.67	388.7
$Zn(NH_3)_4^{2+}$	ao	−533.5	−301.9	301.0
$ZnCO_3$	cr	−812.78	−731.52	82.4

附表二　某些物质的标准摩尔燃烧焓(298.15 K)

物质	$\Delta_c H_m^\ominus/(kJ \cdot mol^{-1})$	物质	$\Delta_c H_m^\ominus/(kJ \cdot mol^{-1})$
$H_2(g)$	−285.83	$CH_3CHO(l)$	−1166.38
C(cr)	−393.51	$CH_3COOH(l)$乙酸	−874.20
CO(g)	−282.98	HCOOH(l)甲酸	−254.62
$CH_4(g)$	−890.36	$H_2(COO)_2(cr)$草酸	−245.60
$C_2H_2(g)$	−1299.58	$CH_3OH(l)$甲醇	−726.51
$C_2H_4(g)$	−1410.94	$C_2H_5OH(l)$乙醇	−1366.82
$C_2H_6(g)$	−1559.83	$(CH_3)_2O(g)$二甲醚	−1460.46
HCHO(g)甲醛	−570.77	$(C_2H_5)_2O(l)$乙醚	−2723.62
$CH_3CHO(g)$乙醛	−1192.49	$(C_2H_5)_2O(g)$	−2751.06

附表三　酸、碱的离解常数

1. 弱酸的离解常数(298.15 K)

弱酸	离解常数 $K_a^\ominus$
H_3AsO_4	$K_{a_1}^\ominus=5.7\times10^{-3}$;$K_{a_2}^\ominus=1.7\times10^{-7}$;$K_{a_3}^\ominus=2.5\times10^{-12}$
H_3AsO_3	$K_{a_1}^\ominus=5.9\times10^{-10}$
H_3BO_3	5.8×10^{-10}
HOBr	2.6×10^{-9}
H_2CO_3	$K_{a_1}^\ominus=4.2\times10^{-7}$;$K_{a_2}^\ominus=4.7\times10^{-11}$
HCN	5.8×10^{-10}
H_2CrO_4	$K_{a_1}^\ominus=9.55$;$K_{a_2}^\ominus=3.2\times10^{-7}$
HOCl	2.8×10^{-8}
$HClO_2$	1.0×10^{-2}
HF	6.9×10^{-4}
HOI	2.4×10^{-11}
HIO_3	0.16

续表

弱酸	离解常数 $K_a^\ominus$
H_2IO_5	$K_{a_1}^\ominus=4.4\times10^{-4}$;$K_{a_2}^\ominus=2\times10^{-7}$;$K_{a_3}^\ominus=6.3\times10^{-13}$①
HNO_2	6.0×10^{-4}
HN_3	2.4×10^{-5}
H_2O_2	$K_{a_1}^\ominus=2.0\times10^{-12}$
H_3PO_4	$K_{a_1}^\ominus=6.7\times10^{-3}$;$K_{a_2}^\ominus=6.2\times10^{-8}$;$K_{a_3}^\ominus=4.5\times10^{-13}$
$H_4P_2O_7$	$K_{a_1}^\ominus=2.9\times10^{-2}$;$K_{a_2}^\ominus=5.3\times10^{-3}$;$K_{a_3}^\ominus=2.2\times10^{-7}$;$K_{a_4}^\ominus=4.8\times10^{-10}$
H_2SO_4	$K_{a_1}^\ominus=1.0\times10^{-2}$
H_2SO_3	$K_{a_1}^\ominus=1.7\times10^{-2}$;$K_{a_2}^\ominus=6.0\times10^{-8}$
H_2Se	$K_{a_1}^\ominus=1.5\times10^{-4}$;$K_{a_2}^\ominus=1.1\times10^{-15}$
H_2S	$K_{a_1}^\ominus=8.9\times10^{-8}$;$K_{a_2}^\ominus=7.1\times10^{-19}$②
H_2SeO_4	$K_{a_1}^\ominus=1.2\times10^{-2}$
H_2SeO_3	$K_{a_1}^\ominus=2.7\times10^{-2}$;$K_{a_2}^\ominus=5.0\times10^{-8}$
HSCN	0.14
$H_2C_2O_4$(草酸)	$K_{a_1}^\ominus=5.4\times10^{-2}$;$K_{a_2}^\ominus=5.4\times10^{-5}$
HCOOH(甲酸)	1.8×10^{-4}
HAc(乙酸)	1.8×10^{-5}
$ClCH_2COOH$(氯乙酸)	1.4×10^{-3}
EDTA	$K_{a_1}^\ominus=1.0\times10^{-2}$;$K_{a_2}^\ominus=2.1\times10^{-3}$;$K_{a_3}^\ominus=6.9\times10^{-7}$;$K_{a_4}^\ominus=5.9\times10^{-11}$

数据录自:①“无机化学丛书”第六卷(科学出版社,1995 年 12 月)。

②Lide D. R CRC Handbook of chemistry and physics 78th. 1997～1998。

2. 弱碱的离解常数(298.15 K)

弱碱	离解常数 $K_b^\ominus$
$NH_3\cdot H_2O$	1.8×10^{-5}
N_2H_4(联氨)	9.8×10^{-7}
NH_2OH(羟氨)	9.1×10^{-9}
CH_3NH_2(甲胺)	4.2×10^{-4}
$C_6H_5NH_2$(苯胺)	(4×10^{-10})
$(CH_2)_6N_4$(六次甲基四胺)	(1.4×10^{-9})

附表四　某些配离子的标准稳定常数(298.15 K)

配离子	$K_f^\ominus$	配离子	$K_f^\ominus$
$AgCl_2^-$	1.84×10^{5}	$Ca(EDTA)^{2-}$	(1×10^{11})
$AgBr_2^-$	1.93×10^{7}	$Cd(NH_3)_4^{2+}$	2.78×10^{7}
AgI_2^-	4.80×10^{10}	$Cd(CN)_4^{2-}$	1.95×10^{18}
$Ag(NH_3)^+$	2.07×10^{3}	$Cd(OH)_4^{2-}$	1.20×10^{9}
$Ag(NH_3)_2^+$	1.67×10^{7}	$CdBr_4^{2-}$	(5.0×10^{3})
$Ag(CN)_2^-$	2.48×10^{20}	$CdCl_4^{2-}$	(6.3×10^{2})
$Ag(SCN)_2^-$	2.04×10^{8}	CdI_4^{2-}	4.05×10^{5}
$Ag(S_2O_3)_2^{3-}$	(2.9×10^{13})	$Cd(en)_3^{2+}$	(1.2×10^{12})
$Ag(en)_2^+$	(5.0×10^{7})	$Cd(EDTA)^{2-}$	(2.5×10^{16})
$Ag(EDTA)^{3-}$	(2.1×10^{7})	$Co(NH_3)_4^{2+}$	1.16×10^{5}
$Al(OH)_4^-$	3.31×10^{33}	$Cu(NH_3)_4^{2+}$	2.30×10^{12}
AlF_6^{3-}	(6.9×10^{19})	$Cu(P_2O_7)_2^{6-}$	8.24×10^{8}
$Al(EDTA)^-$	(1.3×10^{16})	$Cu(C_2O_4)_2^{2-}$	2.35×10^{9}
$Ba(EDTA)^{2-}$	(6.0×10^{7})	$Cu(CN)_2^-$	9.98×10^{23}
$Be(EDTA)^{2-}$	(2×10^{9})	$Cu(CN)_3^{2-}$	4.21×10^{28}
$BiCl_4^-$	7.96×10^{5}	$Cu(CN)_4^{3-}$	2.03×10^{30}
$BiCl_6^{3-}$	2.45×10^{7}	$Cu(CNS)_4^{3-}$	8.66×10^{9}
$BiBr_4^-$	5.92×10^{7}	$Cu(EDTA)^{2-}$	(5.0×10^{18})
BiI_4^-	8.88×10^{14}	$Fe(C_2O_4)_3^{4-}$	1.7×10^{5}
$Bi(EDTA)^-$	(6.3×10^{22})	$Fe(EDTA)^{2-}$	(2.1×10^{14})
$Co(NH_3)_6^{2+}$	1.3×10^{5}	$Fe(EDTA)^-$	(1.7×10^{24})
$Co(NH_3)_6^{3+}$	(1.6×10^{35})	FeF^{2+}	7.1×10^{6}
$Co(NCS)_4^{2-}$	(1.0×10^{3})	FeF_2^{2+}	3.8×10^{11}
$Co(EDTA)^{2-}$	(2.0×10^{16})	$Fe(CN)_6^{3-}$	4.1×10^{52}
$Co(EDTA)^-$	(1×10^{36})	$Fe(CN)_6^{4-}$	4.2×10^{45}
$Cr(OH)_4^-$	(7.8×10^{29})	$Fe(NCS)^{2+}$	9.1×10^{2}
$Cr(EDTA)^-$	(1.0×10^{23})	$FeBr^{2+}$	4.17
$CuCl_2^-$	6.91×10^{4}	$FeCl^{2+}$	24.9
$CuCl_3^{2-}$	4.55×10^{5}	$Fe(C_2O_4)_3^{3-}$	(1.6×10^{20})

续表

配离子	$K_f^{\ominus}$	配离子	$K_f^{\ominus}$
CuI_2^-	(7.1×10^{8})	$HgCl^+$	5.73×10^{6}
$Cu(SO_3)_2^{3-}$	4.13×10^{8}	$HgCl_2$	1.46×10^{13}
$HgCl_3^-$	9.6×10^{13}	$Pb(CH_3CO_2)_2$	826.3
$HgCl_4^{2-}$	1.31×10^{15}	$Pb(EDTA)^{2-}$	(2×10^{18})
$HgBr_4^{2-}$	9.22×10^{20}	$PdCl_3^-$	2.10×10^{10}
HgI_4^{2-}	5.66×10^{29}	$PdBr_4^{2-}$	6.05×10^{13}
HgS_2^{2-}	3.36×10^{51}	PdI_4^{2-}	4.36×10^{22}
$Hg(NH_3)_4^{2+}$	1.95×10^{19}	$Pd(NH_3)_4^{2+}$	3.10×10^{25}
$Hg(CN)_4^{2-}$	1.82×10^{41}	$Pd(CN)_4^{2-}$	5.20×10^{41}
$Hg(CNS)_4^{2-}$	4.98×10^{21}	$Pd(CNS)_4^{2-}$	9.43×10^{23}
$Hg(EDTA)^{2-}$	(6.3×10^{21})	$Pd(EDTA)^{2-}$	(3.2×10^{18})
$Ni(NH_3)_6^{2+}$	8.97×10^{8}	$PdCl_4^{2-}$	9.86×10^{15}
$Ni(CN)_4^{2-}$	1.31×10^{30}	$PrBr_4^{2-}$	6.47×10^{17}
$Ni(N_2H_4)_6^{2+}$	1.04×10^{12}	$Pt(NH_3)_4^{2+}$	2.18×10^{35}
$Ni(en)_3^{2+}$	2.1×10^{18}	$Sc(EDTA)^-$	1.3×10^{23}
$Ni(EDTA)^{2-}$	(3.6×10^{18})	$Zn(OH)_3^-$	1.64×10^{13}
$Pb(OH)_3^-$	8.27×10^{13}	$Zn(OH)_4^{2-}$	2.83×10^{14}
$PbCl_3^-$	27.2	$Zn(NH_3)_4^{2+}$	3.60×10^{8}
$PbBr_3^-$	15.5	$Zn(CN)_3^{4-}$	5.71×10^{16}
PbI_3^-	2.67×10^{3}	$Zn(CNS)_4^{2-}$	19.6
PbI_4^{2-}	1.66×10^{4}	$Zn(C_2O_4)_2^{2-}$	2.96×10^{7}
$Pb(CH_3CO_2)^+$	152.4	$Zn(EDTA)^{2-}$	(2.5×10^{16})

附表五 溶度积常数

化学式	$K_{ap}^{\ominus}$	化学式	$K_{ap}^{\ominus}$
AgAc	1.9×10^{-3}	$CaCrO_4$	(7.1×10^{-4})
Ag_3AsO_4	1.0×10^{-22}	CaF_2	1.5×10^{-10}
AgBr	5.3×10^{-13}	$Ca(OH)_2$	4.6×10^{-6}
AgCl	1.8×10^{-10}	$CaHPO_4$	1.8×10^{-7}

续表 1

化学式	$K_{ap}^{\ominus}$	化学式	$K_{ap}^{\ominus}$
Ag_2CO_3	8.3×10^{-12}	$Ca_3(PO_4)_2$（低温）	2.1×10^{-33}
Ag_2CrO_4	1.1×10^{-12}	$CaSO_4$	7.1×10^{-5}
$AgCN$	5.9×10^{-17}	$Cd(OH)_2$（沉淀）	5.3×10^{-15}
$Ag_2Cr_2O_7$	(2.0×10^{-7})	$Ce(OH)_3$	(1.6×10^{-20})
$Ag_2C_2O_4$	5.3×10^{-12}	$Ce(OH)_4$	(2×10^{-28})
$AgIO_3$	3.1×10^{-8}	$Co(OH)_2$	2.3×10^{-16}
AgI	8.3×10^{-17}	$Co(OH)_3$	(1.6×10^{-44})
Ag_2MoO_4	2.8×10^{-12}	$Cr(OH)_3$	(6.3×10^{-31})
$AgNO_2$	3.0×10^{-5}	$CuBr$	6.9×10^{-9}
Ag_3PO_4	8.7×10^{-17}	$CuCl$	1.7×10^{-7}
Ag_2SO_4	1.2×10^{-5}	$CuCN$	3.5×10^{-20}
Ag_2SO_3	1.5×10^{-14}	CuI	1.2×10^{-12}
$AgSCN$	1.0×10^{-12}	$CuSCN$	1.8×10^{-13}
$Al(OH)_3$（无定形）	(1.3×10^{-33})	$CuCO_3$	(1.4×10^{-10})
$AuCl$	(2.0×10^{-13})	$Cu(OH)_2$	(2.2×10^{-20})
$AuCl_3$	(3.2×10^{-25})	$Cu_2P_2O_7$	7.6×10^{-16}
$BaCO_3$	2.6×10^{-9}	$FeCO_3$	3.1×10^{-11}
$BaCrO_4$	1.2×10^{-10}	$Fe(OH)_2$	4.86×10^{-17}
BaF_2	1.8×10^{-7}	$Fe(OH)_3$	2.8×10^{-39}
$Ba(NO_3)_2$	6.0×10^{-4}	$HgCO_3$	3.7×10^{-17}
$Ba_3(PO_4)_2$	(3.4×10^{-23})	$HgBr_2$	6.3×10^{-20}
$BaSO_4$	1.1×10^{-10}	Hg_2Cl_2	1.4×10^{-18}
$Be(OH)_2^-$ α	6.7×10^{-22}	Hg_2CrO_4	(2.0×10^{-9})
$Bi(OH)_3$	(4×10^{-31})	Hg_2I_2	5.3×10^{-29}
BiI_3	7.5×10^{-19}	HgI_2	2.8×10^{-29}
$BiOBr$	6.7×10^{-9}	Hg_2SO_4	7.9×10^{-7}
$BiOCl$	1.6×10^{-8}	$K_2[PtCl_6]$	7.5×10^{-6}
$BiONO_3$	4.1×10^{-5}	Li_2CO_3	8.1×10^{-4}
$CaCO_3$	4.9×10^{-9}	LiF	1.8×10^{-3}
$CaC_2O_4\cdot H_2O$	2.3×10^{-9}	Li_3PO_4	(3.2×10^{-9})
$MgCO_3$	6.8×10^{-6}	$Pb(OH)_2$	1.43×10^{-20}
MgF_2	7.4×10^{-11}	$Pb(N_3)_2$（斜方）	2.0×10^{-9}
$Mg(OH)_2$	5.1×10^{-12}	$PbSO_4$	1.8×10^{-8}

续表 2

化学式	$K^{\ominus}_{ap}$	化学式	$K^{\ominus}_{ap}$
$Mh_3(PO_4)_2$	1.0×10^{-24}	$Sn(OH)_2$	5.0×10^{-27}
$MnCO_3$	2.2×10^{-11}	$Sn(OH)_4$	(1×10^{-56})
$Mn(OH)_2$(am)	2.1×10^{-13}	$SrCO_3$	5.6×10^{-10}
$NiCO_3$	1.4×10^{-7}	$SrCrO_4$	(2.2×10^{-5})
$Ni(OH)_2$(新)	5.0×10^{-16}	$SrSO_4$	3.4×10^{-7}
$PbCO_3$	1.5×10^{-13}	TlCl	1.9×10^{-4}
$PbBr_2$	6.6×10^{-6}	TlI	5.5×10^{-8}
$PbCl_2$	1.7×10^{-5}	$Tl(OH)_3$	1.5×10^{-44}
$PbCrO_4$	(2.8×10^{-13})	$ZnCO_3$	1.2×10^{-10}
PbI_2	8.4×10^{-9}	$Zn(OH)_2$	6.8×10^{-17}

附表六　标准电极电势(298.15 K)

电极反应 氧化型$+ze^-\rightleftharpoons$还原型	$\Phi^{\ominus}$/V
$Li^+(aq)+e^-\rightleftharpoons Li(s)$	-3.040
$Cs^+(aq)+e^-\rightleftharpoons Cs(s)$	-3.027
$Rb^+(aq)+e^-\rightleftharpoons Rb(s)$	-2.943
$K^+(aq)+e^-\rightleftharpoons K(s)$	-2.936
$Ra^{2+}(aq)+2e^-\rightleftharpoons Ra(s)$	-2.910
$Ba^{2+}(aq)+2e^-\rightleftharpoons Ba(s)$	-2.906
$Sr^{2+}(aq)+2e^-\rightleftharpoons Sr(s)$	-2.899
$Ca^{2+}(aq)+2e^-\rightleftharpoons Ca(s)$	-2.869
$Na^+(aq)+e^-\rightleftharpoons Na(s)$	-2.714
$La^{3+}(aq)+3e^-\rightleftharpoons La(a)$	-2.362
$Mg^{2+}(aq)+2e^-\rightleftharpoons Mg(s)$	-2.357
$Sc^{3+}(aq)+3e^-\rightleftharpoons Sc(s)$	-2.027
$Be^{2+}(aq)+2e^-\rightleftharpoons Be(s)$	-1.968
$Al^{3+}(aq)+3e^-\rightleftharpoons Al(s)$	-1.680
$[SiF_6]^{2-}(aq)+4e^-\rightleftharpoons Si(s)+6F^-(aq)$	-1.365

电极反应 氧化型$+ze^- \rightleftharpoons$还原型	$\Phi^\ominus$/V
$Mn^{2+}(aq)+2e^- \rightleftharpoons Mn(s)$	−1.1820
$SiO_2(am)+4H^+(aq)+4e^- \rightleftharpoons Si(s)+2H_2O$	−0.9754
* $SO_4^{2-}(aq)+H_2O(l)+2e^- \rightleftharpoons SO_3^{2-}(aq)+2OH^-(aq)$	−0.9362
* $Fe(OH)_2(s)+2e^- \rightleftharpoons Fe(s)+2OH^-(aq)$	−0.8914
$H_3BO_3(s)+3H^++3e^- \rightleftharpoons B(s)+3H_2O(l)$	−0.8894
$Zn^{2+}(aq)+2e^- \rightleftharpoons Zn(s)$	−0.7621
$Cr^{3+}(aq)+3e^- \rightleftharpoons Cr(s)$	(−0.74)
* $FeCO_3(s)+2e^- \rightleftharpoons Fe(s)+CO_3^{2-}(aq)$	−0.7196
$2CO_2(g)+2H^+(aq)+2e^- \rightleftharpoons H_2C_2O_4(aq)$	−0.5950
* $2SO_3^{2-}(aq)+3H_2O(l)+4e^- \rightleftharpoons S_2O_3^{2-}(aq)+6OH^-(aq)$	−0.5659
$Ga^{3+}(aq)+3e^- \rightleftharpoons Ga(s)$	−0.5493
* $Fe(OH)_3(s)+e^- \rightleftharpoons Fe(OH)_2(s)+OH^-(aq)$	−0.5468
$Sb(s)+3H^+(aq)+3e^- \rightleftharpoons SbH_3(g)$	−0.5104
$In^{3+}(aq)+2e^- \rightleftharpoons In^+(aq)$	−0.4450
* $S(s)+2e^- \rightleftharpoons S^{2-}(aq)$	−0.4450
$Cr^{3+}(aq)+e^- \rightleftharpoons Cr^{2+}(aq)$	(−0.41)
$Fe^{2+}(aq)+2e^- \rightleftharpoons Fe(s)$	−0.4089
* $Ag(CN)_2^-(aq)+e^- \rightleftharpoons Ag(s)+2CN^-(aq)$	−0.4073
$Cd^{2+}(aq)+2e^- \rightleftharpoons Cd(s)$	−0.4022
$PbI_2(s)+2e^- \rightleftharpoons Pb(s)+2I^-(aq)$	−0.3653
* $Cu_2O(s)+H_2O(l)+2e^- \rightleftharpoons 2Cu(s)+2OH^-(aq)$	−0.3557
$PbSO_4(s)+2e^- \rightleftharpoons Pb(s)+SO_4^{2-}(aq)$	−0.3555
$In^{3+}(aq)+3e^- \rightleftharpoons In(s)$	−0.3380
$Tl^++e^- \rightleftharpoons Tl(s)$	−0.3358
$Co^{2+}(aq)+2e^- \rightleftharpoons Co(s)$	−0.2820
$PbBr_2(s)+2e^- \rightleftharpoons Pb(s)+2Br^-(aq)$	−0.2798
$PbCl_2(s)+2e^- \rightleftharpoons Pb(s)+2Cl^-(aq)$	−0.2676
$As(s)+3H^+(aq)+3e^- \rightleftharpoons AsH_3(g)$	−0.2381
$Ni^{2+}(aq)+2e^- \rightleftharpoons Ni(s)$	−0.2363
$VO_2^+(aq)+4H^++5e^- \rightleftharpoons V(s)+2H_2O(l)$	−0.2337
$N_2(g)+5H^+(aq)+4e^- \rightleftharpoons N_2H_5^+(aq)$	−0.2138

续表 2

电极反应 氧化型$+ze^- \rightleftharpoons$还原型	$\Phi^{\ominus}/V$
$CuI(s)+e^- \rightleftharpoons Cu(s)+I^-(aq)$	−0.1858
$AgCN(s)+e^- \rightleftharpoons Ag(s)+CN^-(aq)$	−0.1606
$AgI(s)+e^- \rightleftharpoons Ag(s)+I^-(aq)$	−0.1515
$Sn^{+}(aq)+e^- \rightleftharpoons Sn(s)$	−0.1410
$Pb^{2+}(aq)+2e^- \rightleftharpoons Pb(s)$	−0.1266
$In^{+}(aq)+e^- \rightleftharpoons In(s)$	−0.1250
$^*CrO_4^{2-}(aq)+2H_2O(l)+3e^- \rightleftharpoons CrO_2^-(aq)+4OH^-(aq)$	(−0.12)
$Se(s)+2H^+(aq)+2e^- \rightleftharpoons H_2Se(aq)$	−0.1150
$WO_3(s)+6H^+(aq)+6e^- \rightleftharpoons W(s)+3H_2O(l)$	−0.0909
$^*2Cu(OH)_2(s)+2e^- \rightleftharpoons Cu_2O(s)+2OH^-(aq)+H_2O(l)$	(−0.08)
$MnO_2(s)+2H_2O(l)+2e^- \rightleftharpoons Mn(OH)_2(am)+2OH^-(aq)$	−0.0514
$[HgI_4]^{2-}(aq)+2e^- \rightleftharpoons Hg(l)+4I^-(aq)$	−0.02809
$2H^+(aq)+2e^- \rightleftharpoons H_2(g)$	0
$^*NO_3^-(aq)+H_2O(l)+e^- \rightleftharpoons NO_2^-(aq)+2OH^-(aq)$	0.00849
$S_4O_6^{2-}(aq)+2e^- \rightleftharpoons 2S_2O_3^{2-}(aq)$	0.02384
$AgBr(s)+e^- \rightleftharpoons Ag(s)+Br^-(aq)$	0.07317
$S(s)+2H^+(aq)+2e^- \rightleftharpoons H_2S(aq)$	0.1442
$Sn^{4+}(aq)+2e^- \rightleftharpoons Sn^{2+}(aq)$	0.1539
$SO_4^{2-}(aq)+4H^+(aq)+2e^- \rightleftharpoons H_2SO_3(aq)+H_2O(l)$	0.1576
$Cu^{2+}(aq)+e^- \rightleftharpoons Cu^+(aq)$	0.1607
$AgCl(aq)+e^- \rightleftharpoons Ag(s)+Cl^-$	0.2222
$[HgBr_4]^{2-}(aq)+2e^- \rightleftharpoons Hg(l)+4Br^-(aq)$	0.2318
$HAsO_2(aq)+3H^+(aq)+3e^- \rightleftharpoons As(s)+2H_2O(l)$	0.2473
$PbO_2(s)+H_2O(l)+2e^- \rightleftharpoons$ PbO(s,黄色)$+2OH^-(aq)$	0.2483
$Hg_2Cl_2(s)+2e^- \rightleftharpoons 2Hg(l)+2Cl^-(aq)$	0.2680
$BiO^+(aq)+2H^+(aq)+3e^- \rightleftharpoons Bi(s)+H_2O(l)$	0.3134
$Cu^{2+}(aq)+2e^- \rightleftharpoons Cu(s)$	0.3394
$^*Ag_2O(s)+H_2O(l)+2e^- \rightleftharpoons 2Ag(s)+2OH^-(aq)$	0.3428
$[Fe(CN)_6]^{3-}(aq)+e^- \rightleftharpoons [Fe(CN)_6]^{4-}(aq)$	0.3557
$[Ag(NH_3)_2]^+(aq)+e^- \rightleftharpoons Ag(s)+2NH_3(aq)$	0.3719
$^*ClO_4^-(aq)+H_2O(l)+2e^- \rightleftharpoons ClO_3^-(l)+2OH^-(aq)$	0.3979
$^*O_2(g)+2H_2O(l)+4e^- \rightleftharpoons 4OH^-(aq)$	0.4009

电极反应 氧化型$+ze^-\rightleftharpoons$还原型	$\Phi^\ominus/V$
$2H_2SO_3(aq)+2H^+(aq)+4e^-\rightleftharpoons S_2O_3^{2-}(aq)+3H_2O(l)$	0.4101
$Ag_2CrO_4(s)+2e^-\rightleftharpoons 2Ag(s)+CrO_4^{2-}(aq)$	0.4456
$2BrO^-(aq)+2H_2O(l)+2e^-\rightleftharpoons Br_2(l)+4OH^-(aq)$	0.4556
$H_2SO_3(aq)+4H^+(aq)+4e^-\rightleftharpoons S(s)+3H_2O(l)$	0.4497
$Cu^+(aq)+e^-\rightleftharpoons Cu(s)$	0.5180
$TeO_2(s)+4H^+(aq)+4e^-\rightleftharpoons Te(s)+2H_2O(l)$	0.5285
$I_2(s)+2e^-\rightleftharpoons 2I^-(aq)$	0.5345
$MnO_4^-(aq)+e^-\rightleftharpoons MnO_4^{2-}(aq)$	0.5545
$H_3AsO_4(aq)+2H^+(aq)+2e^-\rightleftharpoons H_3AsO_3(aq)+H_2O(l)$	0.5748
* $MnO_4^-(aq)+2H_2O(l)+3e^-\rightleftharpoons MnO_2(s)+4OH^-(aq)$	0.5965
* $BrO_3^-(aq)+3H_2O(l)+6e^-\rightleftharpoons Br^-(aq)+6OH^-(aq)$	0.6126
* $MnO_4^{2-}(aq)+2H_2O(l)+2e^-\rightleftharpoons MnO_2(s)+4OH^-(aq)$	0.6175
$2HgCl_2(aq)+2e^-\rightleftharpoons Hg_2Cl_2(s)+2Cl^-(aq)$	0.6571
* $ClO_2^-(aq)+H_2O(l)+2e^-\rightleftharpoons ClO^-(aq)+2OH^-(aq)$	0.6807
$O_2(g)+2H^+(aq)+2e^-\rightleftharpoons H_2O_2(aq)$	0.6945
$Fe^{3+}(aq)+e^-\rightleftharpoons Fe^{2+}(aq)$	0.7690
$Hg_2^{2+}(aq)+2e^-\rightleftharpoons 2Hg(l)$	0.7956
$NO_3^-(aq)+2H^+(aq)+e^-\rightleftharpoons NO_2(g)+H_2O(l)$	0.7989
$Ag^+(aq)+e^-\rightleftharpoons Ag(s)$	0.7991
$[PtCl_4]^{2-}(aq)+2e^-\rightleftharpoons Pt(s)+4Cl^-(aq)$	0.8473
$Hg^{2+}(aq)+2e^-\rightleftharpoons Hg(l)$	0.8519
* $HO_2^-(aq)+H_2O(l)+2e^-\rightleftharpoons 3OH^-(aq)$	0.8670
* $ClO^-(aq)+H_2O(l)+2e^-\rightleftharpoons Cl^-(aq)+2OH^-(aq)$	0.8902
$2Hg^{2+}(aq)+2e^-\rightleftharpoons Hg_2^{2+}(aq)$	0.9083
$NO_3^-(aq)+3H^+(aq)+2e^-\rightleftharpoons HNO_2(aq)+H_2O(l)$	0.9275
$NO_3^-(aq)+4H^+(aq)+3e^-\rightleftharpoons NO(aq)+2H_2O(l)$	0.9637
$NO_2(aq)+H^+(aq)+e^-\rightleftharpoons HNO_2(aq)$	1.0400
$NO_2(g)+H^+(aq)+e^-\rightleftharpoons HNO_2(aq)$	1.0560
* $ClO_2(aq)+e^-\rightleftharpoons ClO_2^-(aq)$	1.0660
$Br_2(l)+2e^-\rightleftharpoons 2Br^-(aq)$	1.0774
$ClO_3^-(aq)+3H^+(aq)+2e^-\rightleftharpoons HClO_2(aq)+H_2O(l)$	1.1570
$ClO_2(aq)+H^+(aq)+e^-\rightleftharpoons HClO_2(aq)$	1.1840

续表 4

电极反应	$\Phi^{\ominus}$/V
氧化型$+ze^- \rightleftharpoons$还原型	
$2IO_3^-(aq)+12H^+(aq)+10e^- \rightleftharpoons I_2(s)+6H_2O(l)$	1.2090
$ClO_4^-(aq)+2H^+(aq)+2e^- \rightleftharpoons ClO_3^-(aq)+H_2O(l)$	1.2260
$O_2(g)+4H^+(aq)+4e^- \rightleftharpoons 2H_2O(l)$	1.2290
$MnO_2(s)+4H^+(aq)+2e^- \rightleftharpoons Mn^{2+}(aq)+2H_2O(l)$	1.2293
$^*O_3(g)+H_2O(l)+2e^- \rightleftharpoons O_2(g)+2OH^-(aq)$	1.2470
$Tl^{3+}(aq)+2e^- \rightleftharpoons Tl^+(aq)$	1.2800
$2HNO_2(aq)+4H^+(aq)+4e^- \rightleftharpoons N_2O(g)+3H_2O(l)$	1.3110
$Cr_2O_7^{2-}(aq)+14H^+(aq)+6e^- \rightleftharpoons 2Cr^{3+}(aq)+7H_2O(l)$	(1.33)
$Cl_2(g)+2e^- \rightleftharpoons 2Cl^-(aq)$	1.3600
$2HIO(aq)+2H^+(aq)+2e^- \rightleftharpoons I_2(s)+2H_2O(l)$	1.4310
$PbO_2(s)+4H^+(aq)+2e^- \rightleftharpoons Pb^{2+}(aq)+2H_2O(l)$	1.4580
$Au^{3+}(aq)+3e^- \rightleftharpoons Au(s)$	(1.50)
$Mn^{3+}(aq)+e^- \rightleftharpoons Mn^{2+}(aq)$	(1.51)
$MnO_4^-(aq)+8H^+(aq)+5e^- \rightleftharpoons Mn^{2+}(aq)+4H_2O(l)$	1.5120
$2BrO_3^-(aq)+12H^+(aq)+10e^- \rightleftharpoons Br_2(l)+6H_2O(l)$	1.5130
$Cu^{2+}(aq)+2CN^-(aq)+e^- \rightleftharpoons Cu(CN)_2^-(aq)$	1.5800
$H_5IO_6(aq)+H^+(aq)+2e^- \rightleftharpoons IO_3^-(aq)+3H_2O(l)$	(1.60)
$2HBrO(aq)+2H^+(aq)+2e^- \rightleftharpoons Br_2(l)+2H_2O(l)$	1.6040
$2HClO(aq)+2H^+(aq)+2e^- \rightleftharpoons Cl_2(l)+2H_2O(l)$	1.6300
$HClO_2(aq)+2H^+(aq)+2e^- \rightleftharpoons HClO(l)+H_2O(l)$	1.6730
$Au^+(aq)+e^- \rightleftharpoons Au(s)$	(1.68)
$MnO_4^-(aq)+4H^+(aq)+3e^- \rightleftharpoons MnO_2(s)+2H_2O(l)$	1.7000
$H_2O_2(aq)+2H^+(aq)+2e^- \rightleftharpoons 2H_2O(l)$	1.7630
$S_2O_8^{2-}(aq)+2e^- \rightleftharpoons 2SO_4^{2-}(aq)$	1.9390
$Co^{3+}(aq)+e^- \rightleftharpoons Co^{2+}(aq)$	1.9500
$Ag^{2+}(aq)+e^- \rightleftharpoons Ag^+(aq)$	1.9890
$O_3(g)+2H^+(aq)+2e^- \rightleftharpoons O_2(g)+H_2O(l)$	2.0750
$F_2(g)+2e^- \rightleftharpoons 2F^-(aq)$	2.8890
$F_2(g)+2H^+(aq)+2e^- \rightleftharpoons 2HF(aq)$	3.0760

说明:附表二至附表六中的数据是根据 Wagman D. D et al.,《NBS 化学热力学性质表》(刘天和、赵梦月译,中国标准出版社,1998 年 6 月)中的数据计算得来的。括号中的数据取自 Dean J. A. Lange's handbook of chemistry 13th ed. 1985。

附表七　常用酸、碱的浓度

试剂名称	密度/(g·mL^{-1})	物质的量浓度/(mol·L^{-1})	质量百分数浓度
浓硫酸	1.84	18.0	98%
浓盐酸	1.19	12.0	37%
浓硝酸	1.40	15.1	68%
磷酸	1.70	14.7	85%
冰醋酸	1.05	17.4	99%
浓氨水	0.90	14.8	28%
浓氢氧化钠	1.44	14.4	40%

参 考 文 献

[1] 吴辉禄. 绿色化学 [M]. 成都：西南交通大学出版社，2010.

[2] 阿尔贝特·马特莱克. 绿色化学导论 [M]. 郭长彬，王勇，左霞，等，译. 北京：科学出版社，2012.

[3] 贡长生，张龙. 绿色化学 [M]. 武汉：华中科技大学出版社，2008.

[4] 闵恩泽. 2003 年石油化工绿色化学与化学工程的进展 [J]. 化工学报，2004，55（12）：1933-1937.

[5] 周峰，王会，栾新军. 发展绿色化学，改善生态环境 [J]. 科技导报，2016，34（17）：5-12.

[6] 梁文平，唐晋. 绿色化学：解决 21 世纪环境、资源问题的根本出路之一 [J]. 自然科学进展，2000，10（12）：1143-1145.

[7] 闵恩泽，傅军. 绿色化学的进展 [J]. 化学通报，1999，（1）：10-15.

[8] Trost B. M. The atom economy-a search for synthetic efficiency[J]. Science, 1991, 254:1471-1477.

[9] P. T. Anastas, J. C. Warner. Green chemistry: theory and practice[M]. London: Oxford University Press, 1998.